乙酰丙酸化学与技术

林 鹿 雷廷宙
曾宪海 孙 勇 唐 兴 等 编著

科学出版社
北 京

内 容 简 介

本书较为全面系统地介绍了生物质基乙酰丙酸及其关联平台化合物（包括 5-羟甲基糠醛、糠醛及糠醇）化学与技术最新进展，包括其催化制备体系及其在化学品、材料和能源领域广泛的潜在应用。全书共八章，包括乙酰丙酸生产的意义与前景、纤维素的酸水解化学、乙酰丙酸合成途径与技术、乙酰丙酸酯合成途径与技术、生物质转化乙酰丙酸的中间产物即糠醛与糠醇化学以及 5-羟甲基糠醛化学、乙酰丙酸(酯)合成新型平台分子 γ-戊内酯、乙酰丙酸及其中间产物转化合成含氮化合物等。

本书可作为化学、化工、材料、生物、医药等领域高等院校和科研机构科研工作者和研究生的参考书，亦可作为相关行业专业技术人员的参考资料。

图书在版编目(CIP)数据

乙酰丙酸化学与技术 / 林鹿等编著.—北京：科学出版社，2018.8
ISBN 978-7-03-058063-4

Ⅰ. ①乙… Ⅱ. ①林… Ⅲ. ①酮酸 Ⅳ. ①TQ463

中国版本图书馆CIP数据核字(2018)第132721号

责任编辑：范运年 / 责任校对：彭 涛
责任印制：师艳茹 / 封面设计：铭轩堂

科学出版社 出版
北京东黄城根北街16号
邮政编码：100717
http://www.sciencep.com

三河市骏杰印刷有限公司 印刷
科学出版社发行 各地新华书店经销

*

2018 年 8 月第 一 版　开本：720×1000　1/16
2018 年 8 月第一次印刷　印张：20 1/4
字数：408 000

定价：138.00 元
(如有印装质量问题，我社负责调换)

前　言

　　生物质是重要的可再生资源与能源，也是唯一可再生的碳资源，可以转化为电能、液体燃料、气体燃料、固体燃料及化学品等。我国生物质资源丰富，能源化利用潜力大。根据国家《可再生能源发展"十三五"规划》，全国可作为能源利用的农作物秸秆及农产品加工剩余物、林业剩余物和能源作物、生活垃圾与有机废弃物等生物质资源总量每年约 4.6 亿 t 标准煤。截至 2015 年，生物质能利用量约 3500 万 t 标准煤，其中商品化的生物质能利用量约 1800 万 t 标准煤。生物质发电和液体燃料产业已形成一定规模，生物质成型燃料、生物天然气、生物质基化学品等产业已起步，呈现良好发展势头。

　　生物质的主要组分是纤维素、半纤维素和木质素。随着我国经济的高速发展，对以生物质为原料转化生产可降解功能材料和化学品的需求急剧增长，但我国现有工业体系在生物质转化产物的产量、质量以及清洁过程等方面还远不能满足国家对生物质功能材料的需求；另一方面，我国有大量生物质还没有得到充分转化利用，被弃置于自然环境或被露天焚烧，造成巨大的资源浪费和严重的环境污染。因此，发展生物质化工对于国民经济发展和保护生态环境具有重要的现实及战略意义。

　　发展生物质化工的另一重要意义在于其能逐步替代化石基合成材料和化学品。自 20 世纪 90 年代中期以来，由于化石基合成材料和化学品往往难以生物降解，不仅对人类赖以生存的环境造成严重污染，而且由于石油资源的逐渐枯竭，使合成材料再一次面临原料匮乏的威胁，对我国现有的合成材料工业体系造成了极大的冲击，这一严峻现实重新唤起人们对生物质材料研究的关注。利用生物资源合成功能材料和高附加值化学品，以补充或逐步替代不可再生的化石基材料是当前的一种重要发展趋势，将推动现有庞大的化石基合成材料工业体系向生物质基合成材料和化学品工业体系的良性转变；同时，生物质转化合成功能材料和化学品，既能替代化石资源，又将有机碳以材料形式储藏，降低 CO_2 排放，起着双重的减排作用。因此，加快发展生物质材料和化学品对于实现 CO_2 减排具有特别重要的意义，有助于推动建立低碳经济的新模式。因此，生物质化学化工是后石油时代工业发展的必然趋势。随着石油等不可再生资源的日渐减少，生物质技术将和生物技术、绿色化学化工技术、机械制造技术、能源与动力技术等结合起来，有可能建立起一套环境友好新型生物质化学工业体系。

　　生物质材料和化学品发展的关键是合成具有广泛应用前景的平台化合物

（platform chemicals）。乙酰丙酸由于可来自可再生生物质而被人们重视，是能够从生物质半纤维素和纤维素转化获得的平台化合物。从乙酰丙酸的分子结构可知，分子中有一个羧基和一个酮基，因此具有良好的反应性，可以通过酯化、卤化、加氢、氧化脱氢、缩合等制取各种产品，包括燃料、新材料、树脂、医药、农药、香料、溶剂、涂料和油墨、橡胶和塑料、助剂、润滑油添加剂、表面活性剂等。

为推动生物质化学化工的技术进步，较全面地反映乙酰丙酸的技术进展，笔者较全面地收集了本领域的有关资料，结合近年来的研究成果，编著形成了本书。本书由林鹿、雷廷宙等主编，庄军平、孙勇、曾宪海、彭林才、张俊华、胡磊和唐兴等参与编著，具体各章负责参与编写分工为：第一章庄军平、唐兴；第二章孙勇；第三章唐兴；第四章彭林才；第五章张俊华；第六章胡磊；第七章唐兴；第八章曾宪海。全书由林鹿、曾宪海、孙勇、唐兴统稿，林鹿、雷廷宙定稿。

本书一共分为八章，分别介绍生产乙酰丙酸生产的意义与前景、纤维素的酸水解化学、乙酰丙酸合成途径与技术、乙酰丙酸酯合成途径与技术、生物质转化乙酰丙酸的中间产物即糠醛与糠醇化学和5-羟甲基糠醛化学、乙酰丙酸(酯)合成新型平台分子 γ-戊内酯、乙酰丙酸及其中间产物转化合成含氮化合物等内容。

乙酰丙酸是一个正在迅速发展的新领域，由于编著者水平有限，本书可能还存在一些疏漏和不足，希望读者批评指正，以便再版时能进一步修正和完善。

笔　者

2018 年 4 月于厦门

目 录

前言
第一章 乙酰丙酸生产的意义与前景 ·· 1
　第一节 基于生物炼制的生物质资源利用途径 ······························ 1
　　一、生物质资源利用的必要性 ·· 1
　　二、生物炼制概念的提出 ·· 3
　　三、生物炼制技术及其产品的发展现状 ····································· 5
　第二节 基于乙酰丙酸的生物炼制 ·· 9
　　一、乙酰丙酸的理化性质 ·· 9
　　二、乙酰丙酸作为平台化合物的前景 ······································· 11
　参考文献 ··· 13
第二章 纤维素的酸水解化学 ·· 15
　第一节 生物质酸水解及转化概述 ·· 15
　第二节 生物质酸水解化学技术 ·· 17
　　一、无机酸水解 ··· 17
　　二、有机酸水解 ··· 25
　　三、固体酸水解 ··· 29
　　四、亚临界和超临界水解 ·· 43
　　五、酸水解溶剂体系 ·· 44
　第三节 生物质纤维酸水解机制 ·· 46
　　一、纤维素酸水解机理 ·· 46
　　二、纤维素水解过程中的结构变化 ·· 48
　第四节 生物质纤维酸水解动力学 ·· 58
　　一、纤维素水解动力学模型与影响因素 ··································· 58
　　二、纤维素酸水解动力学 ·· 58
　　三、半纤维素水解动力学 ·· 62
　第五节 生物质纤维水解过程中葡萄糖的化学行为 ····················· 64
　　一、葡萄糖在甲酸体系中的水解 ·· 64
　　二、葡萄糖在甲酸体系中的主要降解途径分析 ························ 66
　　三、葡萄糖在含4%盐酸的甲酸溶液中的降解动力学 ················ 71
　参考文献 ··· 74

第三章 乙酰丙酸合成途径与技术 ·········· 86
第一节 纤维素及葡萄糖酸水解制备乙酰丙酸反应机理与动力学 ·········· 86
第二节 催化转化己糖制备乙酰丙酸 ·········· 91
一、均相水体系中制备乙酰丙酸 ·········· 91
二、固体酸催化制备乙酰丙酸 ·········· 94
三、均相和非均相催化剂在有机溶剂中催化制备乙酰丙酸 ·········· 97
第三节 纤维素和生物质原料直接水解转化制备乙酰丙酸 ·········· 99
一、无机酸和金属水相中催化制备乙酰丙酸 ·········· 99
二、固体酸水相中催化制备乙酰丙酸 ·········· 102
三、单相有机溶剂中制备乙酰丙酸 ·········· 103
四、在双相溶剂体系和离子液体中制备乙酰丙酸 ·········· 104
五、糠醇转化为乙酰丙酸的工艺技术 ·········· 105
第四节 生物质制备乙酰丙酸的中试及其工业生产化前景 ·········· 107
一、乙酰丙酸的分离提纯 ·········· 107
二、乙酰丙酸制备的中试及工业化生产 ·········· 109
参考文献 ·········· 112

第四章 乙酰丙酸酯合成途径与技术 ·········· 119
第一节 乙酰丙酸酯的性质与应用 ·········· 119
第二节 糖类化合物醇解合成乙酰丙酸酯 ·········· 121
一、反应过程机理 ·········· 121
二、催化合成技术 ·········· 122
第三节 纤维素直接醇解合成乙酰丙酸酯 ·········· 127
一、反应机理 ·········· 127
二、催化合成技术 ·········· 127
第四节 生物质经乙酰丙酸酯化合成乙酰丙酸酯 ·········· 131
一、合成路线 ·········· 131
二、乙酰丙酸的酯化 ·········· 132
第五节 生物质经糠醇醇解合成乙酰丙酸酯 ·········· 133
一、合成路线 ·········· 133
二、反应机理 ·········· 134
三、催化合成技术 ·········· 136
第六节 生物质经糠醛转化合成乙酰丙酸酯 ·········· 142
一、合成路线 ·········· 142
二、催化合成技术 ·········· 142
第七节 生物质经5-氯甲基糠醛转化合成乙酰丙酸酯 ·········· 144
一、合成路线 ·········· 144

二、5-氯甲基糠醛的制备·················144
　　三、5-氯甲基糠醛的醇解·················145
　参考文献·································145

第五章 生物质转化乙酰丙酸中间产物——糠醛与糠醇化学············150
第一节 半纤维素组分水解转化糠醛的途径及进展···············150
　　一、糠醛的制备途径及合成机制···············150
　　二、糠醛的生产工艺···················153
第二节 糠醛加氢合成糠醇的途径及进展·················165
　　一、糠醛氢化还原产生糠醇的机制···············165
　　二、糠醛液相加氢合成糠醇及其催化剂的研究进展···········167
　　三、糠醛气相加氢合成糠醇及其催化剂的研究进展···········178
第三节 糠醛与糠醇的应用···················182
　　一、在食品方面的应用···················183
　　二、在农药领域的应用···················183
　　三、在医药方面的应用···················184
　　四、在有机溶剂方面的应用·················184
　　五、在合成树脂方面的应用·················184
　参考文献·································184

第六章 生物质转化乙酰丙酸中间产物——5-羟甲基糠醛化学··········192
第一节 5-羟甲基糠醛合成的催化反应体系···············192
　　一、无机酸催化剂···················192
　　二、金属氯化物催化剂··················193
　　三、离子液体催化剂··················195
　　四、杂多酸催化剂···················195
　　五、固体超强酸催化剂··················197
　　六、酸性离子交换树脂催化剂···············198
　　七、分子筛催化剂···················200
　　八、碳基固体酸催化剂··················202
第二节 5-羟甲基糠醛合成的溶剂体系···············203
　　一、单相溶剂····················204
　　二、双相溶剂····················204
　　三、离子液体溶剂···················205
　　四、低共熔溶剂···················206
第三节 5-羟甲基糠醛合成的其他影响因素···············207
　　一、反应温度····················207
　　二、反应时间····················207

三、加热方式 ·· 208
　　　四、催化剂用量 ·· 208
　　　五、底物浓度 ·· 208
　　　六、水分含量 ·· 209
　　　七、助溶剂 ·· 209
　　　八、萃取方法 ·· 209
　第四节　5-羟甲基糠醛转化产物的研究进展 ·· 210
　　　一、2,5-二甲基呋喃 ··· 210
　　　二、5-乙氧基甲基糠醛 ·· 214
　　　三、1,6-己二醇 ·· 216
　　　四、2,5-呋喃二甲醛 ··· 221
　　　五、2,5-呋喃二甲酸 ··· 224
　参考文献 ·· 226

第七章　乙酰丙酸(酯)合成新型平台分子 γ-戊内酯 ······························· 239
　第一节　乙酰丙酸(酯)加氢合成 γ-戊内酯的研究进展 ······················· 240
　　　一、H_2 作为外部氢源 ··· 240
　　　二、甲酸作为原位氢源 ·· 246
　　　三、醇类作为原位氢源 ·· 248
　第二节　γ-戊内酯的应用研究进展 ·· 253
　　　一、γ-戊内酯作为反应溶剂 ·· 253
　　　二、γ-戊内酯合成液体烃类燃料 ·· 255
　　　三、γ-戊内酯合成聚合材料 ·· 257
　　　四、γ-戊内酯合成碳基化学品 ·· 258
　参考文献 ·· 261

第八章　乙酰丙酸及其中间产物转化合成含氮化合物 ······························· 269
　第一节　5-羟甲基糠醛合成含氮化合物的研究进展 ···························· 269
　　　一、5-羟甲基糠醛合成含氮化合物 ··· 269
　　　二、5-氯甲基糠醛合成含氮化合物 ··· 273
　第二节　5-羟甲基糠醛还原氨化制备氨甲基呋喃类化合物 ················ 274
　　　一、5-氨甲基-2-呋喃甲醇类化合物的制备与应用 ····················· 275
　　　二、5-[(二甲氨基)甲基]-2-呋喃甲醇的制备 ······························· 280
　　　三、2,5-二氨甲基呋喃的制备与应用 ·· 281
　第三节　乙酰丙酸还原制备含氮化合物 ·· 284
　　　一、乙酰丙酸制备吡咯烷酮类化合物 ·· 284
　　　二、乙酰丙酸还原氨化制备 4-二甲氨基戊酸 ···························· 289
　第四节　乙酰丙酸衍生物 5-氨基乙酰丙酸的合成 ································ 290

一、化学合成法 …………………………………………………………290
　二、生物合成方法 ………………………………………………………294
第五节　5-氨基乙酰丙酸的应用 ………………………………………297
　一、在农业上的应用 ……………………………………………………297
　二、在医药上的应用 ……………………………………………………299
参考文献 ……………………………………………………………………300
附表　缩写表 ………………………………………………………………312

第一章　乙酰丙酸生产的意义与前景

自工业革命以来,人类社会在各方面的发展多依赖于煤、石油和天然气等非可再生资源。例如,目前全球能源消耗的80%以上和有机化学品消耗的90%都来自化石资源。特别是随着全球人口的持续增长及人们对提高自身生活水平的不断追求,预计人类对化学品、材料及能源的需求将以每年大约7%的比率持续增长[1]。根据BP公司(英国石油公司)发布的《2017年世界能源统计》中的数据显示:截止到2016年底,世界石油和天然气探明可采剩余储量分别为1.71万亿bbl和186.6万亿m^3,煤炭探明可采剩余储量为11393.31亿t[2]。尽管在地区或全球政治经济等因素动荡的影响下,化石资源如石油的价格在一定时期内会出现波动,但是从长远来看,随着能源供求关系的紧张,化石资源的价格将不断攀升。

另一方面,化石资源在开采、加工和消费过程中往往对生态环境造成比较严重的破坏或污染(如释放大量温室气体和产生雾霾等),并逐渐威胁人类的生存和发展。

人类对社会经济和生态环境可持续性发展的追求与化石资源的有限性及其使用过程中所造成的环境恶化之间的矛盾促使世界各国开始寻找可持续供应的清洁能源,包括太阳能、风能、生物质能及核能等。其中,生物质是唯一可以实现化石资源全替代的可再生资源,其可以供应包括食物、电、热、化学品、材料及液体燃料等人类必需的几乎所有的能量形式[3, 4]。全球每年的生物质产量高达1700亿t,折合能量相当于每年世界石油产量的15~20倍,然而其中只有大约3%的生物质资源被人类利用(包括食物和非食用途径)[5]。生物质资源的开发利用已经引起全球科学界和工业界的极大关注。开发利用生物质能,对优化能源结构、保障能源供应安全、改善生态环境等具有深远的意义。

第一节　基于生物炼制的生物质资源利用途径

一、生物质资源利用的必要性

生物质不仅包括植物,农林产品及其废弃物,还包括动物和微生物及其代谢产生的有机物质,如禽畜粪便及有机废水等。地球上生物质资源非常丰富,全球每年生物质产量可达1700亿t,但其中只有极少部分被人类利用[5]。据Haberl等[6]统计,目前人类每年利用的生物质能大约为50EJ(1EJ=10^{18}J),相当于全球每年一次能源消费量的约 10%；随着对生物质资源不断的开发和应用，到 2050 年，全球生物能源的供应潜力有望增长至 160~270EJ。开发清洁能源与资源、走可持续发展道路的理念已日趋成为人类社会的共识，世界各国纷纷将目光投向了丰富、廉价的生物质资源，并根据各自国情制定了相应的生物质能发展计划。

在美国，每年仅林农业用地可持续供应的生物质量就超过 13 亿 t[7]，这些生物质原料生产的生物燃油可满足目前美国交通燃料需求量的约三分之一。早在 2003 年，以燃料乙醇为主的生物质能首次超过水力发电成为美国市场份额最大的可再生能源，并供应了美国总能源消费量的 3%。基于对美国每年可持续供应生物质资源的调查，美国生物质研发技术咨询委员会为美国生物质能的发展制定了一个极富挑战性的目标：到 2030 年，生物质供应全美 5%的电力、20%的交通燃料和 25%的化学品，总体相当于用生物质替代美国目前石油消耗量的 30%[7]。欧盟在 2007 年也提出了类似的发展目标：到 2020 年，可再生能源消费量在欧盟全部能源消费中的比例提升至 20%，可再生能源发电量在其总发电量中的比例增加至 30%[1]。

随着经济的不断发展，我国每年的能源消费量持续增长。根据 2016 年发布的《中国统计年鉴-2016》中的数据，2015 年全国能源消费总量相当于 430000 万 t 标准煤，其中煤炭、石油和天然气各占的比重分别为 64.0%、18.1%和 5.9%，而包括水电、核电和风电等清洁能源加在一起占总能源消费量的 12.0%[8]。目前我国已经成为世界最大的原油进口国和能源消费国，特别是在 2008 年已经超过美国成为世界最大的 CO_2 排放国，由此我国面临着来自国际社会的巨大减排压力。2009 年 12 月的哥本哈根全球气候大会上，我国政府承诺到 2020 年将碳排放强度在 2005 年的水平上削减 40%~45%。此外，我国在经历了三十多年改革开放的高速发展之后，在人们生活水平得到了极大改善的同时，各地生态环境却遭受到了不同程度的破坏，近年来普通民众的环保意识也日益增强。因此，我国对于发展清洁可再生能源的需求尤为迫切。

我国地域广阔，生物质资源非常丰富。截至 2015 年底，全国可作为能源利用的农作物秸秆及农产品加工剩余物、林业剩余物和能源作物、生活垃圾与有机废弃物等生物质资源总量达到约 4.6 亿 t 标准煤[9]。为促进和引导可再生能源的开发利用，近年来中国政府颁布了一系列涉及可再生能源发展的法律法规，如 2006 年颁布施行第一部与可再生能源相关的法律《中华人民共和国可再生能源法》；2016 年发布了《可再生能源发展"十三五"规划》，明确提出：到 2020 年，生物质能年利用量约 5800 万 t 标准煤；生物质发电总装机容量达到 1500 万 kW，年发电量 900 亿 kW·h，其中农林生物质直燃发电 700 万 kW，城镇生活垃圾焚烧发电 750 万 kW，沼气发电 50 万 kW；生物天然气年利用量 80 亿 m^3；生物液体燃料年利用量 600 万 t；生物质成型燃料年利用量 3000 万 t[10]。因此，开发利用生物质资源是我国优化能源结构、改善生态质量的重要手段，并有望培育新的经济增长点。

二、生物炼制概念的提出

生物质来源非常多样化，生物质转化利用的途径也呈现出多样化发展的趋势，主要包括生物化学转化途径(如发酵)、热化学转化途径(如热解和气化)、化学催化降解液化途径及直接燃烧供热和电等方式。类似于石油炼制的理念，近年来人们提出以"生物炼制"的方式利用丰富多样的生物质资源。目前并没有统一的关于生物炼制的定义，但随着新技术的开发和利用，生物炼制的内涵一直在不断发展变化。生物炼制最初主要指利用生物化学法将各类碳源、氮源等转化为各类产品，如发酵生产乙醇、乳酸或氨基酸等。现在，生物炼制的概念已经发展为整合各种技术和设备将生物质原料(主要是非食用性原料)转化为各类化学品、材料和能源的生产过程[11]。

基于石油炼制技术，我们可以将化石资源高效地转化为各种材料和能源。从十九世纪初期到现在，石油炼制工艺技术一直经历着不断地发展和优化。石油炼制最初的目的只是通过精馏从原油中分离提取灯用煤油(属于中等沸程的组分)，而其中的汽油组分和高沸程组分在当时被认为没有什么经济价值。直到发明内燃机后才逐渐产生了对汽油的巨大市场需求，之后柴油机的出现则进一步为中等沸程的石油组分创造了新的市场。石油炼制行业经过一个多世纪的发展，目前主要生产九个系列的产品，按照各类产品产量排序依次是汽油、柴油、轻质燃油、重质燃油、石脑油、煤油、沥青、液化气及润滑油。其中，石脑油是生产石油基平台化合物的原料，这些平台分子主要包括乙烯、丙烯、C_4烯烃，以及芳香化合物如苯、甲苯和二甲苯等，而几乎所有主要的大宗化学品都是以这些平台化合物作为起始原料[12]。

石油炼制的发展历程启示我们，可以借助类似的炼制工艺理念将生物质资源转化生产各种生物基产品，如可以通过直燃将各类生物质原料转化为热能和电力；经过预处理降解和发酵可进一步生产乙醇等产品；经过高温热解可以制备生物油，而生物油经过进一步催化提质可以制备适合汽车使用的燃料油；经气化可制备合成气，合成气经过如费托合成等反应可以制备醇类化学品等；或者经化学转化为具有多种官能基团的小分子平台化合物，再经由这些平台分子可以生产其他各类化学品、材料和液体燃料。转化各类生物质原料生产平台化合物如图 1-1 所示。

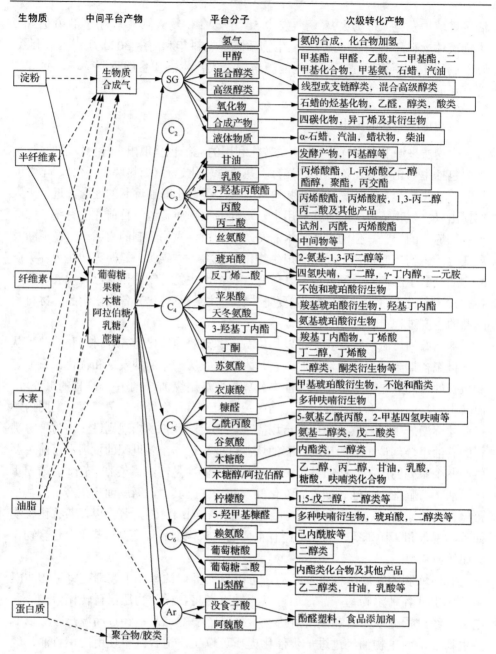

图 1-1 转化各类生物质原料生产平台化合物[13, 14]

在上述生物炼制工艺中,制备生物质基化学品受到人们的特别关注。生物质基化学品的规模化生产可以支撑生物基材料和生物基燃料的生产,特别值得注意是部分生物基化学品如糠醛、乙醇等已经实现了商业化生产并具有比较成熟、稳定的市场需求。另一方面,目前生物质能的发展更多地是受制于生产技术、效率和生物质原料的供应,而不是单纯依赖人类对于化学品、能源和材料的需求。例如,生物质原料的低密度、供应的季节性及地理上的分散性等特点导致了生物质原料供应的不稳定性和高成本投入。与生物基燃料和生物质发电相比,化学品生产对生物质原料的需求相对较低,但是生物基化学品市场的经济效益却非常可观。例如,2007年的数据显示,交通燃料的消耗相当于美国当年石油消费总量的70%以上,而交通燃料领域所产生的经济效益约3850亿美元;虽然大约只有3%的石油消费被用于化学品的生产,但化学品市场创造的经济效益高达3750亿美元[15]。利用生物质生产化学品的经济优势还体现在单位土地的价值产出上。根据Sanders等的估计,假设每公顷土地每年的干生物质产量为10t,将这些生物质原料全部用于燃烧供热的经济效益大约为640欧元,除去种植等成本的净利润所剩无几;如果全部用于生产交通燃料,其经济效益可以提高到1360欧元;如果将这10t生物质全部转化为化学品,总的经济效益则可以进一步提高至6400欧元[16]。

类似于石油基平台化合物如乙烯、丙烯及芳香类分子等,生物质原料也可以经生物炼制技术转化为多种平台分子。这些生物质基平台分子通常具有多种活性官能基团,并经过进一步转化提质可以生产其他各种化学品、材料和燃料(图1-1)。2004年,美国西北太平洋国家实验室和国家可再生能源实验室通过综合分析,从300多种生物质基化学品中筛选出了12种最具应用前景的平台分子,其中包括1,4-丁二酸、2,5-呋喃二甲酸、3-羟基丙酸、天冬氨酸、葡萄糖二酸、谷氨酸、衣康酸、乙酰丙酸、3-羟基丁内酯、甘油、山梨醇和木糖醇或阿拉伯醇[13]。近年来随着研究的进一步深入,人们相继又发现了另外一些具有作为平台分子潜能的生物基化合物,如糠醛、5-羟甲基糠醛(HMF)及γ-戊内酯(γ-Valerolactone,GVL)等[17-19]。目前已经有多种生物质基化学品实现了工业化生产。例如,玉米淀粉或其他糖类通过发酵生产乙醇、乳酸等产品[20, 21];我国山东等地利用富含半纤维素的玉米芯生产糠醛[22]。此外,2014年瑞士AVA Biochem公司宣称其利用自行研发的Biochem-1工艺,首次实现了从生物质资源到高纯HMF的商业化生产,年产量可以达到20t[23]。

三、生物炼制技术及其产品的发展现状

近年来,以粮食作物为原料的生物炼制工艺发展比较迅速。例如,美国和巴西等国利用玉米淀粉和蔗糖发酵生产燃料乙醇并作为汽油组分使用,其中巴西的燃料乙醇消耗量已经达到全国车用燃料消费总量的30%以上[20]。我国政府自2000年也开始大力支持粮食乙醇的生产。据统计,基于玉米和谷物的乙醇产量在2008年达到了194万t的峰值,仅次于美国和巴西;然而,出于对粮食供应安全的担

忧,我国政府从2007年后不再支持新建任何基于粮食作物的生物乙醇生产项目[24]。目前国内在运行的燃料乙醇项目基本上是以消化陈化粮为主要目的。尽管粮食作物是一种可再生的资源,但是每年的粮食总产量是有限的,且应该最优先保障人类的食品需求。另一方面,即使将全球每年生产的所有玉米、甘蔗、大豆和棕榈油都用于生产生物燃油,也仅能替代全球每年化石燃料消耗总量的3%;除去在转化过程中的能量投入,其净能量供应潜力只相当于化石燃料消耗总量的1.2%[24]。但值得注意的是,北半球仅森林每年产出的生物质折合的能量就相当于美国每年液体燃料消耗量的107%[24]。因此,考虑到维护粮食供应的安全及充分地利用各种生物质资源,未来生物炼制的发展应致力于利用更为丰富的非食用性原料,如农林废弃物等木质纤维生物质。

一方面,考虑到生物炼制与石油炼制的相似性,现有成熟的石油炼制工艺为生物炼制的发展积累了大量的技术经验;另一方面,生物炼制又在多个方面展现出完全不同于石油炼制的特性。这些与石油炼制的差异既是生物炼制发展的主要挑战,同时也为新技术和新产品的研发提供了广阔的空间。以下主要从三个方面简要总结生物炼制及其产品的发展现状。

(一)生物质原料组成及其预处理

众所周知,原油主要是由各种烃类组成的粘稠液态或半固态混合物,其主要元素组成为C和H。原油的精炼通常在均相的液态中进行,并通过精馏分级分离得到包括汽油、柴油、石脑油等不同沸程的产品,其中石脑油经过进一步催化炼制可以生产各类石油基平台化合物和大宗化学品。与之形成鲜明对比的是,生物质原料通常主要由结构复杂交错的、热稳定性差的高分子聚合物组成,并且其含氧量比较高。因此,生物炼制首先需要将生物质原料在溶剂中或经裂解/气化降解转化为相对稳定的小分子物质(不包括直接燃烧利用的途径),而这样的转化通常是在非均相的体系中完成的。

以木质纤维生物质为例,其主要由纤维素(占干物质重的30%~50%)、半纤维素(占干物质重的20%~40%)及木质素(占干物质重的15%~25%)三部分构成,此外还包括少量的结构蛋白、脂类和灰分[25]。纤维素是葡萄糖单元通过β-1,4-糖苷键线性连接形成的均相聚合物,纤维之间通过氢键相互作用,并可以形成结晶区域和无定型区域;半纤维素是由不同类型的单糖(包括五碳糖和六碳糖)构成的杂聚多糖,其中木聚糖的比例大约为50%;木质素是一种无定形的、分子结构中富含氧代苯丙醇结构或其衍生结构单元的芳香性高聚物。如图1-2所示,木质素分散于纤维素纤维之间,但二者通常没有直接的化学键连接,木质素主要起着抗压作用;半纤维素贯穿于木质素和纤维素纤维之间,起着连接二者的作用,进而形成非常牢固的纤维素-半纤维素-木质素网络结构[26]。木质纤维素的这一结构是植物在长期进化过程中自然选择的结果,因此木质纤维素生物质对环境中生物或非生物的侵蚀都具有较强的抵抗能力[25]。

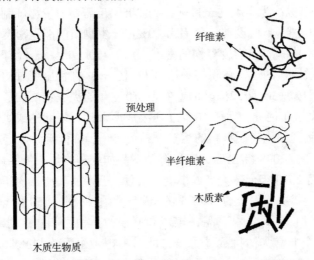

图1-2 木质纤维素材料预处理前后的结构示意图[26]

木质纤维素中包含了五碳糖、六碳糖及芳香类化合物等多种结构单元,这种结构组分的化学多样为从木质纤维素生产不同的化学产品提供了可能。要实现这一可能,较为理想的方式是利用有效的预处理技术打破纤维素、半纤维素及木质素之间牢固的相互作用,实现木质纤维素各组分的分级分离,然后再根据各组分的物理化学特性分别进行针对性地转化利用。目前各国研究人员已经开发了多种生物质预处理工艺,如固体碱-活性氧蒸煮法[27]、蒸汽爆破法及热水抽提法等[26]。但是,由于木质纤维素稳固的结构特性,经济有效地实现木质纤维素材料的分级分离仍然比较困难[28]。例如,在以玉米秸秆为起始原料通过生物化学途径生产燃料乙醇的工艺中,仅原料的预处理就占了总生产成本的19%[29]。生物质原料的预处理是制约生物炼制发展的瓶颈问题之一,因此目前亟待开发经济有效的预处理技术或工艺。

(二)生物质原料的收集运输

与化石原料相比,生物质原料的能源密度相对较低。木质生物质的能量密度大约只有8GJ/t(计50%湿度,$1GJ=10^9J$),而煤的能量密度能够达到28GJ/t[24]。除了大型农场和种植园外,很多农业废弃物非常分散,加之这类生物质收获的季节性,导致生物质原料在收集、运输及储存等方面的成本要远远高于化石原料。调查发现,由于在原料收集运输和预处理等方面的高成本投入,导致生物质发电厂的单位建设成本可能高达煤电厂的两倍[24]。

根据国际能源署的报告，如果到 2050 年要将 CO_2 排放水平在目前的基础上降低 50%，则生物能源的产能需要达到 150EJ/a，大致相当于 2050 年全球一次能源消耗总量的 20%；为实现这一目标，到 2050 年需要为生物炼制工厂提供至少 150 亿 t 的生物质原料(假设转化效率为 60%，干生物质的能量密度为 17GJ/t)[30]。新收割的草类植物和农作物废弃物的密度大约为 70kg/m^3，未经打包处理的 150 亿 t 这类生物质原料的运输体积将高达 2000 亿 m^3；打包压缩过的草类生物质或木片的密度分别为 150 或 225kg/m^3 左右，150 亿 t 这类生物质的运输体积可分别减少至 1000 或 600 亿 m^3；而 150 亿 t 压缩成型颗粒、裂解油或烘焙过的压缩成型颗粒等比较致密的生物质材料的运输体积可进一步降低至 280、170 或 150 亿 m^3[31]。相较之下，2008 年全球大宗能源消费品如煤和原油的消耗体积分别为 62 和 57 亿 m^3；而 2010 年全球大米、小麦、大豆、玉米及其他谷物和油菜籽的总产量接近 20 亿 t，其总体积大约为 27.5 亿 m^3[31]。由此可见，150 亿 t 生物质原料的运输体积将超过目前每年农产品、煤炭和原油的体积之和，这对目前的交通基础设施将是一个非常大的挑战。另一方面，考虑到生物炼制产业的建设和发展对于交通等基础设施的巨大需求，可能为偏远落后地区提供更多新的工作岗位和发展机会。

(三) 生物炼制产品

发展生物炼制的终极目标是为了替代石油炼制生产化学品、材料和能源，同时减少二氧化碳排放。由于生物质原料的高含氧性，生物炼制初级产品的各项物理化学性质与石油炼制产品有着很大的不同。例如，生物质经裂解得到的生物油并不能像常规汽油一样直接应用于发动机引擎，因为这种生物油含水量高、热值低、高酸性且不稳定[32]。裂解生物油必须经过进一步地除水、除酸和加氢脱氧等提质处理才有可能适用于目前常规的引擎。生物质基平台化合物也具有完全不同于石油基平台化合物的理化性质。

如图 1-3 所示，石油基平台化合物如乙烯、丙烯和芳香化合物等都是由 C 和 H 组成的烃类，且一般都具有较好的热稳定性；而生物质基平台化合物如乳酸、乙酰丙酸及糠醛等分子中含有各种活性含氧官能团(如羟基、羧酸基和醛基等)，导致这些化合物的热稳定性较差，容易发生结焦聚合等反应。此外，以石油基平台分子为原料生产其他含杂原子的大宗化学品时通常需要引入相应的活性官能基团，如丙烯和异丙苯经过催化氧化分别可以合成丙烯酸和苯酚。

值得注意的是，由于生物质基平台分子自身已经含有各类活性官能团，其进一步的转化通常更多地涉及加氢或脱氧等反应。如乳酸经脱水反应可以形成丙烯酸[33]，木质素经催化加氢降解可以制备单酚类化学品[34]。因为加氢脱氧的副产物主要是水，加氢脱氧相较于氧化、磺化等反应更显绿色清洁[35]，所以在此基础上，生物炼制可以通过更为清洁的途径制备各类化学品。

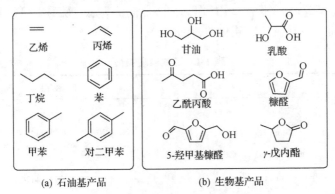

(a) 石油基产品　　　(b) 生物基产品

图 1-3　石油基与生物质基平台化合物

生物质基化学品主要可以分为两大类：一类是跟现有某种石油基化学品结构完全一样的生物基产品，如碳水化合物经发酵或生物质合成气费托合成生产的乙醇[20, 36]；另一类是具有与某种石油基化学品类似结构和功能的生物基替代产品，如以乙酰丙酸(levulinic acid，LA)为原料合成的双酚酸可以替代双酚 A[37]。通过生物炼制生产的前一类产品能够在最大程度上利用现有石油炼制的设施与技术，并进一步转化生产其他衍生产品。后一类生物质基产品的生产及其后续转化则可能需要投入更多的研发和建设成本，最初的市场接受度也可能要低于第一类生物质基产品[38]。但是以生物质基平台分子为代表的这类生物基产品往往能够衍生出一系列新的高附加值产品，特别是生物基平台分子类似但不等同于石油基产品的特性，为科学界和工业界都创造了广阔的研究空间。以生物基平台分子 GVL 为例，以 GVL 为原料可以制备一系列性能优良的绿色溶剂、聚合材料、燃料添加剂和液体烃类燃料[18]，GVL 的制备及其后续转化已经发展成为生物基化学品的热点研究领域之一。

第二节　基于乙酰丙酸的生物炼制

一、乙酰丙酸的理化性质

(一)物理性质

乙酰丙酸，又名 4-氧化戊酸、果糖酸、左旋糖酸，或称戊隔酮酸，是一种短链非挥发性脂肪酸。如表 1-1 所示，纯乙酰丙酸为白色片状或叶状体结晶，无毒，有吸湿性，其相对分子量为 116.12，熔点为 33~35℃，沸点为 (1.33kPa)137~139℃。乙酰丙酸是含有一个羧基的低级脂肪酸，因此它能完全或部分地溶于水、乙醇、酮、乙醛、有机酸、酯、乙醚、乙二醇、乙二醇酯、乙缩醛、苯酚等；不溶于己二酸、癸二酸、邻苯二甲酸酐、高级脂肪酸、蒽、硫脲、纤维素衍生物等；微溶于矿物油、烷基氯、二硫化碳、油酸等。

表 1-1　乙酰丙酸物性

项目	数值
分子量	116.12
沸点/(℃/mmHg)	(137～139)/10, (245～246)/760
熔点/℃	33～35
相对密度(d/t)	1.14/20℃, 1.1447/25℃
折光率(n20/D)	1.4796
酸度系数(pKa)	4.5
闪点/℃	138
表面张力/(10^{-3}N/m)	39.7
汽化热/(kJ/mol)	69.67/149.5℃
溶解热/(kJ/mol)	9.24

(二)化学性质

乙酰丙酸分子式为 $C_5H_8O_3$，结构式如图1-4所示。

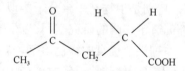

图 1-4　乙酰丙酸分子结构式

从乙酰丙酸的分子结构可以看到，其分子中含有一个羰基和一个羧基。其4-位羰基上氧原子的吸电子效应，使得乙酰丙酸的离解常数比一般的饱和酸大，酸性更强。乙酰丙酸的4-位羰基上的碳-氧双键为强极性键，碳原子为正电荷中心，当羰基发生反应时，碳原子的亲电中心就起着决定性的作用。乙酰丙酸的羰基结构使其能异构化得到烯醇式异构体，因此乙酰丙酸具有良好的反应活性，能发生酯化、卤化、加氢、氧化脱氢、缩合、成盐[8-11]等化学反应。此外，乙酰丙酸还是一个具有生物活性的分子。在绿色植物或光合细菌中，乙酰丙酸是5-氨基乙酰丙酸(5-aminolevulinic acid，5-ALA)的合成前体及5-氨基-4-酮基戊酸脱氢酶的抑制剂，在血色素生物合成及光合作用调节中起着非常重要的作用。

二、乙酰丙酸作为平台化合物的前景

平台化合物是指来源丰富、价格低廉、用途广泛的一类有机化合物,如乙烯、苯等。从它们出发可以合成一系列具有巨大市场和高附加值的产品。乙酰丙酸因其特殊结构和活泼的化学性质,是一种新型平台化合物。以乙酰丙酸为中间体可以制得多种有用的化合物。目前,乙酰丙酸主要用于生产医药、农药、有机合成中间体、香料原料、塑料改性剂、聚合物、润滑油、树脂、涂料的添加剂、印刷油墨、橡胶助剂等化学品。由乙酰丙酸转化的具有市场前景的潜在产物见图 1-5。

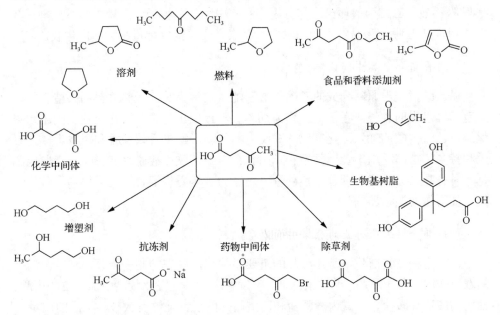

图 1-5　基于乙酰丙酸的生物炼制制备一系列生物基产品

(一)医药中间体

在医学上,以乙酰丙酸为原料,在催化剂的催化作用下,通过溴化、水解、缩聚、酯化等一系列化学反应可得到中药九节菖蒲的化学成分之———1,6,9,13-四氧双螺[4,2,4,2]十四烷-2,10-二酮(又称阿尔泰内酯)。乙酰丙酸钙(又称果糖酸钙)常与维生素 D2 制成复合注射液,对治疗钙质代谢障碍、保持骨骼生长和维持神经肌肉兴奋性等有很好的疗效。以乙酰丙酸为原料合成的吲哚美辛能消炎、解热、镇痛,是抑制前列腺素合成酶作用的非甾体类药物。以乙酰丙酸为原料合成的 5-ALA 在医学上有广泛的用途,如对治疗卵巢癌有一定功效,同时在美容医疗上也能发挥很大的作用。

(二)农用化合物中间体

以乙酰丙酸为原料合成的 5-氨基乙酰丙酸既是重要的可生物降解的新型除草剂,具有极高的环境相容及选择性、生物降解性,又可以被用作杀虫剂,同时也是光动力治疗癌症的重要光敏剂。乙酰丙酸的衍生物有机钾肥是一种新型高效钾肥,具有较强的抗寒、抗旱及抗虫作用,对所有植物有机体都有效果,适用性广、无毒、无残留,是一种环保型肥料。5-ALA 是植物生命活动必需的和代谢活跃的生理活性物质,在农业生产领域具有广阔前景。以乙酰丙酸为原料合成的 2-甲基-3-吲哚乙酸、乙酰丙酸环己酯等可用作农药中间体或植物生产激素和驱虫剂,其中 2-甲基-3-吲哚乙酸是常见的植物生长激素之一,能够促进根和茎的生长。

(三)香料和食品中间体

以乙酰丙酸为原料合成的乙酰丙酸乙酯,被称为等同天然香料的人造香料,具有新鲜水果的香气,在工业上作为烟草香精提取出尼古丁,在农业上用于水果保鲜。乙酰丙酸的加氢环化产物 γ-戊内酯具有新鲜果香、药香和甜香香气,且柔和持久,被广泛用于食用香精和烟用香精中。乙酰丙酸脱水产物 α-当归内酯是一种香味成分,能与烟香、焦糖香、巧克力香等香气混合,发出协调一致的香气,被用作卷烟添加剂。

(四)部分轻工业行业的原料中间体

乙酰丙酸及其衍生物是化妆品的重要添加物,具有抑制皮脂分泌和杀菌消炎的双重作用。在洗发剂、毛发染色剂、毛发喷雾剂等毛发化妆品中加入乙酰丙酸、乙酰丙酸乙醇胺盐、乙酰丙酸胍盐和乙酰丙酸酯后,能够有效改善产品的质量。

(五)树脂和橡胶的原料

以乙酰丙酸为基础原料制取的双酚酸(diphenolicacid,DPA),是合成水溶性滤油纸树脂、亮光油墨树脂及电泳漆和涂料的重要中间体,水溶性树脂适用于空气、机油、柴油滤纸的树脂涂布处理以及工业微孔滤纸。乙酰丙酸另一种重要的衍生物 1,3-戊二烯是合成橡胶的原料。

(六)良好的有机溶剂

乙酰丙酸及其酯类是非常优良的有机溶剂,如乙二醇酯可用于分离性质极其相似的烷烃类化合物。乙酰丙酸的烷基酯与芳香烃具有极好的互溶性,常用于萃取芳香化合物。

此外，γ-戊内酯是一种很好的涂料清洗剂；乙酰丙酸酯是纤维素衍生物的增塑剂[7]。这些优良的性质和广泛的用途使乙酰丙酸具备了成为一种新型平台化合物的潜力，能够合成许多高附加值产品，具有广阔的应用前景。

参 考 文 献

[1] Maity S K. Opportunities, recent trends and challenges of integrated biorefinery: Part I. Renewable and Sustainable Energy Reviews, 2015, 43: 1427-1445.

[2] BP. BP statistical review of world energy. 2017.

[3] Liu S. Utilization of Woody Biomass: Sustainability. Journal of Bioprocess Engineering and Biorefinery, 2012, 1: 129-139.

[4] 余强, 庄新姝, 袁振宏, 等. 木质纤维素类生物质制取燃料及化学品的研究进展. 化工进展, 2012, 31(4): 784-791.

[5] Smeets E, Faaij A, Lewandowski I, et al. A bottom-up assessment and review of global bio-energy potentials to 2050. Progress in Energy and Combustion Science, 2007, 33(1): 56-106.

[6] Haberl H, Beringer T, Bhattacharya S C, et al. The global technical potential of bio-energy in 2050 considering sustainability constraints. Curr Opin Environ Sustain, 2010, 2(5-6): 394-403.

[7] Perlack R D, Wright L L, Turhollow A F, et al. Biomass as feedstock for a bioenergy and bioproducts industry: the technical feasibility of a billion-ton annual supply. Langley: DTIC Document, 2005.

[8] Li Z F, Wang Z W, Xu H Y, et al. Production of levulinic acid and furfural from biomass hydrolysis through a demonstration project. Journal of Biobased Materials and Bioenergy, 2016, 10(4): 279-283.

[9] Zhou X, Wang F, Hu H, et al. Assessment of sustainable biomass resource for energy use in China. Biomass and Bioenergy, 2011, 35(1): 1-11.

[10] 国家发展与改革委员会. 可再生能源十三五规划. 2016.

[11] Liu S. Bioprocess Engineering: Kinetics, Biosystems, Sustainability, and Reactor Design. Amsterdam: Elsevier, 2013.

[12] Lyko H, Deerberg G, Weidner E. Coupled production in biorefineries--combined use of biomass as a source of energy, fuels and materials. Journal of Biotechnology, 2009, 142(1): 78-86.

[13] Werpy T, Petersen G, Aden A, et al. Top value added chemicals from biomass. Volume 1-Results of screening for potential candidates from sugars and synthesis gas. Langley: DTIC Document, 2004.

[14] 彭林才. 生物质直接醇解合成乙酰丙酸酯的过程调控及其机理研究. 广州: 华南理工大学博士学位论文, 2012.

[15] FitzPatrick M, Champagne P, Cunningham M F, et al. A biorefinery processing perspective: Treatment of lignocellulosic materials for the production of value-added products. Bioresoure Technology, 2010, 101(23): 8915-8922.

[16] Sanders J, Scott E, Weusthuis R, et al. Bio-refinery as the bio-inspired process to bulk chemicals. Macromolecular Bioscience, 2007, 7(2): 105-117.

[17] Hu L, Zhao G, Hao W, et al. Catalytic conversion of biomass-derived carbohydrates into fuels and chemicals via furanic aldehydes. RSC Advances, 2012, 2(30): 11184-11206.

[18] Tang X, Zeng X, Li Z, et al. Production of γ-valerolactone from lignocellulosic biomass for sustainable fuels and chemicals supply. Renewable and Sustainable Energy Reviews, 2014, 40: 608-620.

[19] Mamman A S, Lee J M, Kim Y C, et al. Furfural: Hemicellulose/xylosederived biochemical. Biofuels, Bioproducts and Biorefining, 2008, 2(5): 438-454.

[20] Zaldivar J, Nielsen J, Olsson L. Fuel ethanol production from lignocellulose: A challenge for metabolic engineering and process integration. Appl Microbiol Biotechnol, 2001, 56(1-2): 17-34.

[21] Maki-Arvela P, Simakova I L, Salmi T, et al. Production of lactic acid/lactates from biomass and their catalytic transformations to commodities. Chemical Reviews, 2014, 114(3): 1909-1971.

[22] 林鹿, 何北海, 孙润仓, 等. 木质生物质转化高附加值化学品. 化学进展, 2007, 19(7/8): 1206-1216.

[23] Biochem A. First industrial production for renewable 5-HMF[2017-10-18]. https://www.prnewswire.com/news-releases/ first-industrial-production-for-renewable-5-hmf-243336701.html.

[24] Yang J, Dai G, Ma L, et al. Forest-based bioenergy in China: Status, opportunities, and challenges. Renewable and Sustainable Energy Reviews, 2013, 18: 478-485.

[25] Laureano-Perez L, Teymouri F, Alizadeh H, et al. Understanding factors that limit enzymatic hydrolysis of biomass. Applied Biochemistry and Biotechnology, 2005, 124(1-3): 1081-1099.

[26] Mosier N, Wyman C, Dale B, et al. Features of promising technologies for pretreatment of lignocellulosic biomass. Bioresource Technology, 2005, 96(6): 673-686.

[27] Pang C, Xie T, Lin L, et al. Changes of the surface structure of corn stalk in the cooking process with active oxygen and MgO-based solid alkali as a pretreatment of its biomass conversion. Bioresource Technology, 2012, 103(1): 432-439.

[28] Holladay J E, Bozell J J, White J F, et al. Top value-added chemicals from biomass. Volume II—Results of screening for potential candidates from biorefinery lignin. DOE Report PNNL, 2007.

[29] Maity S K. Opportunities, recent trends and challenges of integrated biorefinery: Part II. Renewable and Sustainable Energy Reviews, 2015, 43: 1446-1466.

[30] International Energy Agency. World Energy Outlook. 2013.

[31] Richard T L. Challenges in scaling up biofuels infrastructure. Science, 2010, 329(5993): 793-796.

[32] 王泽, 林伟刚, 宋文立, 等. 生物质热化学转化制备生物燃料及化学品. 化学进展, 2007, 19(7): 1190-1197.

[33] Beerthuis R, Rothenberg G, Shiju R N. Catalytic routes towards acrylic acid, adipic acid and ε-caprolactam starting from biorenewables. Green Chemistry, 2015, 17(3): 1341-1361.

[34] Azadi P, Inderwildi O R, Farnood R, et al. Liquid fuels, hydrogen and chemicals from lignin: A critical review. Renewable and Sustainable Energy Reviews, 2013, 21: 506-523.

[35] Cherubini F. The biorefinery concept: Using biomass instead of oil for producing energy and chemicals. Energy Conversion and Management, 2010, 51(7): 1412-1421.

[36] Spivey J J, Egbebi A. Heterogeneous catalytic synthesis of ethanol from biomass-derived syngas. Chemical Society Reviews, 2007, 36(9): 1514-1528.

[37] Guo Y, Li K, Yu X, et al. Mesoporous $H_3PW_{12}O_{40}$-silica composite: Efficient and reusable solid acid catalyst for the synthesis of diphenolic acid from levulinic acid. Applied Catalysis B: Environmental, 2008, 81(3-4): 182-191.

[38] Haveren J V, Scott E L, Sanders J. Bulk chemicals from biomass. Biofuels, Bioproducts and Biorefining, 2008, 2(1): 41-57.

第二章　纤维素的酸水解化学

科学研究者依据化学炼制的模式，整合生物质转化的过程，用以提出生产燃料、能源和生物基化学品的生物炼制概念。从原料组成看，纤维素生物质中的三大组分（纤维素、半纤维素和木质素）是水解炼制的主要前体物。因此，对纤维素、半纤维素和木质素的分离和对各组分的综合水解利用将是未来发展的重要方向[1]。

对生物质进行水解，是生物炼制环节中最重要的转化技术之一，也是较早实现工业化的转化手段之一。由生物质原料出发，通过多种水解方式，可以获得多种化工产品和能源替代品（图2-1)[2]。随着生物质水解转化技术的不断发展，绿色、高效、新型的水解方法也不断涌现，这极大地拓展了水解技术的应用领域，推动了生物质开发利用的进程。

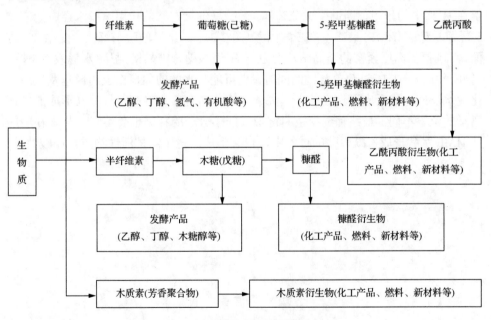

图 2-1　纤维素水解的炼制途径

第一节　生物质酸水解及转化概述

木质生物质中纤维素约占40%～45%，它是由葡萄糖通过 β-1,4-糖苷键联接而成的线性长链高分子聚合物，聚合度为500～10000[3-5]。将纤维素转化为清洁燃料及化学品的关键是纤维素有效地分解为葡萄糖等可溶性还原糖。然而，纤维素牢固的结构严重制约了其高效水解[6-8]。

生物质水解可分为酸水解和酶水解两种[9]。酶制剂生产费用昂贵、水解周期长、原料需要预处理，要达到技术和经济上的可行性还有很长的路要走[10]；酸水解可以直接将木质纤维素水解产生单糖，也可作为酶水解的预处理方法，而且具有较好的可操作性和经济可行性[11]。酸水解主要分为稀酸水解和浓酸水解，酸的种类可分为无机酸和有机酸[12]。近年来，随着纤维素生物质转化技术的不断发展，一些新型的水解方法也不断涌现，如超（亚）临界水解、蒸汽爆破水解、双液相水解、离子液体水解等。这些新型的水解技术大多具有环保、高效清洁的特点，不仅极大地拓展了水解技术的应用领域，也推动了纤维素生物质开发利用的进程[2]。但是，由纤维素生物质发展到终端产品，仍有许多技术难题有待解决，需要多学科进行交叉，加强相关基础和应用领域的研究，从而进一步推动纤维素生物质大规模水解炼制的工业化进程。

纤维素酸水解的最终产物为乙酰丙酸，在水解过程中纤维素链中的 β-1,4 糖苷键在 H^+ 离子的作用下断键生成葡萄糖，葡萄糖继续在酸的作用下脱水经中间产物 5-羟甲基糠醛（HMF）最终生产乙酰丙酸（图 2-2）。纤维素的酸水解比较复杂，一方面，纤维素的高度紧密的结晶结构会阻碍 H^+ 进入糖苷键晶格，导致水解效率下降。另外一方面，在 H^+ 进攻糖苷键的同时，也可能与水解的葡萄糖上的羟基发生质子化脱水反应形成反应活性高的碳正离子；葡萄糖有 5 个羟基，导致其形成的碳正离子的位置不同，最终葡萄糖链断键形成的小分子的种类也会不同[13, 14]。在中间体 HMF 水解形成乙酰丙酸的过程中，也会形成大量中间体活性物质。在酸性条

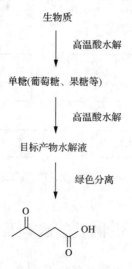

图 2-2　生物质制备乙酰丙酸的工艺路线

件下，这些中间活性体会发生聚合反应形成腐殖质，导致水解选择性不高，这些因素成为阻碍纤维素高效资源化利用的障碍。因此，开发新型纤维素水解技术是纤维素利用的核心问题之一[15,16]。

第二节　生物质酸水解化学技术

一、无机酸水解

从20世纪20~30年代就有生物质酸水解的研究报道，酸水解的目的主要是将生物质中的纤维素和半纤维素水解为单糖，再进一步转化为化学品，如5-羟甲基糠醛、糠醛、乙酰丙酸等平台化合物。在生物质结构中，半纤维素是以无定型的状态包裹在纤维素表面，水解相对容易。然而纤维素存在稳固的结晶区，导致其酸水解过程较为复杂，同时也影响了生物质的水解效率。根据酸浓度的不同，酸水解可以分为浓酸水解法和稀酸水解法，当采用体积分数为0.1%以下的酸进行水解时，该水解过程又称为超低酸水解，由于所用的酸浓度极低，对设备腐蚀性小、对环境污染不大，是一种环保型水解技术[17-20]。

（一）浓酸水解

高浓度的酸能提供高浓度的H^+，对纤维素的结晶结构有较好的解聚作用，从而打开纤维素的结晶区，有利于纤维素的进一步水解。常见的无机酸主要为硫酸、盐酸和磷酸，纤维素能溶解于72%（质量浓度）的硫酸、42%的盐酸和77%~83%的磷酸中，且能在较低的反应温度下发生水解，反应速率快，得率较高，有时甚至超过90%[21-24]。

在无机酸中，硫酸因为价格便宜而使用较多。典型的一步浓硫酸水解工艺如下：生物质如玉米秸秆粉碎过8mm的筛网，烘干至含水量在5%以下，将原料与65%~80%（质量浓度）的硫酸混合，以破坏纤维素的晶体结构，固液比平均为1∶2~1∶1，反应温度为30~85℃，最终葡萄糖的水解回收率可超过90%，木糖回收率可超过80%。研究表明，玉米秸秆在浓酸中的水解效率与固液比、酸浓度、水解温度有密切关系。水解反应因素对葡萄糖得率的影响要远大于木糖，反应条件越剧烈，木糖降解程度越大。在水解液中，有少量的HMF、糠醛生成，其中有机酸是主要的水解副产物。水解温度对乙酰丙酸和甲酸的生成影响比较大[25]。

纤维素中致密结晶区的存在会阻碍酸催化剂的有效渗透，影响水解效率。基于高浓度酸能有效破坏生物质中纤维素结晶结构的特点，开发了二步浓酸水解工艺：第一步，在低温浓酸条件下对生物质进行溶胀、溶解；第二步，在水解温度的条件下对生物质进行水解，获得单糖。Wijaya等[26]对橡木、松木和棕榈壳生物质在浓硫酸中的水解规律进行了研究，生物质首先被粉碎为1mm左右的粉末，硫酸的质量浓度为65%~80%，固液比为1∶2；生物质在常温下(30℃)溶胀溶解30min，主要目的是去除生物质中纤维素的结晶结构；然后再80~100℃水解2h；水解液冷却至室温，降压过滤分离出滤液，经过酸回收，糖溶液浓缩可得到葡萄糖液。

浓盐酸是另一种常用于生物质糖化的酸。Porter等[27]进行了枫香树分离的纤维素在超浓盐酸(15~16N)中的水解糖化研究，水解温度为20~60℃。研究结果表明，在不搅拌的条件下，糖化率不超过60%；但在搅拌的条件下，糖化率达到85%~90%。水解过程表现出明显的扩散控制一级反应，搅拌条件下的反应水解速率常数为不搅拌条件下的5~20倍。温度对反应速率也有较大的影响，在50℃条件下，纤维素完全水解仅需10min；然而在30℃条件下，至少需要60min才能完全水解纤维素。同时，在不搅拌的条件下，添加Li^+、Zn^{2+}离子也能将水解效率由60%提高至90%。水解液经过精制、浓缩后制成结晶葡萄糖。

浓酸条件下可实现纤维素的均相水解，水解效率高，糖得率高，但其重要缺陷在于高浓度酸对设备腐蚀严重，酸回收困难，特别是高浓度盐酸。对于盐酸来说，回收成本占总成本的40%，硫酸的回收成本相对低一些，约占35%[28]。对于高浓度盐酸回收的研究不多，硫酸因为价格低被广泛采用和研究，其处理方法主要有[21]如下几种。

(1) 直接用石灰石中和，回收硫酸钙作为副产品出售，但硫酸钙的经济价值不高，同时硫酸钙析出过程中会吸附部分糖，造成糖收率降低。

(2) 利用电渗析阴离子交换膜透析回收，硫酸回收率约80%，质量浓度为20%~25%，可浓缩后重复使用。该方法操作稳定，适于大规模生产，但投资巨大、耗电量高，膜易被有机物污染[28]。

(3) 采用大量链烷醇萃取浓硫酸，分离糖液和酸液，再用苯萃取链烷醇，分离出酸和链烷醇，然后蒸发分离苯和链烷醇。

(4) 离子排阻色谱模拟移动床(MCRC)连续分离酸液和糖液方法[29]。该方法硫酸回收率为98%，纯度为94%；单糖(葡萄糖和木糖)回收率为85%，纯度为95%；乙酸回收率为88%，纯度为93%。该法能分离硫酸和糖液，还能把水解副产物乙酸分离除去，便于糖液后续处理。

(二) 稀酸水解

稀酸水解一般是指用浓度在10%以内的硫酸或盐酸等无机酸为催化剂将纤维素、半纤维素水解成单糖的方法，温度为100~240℃，压力大于液体饱和蒸汽压，一般高于10个大气压。浓酸水解的特点是酸浓度高，反应温度则可适当降低，反之亦然。稀酸水解主要是针对浓酸水解酸浓度过高、回收成本大而提出来的，其主要优点在于反应进程快，适合连续生产，酸液不用回收；缺点是所需温度和压力较高，副产物较多，反应器腐蚀也很严重。目前稀酸的生物质水解主要有两个用途：一是作为生物质水解糖化或制备化学品的方法；二是作为一种解聚生物质结晶结构的预处理方法，有利于进一步的生物质炼制需求。就稀酸水解而言，在反应时间、生产成本等方面较其他纤维素水解方式具有较明显的优势。

传统的稀酸水解方法为一步法，将生物质原料加到酸液（酸的质量分数为1%~5%）中，在一定反应条件下直接进行水解处理[30]。一步法的缺点是对生物质选择性较差，造成生物质组分中较容易水解的半纤维素水解单糖在反应器中因停留时间过长，糖降解比较严重。为了缓解水解过程中半纤维素水解单糖因过高的反应条件而发生降解，对一步法进行改进，提出了一步分段温度水解法。就是在稍低的温度下先对生物质中的半纤维素进行水解，然后提高水解温度，对生物质中的纤维素进一步水解，但因为没有对半纤维素水解单糖液分离，对缓解单糖降解的效果有限[31]。一步法目前较少应用在生物质水解糖化方面，但因其工艺操作简单，较多应用在生物质预处理和原料组分单一的水解中[32]。针对一步法的缺点，有学者根据生物质中纤维素和半纤维素结构的不同提出了二步法，主要原理是对生物质中的半纤维素和纤维素进行差别化条件水解。首先在稍温和的酸性条件下，水解生物质组分中的半纤维素并分离出糖液。这样就避免了糖产物在反应器中停留时间过长的问题，减少了糖的降解，然后在提高反应强度的条件下水解纤维素。Choi and Mathews[32]利用两步法水解淀粉废弃物、木片、麦草、粮食废弃物等生物质，第一步采用的是在132℃下，固液比为1:20，质量浓度为2%稀硫酸的条件下，水解40min。分离出糖液和残渣，未水解的残渣继续在质量浓度为15%的硫酸溶液中水解糖化70min，固液比为1:10~1:8，总糖得率依生物质种类的不同为15%~81%。两步法水解的半纤维素糖得率较高，可达70%~90%，在进一步的纤维素水解过程中，葡萄糖得率也可以达到50%~70%。

为了适应各类生物质原料和提高水解效率，出现了多种反应器，如固定床间歇反应器、平推流式反应器、渗滤式反应器、平推逆流收缩床反应器和交叉流收缩床水解反应器等。

1. 固定床间歇反应器

固定床间歇反应器类似于釜式间歇反应器，生物质和稀酸溶液同时加入到反应器中，设定好反应条件开始反应，反应结束后降温将产物取出进行后处理。固定床间歇反应器操作简单，设备成本低，缺点是且难以实现连续生产，目前多用于水解机理的研究。固定床间歇反应器典型的水解动力学曲线见图2-3[33]。由图2-3可见，随着反应温度的升高，水解效率逐渐增加，达到最高糖得率所需的时间变短。固定床间歇反应器的最大缺点是糖类产物在反应器中停留时间长，分解严重，造成糖得率较低；当温度达到200℃时，最高糖得率达到的时间进一步减小，但最高得率下降。提高反应温度可以提高糖得率、缩短反应时间，但升高温度糖降解速率也成倍增加，在实际操作中水解速率很快，因此需要最佳反应温度和反应时间的平衡点。

一般认为，生物质组分中的半纤维水解速率常数较纤维素水解速率常数要大，这也是通常稀酸水解被应用于生物质炼制预处理的主要原因。国内对于固定床间歇反应器的研究较多。庄新姝[34]在自行设计的间歇固定床反应系统，采用高温液态水和超低酸相结合的两步水解法研究了半纤维素和纤维素的水解机理，找到了最优工况条件为：第一步水解温度180℃、反应时间30min、压力2MPa、固体浓度5%、转速500r/min；第二步水解温度215℃、质量浓度0.05%的H_2SO_4、反应时间35min、压力4MPa、固体浓度5%、转速500r/min。以玉米秸秆、白松和速生杨为原料研究了其水解情况，原料转化率分别为41.8%、57.8%和53.4%，糖得率分别为39.29%、42.83%和23.82%；水解液体产物经气相色谱质谱联用仪(gas chromatography-mass spectrometry，GC-MS)分析，可知除生成糖类外还有糠醛、HMF、十二烷、3-羟基-2-丁酮等一些小分子酮、醛、醇和酸，其主要副反应是生物质水解生成的戊糖和己糖在高温和酸性的反应环境中脱水环化生成糠醛和5-羟甲基糠醛。

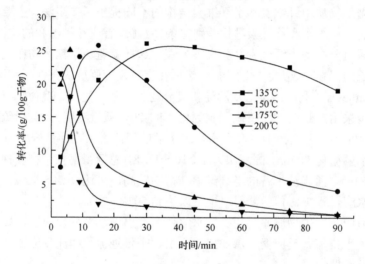

图 2-3 固定床间歇反应器典型的水解动力学曲线

2. 平推流反应器

平推流式反应器是一种改进的固定床反应器，虽然在形式上是连续的，但是由于在整个反应期间任一微元固体都和同一微元液体接触，本质上属于固定床。平推流式反应器的优点是便于控制物料的停留时间，减少反应产物的降解。主要结构有管式和双螺旋式两种。管式反应器结构简单，固液二相在外部泵的作用下，以同样的流速通过反应管进行水解。华东理工大学亓伟等[35]发明的平推流反应器动力学研究表明，反应温度越高，达到最高糖得率的时间越短，但短停留时间也会影响热在反应物料间的传递效果，限制糖得率的提高。平推流式反应器的产物呈浆液状，需要配备后续的固液分离装置。David 利用平推流反应器研究了生物质在高温稀酸下的水解效果，在温度约 240℃、质量浓度为 1%的 H_2SO_4 中停留 13s 左右，糖得率可达到 55%[36]。

3. 渗滤式反应器

渗滤式反应器的特点是液体连续流过物料固定床层进行连续水解反应的装置，由于反应中水解液不断被分离出，糖的分解少；但由于该反应器需要的反应液较多，导致糖浓度较低。华东理工大学颜涌捷和任铮伟[37]在渗滤反应器中以 $FeCl_2$ 为助催化剂，用稀盐酸水解锯末，考察了木屑在稀盐酸中的水解过程及水解时间和温度、催化剂温度和组成，以及液固比等因素对糖产率的影响。实验发现，在盐酸质量浓度为 2%，固液比为 1:10，反应时间为 30min 的条件下，木屑中可水解部分的 71%可转化为还原糖[11]。

Bergeron 等[38]开发了连续渗滤式反应器，反应器经过预热后，将预热的酸液泵入反应器，反应时间由酸液流速控制；从第一个反应器中流出的反应液经过第二个反应器，最终进入产品罐。当反应器 1 或 2 单独运行时，反应液可切换至缓冲罐 1 或 2。以杨木粉为原料时，单反应器的糖得率可超过 60%。

在渗滤床反应器中，随着反应的进行生物质床层逐渐减小，但反应器体积不变，造成了反应物实际密度不断变小。针对这一问题，美国国家可再生能源实验室设计开发了压缩渗滤床反应器，它属于渗滤床工艺的改进，在生物质固体物料床层上部设计一根压缩活塞弹簧来保持一定的压力，随着生物质物料中可水解部分的消耗，固体床层的高度将被逐渐压缩，实际反应器体积也不断减小，保证了反应器内固体物料密度的恒定，减少了水解液在收缩床内的实际停留时间，有利于减少糖的分解[39]。Chen 等[39]利用压缩渗滤床反应器研究了玉米芯半纤维素的水解规律，反应分两阶段进行，第一阶段水解温度为 140℃，第二阶段水解温度为 170℃。在反应液流速为 0.2cm/min 的条件下，完成第一阶段水解时床层减少约 24%，完成第二阶段水解后床层减少约 27%；在反应液流速为 0.6cm/min 的条件下，完成第一阶段水解时床层减少约 20%，完成第二阶段水解后床层减少约 27%；在反应液流速为 2.0cm/min 的条件下，完成第一阶段水解时床层减少约 13%，完成第二阶段水解后床层减少约 24%；结果表明使用压缩渗滤床反应器比渗滤床反应器糖得率可提高 5%。

4. 平推逆流收缩床反应器

平推逆流收缩床反应器是由美国可再生能源实验室设计开发的连续两阶段反应系统[40]。该反应器结合平推流过程和压缩渗滤过程于一体，包括水平螺旋平推段和垂直逆流压缩段。在水平螺旋平推系统内完成生物质中半纤维组分的水解，采用 170~185℃的蒸汽加热，可使超过 60%的半纤维素水解。水平挤压水解产物的主要成分是木糖及低木聚糖。压榨后的固态残渣进入垂直收缩床反应器进行第二步水解，质量浓度小于0.1%的稀硫酸介质由泵逆流注入反应器，在水解温度为205~225℃的条件下，几乎所有的半纤维素和60%左右的纤维素被水解。固体残渣由反应器顶部排出[40]。

5. 交叉流收缩床水解反应器

交叉流收缩床水解反应器(图2-4)由美国Dartmouth大学的Converse[41]提出。反应器设计原理为：生物质混合浆液从位置1通过螺旋进入环面A；高压高温水或者蒸汽从位置2进入内胆C，再通过内胆C上的微孔进入环面A物料中发生水解反应。在A环面中通过螺旋挤压将水解产物通过环面上的微孔排出到B内，残渣和水解液分别由4和3口排出。该反应器尚处在模型计算阶，在温度为260℃，酸的质量分数为1%的条件下，可以得到浓度为117g/L的葡萄糖和87g/L的木糖，相应的葡萄糖和木糖的得率分别为63%和79%。与固定床相比，交叉流收缩床的糖得率高，但糖浓度略微低一些。

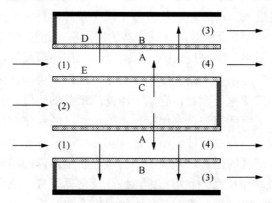

图2-4 交叉流收缩床水解反应器

(三)超低酸水解

超低酸水解是稀酸水解工艺的一种，是指以质量分数为0.1%以下的酸为催化剂，在较高温度下对生物质进行水解的一种工艺技术。超低浓度酸对设备的腐蚀性低，减少了水解后酸中和试剂的用量和废弃物排放，从而在减少环境污染、降低处理成本方面有很大优势。缺点是需要高温、高压的反应条件，造成生物质水解糖在高温下进一步水解，影响后续工艺。

在生物质的三种主要组分中，可水解的是半纤维素和纤维素。由于结构的原因，半纤维素较易水解，而纤维素水解相对较难，且二者水解产物也不尽相同；将二者分开水解可以避免半纤维素水解产物的进一步分解，有利于提高糖类产物的收率及产物的分别利用。在高温高压下，水会解离出H^+和OH^-，具备酸碱自催化功能；同时生物质在水解过程中，半纤维素侧链释放出的乙酰基产生乙酸，部分单糖的降解也会产生少量甲酸、乙酰丙酸等有机酸,从而提高水溶液的酸性。以此为基础,开发了生物质自水解工艺,也叫水热抽提水解法,这种工艺方法属于超低酸水解范畴,其特点在于能水解生物质组分中 90% 以上的半纤维,但是对纤维素水解的能力有限,因此目前主要应用于多步水解的预处理过程。

王树荣等[42]在自行设计的反应装置中进行了白松、速生杨、玉米秸秆的自水解和超低酸水解研究。装置由进料部分、反应器主体和产物收集部分组成。进料部分主要包括进气管路Ⅰ、Ⅱ和高压酸罐,进气管路Ⅰ用于反应前向釜内提供一定压力的气体以保证至反应温度时釜内压力为设定值,进气管路Ⅱ用于以一定压力由酸罐向釜内加入酸液或去离子水。反应器为有效容积 0.5L 的磁力搅拌反应釜,其运行最高温度为 300℃,压力为 10MPa,与水解液体接触的釜体和相关管路及阀门的材质均选用 316L 不锈钢。釜体用电炉丝加热,釜内温度由釜体中部和釜外壁的热电偶通过温控仪进行控制,控温精度为±0.5℃。同时,该控制仪与安装在电机上的测速线圈匹配控制磁力搅拌转速范围为 1000r/min。产物收集部分由釜体下部的冷却管、接料罐和接于釜盖上的冷却管、接料瓶等组成。

通过定量滤纸和木聚糖模拟纤维素和半纤维素,寻找到高温低酸水解还原糖得率最佳工况分别为 180℃、无酸、30min、2.03MPa、500r/min 和 215℃、0.05% H_2SO_4(质量浓度)、35min、4.05MPa、500r/min,在此基础上,设计了生物质二步超低酸水解方法,具体工艺流程如图 2-5 所示。

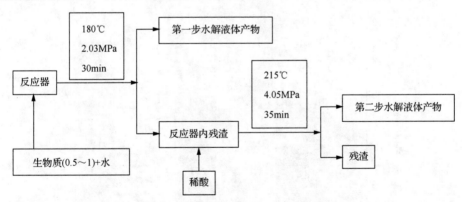

图 2-5 生物质二步稀酸水解反应流程图

先将原料置于滤网上,加定量水使固体原料在水解液中的比例为设定值,密闭反应器。以高纯氮将釜内压力调至预定值并清除釜内空气,加热釜内生物质与水的混合物,达到第一步反应条件时开启搅拌装置,反应开始计时。反应完毕,关闭搅拌,迅速打开下出料阀,使产物水解液冷却后进入接料罐,残渣留在反应釜中。酸罐内加入第二步反应需要的去离子水。再以 2.53MPa 压力将酸罐内的去离子水压入釜中,开始加热。酸罐内加酸,使之与釜内水混合达到反应设定的超低酸浓度。达到第二步反应条件时，以反应压力向釜内进酸，开启搅拌，反应开始计时。反应完毕，依次通过釜体下部和釜盖上的产物收集装置收集液体产物，通过下出料管和水冷池的二次冷却，使产物承接罐中的液体产物温度降至40℃以内，釜内仍为气体的产物通过水冷管冷凝后由接料瓶收集。釜内物料收集完毕后，通过酸罐迅速将冷却水加入釜内，以保护残渣，待釜体冷却至室温，开釜盖取出残渣。滤渣洗至中性，干燥后称重得残渣量。

在已确定的生物质中可水解的纤维素和半纤维素的最优工况下，分别对白松、速生杨和玉米秸秆这三种典型生物质原料进行水解，以便对针叶木、阔叶木和秸秆类生物质水解情况进行对比。由图2-6可知，三种原料中速生杨总还原糖得率最高，白松次之，玉米秸秆最低；从原料转化率来看，玉米秸秆最高，速生杨次之，白松最低。可见原料不同，水解的难易程度和产物得率差别很大，秸秆类生物质因质地疏松，水解反应速度快，生成的产物中大部分还原糖已分解，导致高的原料转化率和较低的还原糖得率；而白松和速生杨等木材类生物质水解速度较慢，还原糖得率较高，且因白松质地比二年龄速生杨更致密，其可水解原料转化率最低。所以每种原料由于结构、组分等的差别，其反应难易程度和反应速率等皆不相同，进一步研究应针对不同原料，进行机理研究以寻求不同物料的最佳反应条件。从这三种原料来看，速生杨最适合水解，加之生长速度快、抗逆性强，可做为能源植物大规模种植用做生物质规模化利用的原料。

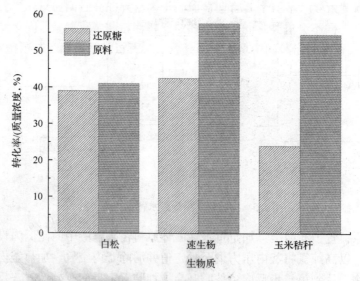

图2-6 不同生物质二步超低酸水解还原糖和原料转化率

生物质水解的主要目的是获取糖类产物，故糖的分析至关重要。图2-7是三种原料中低聚糖和单糖的分布情况，可见在第一步水解产物中白松和速生杨低聚糖含量大于单糖，玉米秸秆单糖量大于聚糖，这也说明了在同样反应条件下，玉米秸秆反应速度快；第二步水解产物主要为单糖，含量高于低聚糖两个数量级，比较而言，速生杨单糖含量最高，玉米秸秆最低，与还原糖测定的结果是一致的。第一步水解半纤维素高压液态水水解分离出的糖类包括纤维三糖、纤维二糖、木二糖、葡萄糖和木糖，其中低聚糖和木糖含量很高；第二步质量浓度为0.05%硫酸对纤维素的超低酸水解，分离出的低聚糖只有纤维二糖，单糖中主要是葡萄糖，还有少量果糖，完全没有木糖，同时检出单糖的降解产物丙酮醛。另外，第二步液体产物中可能有甲酸、乙酸、糖酸等，它们一部分来自水解时单糖的降解，也可能来自半纤维素结构单元中的甲氧基、乙酰基等中性糖基。

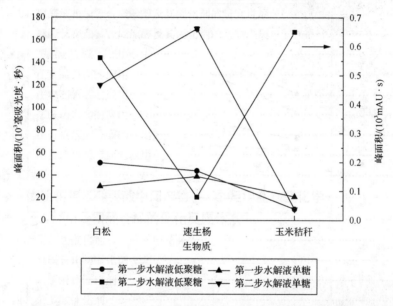

图2-7　不同原料生物质二步超低酸水解产物中单糖和低聚糖含量

二、有机酸水解

根据酸种类不同，酸水解也可分为无机酸水解和有机酸水解。由于有机酸提供的酸环境没有无机酸剧烈，所以有机酸水解成为生物质酸水解的重要介质之一。有机酸作为生物质水解介质的优势在于分离和回收相对容易，废弃物排放少，且有机酸对葡萄糖的降解催化作用没有无机酸明显[43-46]；缺点在于使用量大，介质提供酸性比无机酸弱，水解温度相对高[21]。有机酸水解主要采用的是甲酸、乙酸等一元酸和草酸、丁二烯酸等二元酸。在相对温和条件下，有机酸对生物质中木质素具有降解和溶解作用。另外，有机酸也常用来作为一种制浆手段，例如甲酸法、甲酸/乙酸法、甲酸/乙酸/水法等。半纤维素较纤维素容易降解，有机酸也常用来作为生物炼制的一种预处理方法。

Kootstra 等[46]将丁烯二酸与硫酸作为麦草酶水解前预处理的酸催化剂。预处理条件为：固体物料质量浓度为 20%～30%，酸对麦草的质量比约为 5.17%，预处理温度为 130～170℃。从实验结果看，无机酸预处理的效果较有机酸好，经过预处理后的纤维材料进行酶解，预处理温度越高，糖化率差距越小（图 2-8）。即使在 170℃条件下，以硫酸作为催化剂的纤维素水解率小于 12%，水解生成的葡萄糖转化为 HMF 的总量小于 1.5%。在预处理过程中大部分半纤维素被水解，且随着温度的升高，以有机酸为催化剂的反应过程中半纤维素水解木糖得率逐渐提高；而对于硫酸来说，温度升高可能引起木糖的降解而导致其得率反而下降。例如，在 170℃

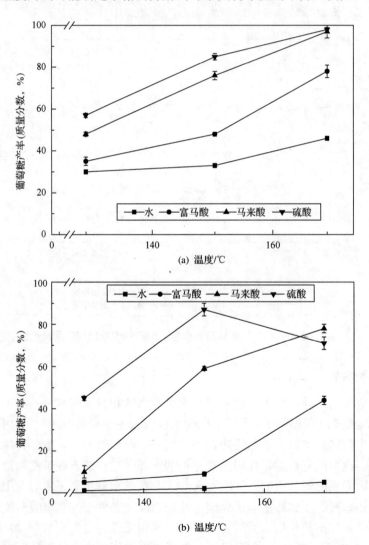

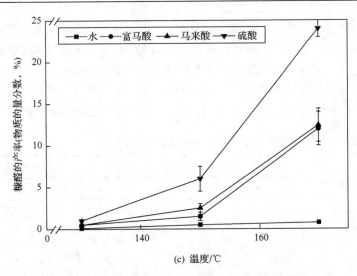

(c) 温度/℃

图 2-8 经过预处理后的纤维材料水解糖及糠醛得率
(a)预处理后酶水解葡萄糖得率(72h,50℃,100%=0.40g 葡萄糖/g 干稻草);
(b)预处理后酶水解木糖得率(72h,50℃,100%=0.40g 木糖/g 干稻草);
(c)预处理后木糖降解为糠醛产率

的预处理温度条件下,以硫酸为催化剂的反应过程中有 23%的木糖降解为糠醛,而在相同条件下以有机酸作为催化剂,其降解率较硫酸减小了一半。尽管降低温度对减缓木糖降解有利,但这对于以有机酸为催化剂的反应过程来说,影响程度很小。

甲酸对溶解木质素有较好的选择性因而应用在有机酸制浆中。Kupiainen 等[47]研究了麦草浆在甲酸溶液中的水解规律,并用微晶纤维素作了对比研究。在 200℃、质量浓度为 20%甲酸、固体物料质量浓度约为 4.5%的条件下,生物质干湿度对水解糖化率影响不大,可达 32.1%;但是颗粒越小糖化率反而有所下降,可能的原因是在碾磨和过筛过程中生物质组分发生了改变(表 2-1)。不同的固体物料浓度条件对麦草纤维和微晶纤维素转化率和水解为葡萄糖的影响不明显,但微晶纤维素水解为葡萄糖的得率还不到麦草纤维的 50%(表 2-2),这可能是微晶纤维素的结晶度高于麦草纤维素所致。

在酸水解过程中,水解葡萄糖和木糖会在酸性条件下继续降解产生 HMF、糠醛、乙酰丙酸及其他副产物等。如图 2-9 所示,反应条件对生物质水解产物分布有很大影响,降低反应温度和增加甲酸浓度,有利于乙酰丙酸的积累,在 180℃、质量浓度为 20%甲酸、241min 条件下,麦草纤维的最高乙酰丙酸得率可达 21%(摩尔比),而微晶纤维素只有 12%。同时,随着反应时间的延长,糖得率逐渐降低,说明高温酸性条件有利于糖进一步转化为乙酰丙酸及腐殖质等。

如图 2-10 所示,在质量浓度为 10%甲酸、180~200℃条件下水解半纤维素,随着反应时间的进行,木糖得率逐渐降低,部分半纤维素和木糖在水解过程中发生副反应转变为糠醛和腐殖质。在220℃，4min 和10min 时，最高的木糖和糠醛得率分别是66%和64%。然而在葡萄糖水解得率较高的条件下，木糖得率比葡萄糖得率低20~30倍。因半纤维素和木糖较纤维素和葡萄糖易降解，同时在麦草中半纤维素含量相对纤维素含量较低，在整个水解过程中，半纤维素糖对总糖的贡献不大。这也说明因半纤维和纤维素结构的不同，选择多步水解对于提高糖得率有较大的贡献。

表 2-1　粒度大小对纸浆水解的影响(200℃、20%质量浓度甲酸、45g 干生物质原料/L 催化剂溶液)

粒度/目	转化率/%		葡萄糖产率/%	
	10min	20min	10min	20min
未处理，湿	41.3	60.5	22.9	31.2
未处理，干	—	60.0	—	32.1
>16	41.9	63.8	24.3	30.2
16~32	38.8	63.5	21.4	28.6
<32	40.9[a]	—	19.6	—

表 2-2　初始浓度对湿纸浆和微晶纤维素水解的影响(200℃、10%质量浓度甲酸、45min)

	C_0/(g/L)	转化率/%	葡萄糖产率/%
湿附浆	19	70	29
	39	69	28
	49	62	27
	68	60	26
微晶纤维素	20	67	14
	39	65	16
	101	59	11

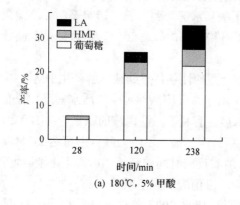

(a) 180℃，5% 甲酸

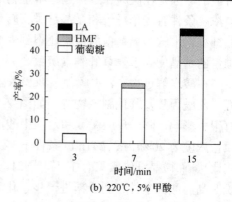

(b) 220℃，5% 甲酸

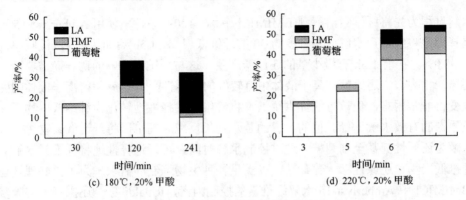

图 2-9 浆水解半纤维素的产物分布

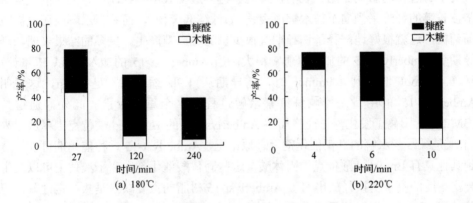

图 2-10 10%甲酸中浆水解半纤维素的产物分布

三、固体酸水解

固体酸是一类表面上存在具有催化活性的酸性中心的酸性催化剂。从绿色化学和工业化的角度来看，固体酸具有容易分离、可回收再利用的优点而被广泛关注。将固体酸催化剂应用到纤维素水解糖化过程，对于解决均相酸水解过程中的酸回收、设备腐蚀和废水处理等问题有明显优势。近些年，纤维素的固体酸水解技术发展迅速，显示出良好的工业化应用前景。

(一) 酸性树脂

树脂是具有大孔结构的有机高分子聚合物，有较高比表面积和离子交换容量。树脂的酸性主要来源于表面的磺酸基(—SO_3H)[48]。早在 1962 年 Hartler 和 Hyllengren[49]就使用酸性树脂 Amberlite-IR-120 和 Dowex-50(苯乙烯基聚合物)催化纤维素水解，但是效果并不理想。最近，Rinaldi 等[50]率先报道了在离子液体[BMIM]Cl 中使用苯乙烯-二乙烯基苯基聚合物(Amberlyst-15)树脂水解纤维素。该水解过程为先将纤维素溶解到[BMIM]Cl中,在100℃条件下使用Amberlyst-15可选择性地将纤维素水解成聚合度为30的纤维低聚物,1.5h后加入水,沉淀收率高达90.0%。在前1.5h有极少量的还原糖产生,这与纤维素水解的诱导期需要产生还原糖相吻合。还原糖在离子液体中有较好的溶解性[51],这就使得离子液体的回收变得非常困难,但该方法提供了一种将纤维素选择性地转化为纤维低聚物而非还原糖的有效水解途径。值的一提的是,延长反应时间可以将纤维低聚物进一步水解为还原性糖甚至葡萄糖。通过控制水解时间,可以选择性地将纤维素水解为纤维低聚物、还原性糖、葡萄糖,以满足各种生物炼制的需求。为了更好理解在[BMIM]Cl中Amberlyst-15水解纤维素的控制因素,Rinaldi等[52]还探索了实验参数对水解过程的影响。结果表明,纤维素链的最初长度是控制产物分布的关键因素,长链的纤维素倾向于被水解成短链(如纤维低聚物),而不是水解成还原糖或葡萄糖,这就很好地解释了诱导期有很少量的还原糖产生。更多的结果表明,诱导期受Amberlyst-15的加入量影响很大,当Amberlyst-15的加入量(以H^+量计)从0.46mmol增加到6.9mmol时,诱导期从1.9h缩短到不足5min,这说明Amberlyst-15的用量是影响纤维素水解过程的一个重要因素。此外,通过与[BMIM]Cl阳离子发生离子交换而从Amberlyst-15的Brønsted酸位点上释放出来的H^+是纤维素水解的真正催化剂[52]。原则上,Amberlyst-15这种催化剂可以扩展到其他具有Brønsted酸位点的固体酸,这些固体酸催化剂在离子液体中可以发生一定程度的离子交换释放出H^+。Amberlyst-15树脂的主要缺点是热稳定性差,因此Amberlyst-15树脂的设计温度应低于130℃,温度过高会导致酸性位点的丢失,进而导致催化活性降低[53]。与Amberlyst-15树脂相比,Nafion-NR50和Nafion-SAC-13(四氟乙烯基聚合物)具有相似的酸性特征,然而它们具有更高的热稳定性。使用Nafion-NR50和Nafion-SAC-13在水体系中水解纤维素,分别在160℃、4h和190℃、24h条件下,葡萄糖的收率分别达到16.0%和9.0%[54, 55]。

可以通过在树脂上负载其他功能基团来提高树脂的酸性。为了模拟纤维素酶解过程,Shuai和Pan设计了一种包含纤维素结合位点和纤维素水解位点的新型树脂CP-SO_3H,如图2-11所示[56]。选择氯甲基聚苯乙烯树脂作为催化剂载体,通过取代树脂上的—Cl的反应将—SO_3H引入到树脂上作为负载型硫酸。在这种催化剂中,Cl通过与纤维素的—OH形成氢键而起到结合纤维素的作用,而—SO_3H通过打断β-1,4-糖苷键起到水解纤维素的作用(图2-12)。—Cl和—SO_3H协同作用,使得CP-SO_3H对纤维素的水解具有非常好的催化效果,例如在水体系中使用CP-SO_3H催化水解,在120℃、10h的条件下,葡萄糖的收率可达90.0%。使用硫酸水解纤维素的活化能为174.7kJ/mol,而使用CP-SO_3H的活化能降低到83.0kJ·mol^{-1},这也解释了为什么CP-SO_3H在温和的条件下对纤维素就有很好的水解效果。通过单体聚合再热解的步骤,制备出含有纤维素结合位点(COOH)和纤维素水解位点(SO₃H)的丙烯酸-苯乙烯磺酸嵌段聚合物(PAA-b-PSSH)和丙烯酸-苯乙烯磺酸随机聚合物(PAA-r-PSSH)树脂[57]。PAA-r-PSSH 表现出了很高的水解活性,在水体系中 120℃水解 2h,葡萄糖的收率可达到 35.0%。但在同样条件下,使用 PAA-b-PSSH 作为催化剂,葡萄糖的收率只有 10%。说明随机聚合得到的催化剂具有更高的催化活性,这主要是因为随机聚合的方式使得活性位点更加分散,水解纤维素更加高效。更加深入的解释还需要进一步的研究。

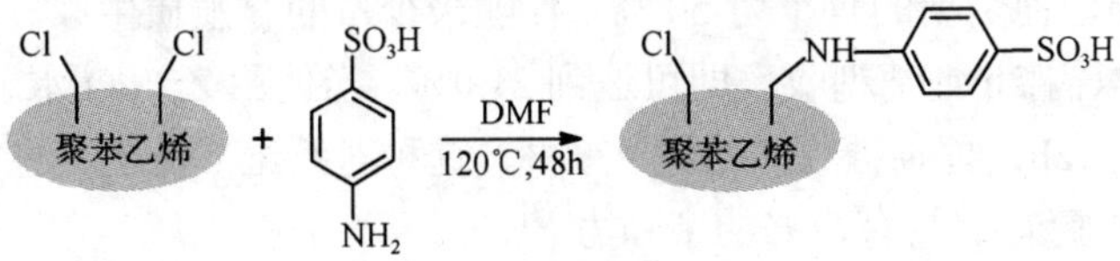

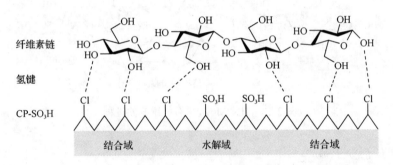

图 2-11　CP-SO₃H 的合成

图 2-12　—Cl 和—SO₃ 基团的协同作用

(二)金属氧化物

金属氧化物分为单一金属氧化物和复合金属氧化物,其多孔结构允许反应物进入并接触孔内的酸活性位点[58]。到目前为止,许多金属氧化物如五氧化二铌(Nb_2O_5)[59]、磷酸铌(NBP)[59]、钼酸钽($HTaMoO_6$)[60]、钨酸锆(WO_3/ZrO_2)[61]和铌钨酸铌(Nb_2O_5/WO_3)[62]等已被广泛用于水解纤维二糖,但只有少数金属氧化物可以直接用于水解纤维素。

2008 年 Takagaki 等[63]制备了层状氧化物($HNbMoO_6$),用于水解纤维素(图2-13)。与 Amberlyst-15 相比,在 130℃下水解 12h,还原糖的收率是其两倍。$HNbMoO_6$ 的高催化活性是由于其很强的酸性、耐水性和嵌入能力。$HNbMoO_6$ 催化纤维素水解更倾向于生成纤维二糖,这可能是因为纤维二糖和葡萄糖嵌入到催化剂多孔结构的能力不同造成的。此外,如果增加催化剂的比表面积或使用离子液体将纤维素溶解,还原糖的收率有可能进一步提高。张等[64]报道了一种纳米金属氧化物(Zn-Ca-Fe)对纤维素水解也具有很高的催化活性。在水体系中 160℃下水解 20h,纤维素的转化率和葡萄糖的选择性分别为 42.6%和 69.2%。此外，Zn-Ca-Fe 金属含有铁，具有顺磁性，因此可以考虑使用外加磁场的方式分离催化剂。很多复合金属氧化物，如二氧化硅-氧化锆 (Si/Zr/O)、硫酸化二氧化硅-氧化锆 (Sulf-Si/Zr/O)、磷酸锆 (Zr/P/O)、磺化磷酸锆 (Sulf-Zr/P/O)、Nafion 掺入二氧化硅 (Nafion-SiO$_2$)、三氟甲磺酸接枝氧化锆 (TFA-ZrO$_2$) 和锡-钨酸盐 (Sn/W/O) 也常用来水解纤维素[65]。在这些复合金属氧化物中，Zr/P/O 在纤维素水解成葡萄糖的过程中表现出高选择性，在 150℃反应 10h，葡萄糖的收率为 5.8%，伴随极少量的腐殖质生成。如果反应温度升到 200℃，只需 2h 葡萄糖收率即可达到 21.0%。当使用 Zr/P/O 水解纤维二糖时，在 150℃下水解 2h，葡萄糖收率达到 97.0%，这种对纤维二糖的高催化活性归因于催化剂对 β-1,4-糖苷键具有很好的亲和力[65]。

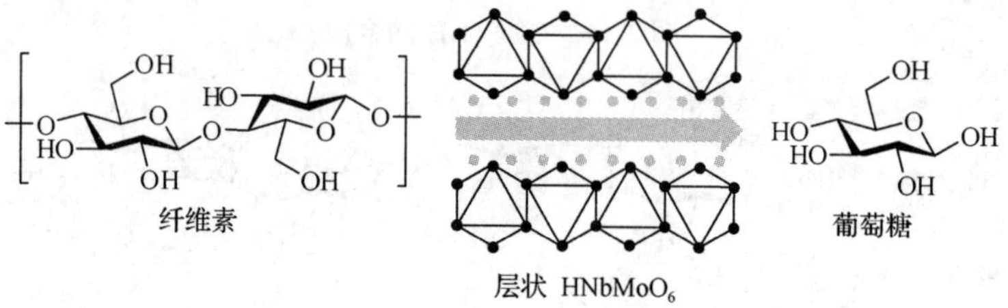

图 2-13　HNbMoO$_6$ 水解纤维素的过程

(三) H 型分子筛

分子筛是一类具有独特结晶架构的硅铝酸盐晶体，由四面体的 SiO$_4$ 和 AlO$_4$ 的形式通过角共享氧原子连接，形成具有一定孔道的三维框架架构[66-68]。分子筛中的桥联键 Si—OH—Al 和三重配位中心—Al 分别使分子筛具有 Brønsted 碱位点和 Lewis 酸位点[69-71]。由于可调控酸性，以及超高的热稳定性和特异的物理结构，分子筛已经被广泛应用于纤维素水解[71-73]。2008 年，Onda 等[74]发现在水体系中，具有较高 Si/Al 比的 Hβ(Si/Al 比为 75) 和 HZSM-5(Si/Al 比为 45) 催化纤维素水解为葡萄糖反应中，比 Si/Al 较低的 H-丝光分子筛(Si/Al 比为 10) 具有更高的催化活性，两者的差异在于分子筛酸位点密度的不同。在水和[BMIM]Cl 离子液体混合体系中水解纤维素，当 Si/Al 比均设定为 50 时，H-丝光沸石和 H-八面分子筛比 HZSM-5 更具高的催化活性[75]。这是因为 H 丝光沸石和 H-八面分子筛具有十二元环的大孔结构，孔径为 0.7~0.8nm；而 HZSM-5 为十元环，孔径只有约 0.5nm，分子筛的活性中心在孔内部。因此，纤维素的 β-1,4-糖苷键必须进到孔内，并与活性位点接触才能被水解[50]，纤维素因更容易进入大孔结构而发生水解[76]。由以上分析可以看出，分子筛对纤维素水解的催化活性主要受 Si/Al 比和孔径大小影响。

为了探究在离子液体中分子筛对纤维素水解的促进作用，以及分子筛和离子液体之间的协同作用，Cai 等[77]将 HY 和[BMIM]Cl 作为组合催化剂，并对其理化性质进行了一系列表征。X 射线衍射（XRD）结果表明，HY 的框架结构在[BMIM]Cl 中特别稳定，这主要是由于[BMIM]Cl 的膨胀效应会使孔结构变大。元素分析和傅里叶红外光谱（FT-IR）数据表明，HY 分子筛的 Brønsted 酸位点通过与[BMIM]Cl 的阳离子发生离子交换而释放出 H^+。这与 Rinaldi[52]的结论一致，且 HY 的 Lewis 酸位点在反应过程中更加稳定。这说明尽管 HY 的 Lewis 酸性位点在纤维素水解中可能具有催化作用，但主要的催化作用是来源于 HY 的 Brønsted 酸位点。HY 和[BMIM]Cl 协同催化纤维素水解可能的反应途径如图 2-14 所示。首先，$[BMIM]^+$

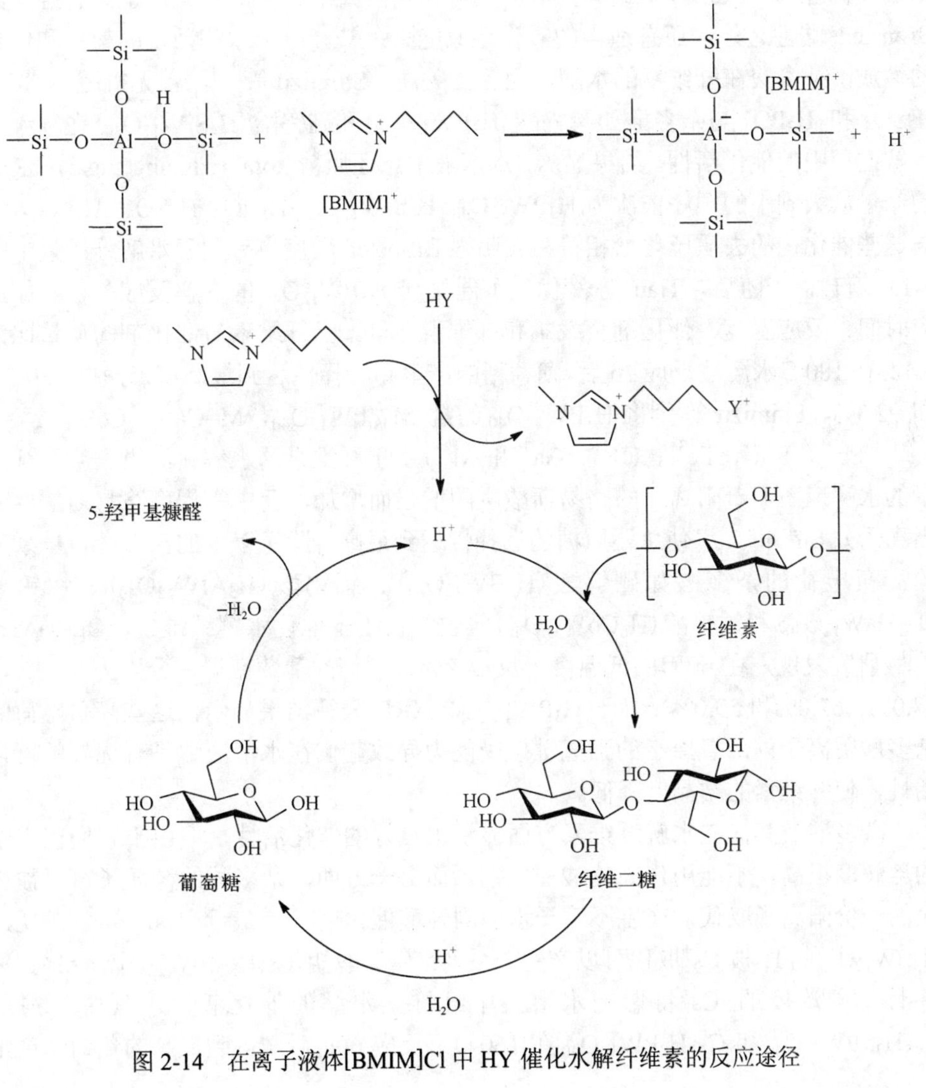

图 2-14　在离子液体[BMIM]Cl 中 HY 催化水解纤维素的反应途径

进入 HY 的孔道内部；然后，[BMIM]$^+$与 HY 的 Brønsted 酸位点发生离子交换释放出 H$^+$；H$^+$催化纤维素水解生成葡萄糖。使用催化剂负载量为 11.1%（物质的量浓度）的 HY 在[BMIM]Cl 中催化纤维素水解，随着反应的进行，逐渐向反应中加入水，在 150℃下反应 2h，葡萄糖的收率达到 50%。

(四) 杂多酸

杂多酸是由特定的氢阳离子和多金属氧酸盐阴离子组合而成[48]。最常见的杂多酸是具有阴离子[XM$_{12}$O$_{40}$]$^{n-}$的 Keggin 型酸，其中心四面体 XO$_4$ 被十二个边缘和角共享的金属氧八面体 MO$_6$ 包围，其中 X 是杂原子如磷和硅等，M 是附加原子如钼和钨等[78-81]。杂多酸具有分散的和可移动的离子结构，并且除了具有强大的 Brønsted 酸性之外，还有适当的氧化还原能力[82-84]。由于这些独特的架构和优异的性质，杂多酸在纤维素的水解方面备受关注。Shimizu 等[85]比较无机酸 HClO$_4$、H$_2$SO$_4$ 和 H$_3$PO$_4$ 与杂多酸如磷钨酸(H$_3$PW$_{12}$O$_{40}$)和硅钨酸(H$_4$SiW$_{12}$O$_{40}$)在纤维素水解过程中的催化活性。结果显示，水溶液中总还原糖(total reducing sugar，TRS)的产量从大到小的顺序依次为 H$_3$PW$_{12}$O$_{40}$>H$_4$SiW$_{12}$O$_{40}$>HClO$_4$>H$_2$SO$_4$> H$_3$PO$_4$，这与这些催化剂的去质子化焓相符，表明强 Brønsted 酸度更有利于水解纤维素中的 α-1,4-糖苷键。随后，Tian 等[86]优化了催化剂 H$_3$PW$_{12}$O$_{40}$ 的水解反应条件，如反应时间、反应温度、催化剂负载量和纤维素含量。当纤维素与催化剂的质量比为 0.42，在 180℃水溶液反应 2h 后，葡萄糖的产率和选择性达到最高值，分别为 50.5% 和 92.3%。Shimizu 等[85]将 H$_3$PW$_{12}$O$_{40}$ 的盐(M$_{3/n}$PW$_{12}$O$_{40}$，M=Ca^{2+}、Co^{2+}、Y^{3+}、Sn^{4+}、Sc^{3+}、Ru^{3+}、Fe^{3+}、Hf^{4+}、Ga^{3+}和 Al^{3+})用于纤维素的水解。结果表明，纤维素的水解速率随着阳离子的路易斯酸度的增强而增加，而中等程度路易斯酸度的阳离子如 Sn^{4+}和 Ru^{3+}使总还原糖的选择性达到最高。除了以上的杂多酸，一系列的高负电荷的杂多酸如硼钨酸(H$_5$BW$_{12}$O$_{40}$)、铝钨酸(H$_5$AlW$_{12}$O$_{40}$)、镓钨酸(H$_5$GaW$_{12}$O$_{40}$)和钴钨酸(H$_6$CoW$_{12}$O$_{40}$)等也常被用于催化水解纤维素，Ogasawara 等[87]研究发现，在 60℃的低温度下反应 24h，它们的葡萄糖得率分别为 77.0%、68.0%、62.0%和 59.0%，高于 H$_3$PW$_{12}$O$_{40}$。XRD 表征结果显示，这些高负电荷的杂多酸阴离子外部氧原子的强氢键接受能力导致它们在水溶液中具有优异的催化活性，使纤维素的结晶度降低。

杂多酸及其盐在水解纤维素方面显示出良好的催化活性，但由于它们在水中的溶解度很高，不能用作固体酸催化剂。而另一方面，杂多酸的氢质子可以被更大的一价阳离子取代，产生不溶于水的固体酸催化剂[88]。最近 Tian 等[89]发现，H$_3$PW$_{12}$O$_{40}$ 的 H$^+$被 Cs$^+$取代可以产生一系列铯磷钨酸盐(Cs$_x$H$_{3-x}$PW$_{12}$O$_{40}$，x=1～3)，并且不同浓度的 Cs$^+$将影响水溶液中纤维素水解的催化活性。其中所得的 Cs$_x$H$_{3-x}$PW$_{12}$O$_{40}$ 和 Cs$_1$H$_2$PW$_{12}$O$_{40}$ 在 160℃下反应 60h 后，得到最高的葡萄糖产量

(27.2%),这是由于它们具有强的质子酸性位点。而在相同的反应条件下,$Cs_{2.2}H_{0.8}PW_{12}O_{40}$ 表现出最高的葡萄糖选择性(83.9%),这归因于其微孔结构。此外,另一条生产固体酸催化剂的路线是发展混合杂多酸。Chen 等[90]将由十六烷基三甲基溴化铵和 $H_3PW_{12}O_{40}$ 制备的两性胶束杂多酸([$C_{16}H_{33}N(CH_3)_3$] $H_2PW_{12}O_{40}$,$C_{16}H_2PW$),用作水溶液中水解纤维素的催化剂,在 170℃下反应 8h,葡萄糖产率为 39.3%,选择性为 89.1%。

此外,红外光谱和 ^{31}P 和 ^{13}C 的 MAS NMR 光谱证实,纤维素的氧原子和两性胶束 $C_{16}H_2PW$ 的末端氧原子之间发生相互作用[90],导致纤维素在催化剂上积累,这可以提高纤维素在水中的溶解度,克服固-固反应的扩散,并且促进纤维素的水解速度。Sun 等[91]发现,由 1-(3-磺酸)-丙基-3-甲基咪唑(MIMPSH)和 $H_3PW_{12}O_{40}$ 制备的离子液态杂合杂多酸([MIMPSH] $H_2PW_{12}O_{40}$),在 140℃条件下,在水和甲基异丁基酮(methyl isobutyl ketone,MIBK)的混合溶剂体系中搅拌 5h,纤维素转化率可达 55.1%,葡萄糖产率可达 36.0%。这种催化剂具有部分杂多酸的 Brønsted 酸性,有利于水解纤维素。此外,阳离子部分起离子液体的作用,可以促进纤维素的溶解。使用类似的方法,Gao 等[92]也将[MIMPSH]$_3PW_{12}O_{40}$ 用于纤维素的水解,在 180℃下反应 3h,葡萄糖的产率可达 21.0%。

(五)功能改性二氧化硅

二氧化硅是一种多孔性的无机材料,可分为无定形二氧化硅(SiO_2)和结晶二氧化(如 SBA-15 和 MCM-41)[48]。SiO_2、SBA-15 和 MCM-41 本身的酸度可以忽略不计,不适用于作为纤维素水解的催化剂。然而这些材料可以通过引入—SO_3H 基团或其他活性修饰基团来提高其酸性[93-97]。有学者利用磺化二氧化硅-碳纳米复合材料($Si_{33}C_{66}$-823-SO_3H)制备的纤维素水解固体酸催化剂,在 150℃反应 24h,葡萄糖的产率可达 50.4%[98]。$Si_{33}C_{66}$-823-SO_3H 具有高活性,可能是由于其存在强大的和可及的 Brønsted 酸性位点,并且由相互渗透的二氧化硅和碳组分构成的杂化结构,有助于纤维素在固体酸催化剂上的吸附。Takagaki 等[99]制备了具有—SO_3H 基团的钴铁氧体嵌入式二氧化硅纳米催化剂($CoFe_2O_4$ @ SiO_2-SO_3H),将其用于在水溶液中水解纤维素,150℃下 3h 后,总还原糖的收率达 30.2%。Lai 等[100]和 Bai 等[101]采用 H_2SO_4 对 SBA-15 和 MCM-41 进行修饰,合成了 SBA-15-SO_3H 和 MCM-41-SO_3H。实验证明,在水解纤维素方面,它们比 SBA-15 和 MCM-41 更具活性:SBA-15-SO_3H 在 150℃下反应 3h,葡萄糖的产率为 52.0%;MCM-41-SO_3H 在水溶液中 230℃下反应 15min,总还原糖产率为 47.2%。Feng 等[102]报道了耐水二氧化硅负载型全氟丁基磺酰亚胺(PSFSI-$MSMA_{15}$/SiO_2),也可用作水溶液中纤维素水解的固体酸催化剂。其在中等反应温度 120℃下反应 2h 后,总还原糖的产率为 67.0%。

(六) 负载型金属

众所周知，负载型金属催化剂具有优异的加氢活性，被广泛应用于生物质转化过程[103-105]。近年研究发现，在酸的存在下，负载型金属催化剂可将纤维素催化转化为糖醇；在此过程中，纤维素首先被酸水解成葡萄糖，随后通过负载的金属催化转化为糖醇[106-109]。然而，关于前一步骤，负载的金属很少用于催化纤维素水解成葡萄糖。Kobayashi 等[110]在 2010 年取得了突破，研究发现，在没有酸的情况下，负载钌的介孔碳(Ru/CMK-3)可以有效地将纤维素水解成葡萄糖。为了探索载体和金属的作用，在 230℃下反应 15min，对 CMK-3 和各种金属含量的 Ru/CMK-3 进行研究，发现当以 CMK-3 作为催化剂时，葡萄糖和寡糖的产率分别为 20.5%和 22.1%，这表明 CMK-3 本身可以催化纤维素在水溶液中水解。对于 Ru/CMK-3，当 Ru 含量从 2.0%提高到 10.0%时，葡萄糖产量从 27.6%提高至 34.2%，而寡糖的产量从 14.8%下降至 5.1%。相应的，总还原糖(葡萄糖和寡糖)的产率保持在约 40.0%，与 Ru 的含量无关。从这些结果可以看出，虽然 CMK-3 和 Ru 对纤维素水解都具有活性，但 CMK-3 的主要作用是将纤维素转化为寡糖，而 Ru 的主要作用是将寡糖转化为葡萄糖(图 2-15)。因此，CMK-3 和 Ru 共同作为酸催化剂，协同将纤维素水解成葡萄糖。通过 XRD、小角度 X 射线散射、X 射线吸收近

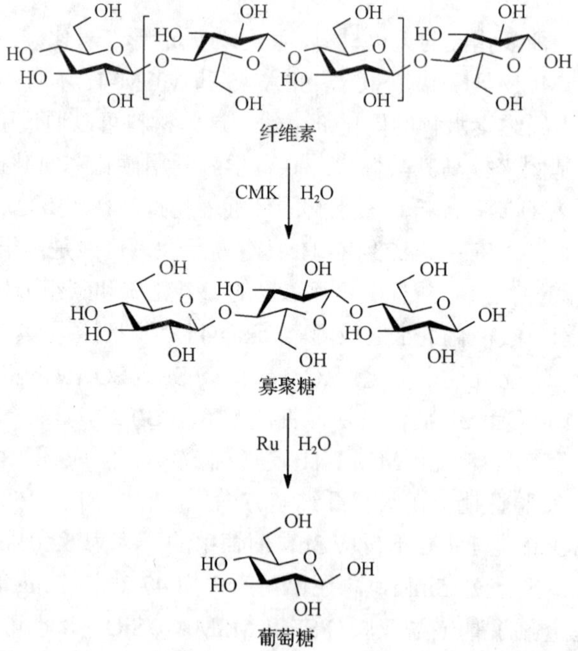

图 2-15 Ru/CMK-3 催化水解纤维素为葡萄糖反应历程

边结构、扩展的 X 射线吸收精细结构和 H_2 程序升温还原发现，Ru 的活性物质为 $RuO_2·2H_2O$，由 CMK-3 上的 $RuCl_3$ 还原和钝化而成（图 2-16），其可以通过 Ru 异裂水分子得到 Brønsted 酸，或通过 Ru 离解水分子得到 Lewis 酸[111]。此外，需要特别指出的是，在不存在酸的情况下，这种新方法为开发新的负载型金属催化剂催化水解纤维素提供了重要的参考。

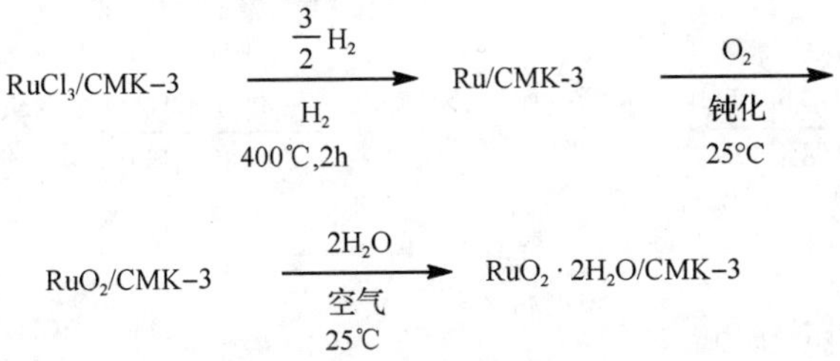

$$RuCl_3/CMK\text{-}3 \xrightarrow[H_2]{\frac{3}{2}H_2}_{400℃,2h} Ru/CMK\text{-}3 \xrightarrow[钝化]{O_2}_{25℃}$$

$$RuO_2/CMK\text{-}3 \xrightarrow[空气]{2H_2O}_{25℃} RuO_2·2H_2O/CMK\text{-}3$$

图 2-16　CMK-3 负载 $RuO_2·2H_2O$ 催化剂的形成途径

（七）固定化酸性离子液体

迄今为止，酸性离子液体，例如 1-(1-丙基磺酸)-3-甲基咪唑氯化物（[PSO_3HIMIM]Cl）[112]、1-(1-丁基磺酸)-3-甲基咪唑氯化物（[BSO_3HMIM]Cl）[113]、1-丁基-3-甲基咪唑硫酸氢盐（[BMIM]HSO_4）[114]和三乙基-(3-磺丙基)-硫酸氢盐（[TESPA]HSO_4）[115]已经被成功地用于[BMIM]Cl 存在条件下的纤维素水解催化剂。研究发现，在 70～100℃的低温环境下，30～80min 较短的反应时间内，总还原糖的产率可以达到 92.0%～99.0%。然而这些催化剂的高成本、高粘度和较复杂的分离过程仍阻碍了其实际应用。因此，掌握一种经济简便的纤维素水解过程，必须去研究固定化的酸性离子液体。2014 年，Wiredu 和 Amarasekara[116]合成了一种由二氧化硅固定的咪唑鎓型酸性离子液体（AIL-SiO_2）（图 2-17），在 190℃水溶液中、反应 3h 的情况下，可以使总还原糖的产率达到 48.1%。而在相同的反应条件下，利用 $PrSO_3H\text{-}SiO_2$ 和 $SO_3H\text{-}SiO_2$ 催化反应，总还原糖的产率分别只有 19.9%和 13.2%。Zhang 等[117]通过多步法研制出了一种生物碳和磺酸的酸固定化的氯化锌离子液体（BC-SO_3H-IL-Zn），该多步法包括生物碳磺酸（BC-SO_3H）和 1-三甲氧基甲硅烷基丙基-3-甲基咪唑氯化锌（IL-Zn）的合成，以及将 IL-Zn 连接在 BC-SO_3H 上的过程（图 2-18）。将 BC-SO_3H-IL-Zn 用于催化在水溶液中进行的纤维素水解时，90℃下反应 2h，总还原糖的产率可以达到 58.7%。与 BC-SO_3H 上的羟基（—OH）相比，引入作为纤维素结合位点的 IL-Zn 不仅可以增强对纤维素的亲和力，还能提高作为纤维素水解位点的磺酸基（—SO_3H）的酸度。因此，BC-SO_3H-IL-Zn 对纤维素水解过程的良好催化活性应归功于 IL-Zn 基团和—SO_3H 基团之间的协同合作。

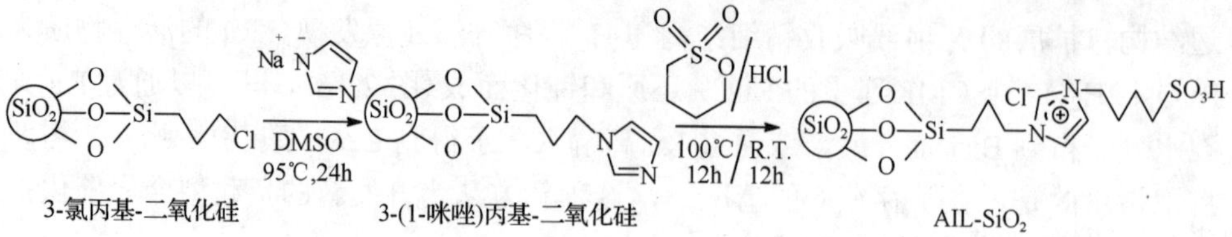

图 2-17　AIL-SiO$_2$ 的合成过程

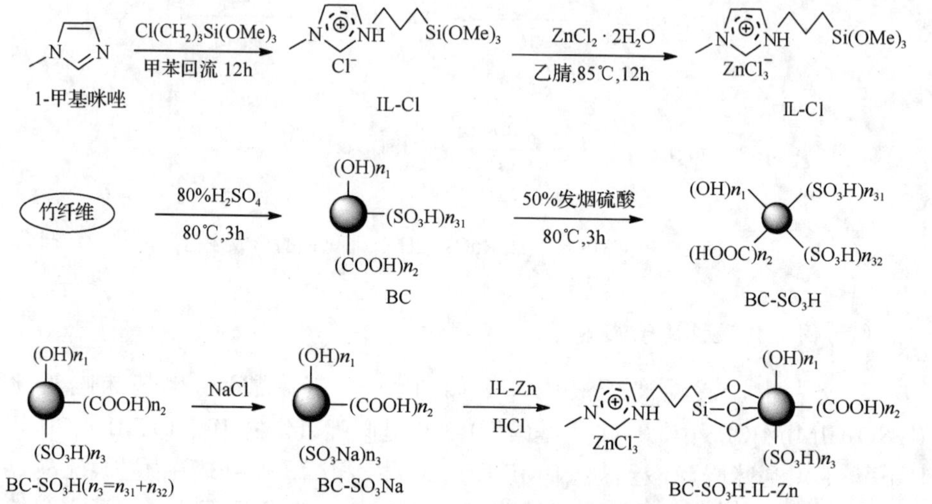

图 2-18　BC-SO$_3$H-IL-Zn 的合成过程

（八）碳基固体酸

碳基固体酸作为一种新型的固体酸催化剂，最早出现在 2004 年 Hara 等[118]的报道中。2005 年，Toda 等[119]将其用于生物柴油的制备研究。大多数碳基固体酸催化剂都是由天然有机物质的不完全碳化来制备，随后在浓硫酸、发烟硫酸或氯磺酸的环境下进行磺化，从而得到无定形碳，目前大多数碳质固体酸催化剂都已被设计用于纤维素水解过程[120-129]。Onda[74]等人利用一种活性炭固体酸催化剂（AC-SO$_3$H），在 150℃下催化反应 24h，使葡萄糖水解产率达到 40.5%。Zhao 等[130]利用氧化石墨烯固体酸催化剂（GO-ene）使葡萄糖的水解产率达到了 49.9%。Guo 等[131]合成了磺化葡萄糖固体酸催化剂（GC-SO$_3$H），在[BMIM]Cl 存在的情况下，110℃下催化反应 4h，总还原糖的产率达到了 72.7%。Liu 等[132]合成了磺化蔗糖衍生物的固体酸催化剂（SC-SO$_3$H），在[BMIM]Cl 存在的情况下，120℃催化反应 4h，总还原糖的产率为 71.0%。与上述常规固体酸催化剂（如 Amberlyst-15、Sulf-Si/Zr/O、SBA-15-SO$_3$H 和 AIL-SiO$_2$）不同的是，碳基固体酸催化剂具有羧基、酚羟基和磺酸基团，这些基团能与纤维素上的羟基形成氢键，从而表现出对纤维素很强的吸附能力[131-137]。在纤维素水解的过程中，一旦纤维素被羧酸基团和酚羟基吸附，就很容易被磺酸基团水解（图2-19）。因此，羧酸基团、酚羟基团和磺酸基团的协同作用是含碳固体酸催化剂具有优异催化活性的主要原因，这与其具有较低的水解活化能一致。此外，—Cl与羧酸基团和酚羟基团一样，对纤维素有很强的吸附能力。因此，如三氯蔗糖衍生物的固体酸催化剂(SUCRASO₃H)[138]、聚氯乙烯混合的淀粉衍生物的固体酸催化剂(PVC-SC-SO₃H)[139]和用盐酸预处理纤维素衍生物的固体酸催化剂(HA-CC-SO₃H)[140]等，这类含氯和磺酸基团的新型碳基固体酸催化剂在纤维素水解过程也表现出较好的得率：120℃下反应24h，葡萄糖的得率55.0%；120℃下反应6h，总还原糖的得率可达95.8%；在155℃下反应4h，葡萄糖的选择性为95.8%。

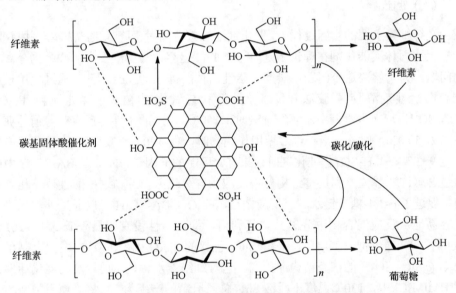

图2-19 纤维素在碳质固体酸催化剂催化下的水解过程

此外，科研工作者在寻找新型碳基固体酸催化剂方面已经付出很多努力，但是影响碳质固体酸催化剂制备的因素很少被研究。最近，Pang等人发现磺化温度对磺化活性炭(AC-SO₃H)的酸密度和比表面积有很大的影响[141]。磺化温度越高，总酸浓度越高，磺化温度从150℃升至300℃时，总酸浓度相应地从0.8mmol/g增加到2.19mmol/g。此外，随着磺化温度从150℃提高至250℃，—SO₃H的密度从0.19mmol/g增加到0.24mmol/g，—SO₃H的比表面积从709m²/g增加到945m²/g。然而，当磺化温度进一步升高至300℃时，相应的值急剧下降。此外，在磺化过程之前用HNO₃预处理活性炭导致总酸浓度的额外增加，因为用HNO₃处理活性炭还引入了一些酸性官能团，如—OH或—COOH，这可以改善AC-SO₃H在纤维素水解过程中的催化活性。用HNO₃预处理AC-SO₃H，和AC-N-SO₃H-250，并在250℃下对其磺化会使其具有最好的催化效果,在 150℃下反应 4h,葡萄糖得率能达到62.6%。除磺化温度外,Pang 等[141]也发现碳源的类型对碳基固体酸催化剂的催化活性也有很大的影响。为了说明这个问题,他们测试了六种碳源,分别是乙炔碳黑、多壁碳纳米管、纤维素碳、树脂碳、椰子壳活性碳和有序介孔碳(CMK-3)。结果表明,磺化 CMK-3 对纤维素水解具有最高的催化活性,在水溶液中 150℃下反应 24h,葡萄糖得率为 74.5%。与微孔碳相比较,磺化的 CMK-3 除了具有高酸密度和合理的比表面积外,还具有介孔碳结构,可促进大分子如葡萄糖、纤维二糖和纤维三糖的传质,这应该是其具有高催化活性的另外一个原因。更令人信服的是,纤维素的氢解和纤维素的水解也证明了介孔碳作为催化剂载体的优点[142]。

(九)磁性酸

在纤维素水解的实际过程中,催化剂地有效分离对于降低生产成本至关重要。虽然上述固体酸催化剂在理论上是可分离的,但存在与纤维素水解残余物分离难的问题。为了解决这个问题,研发了磁性固体酸催化剂。Lai 等[143]通过使用模板化表面活性剂溶胶-凝胶法开发了磺化介孔二氧化硅-磁铁矿纳米颗粒(Fe_3O_4-SBA-SO_3H),在水溶液中水解纤维素时,150℃,3h 的条件下反应获得葡萄糖产率的为 50.0%。此外,当纤维二糖用作底物时,在 120℃下反应 1h,葡萄糖产率高达 96.0%,比 H_2SO_4 作催化剂时效果好。可能的原因是,Fe_3O_4-SBA-SO_3H 中的通道含有许多酸位点和规整结构使得反应物容易进入,并与这些酸性位点相互作用,促进了 α-1,4-糖苷键水解。反应之后,Fe_3O_4-SBA-SO_3H 可以通过外部永磁体很容易地从反应混合物中分离并重复利用,催化活性没有明显降低(图 2-20)。Kong 等[144]通过把—SO_3H 固定在 SiO_2 包封的 Fe_3O_4 纳米颗粒的表面上制备了 Fe_3O_4@SiO_2-SO_3H 的核壳结构催化剂,它对纤维素水解显示出较高的催化活性,在[BMIM]Cl 中,130℃温度下反应 8h,总还原糖的产率为 73.2%。使用类似的方

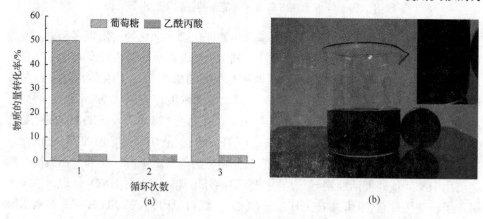

图 2-20 Fe_3O_4-SBA-SO_3H 催化剂的重复利用和分离过程

法，Zhang 等[145]合成了一种磁性葡萄糖碳基固体酸催化剂(Fe_3O_4 @ $C-SO_3H$)和超顺磁性的核壳结构纤维素衍生物碳基固体酸催化剂($PCM-SO_3H$)，在140℃的水溶液中转化 12h，纤维素转化率为 52.1%，选择性为 48.1%；在[BMIM]Cl 中，130℃温度条件下反应 3h，总还原糖产率为 68.9%。Verma 等[146]研制铁基功能化石墨烯氧化物固体催化剂($Fe-GO-SO_3H$)，在 75℃的低温 44h 条件下水解纤维素，实现葡萄糖产率 50.0%、总还原糖产率 94.3%。$Fe-GO-SO_3H$ 的优异催化活性应归因于氧化石墨烯较高浓度的羧基、酚羟基和—SO_3H 结构。

(十) 其他

除上述固体酸催化剂外，还有许多可用于纤维素水解的其他种类固体酸催化剂。如，方和张等通过共沉淀法制备了水滑石纳米粒子($Mg_4Al_2(OH)_{12}CO_3$)[147]和钙铁氧化物($CaFe_2O_4$)[148]催化剂，在水溶液中用作固体酸催化剂催化纤维素水解时，150℃反应 24h，可分别得到 47.4%和 49.8%的总还原糖产率，以及 85.8%和 74.1%的葡萄糖选择性。这两种催化剂可以重复使用四次，并且没有催化活性的明显下降。Tong 等[149]报道了各种酸活化的蒙脱石催化剂，结果表明在水溶液中 200℃下反应 4h，经过 H_2SO_4(SA-MMT)处理的蒙脱石表现出高达 91.2%的纤维素转化率，而在相同的反应条件下用 H_3PO_4(PA-MMT)处理的蒙脱石显示出更好的总还原糖产率(高出 16.9%)。Akiyama 等[150]通过溶剂热反应合成了一种新的基于 MIL-101(PCP)含—SO_3H 基团的铬氧化物簇和对苯二甲酸酯配体组成($MIL-101-PCP-SO_3H$)的多孔配位聚合物(图 2-21)，在水溶液中 120℃下反应 3h，葡萄糖和纤维二糖的产率分别为 1.4%和 1.2%。在强酸性条件下水解纤维素，通常不希望产生副产物 HMF、乙酰丙酸和甲酸，经核磁共振分析也证实在本研究中没有生成这些产物。假设纤维素链只有一端可以进入 $MIL-101-PCP-SO_3H$ 孔中并与酸性位点接触，导致完全并有选择性的纤维素链切割。此外，应该指出的是水解效率取决于纤维素与酸性位点之间的接触时间和频率，并通过增加可以捕获纤维素的微孔而增强。然而这一过程机制需要进一步探索。最近，Qian 等[151]设计了一种新颖的陶瓷膜式固体酸催化剂(PIL-CM-PSSA)(图 2-22)，由通过紫外引发自由基聚合法合成的聚(乙烯基咪唑氯化物)离子液体聚合物和由表面引发原子迁移自由基聚合法合成的聚(苯乙烯磺酸)聚合物组成，用于纤维素的溶解和水解。在[EMIM]Cl 水溶液中，130℃下反应 6h 和 140℃下反应 48h，总还原糖的收率分别达到 32.7%和 97.4%。PIL-CM-PSSA 的催化活性可以通过改变聚合物的链长与嫁接在陶瓷膜上的分支链密度来调节，这是固体酸催化剂发展的巨大进步。

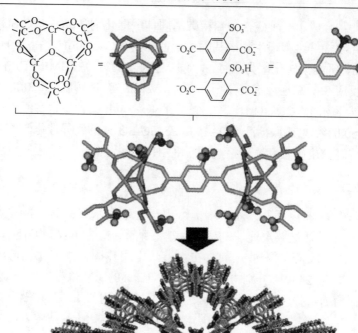

图 2-21　MIL-101-PCP-SO$_3$H 的结构图

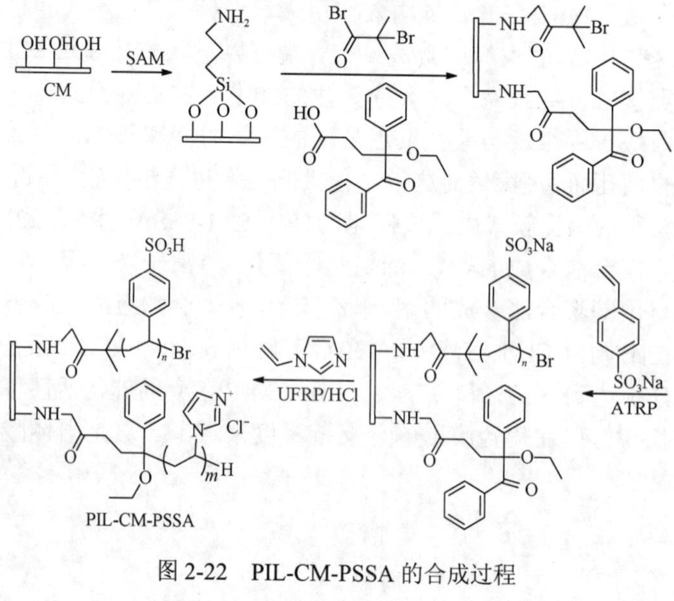

图 2-22　PIL-CM-PSSA 的合成过程

四、亚临界和超临界水解

近年来，以水为溶剂和反应介质的超临界流体液化技术得到了广泛研究。它是一种环境友好、可持续发展的技术。当水所处体系的温度和压力超过水的临界温度(374℃)和临界压力(22.1MPa)时，称其为超临界水(supercritical water, SCW)。超临界水的物理、化学性质较常态下的水发生了非常显著的变化。如水的离子积在高温高压下由 10^{-14} 增至 10^{-11}，使其本身就具有强酸和强碱的性质；超临界水的介电常数与一般有机物很接近，使纤维素在其中的溶解度很大；通过控制压力可以操纵反应环境，增强反应物和产物的溶解度，消除相间传质对反应速率的限制，因而超临界水中进行的纤维素化学反应的速度比传统液相反应要快得多。超临界水液化技术是利用超临界水具有的不同寻常的性质，使得纤维素在超临界流体中快速反应的新方法[152, 153]。该方法的显著特点是不需要加入任何催化剂，反应时间短，反应选择性高，且对环境无污染，极具现实意义和应用前景。

纤维素超临界水液化反应装置有间歇式和连续式反应器两种。其中间歇式反应器是先使反应物在封闭、高压和高温容器中反应，然后取出反应器急冷，使反应迅速停止，再对反应产物进行分析。若要对反应的动力学进一步研究，则需采用连续式反应装置，其反应釜最高设计温度为500℃，最高设计压力为50MPa。

GC-MS 分析显示，在亚临界和超临界状态下纤维素的液化产物成分相当复杂，主要为 5～7 个碳原子且含环状结构的酮、糠醛、5-甲基糠醛、HMF 等小分子有机物，且随着温度变化，产物成分及浓度有较大变化。在亚临界条件下反应，主要液化产物为糠醛、2-甲基-2-环戊烯-1-酮、5-甲基糠醛、2-羟基-3-甲基-2-环戊烯-1-酮、邻苯二酚、HMF、对苯二酚和2-甲基-1,4-苯酚等；在超临界条件下反应，主要液化产物为环戊酮、糠醛、2-甲基-2-环戊烯-1-酮、5-甲基糠醛、苯酚、2,3-二甲基-2-环戊烯-1-酮、HMF、2-甲基-1,4-苯酚。其中，相同的产物为糠醛、2-甲基-2-环戊烯-1-酮、5-甲基糠醛、HMF 和-2 甲基-1,4-苯酚。

纤维素及其水解产物在亚临界和超临界水中反应，在没有催化剂存在的条件下，产物转化率相当高。对产物进行高效液相色谱分析得到了相似的结论，发现主要产物是赤藓糖、二羟基丙酮、果糖、葡萄糖、甘油醛、丙酮醛及低聚糖等[154]。纤维素亚临界和超临界水解的反应途径是纤维素首先被分解成低聚糖和葡萄糖，葡萄糖通过异构化变为果糖。葡萄糖和果糖均可被分解为赤藓糖和乙醇醛或是二羟基丙酮和甘油醛。甘油醛能进一步转化为二羟基丙酮，而这两种化合物均可脱水转化为丙酮醛。丙酮醛、赤藓糖和乙醇醛可进一步分解成更小的分子，主要是含 1～3 个碳的酸、醛和醇。在酸性环境下，葡萄糖直接脱水转化为 HMF，而且其产率随着反应时间的延长而增加[155-156]。纤维素快速热裂解的液态产物去除水后，得到焦油类物质。利用 GC-MS 对液体产物进行成分分析表明，其主要成分为一些含甲基、乙基、甲氧基、羟基等官能团的酮类、苯酚类及醛类、醇类化合物，以及少量酸类化合物，且这些化合物的分子都具有高度的极性，而非极性的芳香族和脂肪类化合物含量则相当少。将实验中所得到的液化产物与以上反应机理和产物比较，可以推断出纤维素在亚临界和超临界水中反应时，水解和热解同时进行。这主要是因为实验所采用的间歇式反应装置存在一些缺陷，在反应釜内流体温度达到超临界状态时反应时间比较长，使得葡萄糖和一些低聚糖在达到反应温度前已发生热分解和聚合反应，最终转变成糠醛、5-甲基糠醛、HMF 和一些含甲基、羟基、羟甲基等官能团的酮类和苯酚类化合物。在实验中，还对反应温度和纤维素与水质量比对纤维素转化率的影响做了初步研究。由于气体不易收集且在液化过程中量少，因此将产生的气体计算在液化产物中。

超临界反应表明，纤维素的液化转化率先随着反应温度缓慢上升，到 360℃ 后纤维素的液化转化率开始急骤上升，380℃左右转化率达到最大值，随后转化率开始下降。这主要是由于在达到超临界状态前，反应为两相反应，反应进行不完全；当达到超临界状态时，反应变为均相反应，反应速度成指数倍增长，反应更完全；随着温度进一步升高，反应时间增加，液化产物会热分解为焦炭等不溶性物质，使得液化产率下降。间歇式反应装置在压力为 30~40MPa、温度为 340~420℃的实验条件下，纤维素在亚临界和超临界水中液化的实验结果表明：主要产物为糠醛、5-甲基糠醛、HMF 和一些含甲基、羟基、羟甲基等官能团的酮类和苯酚类化合物；反应温度变化时，液化产物成分和浓度有较大改变。从纤维素在亚临界和超临界水中反应机理可知：水解和热解同时进行，纤维素在亚临界和超临界水反应温度为 380℃左右时，液化转化率最高；纤维素与加入水的质量比为 1:15 时，液化转化率达到最大值。纤维素超临界液体水解产物的主要类型见图 2-23。

五、酸水解溶剂体系

众所周知，纤维素是葡萄糖以 β-1,4-糖苷键首尾链接的线性大分子结构，因在分子结构上存在大量羟基而构成分子内和分子间氢键，形成了纤维素复杂的超分子链结构和较强的机械强度[157, 158]。因大量的分子内和分子间氢键结构，使纤维素不溶于水溶液和大部分有机溶剂[159, 160]，给后续的高效纤维素酸水解造成了很大的障碍。当前，寻找合适的纤维素水解溶剂是解决纤维素高效水解糖化瓶颈问题的有效手段。

纤维素溶剂需要满足的条件是能有效渗透到纤维素分子链结构中，打开并取代原先的纤维素分子内和分子间氢键，使纤维素游离并溶解于溶剂中。目前广泛应用的纤维素溶剂有氢氧化钠/尿素[NaOH/CO(NH$_2$)$_2$]溶液[161]、氢氧化钠/二硫化碳(NaOH/CS$_2$)溶液[162]、N-甲基吗啉氧化物(NMNO)[163]、二甲亚砜/四丁基氟化铵(DMSO/TBAF)[164]、N,N-二甲基甲酰胺/氯化锂(DMF/LiCl)[165]等。尽管这些纤维素溶剂已经有了工业应用，但是这些溶剂或多或少的存在溶解性能不足、有毒、不可循环应用和环境不友好等问题，因此开发新型绿色环保的纤维素溶剂对于纤维素水解工业来说显得尤为重要。

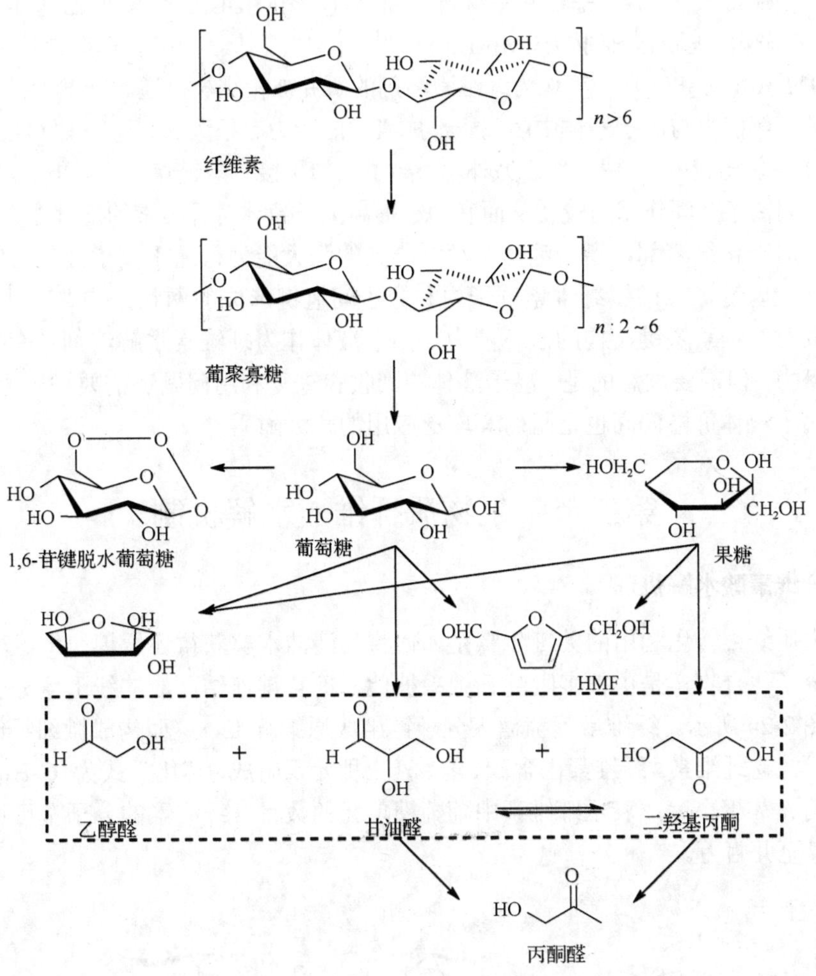

图 2-23　纤维素超临界液体水解产物的主要类型

近年来，离子液体作为一种新型纤维素溶剂被开发应用，因其具有低蒸汽压、热稳定性好、燃点低、导电性好、结构多样性等特点，被认为是绿色环保型溶剂而得到广泛关注。1934 年，Graenacher[166]首次发现氯化 N-乙基吡啶与含氮碱组成的离子液体有溶解纤维素的能力，开辟了离子液体溶解纤维素的先河，但当时并未得到重视。直到 2002 年，Swatloski 等[160]报道了在 100℃以下，氯化 1-丁基-3-甲基咪唑([BMIM]Cl)溶解纤维素的相关研究，溶解量可达 25%，开创了离子液体作为纤维素溶剂的新纪元。接下来，丙酸 1,1,3,3-四甲基胍酯([TMGH][EtCOO])[167]、氯化

1-烯丙基-3-甲基咪唑([AMIM]Cl)[168]、氯化 1-乙基-3-甲基咪唑([EMIMCl)[169]、氯化 1-丁基-3-甲基吡啶([BMPy]Cl)[170]、甲酸 1-丁基-3-甲基咪唑([BMIM]HCOO)[171]、乙酸 1-乙基-3-甲基咪唑([EMIM]OAc)[172]、乙酸 1-丁基-3-甲基咪唑([BMIM]OAc)[173]、1-丁基-3-甲基咪唑二氰胺([BMIM]DCA)[174]、1-乙基-3-甲基咪唑双-三氟甲基磺酰亚胺([EMIM]NTf2)[175]、1-乙基-3-甲基咪唑二乙基磷酸([EMIM](MeO)$_2$PO$_2$)[176]等作为纤维素溶剂的研究被相继被报道。纤维素在离子液体中的溶解能力与离子液体中阴离子形成氢键的能力有很大关系[177]，如 OAc$^-$、Cl$^-$、HCOO$^-$表现出较好的效果[162]。另外，阴离子上如果接有短链烷烃、吸电子基团等，使其与阳离子之间作用力较弱从而有助于提高离子液体对纤维素的溶解能力[177]。

相对于传统溶剂，离子液体溶解纤维素的强大能力得益于离子液体与纤维素羟基形成氢键，打破了纤维素分子内和分子间氢键形成的网状结构[178-180]。正是因为其对纤维素氢键结构的破坏能力，离子液体作为纤维素水解溶剂具有很大的应用潜力，但需要注意的是，离子液体的回收和重复利用问题还需要进一步研究，同时离子液体价格偏高也是阻碍其广泛应用的一大障碍。

第三节 生物质纤维酸水解机制

一、纤维素酸水解机理

木质纤维转化利用的关键步骤是如何将其清洁水解获得还原糖。纤维素是天然高分子化合物，是由很多吡喃葡萄糖彼此以糖苷键连结而成的线形巨分子，结构如图 2-24 所示。纤维素葡萄糖大分子链组成原细纤维，继而构成微细纤维，最后构成植物纤维素。纤维素由含碳、氢、氧三种元素组成，其化学式为 $(C_6H_{10}O_5)_n$，这里 n 为聚合度，表示纤维素中葡萄糖单元的数目。纤维素的分子量可达几十万，甚至几百万。

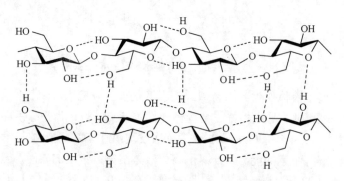

图 2-24 纤维素链分子间和分子内氢键

第二章 纤维素的酸水解化学

纤维素大分子间通过大量的氢键连接在一起形成晶体结构的纤维束,这种结构使得纤维素的性质很稳定,它不溶于水、无还原性,在常温下不发生水解,在高温下水解也很慢,只有在催化剂存在下,纤维素的水解反应才能显著地进行。

纤维素经水解可生成葡萄糖,该反应可表示为

$$(C_6H_{10}O_5)_n + nH_2O \longrightarrow nC_6H_{12}O_6$$

在纤维素的稀酸水解中,水中的氢离子(即水合氢离子)可和纤维素上的氧原子结合,使其变得不稳定,容易和水反应,纤维素长链即在该处断裂,同时又释放出氢离子。所得到的葡萄糖还会进一步反应,分解为乙酰丙酸、甲酸及其他副产品,该过程如图 2-25 所示:

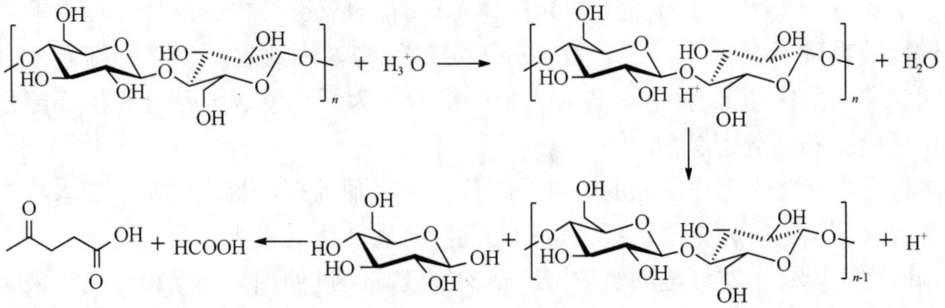

图 2-25 纤维素酸水解过程及糖降解过程

如图 2-26 所示,糖苷键断裂要经历三步反应,以葡萄糖间糖苷键为例,步骤如下。

(1) 糖苷键的氧原子受到 H^+ 进攻,迅速质子化(图 2-26(a))。

(2) 糖苷键上的正电荷转移到 C-1,由于断开 C—O 键,形成碳正离子,并在 C-4 上形成羟基(图 2-26(b) 和 (c))。

(3) 在水作用下碳正离子得到一个 OH^-,变为游离的残葡萄糖基,释放出 H^+(图 2-26(d))。

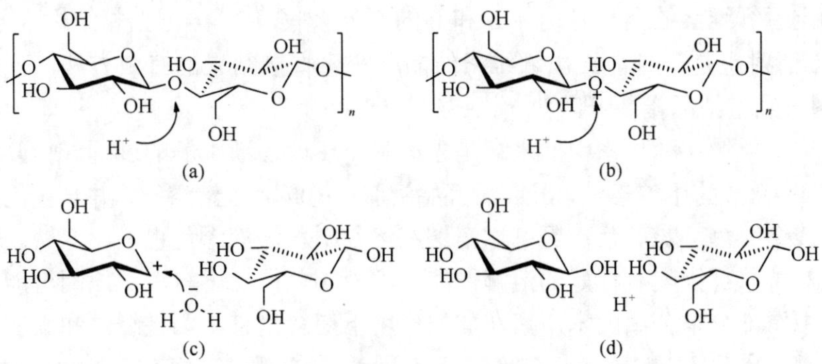

图 2-26 纤维素水解机理

二、纤维素水解过程中的结构变化

纤维素是 β-1,4-糖苷键组成的长链分子，长链分子再进一步形成一种具有高度结晶区的超分子稳定结构，这种超稳定结构使得纤维素很难水解。如果能清楚地了解纤维素的结构及其在水解过程中的变化，将为纤维素的糖化过程提供理论基础，从而有助于将数量庞大的纤维素转化为可供利用的各种化学品。

从 20 世纪 80 年代以来，在纤维素的结构方面，各国学者已经做了大量的研究。Atalla 和 Vanderhart[181]发现，天然结晶纤维素由两种纤维素异构 I_α 和 I_β 组成，其组成因纤维素来源不同而异。如细菌纤维素和海藻纤维素主要由纤维素 I_α 组成，然而高等植物组要由纤维素 I_β 组成[182-184]。Nishiyama 等[185, 186]通过中子衍射进一步阐明了纤维素的异构体 I_α 和 I_β 的氢键结构。另外，纤维素除了有序度较高的结晶区外，还含有部分无定形结构，因此也可以将纤维素分为结晶区和非结晶区两部分[187]。也有人把纤维素分为纤维素表面部分和核心部分，并作了检测和区分[182-188]。

将纤维素转化为化学品的关键是将其转化为葡萄糖，目前通常用酸水解法和酶水解法。无论何种方法，纤维素的结晶区是其转化的最大障碍。现在纤维素的结构研究主要集中在纤维的氢键网络结构以及其经过处理后的结构变化，来阐明各种处理的效果，以寻找最佳方法[189]。20 世纪 80 年代以来，固体核磁就已经作为一种有效的工具来研究纤维素的结构特征，特别是超微结构。同时此方法也广泛地用来研究经过各种处理后的纤维结构变化。Zawadzki 和 Wisniewski[190]、Yamamoto 和 Horii[191]应用固体核磁共振(CP/MAS ^{13}C NMR)技术研究了经过热处理后的纤维素结构变化。Pu 等[192]、Hult 等[193]应用固体核磁和线性拟合的方法研究了纤维素的超分子结构。结果表明，通过酶水解，纤维素的各种异构体(纤维素 I_α、纤维素 I_β、纤维素次晶结构)和非结晶区都有不同程度的变化。傅里叶红外光谱也是一种经常用来检测纤维素氢键结构变化的有效方法。也有学者等通过红外光谱确定了纤维素的两个异构体 I_α 和 I_β 的红外吸收[194-196]。根据相结构区分方法，广角 X-衍射也是一种能给出纤维素结晶度变化直接结果的有效方法，可以通过 XRD 图谱确定结晶指数[196-198]。

纤维素材料在酸体系中的水解是先溶胀，然后逐渐水解的过程。竹浆纤维放进含有4%盐酸的甲酸溶液，0.5h 后开始溶胀；1.0h 后逐渐溶解，并且颜色开始变深，呈浅墨绿色；2.0h 后已经基本溶解在溶剂中，溶液颜色也逐渐变深；表明甲酸溶液对竹浆纤维素有很好的溶解性能。溶液颜色最后比较深，原因可能一是竹浆纤维中有部分未分离的木质素在酸的作用下溶解出来，二是纤维和水解的糖在酸的作用下碳化而显墨绿色。观察显示，处理前的纤维表面有清晰的纹理结构，而经过甲酸溶解反应 0.5h 后，这些清晰的纹理结构消失了，纤维表面显得膨胀和饱满。详见图 2-27 和图 2-28。

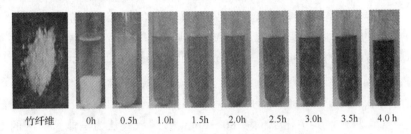

图 2-27　竹浆纤维在甲酸溶液中的溶解情况

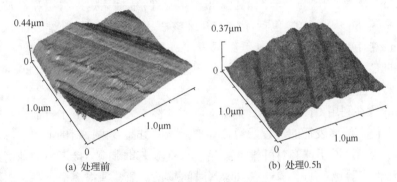

图 2-28　竹浆纤维在甲酸溶液中处理前后的 AFM 照片

纤维素结构主要由结晶区和无定型区组成，其中结晶区对纤维素的强度起到了很大的作用，有利于纤维素作为材料的应用，但这也严重阻碍了纤维素的高效快速水解。纤维素在酸水解过程中，重点关注的是其结晶结构的变化情况，目前普遍采用的研究方法有固体核磁共振（CP/MAS ^{13}C NMR）、傅里叶变换红外光谱（FT-IR）、扫描电子显微镜和 XRD 等技术手段。

在纤维素的 CP/MAS ^{13}C NMR 研究中，葡萄糖单元上碳化学位移归属得到了广泛研究和确认，其中 C-1、C-4 和 C-6 的化学位移已经通过生物化学合成和 ^{13}C 示踪技术得到证实，但 C-2、C-3 和 C-5 的化学位移归属还没达成统一意见[199-202]。Teeäär 和 Lippmaa[203]基于 ^{13}C 的自旋晶格驰豫差异研究了棉纤维素（富含纤维素 I_β 相）C-2、C-3 和 C-5 的化学位移归属，他们认为低场化学位移 76.8mg/L 和 76.0mg/L 对应于 C-2，因为 C-2 的化学位移靠近 C-1 的化学位移峰；单峰 73.0mg/L 对应于 C-5；因为化学位移 74.2mg/L 的弛豫快于其他化学位移峰，故此化学位移对应于 C-3。Kono 等[199]利用 D-[1,3-^{13}C]合成细菌纤维素，通过示踪技术研究认为化学位移 76.8mg/L 和 76.0mg/L 归属于 C-3。

不同的纤维素因来源和分离方法的不同，核磁谱线中会表现出有差异的化学位移。通过对比微晶纤维素的固体核磁共振谱线峰型发现，其与苎麻、棉花纤维、棉花丝光纤维等相同，这一结果与微晶纤维素来源于棉纤维一致[181, 182]。不同纤维素的核磁共振谱线有所区别，但是最有价值的信息来自于其结晶区和非结晶区，最明显的表现是在C-1(δ101～107mg/L)和C-4(δ80～91mg/L)核磁共振谱线上。图谱谱线表明峰重合比较严重，利用线性拟合分峰法对峰进行分离，达到定量分析纤维素中各组分的目的。在核磁图谱中，最有价值的谱线峰在 C_4 处，C-4峰有两簇，其中化学位移80～86mg/L区域被认为是非结晶区的C-4所贡献，化学位移86～92mg/L区域被认为是结晶区和次晶区的C-4所贡献[204, 205]。Wickholm等[188, 205]认为在非结晶区(80～86mg/L)包括无定形组织和可及纤维表面，结晶区(86～92mg/L)包括晶区、纤维核心和纤维不可及纤维表面。尽管在80～92mg/L包含多种类型，如纤维素表面、晶体缺陷部分、无定形区，还有半纤维素的C-4的化学位移贡献，但这不影响通过计算80～86mg/L和89～92mg/L的面积来表征表观结晶指数[206, 207]。

Zhao等在利用CP/MAS ^{13}C NMR研究了杉木浆球磨和酸水解前后结晶度变化用C-4化学位移表征的过程发现，球磨后原料结晶度由原料的0.787降低到球磨后的0.52，这说明球磨对纤维素结晶结构有较大的影响。接下来的球磨后原料的水解活性实验也证明了这一点，球磨时间越长，葡萄糖得率也越高。对酸水解前后纤维素结晶度变化表征发现，水解时间越长结晶度越高，这说明纤维素的无定型区在水解过程中具有优先性[208]。

笔者在研究中发现，竹浆纤维在盐酸甲酸溶液中处理前后的CP/MAS ^{13}C NMR图谱中(图2-29)，峰型相差不大；但与微晶纤维素相比，还是有很大的区别，主要表现在化学位移105mg/L、75mg/L和65mg/L附近。在化学位移105ppm附近，微晶纤维素的共振谱线有3个特征峰，而竹浆纤维为1个特征峰；在化学位移75ppm附近，微晶纤维素的共振谱线有4个特征峰，而竹浆纤维为2个特征峰；在65ppm附近，微晶纤维素的共振谱线仅有1个特征峰，而竹浆纤维为2个特征峰。竹浆纤维为天然纤维素，主要由纤维素 I_α 和 I_β 组成。竹浆纤维核磁共振谱线峰与许多天然纤维素的峰型相同，如大豆壳、植物胚乳纤维、漂白桦木纤维、亚麻纤维、软木纤维等。如表2-3所示，将竹浆纤维素C-1、C-4的核磁共振谱线与微晶纤维素的对比，发现谱线峰重合更为严重。利用线性拟合分峰法对峰进行分离，竹浆纤维素C-1和C-4的共振谱线拟合后可以看出，水解过程中，无定形组分增加，说明竹浆纤维素的结晶区被破坏，转化为无定形区(图2-30)。但同时纤维素表面降低，说明水解过程中纤维发生了粘结，导致了表面能的降低。竹浆纤维素的结晶指数为30.54%，处理3h后结晶指数为40.22%，结果表明处理前后结晶指数增加。竹浆纤维是经过制浆处理后的纤维，结构较微晶纤维松散，比表面大，结晶指数只有微晶纤维的一半，但水解过程发生了黏结，结晶指数增加的部分主要来至于纤维表面的减少。微晶纤维素的水解研究表明水解同时发生在结晶区与非结晶区，在水解液中有葡萄糖和还原糖生成表明竹浆纤维发生了水解，但是结晶指数增加、纤维表面积减少的事实说明水解是由表及里，逐步渗透的结果，对竹浆纤维表面和无定形区影响较结晶区大。而微晶纤维素的结晶指数为 65.85%，处理 3h 后结晶指数为 66.13%，处理前后没有明显变化(表 2-4)。微晶纤维素是高纯度、高结晶度纤维素，在水解液中有葡萄糖和还原糖生成表明微晶纤维素发生了水解，但是结晶指数没有发生变化的事实说明水解同时发生在结晶区和无定形区，由纤维表面逐步向纤维内部渗透水解。

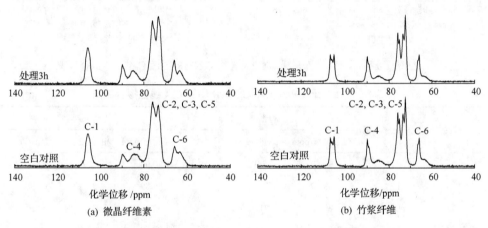

图 2-29　微晶纤维素与竹浆纤维 CP/MAS ^{13}C-NMR 谱图

表 2-3　竹浆纤维素 ^{13}C-NMR 化学位移归属　　　(单位：mg/L)

材料	对照				处理 3h			
	C-1	C-4	C-2/C-3/C-5	C-6	C-1	C-4	C-2/C-3/C-5	C-6
微晶纤维素	106.722	89.881	75.926	65.944	106.741	89.856	75.927	65.936
	106.065	85.422	75.155		106.087		75.170	
	105.046	84.665	73.445		105.059	84.773	73.462	
			72.362				72.370	
竹浆纤维	105.853	84.375	75.917	65.844	106.005	89.825	75.948	65.917
		89.682	73.308	63.419		84.807	73.196	63.524

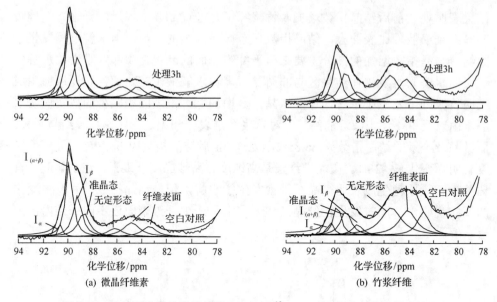

图 2-30 微晶纤维素与竹浆纤维 CP/MAS ^{13}C NMR 图谱 C-4 线性拟合情况

表 2-4 竹浆纤维 CP/MAS ^{13}C NMR 图谱 C-4 线性拟合结果

材料	化学位移归属	对照			处理 3h		
		化学位移/ppm	相对强度/%	CrI/%	化学位移/ppm	相对强度/%	CrI/%
微晶纤维素	I_α	90.59	2.92		90.60	2.92	
	$I_{(\alpha+\beta)}$	89.89	29.29		89.89	31.52	
	准晶态	89.22	21.42		89.18	24.81	
	I_β	88.72	15.76	65.85	88.68	11.60	66.13
	无定型态	86.17	7.79		85.61	14.01	
	纤维表面	84.83	13.92		84.36	10.18	
	纤维表面	83.40	8.90		83.12	4.96	
竹浆纤维	I_α	90.36	4.23		90.48	2.68	
	$I_{(\alpha+\beta)}$	89.81	11.52		89.87	18.54	
	准晶态	89.12	12.89		89.12	17.33	
	I_β	88.17	5.74	30.54	88.19	8.22	40.22
	无定型态	85.42	20.17		85.50	25.82	
	纤维表面	84.09	26.17		84.23	20.62	
	纤维表面	82.83	19.28		82.99	6.78	

笔者研究发现,在竹浆纤维的红外光谱图中,其典型振动吸收峰和微晶纤维的

相同，3340~3412cm^{-1}处宽峰为O—H的伸缩振动吸收所引起，属于纤维素的特征吸收峰。2968cm^{-1}和2900cm^{-1}附近的吸收峰归属于—CH$_2$中C—H的伸缩振动吸收峰。1630cm^{-1}附近的吸收峰为纤维素吸收空气中的水所致。1431cm^{-1}和1316cm^{-1}附近的吸收峰为—CH$_2$中C—H的摇摆振动。C—H的弯曲振动吸收峰出现在1373cm^{-1}和1281cm^{-1}附近，1201cm^{-1}处的吸收峰为葡萄糖环C$_6$上C—O—H的面内弯曲振动吸收峰，1237cm^{-1}为O—H的弯曲振动吸收峰，1158cm^{-1}和901cm^{-1}为糖苷键C—O—C的伸缩振动吸收峰，葡萄糖环的面内振动吸收在波数1114cm^{-1}。1061cm^{-1}和1033cm^{-1}处的强吸收分别为C-3、C-6上C—O吸收峰。在672cm^{-1}、711cm^{-1}的吸收为C—O—H的面外弯曲吸收峰。竹浆纤维处理前后的红外图谱大体相同，但是在强度上有不同程度的差异，其变化和微晶纤维水解过程中的变化大体相同。处理1h后的红外光谱变化和微晶纤维素处理1h的差别不大，处理3h后的红外光谱变化与微晶纤维素处理5h的变化相似。处理5h后，所有的吸收峰强度都有所下降。3400~3430cm^{-1}处的吸收在处理1h后下降，然后增加，表明氢键数量先减少然后增大，说明水解过程中发生了聚结；同时，3400cm^{-1}左右的宽吸收峰向高波数有微弱迁移，表明纤维素在水解过程中氢键断裂，纤维素结晶结构被破坏。处理过后的纤维，在1718cm^{-1}处有吸收峰出现，表明甲酸渗透到了纤维内部，且形成了新的键。竹浆纤维素红外光谱中，在712cm^{-1}处有明显的吸收峰，在760cm^{-1}处吸收较为微弱，但强度较微晶纤维素弱，760cm^{-1}和712cm^{-1}分别代表纤维素I$_\alpha$和I$_\beta$的典型吸收峰，这表明竹浆纤维素中富含纤维素I$_\beta$，但较微晶少。核磁共振的分析证明了这一点。竹浆纤维素的O—H伸缩振动吸收FT-IR光谱如图2-31所示。

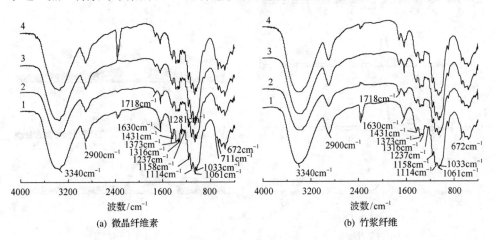

图2-31 微晶纤维素与竹浆纤维红外光谱图
1、2、3、4—分别表示未处理和处理1、3、5h后的样品

与微晶纤维相比，竹浆纤维容易水解。竹浆纤维素的红外结晶指数CrI(FT-IR)和LOI指数见表2-5。

表 2-5　竹浆纤维红外结晶指数 CrI（FT-IR）和 LOI 指数

材料	处理时间/h	CrI/% (1373/2900cm^{-1})	LOI (1430/895cm^{-1})
竹浆纤维	对照	84.86	1.03
	1	89.12	1.03
	3	78.85	1.08
	5	79.38	1.08

笔者对竹浆纤维素处理前后的样品进行 X 衍射分析（X-ray diffraction，XRD）如图 2-32 所示。竹浆纤维的晶体尺寸明显低于微晶纤维素（表 2-6），各晶面的衍射强度也明显低于微晶纤维素。微晶纤维素在处理过程中纤维素逐渐水解，但是结晶度和晶体尺寸没有发生改变，这些表明水解同时发生在结晶区和非结晶区。然而，竹浆纤维在水解过程中晶体尺寸和结晶度都随着反应时间的延长而减小。竹浆纤维的结晶度较微晶纤维素低，无定形纤维素含量较高。在处理过程中竹浆纤维的结晶度降低，这表明水解过中甲酸渗透到了结晶区，破坏了结晶区，使之转化为无定形，使结晶度降低，这也说明竹浆纤维素的结晶较微晶的容易打开，其晶体尺寸大小也说明了这一点。

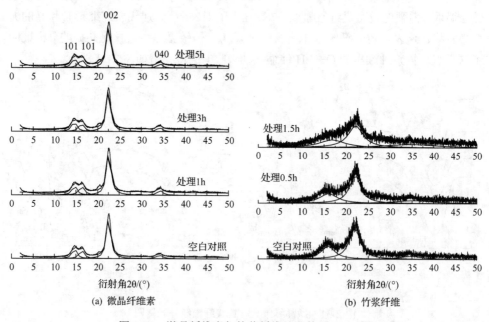

图 2-32　微晶纤维素与竹浆纤维处理前后 XRD 图

表 2-6 竹浆纤维 XRD 分析结果

材料	处理时间/h	晶面	衍射角/(°)	强度/Cps	晶宽/nm	结晶度/%
微晶纤维素	对照	101	14.700	2706	6.74	62.48
		10$\bar{1}$	16.372	2471	6.47	
		020	22.587	9430	7.51	
		004	34.258	1209	4.68	
	1	101	14.703	2181	6.83	63.13
		10$\bar{1}$	16.379	2157	5.94	
		020	22.596	7867	7.20	
		004	34.329	1440	5.62	
	3	101	14.617	2479	6.55	62.28
		10$\bar{1}$	16.291	2249	6.22	
		020	22.529	8254	7.37	
		004	34.229	1239	6.05	
竹浆纤维	对照	101	15.913	443	2.32	58.30
		020	21.930	862	2.88	
		004	34.766	205	1.34	
	0.5	101	16.024	338	1.73	52.22
		020	21.985	742	2.79	
		004	35.264	177	0.78	
	1.5	101	16.797	283	1.21	46.27
		020	22.091	646	2.06	
		004	34.879	196	0.57	

甲酸是一个扁平状结构的有机小分子，分子内 C、O、H 等原子相互结合的化学键 O═C—O—H 总长是 0.171nm，O═C—C—H 的总长是 0.224nm[209]；如图 2-33 所示，在纤维素的晶格结构中，纤维素相邻链之间有反复曲折的 O—H…O—H 键连接，相邻链的中线间距离约 0.450nm，而相邻链 O-1 基团之间的距离是 0.240nm，发生在分子内相邻 O-3 和 O-5 的距离是 0.331nm，而分子间 O-6…O-2 键长是 0.238nm、O-3…O-5 键长是 0.272nm[210]。因此，由链间 O-6…O-2、链内 O-3…O-5 以及相邻链 O-1 基团之间的大小为 0.238nm×0.279nm×0.240nm 的狭窄空间是化学分子能否进入纤维素分子晶格结构内空间的通道。分子内键长大于 0.238nm 的化学物质很难通过这个通道进入纤维素分子晶格结构内空间，而小于 0.238nm 的有可能通过这个通道进入晶格空间内部。因此，分子内最大键长为 0.224nm 的甲酸分子能够通过纤维素链间的狭窄通道进入晶格内部空间，AFM 观察、XRD 和 FT-IR 谱图

支持了这种观点。甲酸分子进入纤维素分子的内层空间结构后，打破了纤维素分子链内和链间的现有氢键结构，在甲酸和葡萄糖单元以及甲酸分子之间形成了新的氢键；甲酸分子之间氢键的增加，导致了更多的甲酸分子进入纤维素分子晶格结构的内层空间，撑开了纤维素分子间的距离，从而使纤维素逐渐溶解于甲酸溶液中，有利于溶液中的 H^+ 催化水解纤维素分子的 β-1,4-糖苷键，使其状态不稳定，最终断裂；这样，水解反应就发生了：

$$HCOOH + H_2O \longrightarrow HCOO^- + H_3O^+$$

$$[Glu\text{—}O\text{—}Glu\text{—}O\text{—}Glu]_n + nH_3O^+ \longrightarrow [Glu\text{—}O\text{—}Glu]_{n-1} + n Glu + nH^+$$

$$HCOO^- + H^- \longrightarrow HCOOH$$

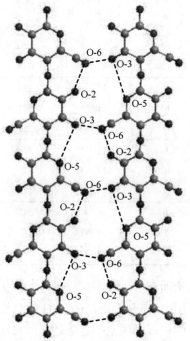

图 2-33　纤维素分子链氢键形式模拟图

Zhao 等[211]在利用扫描电子显微镜(SEM)研究棉短绒在稀硫酸溶液的水解中发现，棉纤维素在溶液中以长 300~500μm、直径为 10~20μm 的形式存在，如图 2-34 所示，纤维表面光滑。当纤维素转化 1%时，纤维的直径基本保持不变，但长度明显变短，纤维表面出现沟壑和点蚀现象。在水解之初引起的纤维表面变化，很可能是纤维表面的无定型部分的水解造成的。纤维素转化 5.3%时，部分纤维出现团聚，随着水解的进行，在水解之初出现的沟壑和点蚀消失，取而代之的是散布于纤维素表面的 20～30nm 的点，纤维直径是介于棉纤维和微细纤维之间的微纤维束。纤维素转化11.8%时，纤维变短，团聚现象明显增加，形成直径为20～30nm的微细纤维束。纤维素进一水解，葡萄糖得率为25.5%时，微细纤维束轮廓变得更清晰。纤维素表面的无定型区被水解后，纤维素以微细纤维束的形成呈现，通过 XRD 和 CP/MAS^{13}C NMR 分析，在水解过程中棉纤维的结晶度基本没有发生变化，这说明纤维素的结晶区和无定型区在水解过程中同时被水解。特别是水解程度加深后，分析测试的微细纤维束的结晶度与原棉纤维素一致，这说明酸和水难以渗透到纤维素的晶格内部，水解同时发生在纤维素表面的结晶区和无定型区。棉短绒纤维素含量和结晶度高，与微晶纤维素相似，水解结果也与微晶纤维相同。因此，对于结晶度高的纤维素材料，采用渗透性强且能打开纤维素链之间氢键的试剂进行溶胀，然后进行水解对提高水解效率有很大的好处。

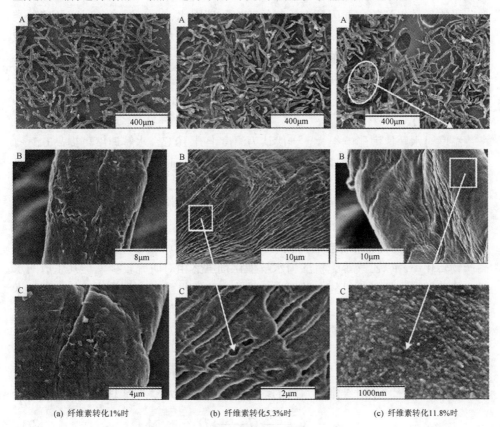

(a) 纤维素转化1%时　　　　(b) 纤维素转化5.3%时　　　　(c) 纤维素转化11.8%时

图 2-34　棉短绒稀硫酸水解过程中的 SEM 图
A 表示×100；B 表示×5000；C 表示×20000

第四节　生物质纤维酸水解动力学

一、纤维素水解动力学模型与影响因素

纤维素的水解反应表示为如下连串反应：

$$\text{纤维素} \xrightarrow{K_1} \text{葡萄糖} \xrightarrow{K_2} \text{降解产物}$$

一般认为纤维素水解反应的活化能要比葡萄糖分解的活化能高，故在条件可能的情况下，采用较高的水解温度是有利的。对硫酸来说，原来常用水解温度在170~200℃，20世纪80年代后，随着技术的进步，很多实验室开始研究反应温度在200℃以上的水解，最高可达240℃。

影响稀酸水解的主要因素有原料粉碎度、液固比、反应温度、时间、酸种类和浓度等。原料越细，原料和酸液的接触面积越大，水解效果越好，特别是反应速率较快时，可使生成的单糖及时从固体表面移去。

液固比即所用水解液和固体原料的质量比。一般液固比增加，单位原料的产糖率也增加，但水解成本上升，且所得糖液浓度下降。适用的液固比范围5~20，一般为8~10。

温度对水解速率影响很大，一般认为温度上升10℃，水解速度可提高0.5~1倍。但高温也使单糖分解速度变快，故当水解温度高时反应时间可短些。反之，所用时间可长些。

理论上看，酸浓度提高一倍而其他条件不变时，水解时间可缩短1/3~1/2。但这时酸成本增大，对设备的抗腐蚀性要求也会提高，所以常用酸质量浓度不会超过10%。稀酸水解常用盐酸和硫酸等无机酸，还可通过加$FeCl_2$等助催化剂提高产物转化率。以乙酸等无机酸为水解催化剂虽然相对研究较少，但其生成的水解产物降解速率低于无机酸，所以产物转化率比无机酸高，且生物质热裂解技术等可生成一定量的有机酸，若能够将其用作水解催化剂，对实现生物质的综合能源化利用将是非常有意义的。

二、纤维素酸水解动力学

Seaman等[212-214]对纤维素水解的动力学进行了研究，其模型为

$$C \xrightarrow{k_1} G \xrightarrow{k_2} D \tag{2-1}$$

式中，C为纤维素；G为葡萄糖；D为葡萄糖降解物；k_1为纤维素水解速率常数；k_2为葡萄糖降解速率常数。这个模型认为纤维素水解为葡萄糖的同时，葡萄糖也发生降解。事实上，纤维素的水解反应是固液两相一级扩散反应[212-219]：

$$r_1 = k_1[C] \tag{2-2}$$

葡萄糖在酸体系中不稳定，在纤维素水解为葡萄糖的同时，葡萄糖也发生降解，因此在研究纤维素的水解动力学时，必须研究葡萄糖的降解动力学，这样才能完整地描述纤维素的水解行为。相对于纤维素的水解反应，葡萄糖的降解反应可近似认为是快速反应，近似认为只跟葡萄糖初始浓度有关，由此得葡萄糖的降解速率方程为

$$r_2 = k_2[G] \tag{2-3}$$

纤维素水解和葡萄糖的降解是同时发生的，可认为是纤维素水解为葡萄糖和葡萄糖的降解是串联反应，根据纤维素和葡萄糖的物料平衡可得

$$-\frac{d[C]}{dt} = r_1 = k_1[C] \tag{2-4}$$

$$\frac{d[G]}{dt} = r_1 - r_2 = k_1[C] - k_2[G] \tag{2-5}$$

积分式(2-4)和式(2-5)得方程[220-223]

$$[G] = P_0 \frac{k_1}{k_2 - k_1}\left(e^{-k_1 t} - e^{-k_2 t}\right) + M_0 e^{-k_2 t} \tag{2-6}$$

式中，P_0、M_0为常数；边界条件为$t=0$，$[C]=[C_0]$，$[G]=0$，$[C_0]$为纤维素初始固体浓度，代入式(2-6)得：$P_0=[C_0]$，$M_0=0$，即[224]

$$[G] = \frac{k_1[C_0]}{k_2 - k_1}\left(e^{-k_1 t} - e^{-k_2 t}\right) \tag{2-7}$$

可表示为葡萄糖得率为

$$X_G = \frac{[G]}{[C_0]} = \frac{k_1}{k_2 - k_1}\left(e^{-k_1 t} - e^{-k_2 t}\right) \tag{2-8}$$

式中，X_G为葡萄糖得率[213-219]。

通过某一时刻测得的实际葡萄糖得率X_G与模型计算值$f(T, k_1, k_2)$可建立方差函数：

$$\sigma = \sum_{n=1}^{N} \frac{1}{N-1}[X_G - f(T, k_1, k_2)]^2 \tag{2-9}$$

通过计算方差最小时得 k_1、k_2 值及动力学方程参数值。对于一般的化学反应，其速率常数与温度之间的关系服从 Arrhenius 方程[225]：

$$k = A_0 e^{-E_a/RT} \text{ 即 } \ln k = \ln A_0 - E_a/RT \tag{2-10}$$

式中，A_0 为指前因子；E_a 为活化能。根据 $\ln k$-$1/T$ 成线性关系以及表 2-7 中不同温度下的 k_1、k_2 数据，计算得出指前因子和活化能。

表 2-7 微晶纤维素在含 4%（质量浓度）盐酸的甲酸体系中的水解反应动力学参数

参数	k_1/h^{-1}	k_2/h^{-1}	σ
55℃	6.34×10^{-3}	0.01	0.06
65℃	2.94×10^{-2}	0.14	0.28
75℃	6.84×10^{-2}	0.34	0.38

表 2-7 中的数据显示，在同样的温度下，葡萄糖的水解速率比纤维素的水解速率高，温度高时越发明显。如 55℃时，k_2/k_1 约为 1.6 倍，65℃时约为 4.8 倍，75℃时约为 5 倍，说明葡萄糖的降解反应相对于纤维素的水解反应来说可以认为是快速反应。从活化能看，葡萄糖降解的表观活化能稍高于纤维素水解的表观活化能（表 2-8），能垒高且反应速率快，说明葡萄糖的降解可能受热力学因素控制。

表 2-8 微晶纤维素在含 4%（质量浓度）盐酸的甲酸体系中的水解 Arrhenius 参数

物质名称	参数	数值
微晶纤维素	A_1/h^{-1}	4.90×10^{14}
	E_{a1}/(kJ·mol^{-1})	105.61
	σ	0.03
葡萄糖	A_2/h^{-1}	1.56×10^{19}
	E_{a2}/(kJ·mol^{-1})	131.37
	σ	0.25

硫酸、磷酸、硝酸、甲酸都不完全电离，且在溶液中易形成氢键而形成大分子[226]，氢键的形成也降低了有效的氢离子浓度；分子大不能有效地渗透到纤维素内部，从而抑制了纤维素的水解反应。葡萄糖的降解反应主要是羟基质子化重排降解反应[227]，氢离子浓度高则纤维素水解快。

将笔者研究结果与文献报道对比，如表 2-9 所示，纤维素和葡萄糖在甲酸中的水解和降解表观活化能与在 4%硫酸（质量浓度，下同）、4%盐酸、4%硝酸中的表观活化能相差不大，但是在 70%硫酸中的表观活化能却高出了许多。在反应过程中，浓酸中的反应温度低，一般都在 100℃以下，稀酸中的反应温度一般都在 120℃以上。浓硫酸很容易形成分子间氢键，阻止了渗透到纤维素内部和进攻葡萄糖上的羟基。同时，纤维素的种类也会影响纤维素水解的表观活化能，麦草、甘蔗渣的聚合度和结晶度都比微晶纤维素的低，更容易水解。这些都可能是纤维素在 70%硫酸中的表观活化能偏高的原因。尽管纤维素水解的表观活化能和葡萄糖降解的表观活化能有一定的差异，但是总的来看，差异还是在合理的范围内。

表 2-9 纤维素在酸水解中的水解参数

酸(质量浓度)	材料	A_1/h^{-1}	$E_{a1}/(\mathrm{kJ/mol})$	A_2/h^{-1}	$E_{a2}/(\mathrm{kJ/mol})$	参考文献
70%硫酸	微晶纤维素	4.91×10^8	127.20	1.33×10^{25}	166.90	[216]
4%硫酸	甘蔗渣	6.48×10^{13}	107.30	9.58×10^{15}	125.50	[218]
4%盐酸	甘蔗渣	6.48×10^{13}	105.00	2.39×10^{15}	117.60	[218]
4%硝酸	甘蔗渣	5.80×10^{14}	100.00	—	—	[220]

从动力学研究的数据看，以甲酸为介质，纤维素的水解表观活化能基本一致，说明纤维素在有机酸和无机酸介质中水解的难易程度相似。但甲酸是有机酸，比 70%硫酸作为溶剂来说容易回收，腐蚀性低；和稀酸相比，反应温度低。

在很多情况下，水解过程与[H$^+$]有很大关系，因此将速率常数与[H$^+$]相关联[228]：

$$k_j = k_0 C^n \tag{2-11}$$

式中，j 为 1 或 2；k_0 和 n 为常数，可由实验数据计算得到；C 是酸浓度。

众所周知，纤维素是由结晶区和无定型区构成，处于纤维表面和无定型区域的纤维素容易水解，而处于纤维内部和结晶区的纤维素则水解较慢。因此将纤维素分为快速水解部分和慢速水解部分，其中快速水解部分与整个纤维素的比例以 α 表示，在考虑纤维素水解难以程度因素的条件下，式(2-6)和式(2-7)可修正为[229]

$$[G] = \alpha P_0 \frac{k_1}{k_2-k_1}\left(\mathrm{e}^{-k_1 t}-\mathrm{e}^{-k_2 t}\right) + M_0 \mathrm{e}^{-k_2 t} \tag{2-12}$$

$$[G] = \frac{k_1 \alpha [C_0]}{k_2-k_1}\left(\mathrm{e}^{-k_1 t}-\mathrm{e}^{-k_2 t}\right) \tag{2-13}$$

三、半纤维素水解动力学

半纤维素是以木聚糖为主要结构的聚合物，在不同种类的植物中半纤维素的结构都不可能相同。在酸水解过程中的断键机制是一个随机过程，这造成了水解过程的不确定性。木聚糖是半纤维素的主要组分，因此大多数情况下的半纤维素水解动力学研究都是基于木聚糖的水解过程。尽管半纤维素没有纤维素的结晶区和非结晶区之分，相对于纤维素容易水解，但半纤维素在生物质结构中伴生在纤维素与木质素之间，且与木质素有键的结合，这造成了暴露在表面的半纤维素更容易、更快速水解，而埋藏在生物质内部的半纤维素因酸渗透慢而水解较慢。水解过程中，木聚糖首先水解为寡聚糖，然后水解为木糖；同时木糖也会降解为糠醛等产物。

目前应用最多的是类似于纤维素水解的简化模型[230]：

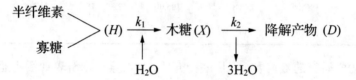

该模型将木聚糖水解为寡聚糖的过程进行了简化，模型中的 k_1 为半纤维素和寡聚糖水解为木聚糖的速率常数，k_2 为木聚糖的降解速率常数。设定半纤维素的水解反应和木糖的降解反应为一级反应，根据模型可建立如下速率方程：

$$\frac{\mathrm{d}H}{\mathrm{d}t} = -k_1 H \tag{2-14}$$

$$\frac{\mathrm{d}X}{\mathrm{d}t} = k_1 \frac{H}{0.88} - k_2 X \tag{2-15}$$

式中，H 为半纤维素和寡聚糖的浓度；X 为木糖的浓度；0.88 为半纤维素木聚糖单元与木糖分子量之比。

当以木糖为底物研究木糖降解过程时，式(2-16)中的半纤维素浓度可忽略，即可得到

$$\frac{\mathrm{d}X}{\mathrm{d}t} = -k_2 X \tag{2-16}$$

当 $t = 0$，$X = X_{\max}$，此时的 $X_{\max}$ 为测量值，由式(2-17)可得

$$\ln \frac{X}{X_{\max}} = -k_2 t \tag{2-17}$$

式(2-18)中的 k_2 可由设定条件下的实验数据求得。木糖的降解动力学参数 A_2 和 E_2 可由 Arrhenius 方程在不同温度 T 条件的速率常数 k_2 通过线性回归计算得到。

$$\ln k_2 = \ln A_2 - \frac{E_2}{R}\frac{1}{T} \tag{2-18}$$

通过对式(2-16)和式(2-19)进行积分，可得到反应过程中下一时刻木糖的浓度 X_{i+1}：

$$X_{i+1} = X_i + \frac{\Delta t}{2}\left[\frac{k_{1i} + k_{1(i+1)}H_{i+1}}{0.88} - k_{2i}X_i - k_{2(i+1)}X_{i+1}\right] \tag{2-19}$$

式中，i 为当前时间，$i+1$ 为下一时刻；Δt 为间隔时间；H_{i+1} 是半纤维素在下一时刻的浓度可由式(2-16)得到；k_{1i}、$k_{1(i+1)}$、k_{2i}、$k_{2(i+1)}$ 可实验值通过二次方程解析。

半纤维素虽比纤维素容易水解，但水解的过程中也存在快水解部分 H_f 和慢水解的部分 H_s，F_f 为 H_{fb} 整个半纤维素的比例，因此对前面半纤维素的水解模型可变形为[231]

$$\begin{array}{c}半纤维素\ (H_f)\\半纤维素\ (H_s)\end{array}\begin{array}{c}k_1\\ \searrow\\ \nearrow\\ k_2\end{array}木糖\ (X)\xrightarrow{k_3}糠醛\ (F)\ 和其他降解产物\ (D)$$

其中，X 为木聚糖的浓度，k_1、k_2、k_3 为速率常数。根据模型有

$$\frac{dH_f}{dt} = -k_1 H_f \tag{2-20}$$

$$\frac{dH_s}{dt} = -k_2 H_s \tag{2-21}$$

$$\frac{dX}{dt} = k_1 H_f + k_2 H_s - k_3 X \tag{2-22}$$

对式(2-21)、式(2-22)和式(2-23)解方程得

$$X = \frac{F_f}{k_3 - k_1}\left(e^{-k_1 t} - e^{-k_3 t}\right) + \frac{(1-F_f)k_2 H_0}{k_3 - k_2}\left(e^{-k_2 t} - e^{-k_3 t}\right) \tag{2-23}$$

式中，H_0 是木聚糖的初始含量。

考虑到酸浓度因素的影响，Arrhenius 方程修正为

$$k_i = k_{i0}(Ac)^{N_i}\exp(-E_i/RT) \tag{2-24}$$

式中，k_{i0} 为指前因子；Ac 为酸浓度；N_i 为速率常数指数。

以上述动力学模型计算得到的玉米芯和葵花籽壳酸水解速率常数方程如表 2-10 所示。

表 2-10　玉米芯和葵花籽壳酸水解速率常数方程[231]

参数	玉米芯	葵花籽壳
k_1/min^{-1}	$1.48\times10^{10}Ac^{1.21}\exp(-80.34/RT)$	$9.642\times10^{10}Ac^{1.55}\exp(-92.31/RT)$
k_2/min^{-1}	$2.00\times10^{10}Ac^{1.86}\exp(-85.67/RT)$	$4.32\times10^{9}Ac^{1.39}\exp(-78.35/RT)$
k_3/min^{-1}	$6.344\times10^{14}Ac^{0.78}\exp(-133.7/RT)$	

第五节　生物质纤维水解过程中葡萄糖的化学行为

笔者做了纤维素水解过程中葡萄糖的降解化学转化过程，结果如下。

一、葡萄糖在甲酸体系中的水解

（一）葡萄糖在88%甲酸（质量浓度，下同）中的降解情况

在反应温度为55℃、65℃和75℃，时间为0～120min条件下，葡萄糖在甲酸-水（0.88∶0.12，质量分数，下同）溶液中的降解过程，结果如图2-35所示。55℃，65℃和75℃时，葡萄糖的降解率随反应时间的延长而增加；葡萄糖的降解率也随反应温度升高而增加，20min时，由1.16%增至3.77%，120min时，由2.83%增至5.37%。前20min葡萄糖的降解速率迅速增加，后100min变缓，但是葡萄糖的降解率却都在5.5%以下，这表明葡萄糖在甲酸中仅少量降解。

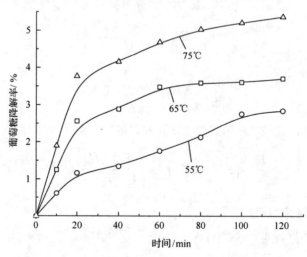

图 2-35　葡萄糖在88%甲酸溶液体系中降解率变化

（二）葡萄糖在含盐酸的甲酸体系中的降解情况

葡萄糖在含盐酸的甲酸体系中的降解情况见图2-36和图2-37。当盐酸浓度为

4%(质量分数,下同)[m(盐酸)∶m(甲酸)∶m(水)=0.04∶0.782∶0.178],反应温度分别为 55℃、65℃、75℃,反应时间为 20~120min 时,葡萄糖的降解率分别由 11.79%增至 25.96%、26.86%增至 39.75%、47.85%增至 49.37%。反应初始,葡萄糖降解率迅速增加,20min 后变缓。随着温度的升高,葡萄糖降解率也迅速增加,温度每升高 10℃,其降解率大约要升高 10%~15%,这表明反应温度对葡萄糖的降解影响较大。

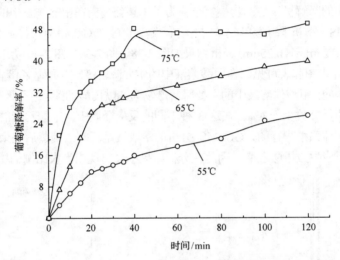

图 2-36 葡萄糖在含盐酸的甲酸体系中随反应温度和时间的降解率变化

葡萄糖在含质量分数为 8%盐酸的甲酸溶液[m(盐酸)∶m(甲酸)∶m(水)=0.08∶0.685∶0.235]中的降解情况见图 2-37,其降解趋势与 4%盐酸的甲酸溶液中

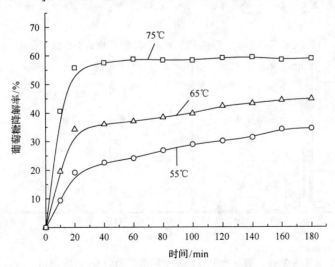

图 2-37 葡萄糖在含盐酸的甲酸体系中随反应温度和时间的降解率变化

相同，只是降解更为剧烈。对比图 2-35、图 2-36 和图 2-37 发现，盐酸的加入使葡萄糖的水解程度迅速增加。这表明，引起葡萄糖迅速降解的原因在于加入盐酸，增加了溶液中的 H^+ 浓度，而且盐酸浓度越高葡萄糖降解程度越大。

二、葡萄糖在甲酸体系中的主要降解途径分析

葡萄糖在酸体系中不稳定，容易发生降解，其分子上有 5 个羟基，不难想象葡萄糖在酸体系中的降解机制与产物很复杂。为了了解葡萄糖在甲酸体系中的降解途径，通过 GC–MS 分析降解产物，推测降解机制。GC–MS（毛细管柱为 DB FFAP–30m×0.25mm×0.25μm）分析结果如图 2-38、图 2-39、图 2-40 所示，其降解产物见表 2-11。由图和表可见，在甲酸溶液中的主要降解产物为羟基乙醛、1,3-二羟基-2-丙酮，在盐酸、甲酸体溶液中的主要降解产物为乙酰丙酸乙酯、5-乙氧基甲基糠醛，其他的产物质量分数少于 4%。在这 3 种不同的反应介质中，甲酸乙酯的含量最高。水解是在甲酸体系中进行的，GC–MS 分析的萃取液是乙醇，旋蒸后残余的甲酸与乙醇发生酯化反应生成甲酸乙酯。因此在分析结果中会出现相当大比例的甲酸乙酯。

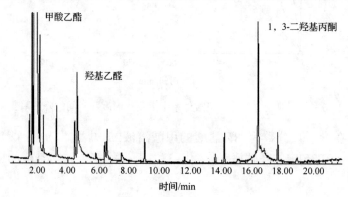

图 2-38　葡萄糖在 88%甲酸体系中降解产物的 GC-MS 图谱

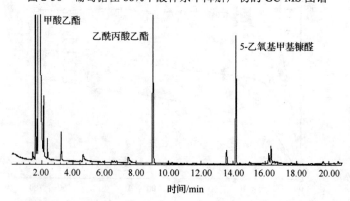

图 2-39　葡萄糖甲酸体系中降解产物的 GC-MS 图谱
m(甲酸)：m(水)：m(盐酸)=0.782：0.178：0.04

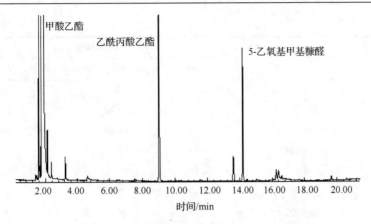

图 2-40 葡萄糖甲酸体系中降解产物的 GC-MS 图谱
[m(甲酸)：m(水)：m(盐酸)=0.685：0.235：0.08]

葡萄糖 C-2 上的羟基比较容易质子化，C-3 和 C-4 上的羟基次之，C-1 和 C-6 位上的羟基相对比较稳定。葡萄糖溶解在甲酸溶液时，羟基完全暴露在水合氢离子中，因此羟基很容易被质子化；质子化的羟基脱离葡萄糖分子，形成碳正离子，碳正离子很容易重排形成各种化合物。

根据 GC-MS 分析，葡萄糖在含盐酸的甲酸溶液中的降解产物主要是乙酰丙酸乙酯、5-乙氧基甲基糠醛(表 2-11)。乙酰丙酸乙酯是乙酰丙酸与萃取剂乙醇发生酯化反应生成的产物，5-乙氧基甲基糠醛是由 5-羟甲基糠醛与萃取剂乙醇发生脱水反应生成的产物，并且乙酰丙酸是由 5-羟甲基糠醛发生脱水、重排反应而生成的产物。因此，葡萄糖在含盐酸的甲酸溶液中的主要降解产物是 HMF。通过分析发现，葡萄糖在盐酸、甲酸中的主要反应途径为 C-2 位上的羟基发生质子化、重排反应。首先，氢离子或水合氢离子进攻 C-2 上的羟基，然后质子化的羟基剥离，形成碳正阳离子；然后，C-1 与环上的氧原子间的 C—O 键断裂，氧原子与 C-2 形成新的 C—O 键；同时，C-3 与 C-4 上的羟基也被质子化，脱离葡萄糖环，分别与 C-2、C-5 形成双键，而 C-6 上的羟基与乙醇脱水形成醚键。其可能的反应途径如图 2-41 所示。

表 2-11 葡萄糖在甲酸体系中的降解产物

编号	物质名称	GC 相对含量/%		
		甲酸	含 4%盐酸的甲酸体系	含 8%盐酸的甲酸体系
1	甲酸乙酯	59.20	52.19	29.39
2	1-丙醇	3.62	2.88	2.72
3	2-甲基-1-丙醇	1.07	1.11	1.14
4	3-甲基-1-丙醇	2.49	2.52	2.70

续表

编号	物质名称	GC 相对含量/%		
		甲酸	含 4%盐酸的甲酸体系	含 8%盐酸的甲酸体系
5	1-羟基-2-丙酮	2.39	0.15	0.12
6	羟基乙醛	11.52	1.90	1.10
7	乙酸	1.27	0.18	0.15
8	乙酰甲酸甲酯	2.03	0.21	0.17
9	糠醛	0.09	0.16	0.08
10	甲酸	1.17	1.50	0.67
11	乙酰丙酸乙酯	1.40	17.12	34.26
12	2-羟基-2-环己烯-1-酮	0.36	0.12	0.18
13	未知物	0.74	2.15	5.31
14	5-乙氧基甲基糠醛	1.67	12.90	17.48
15	1，3-二羟基-2-丙酮	8.93	2.40	1.66
16	未知物	1.79	1.23	1.52
17	5-羟甲基糠醛	0.26	0.96	0.71
18	乙酰丙酸	—	0.32	0.64

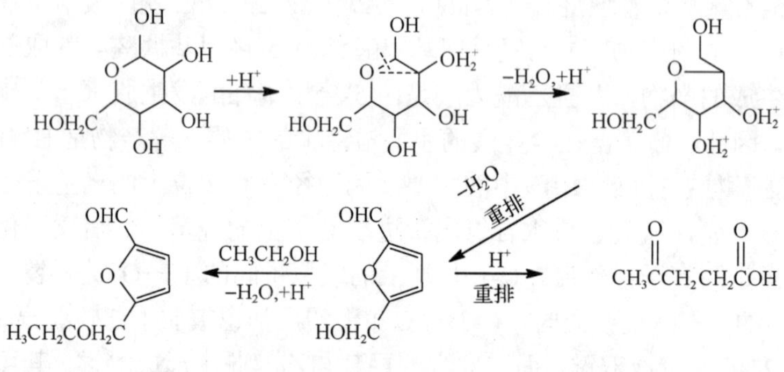

图 2-41 葡萄糖在含盐酸的甲酸溶液中 C-2 位—OH 的可能降解途径

葡萄糖在甲酸溶液中的降解产物分析表明，乙酰丙酸乙酯和 5-乙氧基甲基糠醛仅占很小的相对比例，而主要产物是羟基乙醛、1,3-二羟基-2-丙酮。因此，其主要降解途径不可能是在 C-2 位的羟基上。通过分析，其降解途径很可能是 C-4 位上的羟基首先质子化，然后剥离，形成碳正离子而发生重排反应。C-1 与氧原子间的 C—O 键断裂，氧原子与 C-4 之间形成新的 C—O 键。C—O 与 C—C 有两种断键可能：一是 C-3 与 C-4 间的 C—C 键断裂，生成 1,3-二羟基-2-丙酮，另一途径是 C-2 与 C-3 间的 C—C 键断裂、C-4 与 C-5 间的 C—C 断裂、C-4 与氧原子间的 C—O 断裂，重组生成羟基乙醛，其途径如图 2-42 所示。

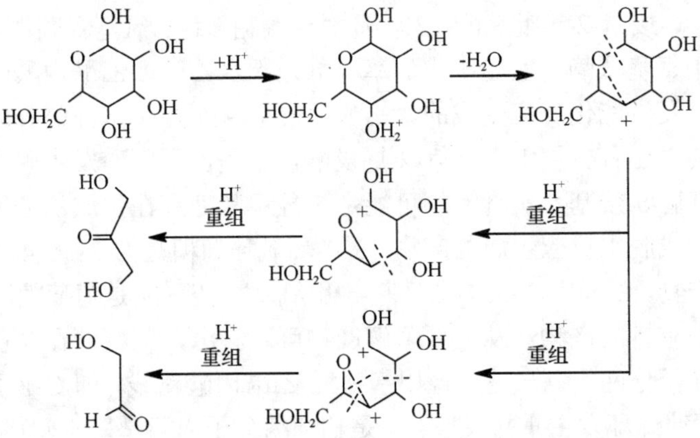

图 2-42　葡萄糖在甲酸体系中 C-4 位—OH 的可能降解途径

实验结果表明，葡萄糖在甲酸中的降解率低于 6%，但是含 8%盐酸的甲酸溶液中的降解率却达到了 58.95%，所以加入盐酸会使其降解率迅速增加。甲酸是羰基化合物，甲酸分子与氢离子、甲酸分子间很容易形成氢键，使氢离子不能自由移动，降低了有效氢离子浓度，因此葡萄糖在甲酸溶液中仅少量降解。葡萄糖上有 5 个羟基，很容易和甲酸的羰基形成分子间氢键，羟基因此受到保护。然而，加入盐酸后，有效氢离子浓度增加，使葡萄糖环上的羟基受到质子进攻的机会增加，因此葡萄糖迅速降解。这可能也是葡萄糖在盐酸、甲酸溶液中的降解程度远高于在甲酸溶液中的降解程度的原因。

C-2 位上的羟基比 C-3、C-4 位上的羟基更易质子化。然而 C-4 碳正离子能与 C-5 或 C-3 形成双键，C-2 阳离子也能与 C-1 或 C-3 形成双键，但是在 C-5 上有支链，C-4 与 C-5 形成的双键比 C-2 上形成的双键相对稳定，因此 C-4 阳离子比 C-2 阳离子稳定。尽管 C-2 位上的羟基很容易质子化，但在甲酸溶液中，羟基受到氢键的保护，葡萄糖的降解反应受热力学控制，C-4 阳离子相对稳定，所以质子化首先发生在 C-4 上。当加入盐酸后，氢离子浓度增加，降解机制发生改变，受动力学控制。对降解产物的 GC-MS 分析支持了以上的观点。

在 GC-MS 分析中发现，5-乙氧基甲基糠醛占了很大的相对比例，羟甲基糠醛的相对比例却很小。这表明 C-6 位上的羟基很容易与乙醇发生脱水反应生成醚。同理，在强酸溶液中，葡萄糖分子上的羟基很容易被质子化，C-4、C-5 上的羟基也能质子化形成双键或脱水。在产物中有部分未知产物，可能是葡萄糖分子上的羟基脱水反应生成，这在使用毛细管柱 INNOWAX–30m×0.25mm×0.25μm 分析检测到部分葡萄糖分子内羟基化合物中得到证明。

图 2-43、表 2-12 是使用毛细管柱 INNOWAX–30m×0.25mm×0.25μm 分析的气相图和结果。由分析结果可见，葡萄糖的主要降解产物为乙酰丙酸乙酯、乙酰

丙酸、3-甲基-6-羧基-2-α-吡喃酮、3,4-环氧葡萄糖、1-乙氧基葡萄糖、2-羟甲基-3,4-二羟基-5-甲氧基呋喃。实验中用的萃取剂是无水乙醇，乙酰丙酸乙酯是乙酰丙酸与溶剂乙醇发生酯化反应生成的。乙酰丙酸是由 5-羟甲基糠醛开环发生重排反应而生成，其中还有少量 1,4 环氧-2-烯戊酮，这是乙酰丙酸发生脱水缩合生成的产物[146]。3-甲基-6-羧基-2-α-吡喃酮可能是 5-羟甲基糠醛在生成乙酰丙酸的过程中与甲酸发生加成脱水反应生成的产物。3,4-环氧葡萄糖是 C-3、C-4 上的羟基发生脱水反应的产物。2-羟甲基-3,4-二羟基-5-甲氧基呋喃可能是葡萄糖降解为 5-羟甲基糠醛过程中重排的产物。从主要降解产物可以看出，葡萄糖在含盐酸的甲酸体系中的降解途径分两类：一是 5-羟甲基糠醛-乙酰丙酸路线，即 C-1 上的羟基质子化离开，葡萄糖开环发生重排反应；二是葡萄糖分子内羟基脱水生成环氧化合物。其主要反应过程如图 2-44 所示。

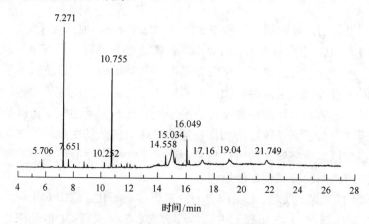

图 2-43　葡萄糖在甲酸体系中降解产物的 GC–MS 图

表 2-12　葡萄糖在甲酸体系中的降解产物

编号	物质	出峰时间/min	比例/%
1	乙酸	5.567	0.14
2	糠醛	5.711	1.51
3	5-甲基糠醛	6.929	0.22
4	乙酰丙酸乙酯	7.266	25.80
5	1,4 环氧-2-烯戊酮	8.164	0.31
6	3-甲基-6-羧基-2-α-吡喃酮	10.744	19.49
7	2,5 环氧-3-氧代吡喃	11.444	0.87
8	2-甲基-3,5-二羟基-5,6-二氢化 γ-吡喃酮	14.083	2.44

续表

编号	物质	出峰时间/min	比例/%
9	乙酰丙酸	14.548	4.32
10	3,4-环氧葡萄糖	15.018	17.256
11	5-羟甲基糠醛	16.054	8.15
12	1-乙氧基葡萄糖	17.165	11.07
13	2-羟甲基-3,4-二羟基-5-甲氧基呋喃	19.040	8.48

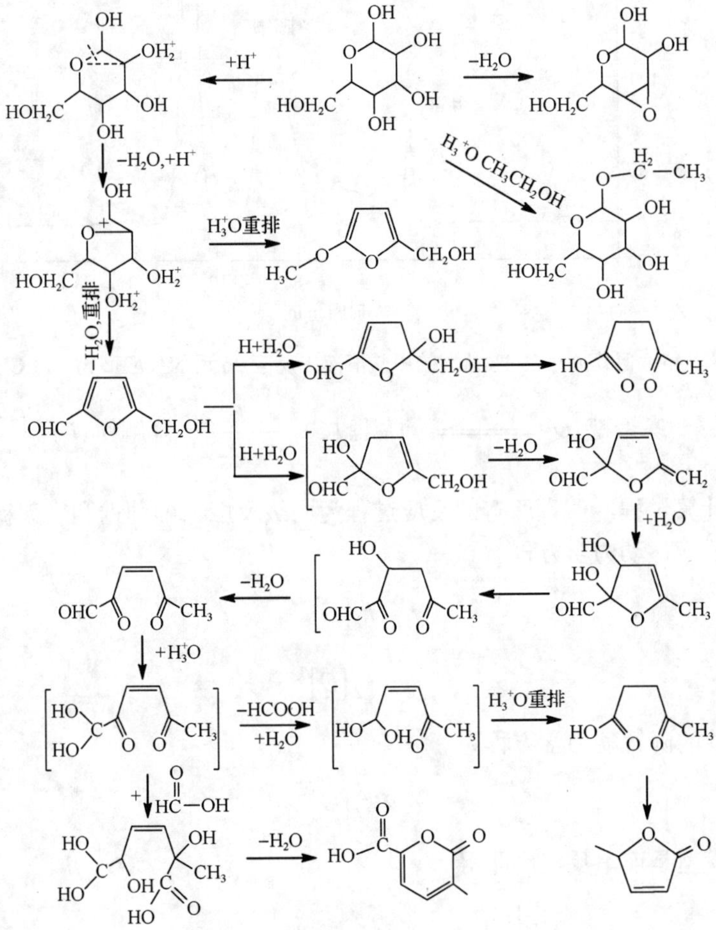

图 2-44　葡萄糖在含 4%(质量浓度)盐酸的甲酸溶液中的可能降解途径

三、葡萄糖在含 4%盐酸的甲酸溶液中的降解动力学

为了弄清葡萄糖在含 HCl 甲酸溶液中的降解行为，对其降解动力学进行了研究。

HPLC 图(图 2-45)表明水解过程中有大量的寡聚糖生成,气相色谱–质谱联用分析表明葡萄糖在酸水解过程中降解成了各种化合物。因此葡萄糖的降解过程可用如下模型表示:

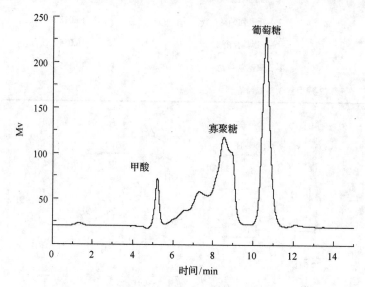

图 2-45 葡萄糖在含 4%盐酸的甲酸溶液中反应 2h 后的反应产物 HPLC 图

$$寡聚糖(O) \underset{k_2}{\overset{k_1}{\rightleftharpoons}} 葡萄糖(G) \xrightarrow{k_3} 降解物(D) \tag{2-25}$$

为了简化计算过程,假设所有的反应过程为同级反应。葡萄糖和寡聚糖之间的反应是可逆反应,动力学方程为

$$r_1 = k_1 [G]^n \tag{2-26}$$

$$r_2 = k_2 [O]^n \tag{2-27}$$

葡萄糖的降解动力学方程为

$$r_3 = k_3 [G]^n \tag{2-28}$$

反应模型是连串反应,即得

$$\frac{d[O]}{dt} = r_1 - r_2 = k_1 [G]^n - k_2 [O]^n \tag{2-29}$$

$$\frac{d[D]}{dt} = r_3 = k_3 [G]^n \tag{2-30}$$

式中,k_1、k_2、k_3 是速率常数。

根据葡萄糖、寡聚糖和葡萄糖降解物料平衡可得：

$$-\frac{d[G]}{dt} = r_1 - r_2 + r_3 = k_1[G]^n - k_2[O]^n + k_3[G]^n \tag{2-31}$$

假设$[O]=[G]$，所以有

$$-\frac{d[G]}{dt} = (k_1 - xk_2 + k_3)[G]^n \tag{2-32}$$

当$n \ne 1$时，积分式(2-33)得

$$Y_{GD}^{1-n} = 1 + \frac{(n-1)k}{[G_0]^{1-n}} \tag{2-33}$$

$$Y_{GD}^{1-n} = \left(1 + (n-1)Kt\right)^{1/(1-n)} \tag{2-34}$$

当$n=1$时，积分式(2-33)得

$$Y_{GD}^{1-n} = e^{-kt} \tag{2-35}$$

式中，$[O]$、$[G]$分别为寡聚糖和葡萄糖的浓度；$[G_0]$为葡萄糖的初始浓度；n为反应级数；Y_{GD}^{1-n}为$[G]/[G_0]$；k和K为常数。

通过葡萄糖即时降解率X_G与模型计算值$f(T, k_1, k_2)$可建立方差函数：

$$\sigma = \sum_{n=1}^{N} \frac{1}{N-1}[Y - f(T,K)]^2 \tag{2-36}$$

通过计算方差最小时得动力学方程参数值K，如表2-13。

对于一般的化学反应，其速率常数与温度之间的关系服从Arrhenius方程：

$$k = A_0 e^{-E_a/RT} \text{ 即 } \ln k = \ln A_0 - E_a/RT \tag{2-37}$$

式中，A_0为指前因子；E_a为活化能。根据$\ln k$-$1/T$成线性关系以及不同温度下的k_2数据，计算得出指前因子和活化能，见表2-13。

表2-13 葡萄糖在含4%盐酸的甲酸溶液中降解反应的动力学参数

温度	k/min^{-1}	n	σ	A_0/min^{-1}	E_a/(kJ/mol)	σ
55℃	8.746×10^{-3}	8.5	6.007×10^{-5}	4.596×10^{-17}	123.881	3.68×10^{-5}
65℃	3.386×10^{-2}	7.1	4.95×10^{-4}			
75℃	0.119	7.3	4.76×10^{-4}			

注：m(甲酸)：m(水)：m(盐酸)=0.782：0.178：0.04

图 2-46 为葡萄糖在含 4%盐酸的甲酸溶液中的变化率和理论变化拟合曲线。由图表明，虚线拟合与实验数据偏差比较大，即假设葡萄糖在甲酸体系中的反应为一级反应与实验数据的偏差比较大。在反应模型中，为了方便计算，做了一些简化假设，可能假设也会使模型和实验数据的拟合度降低，不能真实地反应实际过程。从气相色谱–质谱数据看，葡萄糖的降解产物种类繁多且复杂，因此要真正地揭示其降解过程还需要进一步深入研究。

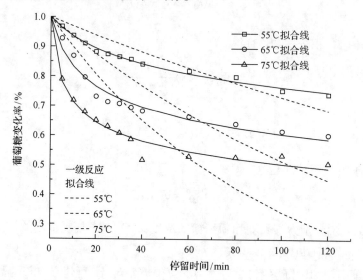

图 2-46　葡萄糖在含 4%盐酸的甲酸溶液中的变化率和理论变化拟合曲线

参 考 文 献

[1] Danner H, Braun R. Biotechnology for the production of commodity chemicals from biomass. Chemical Society Review, 1999, 28: 395-405.

[2] Wang Z, Lei T, Chang X, et al. Optimization of a biomass briquette fuel system based on grey relational analysis and analytic hierarchy process: A study using cornstalks in China. Applied Energy, 2015, 157: 523-532.

[3] 陈洪章. 纤维素生物技术. 北京: 化学工业出版社. 2005.

[4] Iranmahboob J, Nadima F, Monemib S. Optimizing acid-hydrolysis: a critical step for production of ethanol from mixed wood chips. Biomass and Bioenergy, 2002, 22(5): 401-404.

[5] Sang Y O, Dong I Y, Shin Y, et al. FTIR analysis of cellulose treated with sodium hydroxide and carbon dioxide. Carbohydrate Research, 2005, 340(3): 417-428.

[6] Tóth T, Borsa J, Takács E. Effect of preswelling on radiation degradation of cotton cellulose. Radiation Physics and Chemistry, 2003, 67(3/4): 513-515.

[7] Atalla R H, Vander H D L. Native cellulose: a composite of two distinct crystalline forms. Science, 1984, 223(4633): 283-285.

[8] Zugenmaier P. Conformation and packing of carious crystalline cellulose fibers. Progress of Polymer Science, 2001, 26(9): 1341-1417.

[9] 杨洋, 张玉苍, 何连芳, 等. 纤维素类生物质废弃物水解方法的研究进展. 酿酒科技, 2009, 10(184): 82-86.

[10] 马淑玲, 彭红. 有机酸催化水解纤维低聚糖的研究. 粮食与油脂, 2014, 27(12), 24-27.

[11] Lynd L R, Elander R T, Wyman C E. Likely features and costs of mature biomass ethanol technology. Applied Biochemistry and Biotechnology, 1996, 57-58: 741-761.

[12] 张毅民, 杨静, 吕学斌, 等. 木质纤维素类生物质酸水解研究进展. 世界科技研究与发展, 2007, 29(1): 48-54.

[13] Sun Y, Lin L. Hydrolysis behavior of bamboo fiber in formic acid reaction system. Journal of Agricultural and Food Chemistry. 2010, 58(4): 2253-2259.

[14] Sun Y, Lin L, Pang C, et al. Hydrolysis of cotton fiber cellulose in formic acid. Energy & Fuels, 2007, 21(4): 2386-2389.

[15] Binder J B, Raines R T. Simple chemical transformation of lignocellulosic biomass into furans for fuels and chemicals. Journal of the American Chemical Society, 2009, 131(5): 1979-1985.

[16] Román-Leshkov Y, Barrett C J, Liu Z Y, et al. Production of dimethylfuran for liquid fuels from biomass-derived carbohydrates. Nature, 2007, 447(7147): 982-985.

[17] 颜涌捷. 纤维素连续催化水解研究. 阳能学报, 1999, 20(1): 55-58.

[18] Kim J S, Lee Y. Y. Cellulose hydrolysis under extremely low sulfuric acid and high-temperature conditions. Applied Biochemistry and Biotechnology, 2001, 91/93:331-340.

[19] Farone W A, Cuzens J E. Method of producing sugars using strong acid hydrolysis of cellulosic and hemicellulosic materials: US, 5562777. 1996.

[20] Laser M, Schulman D, Allen S G, et al. A comparison of liquid hot water and steam pretreatment of sugar cane basasse for bioconversion to ethanol. Bioresource technology, 2002, 81(1): 33-44.

[21] Wooley R Z, Wang M N. A nine-zone simulating moving bed for the recovery of glucose and xylose from biomass hydrolyzat. Industry Engineering Chemistry Research, 1998, 37(9): 3699-3709.

[22] 王立纲. 纤维素物质浓硫酸水解工艺的进展. 国外林业, 1994, 24(3): 48-51.

[23] 岑沛霖, 张军. 植物纤维浓硫酸水解动力学研究. 化学反应工程与工艺, 1993, 9(1): 34-41.

[24] Camacho F, Gonzalez-Tello P, Jurado E, et al. Microcrystalline-cellulose hydrolysis with concentrated sulphuric acid. Joruanl of Chemical Technology and Biotechnology, 1996, 67(4), 350-356.

[25] Liu Z S, Wu X L, Kida K, et al. Corn stover saccharification with concentrated sulfuric acid: effects of saccharification conditions on sugar recovery and by-product generation. Bioresour Technol, 2012, 119: 224-233.

[26] Wijaya Y P, Putra R D D, Widyaya V T, et al. Comparative study on two-step concentrated acid hydrolysis for the extraction of sugars from lignocellulosic biomass. Bioresour Technol, 2014, 164: 221-231.

[27] Porter F, Township M, County M, et al. Hydrolysis of lignocellulose materials with concentrated hydrochloric acid: US Patent 3251716A. 1966.

[28] Goldstein I S, Bayatmakooi F, Sabharwal H S, et al. Acid recovery by electrodialysis and its economic-implications for concentrated acid-hydrolysis of wood. Applied biochemistry and biotechnology, 1989, 20(1): 95-106.

[29] Heinonen J, Sainio T. Electrolyte exclusion chromatography using a multi-column recycling process: Fractionation of concentrated acid lignocellulosic hydrolysate. Separation and Purification Technology, 2014, 129: 137-149.

[30] Karimi K, Kheradmandinia S, Taherzadeh M J. Conversion of rice straw to sugars by dilute-acid hydrolysis. Biomass and Bioenergy, 2006, 30(3): 247-253.

[31] Pânzariu A E, Malutan T. Dilute sulphuric acid hydrolysis of vegetal biomass. Cellulose chemistry and technology, 2015, 49(1): 93-99.

[32] Choi C H, Mathews A P. Two-step acid hydrolysis process kinetics in the saccharification of low-grade biomass .1. Experimental studies on the formation and degradation of sugars. Bioresource Technology, 1996, 58(2): 101-106.

[33] Lenihan P, Orozco A, O'Neill E, et al. Dilute acid hydrolysis of lignocellulosic biomass. Chemical Engineering Journal, 2010, 156(2): 395-403.

[34] 庄新姝. 生物质超低酸水解制取燃料乙醇的研究. 浙江: 浙江大学博士论文, 2005.

[35] 亓伟, 张素平, 颜涌捷. 生物质连续稀酸催化水解制取单糖的方法及其装置: 中国, 10116587.8. 2007.

[36] Thompson D R, Grethlein H E. Design and evaluation of a plug flow reactor for acid hydrolysis of cellulose. Ind Eng Chem Prod Res Dev, 1979, 18(3): 166-169.

[37] 颜涌捷, 任铮伟. 纤维素连续催化水解研究. 太阳能学报, 1999, 20(1): 55-58.

[38] Bergeron P, Benham C, Werdene P. Dilute sulfuric-acid hydrolysis of biomass for ethanol-production. Applied Biochemistry and Biotechnology, 1989, 20(21): 119-134.

[39] Chen R, Wu Z, Lee Y. Shrinking-bed model for percolation process applied to dilute-acid pretreatment hydrolysis of cellulosic biomass. Applied Biochemistry and Biotechnology, 1998, 70(72): 37-49.

[40] Kim J S, Lee Y Y, Torget R W. Cellulose hydrolysis under extremely low sulfuric acid and high-temperature conditionsacid. Applied biochemistry and biotechnology, 2001, 91(3): 331-340.

[41] Converse A O. Simulation of a cross-flow shrinking-bed reactor for the hydrolysis of lignocellulosics. Bioresource Technology, 2002, 81(2): 109-116.

[42] 王树荣, 庄新姝, 骆仲泱, 等. 木质纤维素类生物质超低酸水解试验及产物分析研究. 工程热物理学报, 2006, 27(5): 741-744.

[43] Lu Y, Mosier N S. Biomimetic catalysis for hemicellulose hydrolysis in corn stover. Biotechnology Progress, 2007, 23(1): 116-123.

[44] Mosier N S, Ladisch.C M, Ladisch M R. Characterization of acid catalytic domains for cellulose hydrolysis and glucose degradation. Biotechnology and Bioengineering, 2002, 79(6): 610-618.

[45] Mosier N S, Sarikaya A, Ladisch C M, et al. Characterization of dicarboxylic acids for cellulose hydrolysis. Biotechnology Progress, 2001, 17(3): 474-480.

[46] Kootstra A, Maarten J, Beeftink H, et al. Comparison of dilute mineral and organic acid pretreatment for enzymatic hydrolysis of wheat straw. Biochemical Engineering Journal, 2009, 46(2): 126-131.

[47] Kupiainen L, Ahola J, Tanskanen J. Hydrolysis of organosolv wheat pulp in formic acid at high temperature for glucose production. Bioresour Technol, 2012, 116: 29-35.

[48] Vilcocq L, Castilho P C, Carvalheiro F, et al. Hydrolysis of oligosaccharides over solid acid catalysts: A review. ChemSusChem, 2014, 7(4): 1010-1019.

[49] Hartler N, Hyllengren K. Heterogeneous hydrolysis of cellulose with high polymer acids. Part 3. The acid hydrolysis of cellulose with finely divided cation-exchange resin in the hydrogen form. Journal of Polymer Science, 1962, 56(164): 425-434.

[50] Rinaldi R, Palkovits R, Schuth F. Depolymerization of cellulose using solid catalysts in ionic liquids. Angewandte Chemie International Edition, 2008, 47(42): 8047-8050.

[51] Liu Q B, Janssen M H A, van Rantwijk F, et al. Room-temperature ionic liquids that dissolve carbohydrates in high concentrations. Green Chemistry, 2005, 7(1): 39-42.

[52] Rinaldi R, Meine N, vom Stein J, et al. Which controls the depolymerization of cellulose in ionic liquids: The solid acid catalyst or cellulose. ChemSusChem, 2010, 3(2): 266-276.

[53] Karinen R, Vilonen K, Niemela M. Biorefining: Heterogeneously catalyzed reactions of carbohydrates for the production of furfural and hydroxymethylfurfural. ChemSusChem, 2011, 4(8): 1002-1016.

[54] Kim S J, Dwiatmoko A A, Choi J W, et al. Cellulose pretreatment with 1-n-butyl-3-methylimidazolium chloride for solid acid-catalyzed hydrolysis. Bioresource Technology, 2010, 101(21): 8273-8279.

[55] Hegner J, Pereira K C, DeBoef B, et al. Conversion of cellulose to glucose and levulinic acid via solid-supported acid catalysis. Tetrahedron Letters, 2010, 51(17): 2356-2358.

[56] Shuai L, Pan X J. Hydrolysis of cellulose by cellulase-mimetic solid catalyst. Energy & Environmental Science, 2012,5(5): 6889-6894.

[57] Li X T, Jiang Y J, Shuai L, et al. Sulfonated copolymers with SO_3H and COOH groups for the hydrolysis of polysaccharides. Journal of Materials Chemistry, 2012, 22(4): 1283-1289.

[58] Huang Y B, Fu Y. Hydrolysis of cellulose to glucose by solid acid catalysts. Green Chemistry, 2013, 15(5): 1095-1111.

[59] Marzo M, Gervasini A, Carniti P. Hydrolysis of disaccharides over solid acid catalysts under green conditions. Carbohydrate Research, 2012, 347(1): 23-31.

[60] Tagusagawa C, Takagaki A, Takanabe K, et al. Layered and nanosheet tantalum molybdate as strong solid acid catalysts. Journal of Catalysis, 2010, 270(1): 206-212.

[61] Kourieh R, Bennici S, Marzo M, et al. Investigation of the WO_3/ZrO_2 surface acidic properties for the aqueous hydrolysis of cellobiose. Catalysis Communications, 2012, 19: 119-126.

[62] Tagusagawa C, Takagaki A, Iguchi A, et al. Highly active mesoporous Nb-W oxide solid-acid catalyst. Angewandte Chemie International Edition, 2010, 49(6): 1128-1132.

[63] Takagaki A, Tagusagawa C, Domen K. Glucose production from saccharides using layered transition metal oxide and exfoliated nanosheets as a water-tolerant solid acid catalyst. Chemical Communications, 2008, 42, 5363-5365.

[64] Zhang F, Deng X, Fang Z, et al. Hydrolysis of crystalline cellulose over Zn-Ca-Fe oxide catalyst. Petrochem Technol, 2011, 40(1): 43-48.

[65] Gliozzi G, Innorta A, Mancini A, et al. Zr/P/O catalyst for the direct acid chemo-hydrolysis of non-pretreated microcrystalline cellulose and softwood sawdust. Applied Catalysis B: Environmental, 2014, 145: 24-33.

[66] Perez-Ramirez J, Christensen C H, Egeblad K, et al. Hierarchical zeolites: Enhanced utilisation of microporous crystals in catalysis by advances in materials design. Chemical Society Reviews, 2008, 37(11): 2530-2542.

[67] Serrano D P, Escola J M, Pizarro P. Synthesis strategies in the search for hierarchical zeolites. Chemical Society Reviews, 2013, 42(9): 4004-4035.

[68] Wang Z P, Yu J H, Xu R R. Needs and trends in rational synthesis of zeolitic materials. Chemical Society Reviews, 2012, 41(5): 1729-1741.

[69] Perego C, Millini R. Porous materials in catalysis: Challenges for mesoporous materials. Chemical Society Reviews, 2013, 42(9): 3956-3976.

[70] Primo A, Garcia H. Zeolites as catalysts in oil refining. Chemical Society Reviews, 2014, 43(22): 7548-7561.

[71] Xiong H F, Pham H N, Datye A K. Hydrothermally stable heterogeneous catalysts for conversion of biorenewables. Green Chemistry, 2014, 16(11): 4627-4643.

[72] Agirrezabal-Telleria I, Gandarias I, Arias P L. Heterogeneous acid-catalysts for the production of furan-derived compounds (furfural and hydroxymethylfurfural) from renewable carbohydrates: A review. Catalysis Today, 2014, 234(SI): 42-58.

[73] Chen L H, Li X Y, Rooke J C, et al. Hierarchically structured zeolites: Synthesis, mass transport properties and applications. Journal of Materials Chemistry, 2012, 22(34): 17381-17403.

[74] Onda A, Ochi T, Yanagisawa K. Selective hydrolysis of cellulose into glucose over solid acid catalysts. Green Chemistry, 2008, 10(10): 1033-1037.

[75] Ishida K, Matsuda S, Watanabe M, et al. Hydrolysis of cellulose to produce glucose with solid acid catalysts in 1-butyl-3-methyl-imidazolium chloride ([BMIM]Cl) with sequential water addition. Biomass Conversion and Biorefinery, 2014, 4(4): 323-331.

[76] Zhou L P, Liu Z, Shi M T, et al. Sulfonated hierarchical H-USY zeolite for efficient hydrolysis of hemicellulose/cellulose. Carbohydrate Polymers, 2013, 98(1): 146-151.

[77] Cai H L, Li C Z, Wang A Q, et al. Zeolite-promoted hydrolysis of cellulose in ionic liquid, insight into the mutual behavior of zeolite, cellulose and ionic liquid. Applied Catalysis B: Environmental, 2012, 123-124: 333-338.

[78] Mizuno N, Misono M. Heterogeneous catalysis. Chemical Reviews, 1998, 98(1): 199-217.

[79] Li G X, Ding Y, Wang J M, et al. New progress of Keggin and Wells-Dawson type polyoxometalates catalyze acid and oxidative reactions. Journal of Molecular Catalysis A: Chemical, 2007, 262(1-2): 67-76.

[80] Kozhevnikov I V. Catalysis by heteropoly acids and multicomponent polyoxometalates in liquid-phase reactions. Chemical Reviews, 1998, 98(1): 171-198.

[81] Hill C L. Progress and challenges in polyoxometalate-based catalysis and catalytic materials chemistry. Journal of Molecular Catalysis A: Chemical, 2007, 262(1-2): 2-6.

[82] Kozhevnikov I V. Heterogeneous acid catalysis by heteropoly acids: Approaches to catalyst deactivation. Journal of Molecular Catalysis A: Chemical, 2009, 305(1-2): 104-111.

[83] Timofeeva M N. Acid catalysis by heteropoly acids. Applied Catalysis A: General, 2003, 256(1-2): 19-35.

[84] Kozhevnikov I V. Sustainable heterogeneous acid catalysis by heteropoly acids. Journal of Molecular Catalysis A: Chemical, 2007, 262(1-2): 86-92.

[85] Shimizu K I, Furukawa H, Kobayashi N, et al. Effects of Brønsted and Lewis acidities on activity and selectivity of heteropolyacid-based catalysts for hydrolysis of cellobiose and cellulose. Green Chemistry, 2009, 11(10): 1627.

[86] Tian J, Wang J, Zhao S, et al. Hydrolysis of cellulose by the heteropoly acid $H_3PW_{12}O_{40}$. Cellulose, 2010, 17(3): 587-594.

[87] Ogasawara Y, Itagaki S, Yamaguchi K, et al. Saccharification of natural lignocellulose biomass and polysaccharides by highly negatively charged heteropolyacids in concentrated aqueous solution. ChemSusChem, 2011, 4(4): 519-525.

[88] Okuhara T. Water-tolerant solid acid catalysts. Chemical Reviews, 2002, 102(10): 3641-3666.

[89] Tian J, Fan C Y, Cheng M X, et al. Hydrolysis of cellulose over $Cs_xH_{3-x}PW_{12}O_{40}$ (X=1-3) heteropoly acid catalysts. Chemical Engineering & Technology, 2011, 34(3): 482-486.

[90] Cheng M X, Shi T, Guan H Y, et al. Clean production of glucose from polysaccharides using a micellar heteropolyacid as a heterogeneous catalyst. Applied Catalysis B: Environmental, 2011, 107(1-2): 104-109.

[91] Sun Z, Cheng M X, Li H C, et al. One-pot depolymerization of cellulose into glucose and levulinic acid by heteropolyacid ionic liquid catalysis. RSC Advances, 2012, 2(24): 9058-9065.

[92] Gao W, Gu Z T, Liu K H, et al. Catalytic hydrolysis of cellulose into glucose using an imidazolium-phosphotungstate hybrid solid acid. J Jiangnan Univ (Nat Sci Ed), 2014, 13(3): 333-338.

[93] Degirmenci V, Uner D, Cinlar B, et al. Sulfated zirconia modified SBA-15 catalysts for cellobiose hydrolysis. Catalysis Letters, 2010, 141(1): 33-42.

[94] Dhepea P L, Ohashi M, Inagaki S, et al. Hydrolysis of sugars catalyzed by water-tolerant sulfonated mesoporous silicas. Catalysis Letters, 2005, 102(3-4): 163-169.

[95] Sahu R, Dhepe P L. A one-pot method for the selective conversion of hemicellulose from crop waste into C_5 sugars and furfural by using solid acid catalysts. ChemSusChem, 2012, 5(4): 751-761.

[96] Li S, Qian E W, Shibata T, et al. Catalytic hydrothermal saccharification of rice straw using mesoporous silica-based solid acid catalysts. Journal of the Japan Petroleum Institute, 2012, 55(4): 250-260.

[97] Bootsma J A, Shanks B H. Cellobiose hydrolysis using organic-inorganic hybrid mesoporous silica catalysts. Applied Catalysis A: General, 2007(327): 44-51.

[98] Van de Vyver S, Peng L, Geboers J, et al. Sulfonated silica/carbon nanocomposites as novel catalysts for hydrolysis of cellulose to glucose. Green Chemistry, 2010, 12(9): 1560-1563.

[99] Takagaki A, Nishimura M, Nishimura S, et al. Hydrolysis of sugars using magnetic silica nanoparticles with sulfonic acid groups. Chemistry Letters, 2011, 40(10): 1195-1197.

[100] Lai D M, Deng L, Guo Q X, et al. Hydrolysis of biomass by magnetic solid acid. Energy & Environmental Science, 2011, 4(9): 3552-3557.

[101] Bai C C, Jiang C W, Zhong X. The hydrolysis of cellulose catalyzed by H_2SO_4/Ti-MCM-41. J Cellulose Chemistry and Technology, 2013, 21(2): 22-28.

[102] Feng J H, Xiong L, Ren X F, et al. Silica-supported perfluorobutylsulfonylimide-catalyzed hydrolysis of cellulose. Journal of Wuhan University of Technology, 2014, 36(5): 9-14.

[103] Alonso D M, Wettstein S G, Dumesic J A. Bimetallic catalysts for upgrading of biomass to fuels and chemicals. Chemical Society Reviews, 2012, 41(24): 8075-8098.

[104] Singh A K, Xu Q. Synergistic catalysis over bimetallic alloy nanoparticles. ChemCatChem, 2013, 5(3): 652-676.

[105] Besson M, Gallezot P, Pinel C. Conversion of biomass into chemicals over metal catalysts. Chemical Reviews, 2014, 114(3): 1827-1870.

[106] Tai Z J, Zhang J Y, Wang A Q, et al. Catalytic conversion of cellulose to ethylene glycol over a low-cost binary catalyst of Raney Ni and tungstic acid. ChemSusChem, 2013, 6(4): 652-658.

[107] Matsumoto K, Kobayashi H, Ikeda K, et al. Chemo-microbial conversion of cellulose into polyhydroxybutyrate through ruthenium-catalyzed hydrolysis of cellulose into glucose. Bioresource Technology, 2011, 102(3): 3564-3567.

[108] Kobayashi H, Ito Y, Komanoya T, et al. Synthesis of sugar alcohols by hydrolytic hydrogenation of cellulose over supported metal catalysts. Green Chemistry, 2011, 13(2): 326-333.

[109] Jollet V, Chambon F, Rataboul F, et al. Non-catalyzed and Pt/γ-Al_2O_3-catalyzed hydrothermal cellulose dissolution-conversion: Influence of the reaction parameters and analysis of the unreacted cellulose. Green Chemistry, 2009, 11(12): 2052-2060.

[110] Kobayashi H, Komanoya T, Hara K, et al. Water-tolerant mesoporous-carbon-supported ruthenium catalysts for the hydrolysis of cellulose to glucose. ChemSusChem, 2010, 3(4): 440-443.

[111] Komanoya T, Kobayashi H, Hara K, et al. Catalysis and characterization of carbon-supported ruthenium for cellulose hydrolysis. Applied Catalysis A: General, 2011, 407(1-2): 188-194.

[112] Amarasekara A S, Owereh O S. Hydrolysis and decomposition of cellulose in Brönsted acidic ionic liquids under mild conditions. Industrial & Engineering Chemistry Research, 2009, 48(22): 10152-10155.

[113] Jiang F, Ma D, Bao X H. Acid ionic liquid catalyzed hydrolysis of cellulose. Chinese Journal of Catalysis, 2009, 30(4): 279-283.

[114] Lu T L, Qin Z F, Tang S, et al. Hydrolysis of cellulose catalyzed by acidic ionic liquid [BMIM]HSO$_4$. Journal of Zhengzhou University. Natural Science Edition, 2012, 44(2): 89-93.

[115] Liu Y Y, Xiao W W, Xia S Q, et al. SO$_3$H-functionalized acidic ionic liquids as catalysts for the hydrolysis of cellulose. Carbohydrate Polymers, 2013, 92(1): 218-222.

[116] Wiredu B, Amarasekara A S. Synthesis of a silica-immobilized Brönsted acidic ionic liquid catalyst and hydrolysis of cellulose in water under mild conditions. Catalysis Communications, 2014, 48: 41-44.

[117] Zhang C, Fu Z H, Dai B H, et al. Biochar sulfonic acid immobilized chlorozincate ionic liquid: An efficiently biomimetic and reusable catalyst for hydrolysis of cellulose and bamboo under microwave irradiation. Cellulose, 2014, 21(3): 1227-1237.

[118] Hara M, Yoshida T, Takagaki A, et al. A carbon material as a strong protonic acid. Angewandte Chemie International Edition, 2004, 43(22): 2955-2958.

[119] Toda M, Takagaki A, Okamura M, et al. Biodiesel made with sugar catalyst. Nature, 2005, 438(7065): 178-178.

[120] Yamaguchi D, Hara M. Starch saccharification by carbon-based solid acid catalyst. Solid State Sciences, 2010, 12(6): 1018-1023.

[121] Suganuma S, Nakajima K, Kitano M, et al. SO$_3$H-bearing mesoporous carbon with highly selective catalysis. Microporous and Mesoporous Materials, 2011, 143(2-3): 443-450.

[122] Okamura M, Takagaki A, Toda M, et al. Acid-catalyzed reactions on flexible polycyclic aromatic carbon in amorphous carbon. Chemistry of Materials, 2006, 18(13): 3039-3045.

[123] Kitano M, Arai K, Kodama A, et al. Preparation of a sulfonated porous carbon catalyst with high specific surface area. Catalysis Letters, 2009, 131(1-2): 242-249.

[124] Hara M. Biomass conversion by a solid acid catalyst. Energy & Environmental Science, 2010, 3(5): 601-607.

[125] Fukuhara K, Nakajima K, Kitano M, et al. Structure and catalysis of cellulose-derived amorphous carbon bearing SO$_3$H groups. ChemSusChem, 2011, 4(6): 778-784.

[126] Wang J J, Xu W J, Ren J W, et al. Efficient catalytic conversion of fructose into hydroxymethylfurfural by a novel carbon-based solid acid. Green Chemistry, 2011, 13(10): 2678-2681.

[127] Suganuma S, Nakajima K, Kitano M, et al. sp3-Linked amorphous carbon with sulfonic acid groups as a heterogeneous acid catalyst. ChemSusChem, 2012(5): 1841-1846.

[128] Lian Y F, Yan L L, Wang Y, et al. One-step preparation of carbonaceous solid acid catalysts by hydrothermal carbonization of fructose for cellulose hydrolysis. Acta Chimica Sinica, 2014, 72(4): 502-507.

[129] Zhang X C, Zhang Z, Wang F, et al. Lignosulfonate-based heterogeneous sulfonic acid catalyst for hydrolyzing-glycosidic bonds of polysaccharides. Journal of Molecular Catalysis A: Chemical, 2013, 377: 102-107.

[130] Zhao X C, Wang J, Chen C M, et al. Graphene oxide for cellulose hydrolysis: How it works as a highly active catalyst? Chemical Communications, 2014, 50(26): 3439-3442.

[131] Guo H X, Qi X H, Li L Y, et al. Hydrolysis of cellulose over functionalized glucose-derived carbon catalyst in ionic liquid. Bioresource Technology, 2012, 116: 355-359.

[132] Liu M, Jia S Y, Gong Y Y, et al. Effective hydrolysis of cellulose into glucose over sulfonated sugar-derived carbon in an ionic liquid. Industrial & Engineering Chemistry Research, 2013, 52(24): 8167-8173.

[133] Yamaguchi D, Kitano M, Suganuma S, et al. Hydrolysis of cellulose by a solid acid catalyst under optimal reaction conditions. The Journal of Physical Chemistry C, 2009, 113(8): 3181-3188.

[134] Suganuma S, Nakajima K, Kitano M, et al. Synthesis and acid catalysis of cellulose-derived carbon-based solid acid. Solid State Sciences, 2010, 12(6): 1029-1034.

[135] Suganuma S, Nakajima K, Kitano M, et al. Hydrolysis of cellulose by amorphous carbon bearing SO$_3$H, COOH, and OH groups. Journal of the American Chemical Society, 2008, 130(38): 12787-12793.

[136] Shen S G, Wang C Y, Cai B, et al. Heterogeneous hydrolysis of cellulose into glucose over phenolic residue-derived solid acid. Fuel, 2013, 113: 644-649.

[137] Qi X H, Lian Y F, Yan L L, et al. One-step preparation of carbonaceous solid acid catalysts by hydrothermal carbonization of glucose for cellulose hydrolysis. Catalysis Communications, 2014, 57: 50-54.

[138] Hu S L, Smith T J, Lou W Y, et al. Efficient hydrolysis of cellulose over a novel sucralose-derived solid acid with cellulose-binding and catalytic sites. Journal of Agricultural and Food Chemistry, 2014, 62(8): 1905-1911.

[139] Shen S G, Cai B, Wang C Y, et al. Preparation of a novel carbon-based solid acid from cocarbonized starch and polyvinyl chloride for cellulose hydrolysis. Applied Catalysis A: General, 2014, 473: 70-74.

[140] Pang Q, Wang L Q, Yang H, et al. Cellulose-derived carbon bearing -Cl and -SO$_3$H groups as a highly selective catalyst for hydrolysis of cellulose to glucose. RSC Advances, 2014, 4(78): 41212-41218.

[141] Pang J F, Wang A Q, Zheng M Y, et al. Hydrolysis of cellulose into glucose over carbons sulfonated at elevated temperatures. Chemical Communications, 2010(46): 6935-6937.

[142] Zhang Y H, Wang A Q, Zhang T. A new 3D mesoporous carbon replicated from commercial silica as a catalyst support for direct conversion of cellulose into ethylene glycol. Chemical Communications, 2010, 46(6): 862-864.

[143] Lai D M, Deng L, Li J, et al. Hydrolysis of cellulose into glucose by magnetic solid acid. ChemSusChem, 2011, 4(1): 55-58.

[144] Xiong Y, Zhang Z H, Wang X, et al. Hydrolysis of cellulose in ionic liquids catalyzed by a magnetically-recoverable solid acid catalyst. Chemical Engineering Journal, 2014, 235: 349-355.

[145] Zhang C B, Wang H Y, Liu F D, et al. Magnetic core-shell Fe$_3$O$_4$@C-SO$_3$H nanoparticle catalyst for hydrolysis of cellulose. Cellulose, 2012, 20(1): 127-134.

[146] Verma D, Tiwari R, Sinha A K. Depolymerization of cellulosic feedstocks using magnetically separable functionalized graphene oxide. RSC Advances, 2013, 3(32): 13265-13272.

[147] Fang Z, Zhang F, Zeng H Y, et al. Production of glucose by hydrolysis of cellulose at 423 K in the presence of activated hydrotalcite nanoparticles. Bioresource Technology, 2011, 102(17): 8017-8021.

[148] Zhang F, Fang Z. Hydrolysis of cellulose to glucose at the low temperature of 423 K with CaFe$_2$O$_4$-based solid catalyst. Bioresource Technology, 2012, 124: 440-445.

[149] Tong D S, Xia X, Luo X P, et al. Catalytic hydrolysis of cellulose to reducing sugar over acid-activated montmorillonite catalysts. Applied Clay Science, 2013, 74(SI): 147-153.

[150] Akiyama G, Matsuda R, Sato H, et al. Cellulose hydrolysis by a new porous coordination polymer decorated with sulfonic acid functional groups. Advanced Materials, 2011, 23(29): 3294-3297.

[151] Qian X H, Lei J, Wickramasinghe S R. Novel polymeric solid acid catalysts for cellulose hydrolysis. RSC Advances, 2013, 3(46): 24280-24287.

[152] 朱道飞, 王华, 包桂蓉. 纤维素亚临界和超临界水液化实验研究. 能源工程, 2004, 5: 6-10.

[153] Kabyemela B M, Adschiri T. Rapid and selective conversion of glucose to erythrose in supercritical water. Indian Engineering Chemical Research, 1997, 36(12): 5063-5067.

[154] Kabyemela B M, Adschiri T. Kinetics of glucose epimerization and decomposition in subcritical and supercritical water. Ind Eng Chem Res, 1997, 36(5): 1552-1558.

[155] Kabyemela B M, Adschiri T. Degradation kinetics of dihydroxyacetone and glyceraldehyde in subcritical and supercritical water. Indian Engineering Chemical Research, 1997, 36(6): 2025-2030.

[156] Holgate H R, Meyer J C, Teater J W. Glucose hydrolysis and oxidation in supercritical. AICHE Journal, 1995, 41(3): 637.

[157] Klemm D, Heublein B, Fink H P, et al. Cellulose: Fascinating biopolymer and sustainable raw material. Angewandte Chemie International Edition, 2005, 44(22): 3358-3393.

[158] Wang H, Gurau G, Rogers R D. Ionic liquid processing of cellulose. Chemical Society Reviews, 2012, 41(4): 1519-1537.

[159] Song J L, Fan H L, Ma J, et al. Conversion of glucose and cellulose into value-added products in water and ionic liquids. Green Chemistry, 2013, 15(10): 2619-2635.

[160] Swatloski R P, Spear S K, Holbrey J D, et al. Dissolution of cellose with ionic liquids. Journal of the American Chemical Society, 2002, 124(18): 4974-4975.

[161] Pinkert A, Marsh K N, Pang S S, et al. Ionic liquids and their interaction with cellulose. Chemical Reviews, 2009, 109(12): 6712-6728.

[162] Gupta K M, Jiang J W. Cellulose dissolution and regeneration in ionic liquids: A computational perspective. Chemical Engineering Science, 2015, 121: 180-189.

[163] Maia E, Peguy A, Perez S. Cellulose organic solvents I: The structures of anhydrous N-methylmorpholine-N-oxide and N-methylmorpholine-N-oxide monohydrate. Acta Crystallogr Sect B: Struct Sci, 1981, 37: 1858-1862.

[164] Ciacco G T, Liebert T F, Frollini E, et al. Application of the solvent dimethyl sulfoxide/tetrabutylammonium fluoride trihydrate as reaction medium for the homogeneous acylation of sisal cellulose. Cellulose, 2003, 10(2): 125-132.

[165] McCormick C L, Callais P A, Hutchinson B H. Solution studies of cellulose in lithium chloride and N,N-dimethylacetamide. Macromolecules, 1985, 18(12): 2394-2401.

[166] Graenacher C. Cellulose solution: US, 1943176. 1934.

[167] King A W T, Asikkala J, Mutikainen I, et al. Distillable acid-Base conjugate ionic liquids for cellulose dissolution and processing. Angewandte Chemie International Edition, 2011, 50(28): 6301-6305.

[168] Zhang H, Wu J, Zhang J, et al. 1-Allyl-3-methylimidazolium chloride room temperature ionic liquid: A new and powerful nonderivatizing solvent for cellulose. Macromolecules, 2005, 38(20): 8272-8277.

[169] Morales-delaRosa S, Campos-Martin J M, Fierro J L G. Complete chemical hydrolysis of cellulose into fermentable sugars through ionic liquids and antisolvent pretreatments. ChemSusChem, 2014(7): 3467-3475.

[170] Freudenmann D, Wolf S, Wolff M, et al. Ionic liquids: New perspectives for inorganic synthesis. Angewandte Chemie International Edition, 2011, 50(47): 11050-11060.

[171] Xu A R, Wang J J, Wang H Y. Effects of anionic structure and lithium salts addition on the dissolution of cellulose in 1-butyl-3-methylimidazolium-based ionic liquid solvent systems. Green Chemistry, 2010, 12(2): 268-275.

[172] Liu H B, Sale K L, Holmes B M, et al. Understanding the interactions of cellulose with ionic liquids: A molecular dynamics study. The Journal of Physical Chemistry B, 2010, 114(12): 4293-4301.

[173] Zhao H, Baker G A, Song Z Y, et al. Designing enzyme-compatible ionic liquids that can dissolve carbohydrates. Green Chemistry, 2008, 10(6): 696-705.

[174] Liu Q B, Janssen M H A, Van Rantwijk F, et al. Room-temperature ionic liquids that dissolve carbohydrates in high concentrations. Green Chemistry, 2005, 7(1): 39-42.

[175] Zhao Y L, Liu X M, Wang J J, et al. Effects of anionic structure on the dissolution of cellulose in ionic liquids revealed by molecular simulation. Carbohydrate Polymers, 2013, 94(2): 723-730.

[176] Liu X M, Zhou G H, Zhang S J, et al. Molecular simulation of guanidinium-based ionic liquids. The Journal of Physical Chemistry B, 2007, 111(20): 5658-5668.

[177] Sun N, Rodriguez H, Rahman M, et al. Where are ionic liquid strategies most suited in the pursuit of chemicals and energy from lignocellulosic biomass? Chemical Communications, 2011, 47(5): 1405-1421.

[178] Mäki-Arvela P, Anugwom I, Virtanen P, et al. Dissolution of lignocellulosic materials and its constituents using ionic liquids: A review. Industrial Crops and Products, 2010, 32(3): 175-201.

[179] Remsing R C, Swatloski R P, Rogers R D, et al. Mechanism of cellulose dissolution in the ionic liquid 1-n-butyl-3-methylimidazolium chloride: A ^{13}C and $^{35/37}$Cl NMR relaxation study on model systems. Chemical Communications, 2006, 12: 1271-1273.

[180] Brandt A, Gräsvik J, Hallett J P, et al. Deconstruction of lignocellulosic biomass with ionic liquids. Green Chemistry, 2013, 15(3): 550-583.

[181] Atalla R H, Vander H D L. Native cellulose: a Composite of two distinct crystalline forms. Science, 1984, 223: 283-285.

[182] Vander H D L, Atalla R H. Studies of microstructure in native celluloses using solid-state carbon-13 NMR. Macromolecules, 1984, 17(8): 1465-1472.

[183] Hayashi N, Sugiyama J, Okano T, et al. The enzymatic susceptibility of cellulose microfibrils of the algal-bacterial type and the cotton-ramie type. Carbohydrate Research, 1997, 305(2): 261-269.

[184] Hardy B J, Sarko A. Molecular dynamics simulations and diffraction-based analysis of the native cellulose fiber: structural modelling of the I_α and I_β phases and their interconversion. Polymer, 1996, 37(10): 1833-1839.

[185] Nishiyama Y, Langan P, Chanzy H J. Crystal structure and hydrogen-bonding system in cellulose Iβ from synchrotron X-ray and neutron fiber diffraction. Journal of the American Chemical Society, 2002, 124(31): 9074-9082.

[186] Nishiyama Y, Sugiyama J, Chanzy H, et al. Crystal structure and hydrogen bonding system in cellulose Iα from synchrotron X-ray and neutron fiber diffraction. Journal of the American Chemical Society, 2003, 125(47): 14300-14306.

[187] Earl W L, Vander H D L. Observations by high-resolution carbon-13 nuclear magnetic resonance of cellulose I related to morphology and crystal structure. Macromolecules, 1981, 14(3): 570-574.

[188] Wickholm K, Larsson P T, Iversen T. Assignment of non-crystalline forms in cellulose I by CP/MAS 13C NMR spectroscopy. Carbohydrate Research, 1998, 312(3): 123-129.

[189] Coughlan M P. Enzymic hydrolysis of cellulose: an overview. Bioresource Technology, 1992, 39(2): 107-115.

[190] Zawadzki J, Wisniewski M. ^{13}C NMR study of cellulose thermal treatment. Journal of Analytical and Applied Pyrolysis, 2002, 62(1): 111-121.

[191] Yamamoto H, Horii F. CPMAS carbon-13 NMR analysis of the crystal transformation induced for Valonia cellulose by annealing at high temperatures. Macromolecules, 1993, 26(6): 1313-1317.

[192] Pu Y, Cherie Z, Arthur J R. CP/MAS ^{13}C NMR analysis of cellulose treated bleached softwood kraft pulp. Carbohydrate Research, 2006, 341(5): 591-597.

[193] Hult E L, Liitia T, Maunu S L, et al. A CP/MAS ^{13}C-NMR study of cellulose structure on the surface of refined kraft pulp fibers. Carbohydrate Polymers, 2002, 49(2): 231-234.

[194] Hayashi N, Kondo T, Ishihara M. Enzymatically produced nano-ordered short elements containing cellulose I_β crystalline domains. Carbohydrate Polymers, 2005, 61(2): 191-197.

[195] Sugiyama J, Persson J, Chanzy H. Combined infrared and electron diffraction study of the polymorphism of native celluloses. Macromolecules, 1991, 24(9): 2461-2466.

[196] Oh S Y, Yoo D I, Shin Y, et al. Crystalline structure analysis of cellulose treated with sodium hydroxide and carbon dioxide by means of X-ray diffraction and FTIR spectroscopy. Carbohydrate Research, 2005, 340(15): 2376-2391.

[197] Zhao H, Kwak J H, Zhang Z C, et al. Studying cellulose fiber structure by SEM, XRD, NMR and acid hydrolysis. Carbohydrate Polymers, 2007, 6(2), 235-241.

[198] Zhao H, Kwak J H, Wang Y, et al. Effects of crystallinity on dilute acid hydrolysis of cellulose by cellulose ball-milling study. Energy & Fuels, 2006, 20(2): 807-811.

[199] Kono H, Yunoki S, Shikano T, et al. CP/MAS ^{13}C NMR Study of cellulose and cellulose derivatives. 1. Complete assignment of the CP/MAS ^{13}C NMR spectrum of the native cellulose. Journal of the American Chemical Society, 2002, 124(25): 7506-7511.

[200] Kono H, Erata T, Takai M. Complete assignment of the CP/MAS ^{13}C NMR spectrum of cellulose II. Macromolecules, 2003, 36(10): 3589-3592.

[201] Witter R, Sternberg U, Hesse S, et al. ^{13}C Chemical shift constrained crystal structure refinement of cellulose I_α and its verification by NMR anisotropy experiments. Macromolecules, 2006, 39(18): 6125-6132.

[202] Kono H, Numata Y. Two-dimensional spin-exchange solid-state NMR study of the crystal structure of cellulose II. Polymer, 2004, 45(13): 4541-4547.

[203] Teeäär R, Lippmaa E. Solid state carbon-13 NMR of cellulose: relaxation study. Polymer Bulletin, 1984, 12(4): 315-18.

[204] Larsson P T, Wickholm K, Iversen T. A CP/MAS ^{13}C NMR investigation of molecular ordering in celluloses. Carbohydrate Research, 1997, 302(1-2): 19-25.

[205] Larsson P T, Hult E L, Wickholm K, et al. CP/MAS ^{13}C-NMR spectroscopy applied to structure and interaction studies on cellulose I. Solid State Nuclear Magnetic Resonance, 1999, 15(1): 31-40.

[206] Focher B, Palma M, Canetti T, et al. Structural differences between non-wood plant celluloses: evidence from solid state NMR, vibrational spectroscopy and X-ray diffractometry. Industrial Crops and Products, 2001, 13(3): 193-208.

[207] Heux L, Dinand E, Vignon M R. Structural aspects in ultrathin cellulose microfibrils followed by ^{13}C CP-MAS NMR. Carbohydrate Polymers, 1999, 40(2): 115-124.

[208] Zhao H., Kwak J H, Wang Y, et al. Effects of crystallinity on dilute acid hydrolysis of cellulose by cellulose ball-milling study. Energy & Fuels, 2006, 20(2): 807-811.

[209] Goeppert A, Dinér P, Ahlberg P, et al. Methane activation and oxidation in sulfuric acid. Chemistry: A European Journal, 2002, 8(14): 3277-3283.

[210] Zugenmaier P. Conformation and packing of carious crystalline cellulose fibers. Progress of Polymer Science, 2001, 26(9): 1341-1417.

[211] Zhao H, Kwak J H, Zhang Z C, et al. Studying cellulose fiber structure by SEM, XRD, NMR and acid hydrolysis. Carbohydrate Polymers, 2007, 68(2): 235-241.

[212] Maloney M T, Chapman T W, Baker A J. Dilute acid hydrolysis of paper birch: kinetic study of xylan and acetyl-group hydrolysis. Biotechnology and Bioengineering, 1985, 27(3): 355-361.

[213] Abatzoglou N, Chornet E, Belkacemi K, et al. Phenomenological kinetics of complex systems: the development of a generalized severity parameter and its application to lignocellulosics fractionation. Chemical Engineering Science, 1992, 47(5): 1109-1122.

[214] Saeman J F. Kinetics of wood hydrolysis-decomposition of sugars in dilute acid at high temperatur. Industrial and Engineering Chemistry, 1945, 37(1): 43-52.

[215] Bustos G, Ramírez J A, Garrote G, et al. Modeling of the hydrolysis of sugar cane vagase with hydrochloric acid. Applied Biochemistry and Biotechnology, 2003, 104(1): 51-68.

[216] Liao W, Liu Y, Liu C, et al. Acid hydrolysis of fibers from dairy manure. Bioresource Technology, 2006, 97(14): 1687-1695.

[217] Aguilar R, Ramírez J A, Garrote G, et al. Kinetic study of the acid hydrolysis of sugar cane bagasse. Journal of Food Engineering, 2002, 55(4): 309-318.

[218] Lavarack B P, Griffin G J, Rodman D. The acid hydrolysis of sugarcane bagasse hemicellulose to produce xylose arabinose glucose and other products. Biomass and Bioenergy, 2002, 23(5): 367-380.

[219] Mcparland J J, Grethlein H E, Converse A O. Kinetics of acid hydrolysis of corn stove. Solar Energy, 1982, 28(1): 55-63.

[220] Rodríguez C A, Ramírez J A, Garrote G, et al. Hydrolysis of sugar cane bagasse using nitric acid: a kinetic assessment. Journal of Food Engineering, 2004, 61(2): 143-152.

[221] Herrera A, Téllez L S, González C J, et al. Effect of the hydrochloric acid concentration on the hydrolysis of sorghum straw at atmospheric pressure. Journal of Food Engineering, 2004, 63(1): 103-109.

[222] Herrera A, Téllez L S, Ramírez J A, et al. Production of xylose from sorghum straw using hydrochloric acid. Journal of Cereal Science, 2003, 37(3): 267-274.

[223] Gámez S, González C J, Ramírez J A, et al. Study of the hydrolysis of sugar cane bagasse using phosphoric acid. Journal of Food Engineering, 2006, 74(1): 78-88.

[224] Téllez L S, Ramírez J A, Vázquez M. Mathematical modelling of hemicellulosic sugar production from sorghum straw. Journal of Food Engineering, 2002, 52(3): 285-291.

[225] Eken S N, Mutlu S F, Dilmaç G, et al. A comparative kinetic study of acidic hemicellulose hydrolysis in corn cob and sunflower seed hull. Bioresource Technology, 1998, 65(2): 29-33.

[226] Stein M, Sauer J. Formic acid tetramers: structure isomers in the gas phase. Chemical Physics Letters, 1997, 67(2): 111-115.

[227] Qian X, Nimlos M R, Davis M, et al. Ab initio molecular dynamics simulations of β-D-glucose and β-D-xylems degradation mechanisms in acidic aqueous solution. Carbohydrate Research, 2005, 340(14): 2319-2327.

[228] Tellez-Luis S J, Ramirez J A, Vazquez M. Mathematical modelling of hemicellulosic sugar production from sorghum straw. Journal of Food Engineering, 2002, 52(3): 285-291.

[229] Rodriguez C A, Ramirez J A, Garrote G, et al. Hydrolysis of sugar cane bagasse using nitric acid: a kinetic assessment. Journal of Food Engineering, 2004, 61(2): 143-152.

[230] Jensen J, Morinelly J, Aglan A, et al. Kinetic characterization of biomass dilute sulfuric acid hydrolysis: Mixtures of hardwoods, softwood, and switchgrass. Aiche Journal, 2008, 54(6): 1637-1645.

[231] Eken-Saracoglu N, Mutlu S F, Dilmac G, et al. A comparative kinetic study of acidic hemicellulose hydrolysis in corn cob and sunflower seed hull. Bioresource Technology, 1998, 65(1-2): 29-33.

第三章 乙酰丙酸合成途径与技术

木质纤维素生物质中的纤维素和半纤维素组分都可以用做制备乙酰丙酸的原料，如图 3-1 所示[1]。半纤维素中的木聚糖部分在酸催化作用下先后经过水解和脱水依次可以得到木糖和糠醛，糠醛再经过催化加氢可以还原制备糠醇，最终糠醇经酸催化水解开环后可得到乙酰丙酸[2,3]。另一方面，纤维素经酸催化水解可得到葡萄糖单元，一般认为葡萄糖在催化剂作用下可进一步异构化为果糖，其在水相中容易发生酸催化脱水并降解制备中间产物5-羟甲基糠醛[4,5]；理论上，5-羟甲基糠醛在酸催化剂作用下进一步再水合可以开环得到等摩尔量的乙酰丙酸和甲酸[6]。因此，本章中主要从纤维素和半纤维素两种不同的原料出发，介绍其转化制备乙酰丙酸的工艺技术和研究进展。

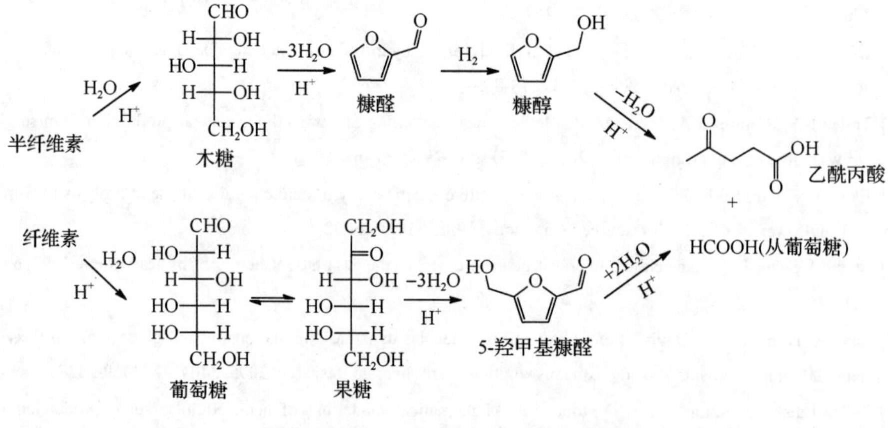

图 3-1 纤维素和半纤维素制备乙酰丙酸的反应路径

第一节 纤维素及葡萄糖酸水解制备乙酰丙酸反应机理与动力学

化学反应动力学的研究对理解化学反应机理至关重要，同时能够指导实际生产过程中反应器的设计及工艺条件的优化。如图 3-2 所示，葡萄糖酸催化降解制乙酰丙酸的动力学模型可以分为四个部分：①葡萄糖首先脱水形成中间产物HMF；②葡萄糖降解或聚合形成腐殖质(高度聚合的不溶性碳素物质)；③HMF

再水合反应形成乙酰丙酸和甲酸;④HMF发生聚合等副反应同样形成腐殖质。上述反应过程通常被认为是不可逆的。此外,大部分研究证明乙酰丙酸和甲酸在上述酸催化条件下相对稳定,二者之间或与其他产物一般不会发生副反应。但是,由于催化反应条件的不同,少数动力学研究也将乙酰丙酸的副反应进行了考察并给出了相应的副反应动力学数据。

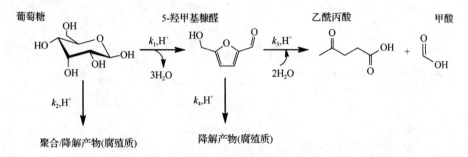

图 3-2　水相中酸催化葡萄糖降解制备乙酰丙酸的反应路径

葡萄糖在水溶液中降解制备乙酰丙酸的动力学研究通常基于一些假设,这些合理的假设有助于简化动力学模型,如表 3-1 所示。例如,由于反应过程中水是大大过量的,所以可以认为反应过程中水的浓度始终保持不变,即反应相对于水浓度是零级反应;假设各步反应为一级反应等。此外,研究发现葡萄糖降解产物中除了 HMF、乙酰丙酸、甲酸及腐殖质外,还可能存在如糠醛、纤维二糖、左旋葡聚糖及果糖等副产物。糠醛可能是通过 HMF 脱去羟甲基形成的,纤维二糖和左旋葡聚糖是通过葡萄糖的逆向聚合形成,而葡萄糖经过异构化反应则可以转化为果糖。以上这些副产物的得率通常在 1%以下,因此在动力学模型中可以不做考虑。

表 3-1　水相中酸催化葡萄糖转化乙酰丙酸的动力学模型[7-15]

动力学模型	反应条件	$Ea/(kJ \cdot mol^{-1})$	k/min^{-1}
G →聚合产物 →HMF →LA+FA	T=100~150℃ [HCl]=0.35M $[G_0]$=1wt%	E_{a1}=133 E_{a2}=95	
G →二聚产物 →HMF →LA+FA	T=180~224℃ $[H_2SO_4]$=0.05~0.4M $[G_0]$=0.4~6wt%	E_{a1}=128	k_1=2.6×10^{12}

续表

动力学模型	反应条件	$Ea/(kJ \cdot mol^{-1})$	k/min^{-1}
$G \xrightarrow{1} HMF \begin{matrix}\nearrow D \\ \searrow_2 LA+FA\end{matrix}$	$T=170\sim230℃$ $[H_3PO_4]$:pH 为 $1\sim4$ $[G_0]=0.6\sim6wt\%$ $[HMF]_0=0.3wt\%$	$E_{a1}=121$ $E_{a2}=56$	$k_1=1.5\times10^{13}$ $k_2=4.1\times10^6$
$G \xrightarrow{1} I \xrightarrow{} HMF \xrightarrow{2} LA+FA$ $\downarrow D$	$T=140\sim250℃$ $[H_2SO_4]=0.0125\sim0.4mol/L$ $[G_0]=5\sim17wt\%$ $[HMF]_0=1\sim2wt\%$	$E_{a1}=137$ $E_{a2}=97$	
$G \xrightarrow{1} HMF \xrightarrow{3} LA$ $\downarrow_2 D$	$T=170\sim190℃$ $[H_2SO_4]=0.1\sim0.5mol/L$ $[G_0]=5wt\%$	$E_{a1}=86$ $E_{a2}=210$ $E_{a3}=57$	$k_1=4.6\times10^9$ $k_2=4.3\times10^7$ $k_3=1.2\times10^{23}$
$G \xrightarrow{1} HMF \xrightarrow{3} LA+FA$ $\downarrow_2 \quad \downarrow_4$ $D \quad\quad D$	$T=98\sim200℃$ $[H_2SO_4]=0.05\sim1M$ $[G_0]=2\sim15wt\%$ $[HMF]_0=1\sim11wt\%$	$E_{a1}=152$ $E_{a2}=165$ $E_{a3}=111$ $E_{a4}=111$	
$G \xrightarrow{1} HMF \xrightarrow{3} LA+FA$ $\downarrow_2 \quad \downarrow_4$ $D \quad\quad D$	$T=140\sim180℃$ $[HCl]=0\sim1.0M$ $[G_0]=2\sim20wt\%$ $[HMF]_0=4\sim16wt\%$	$E_{a1}=160$ $E_{a2}=51$ $E_{a3}=95$ $E_{a4}=142$	$k_1=2.8\times10^{18}$ $k_2=7.2\times10^3$ $k_3=3.2\times10^{11}$ $k_4=6.8\times10^{16}$
$G \xrightarrow{1} HMF \xrightarrow{3} LA \xrightarrow{5} D$ $\downarrow_2 \quad \downarrow_4$ $D \quad\quad D$	$T=180\sim280℃$ 无催化剂 $[G_0]=1wt\%$ $[HMF]_0=0.75wt\%$ $[LA]_0=0.5wt\%$	$E_{a1}=108$ $E_{a2}=136$ $E_{a3}=89$ $E_{a4}=109$ $E_{a5}=31$	

注:G 为葡萄糖;HMF 为 5-羟甲基糠醛;LA 为乙酰丙酸;FA 为甲酸;I 为中间产物;D 为降解产物(腐殖质)。

催化降解葡萄糖到乙酰丙酸的主反应路径主要分为两步，即葡萄糖到5-羟甲基糠醛的水解反应和5-羟甲基糠醛到乙酰丙酸的再水合反应。根据图3-2所示，可以将葡萄糖降解制备乙酰丙酸的动力学方程表示为

$$\frac{d[G]}{dt} = -(k_1 + k_2)[G] \tag{3-1}$$

$$\frac{d[\text{HMF}]}{dt} = k_1[G] - (k_3 + k_4)[\text{HMF}] \tag{3-2}$$

$$\frac{d[\text{LA}]}{dt} = k_3[\text{HMF}] \tag{3-3}$$

式中，$[G]$为葡萄糖的浓度；$[\text{HMF}]$为HMF的浓度；$[\text{LA}]$为乙酰丙酸的浓度；k_1、k_2、k_3及k_4为反应动力学常数。

通过实验数据拟合可以得到反应常数及表观活化能等反应动力学参数，这些计算得到的参数一般会受到不同反应条件的影响，如催化剂的种类（HCl、H_2SO_4）、反应温度及反应器类型（间歇反应釜、柱塞流反应器及连续搅拌反应器）等的影响。

表3-1总结了在间歇反应釜中各种水相酸催化葡萄糖转化乙酰丙酸的动力学模型。这些报道的动力学模型中，有些只将中间产物HMF和乙酰丙酸考虑在内，有些则将腐殖质的形成也纳入动力学模型。从表3-1可知，各种动力学模型的反应活化能受反应条件的影响较大。其中，葡萄糖脱水反应的活化能在86～160kJ/mol，HMF再水合反应的活化能在56～111kJ/mol之间。

酸催化葡萄糖转化乙酰丙酸的反应机理也可以分为两部分来讨论，即葡萄糖经酸催化水解转化HMF及HMF再水合分解转化乙酰丙酸和甲酸。如图3-3所示，葡萄糖在酸催化剂的作用下转化HMF主要有两条反应路线：一条是环状反应路线，经过一系列的呋喃环中间体形成HMF[16-20]；一条是非环状反应路线，经过一系列直链中间体形成HMF[21]。其中在环状反应路线中，葡萄糖需要首先经过1,2-烯醇式反应机制[22-25]或1,2-氢转移反应机制[26-28]异构为果糖，果糖再通过上述两种反应路线脱水形成HMF；而异构化过程是整个反应过程的控速步骤，也就是说，一旦葡萄糖异构为果糖，果糖就能很容易地发生脱水反应形成HMF，这也能够解释为什么以葡萄糖为原料制备HMF要比以果糖为原料制备HMF要困难和缓慢得多。另外，需要特别指出的是，目前碳水化合物脱水制备HMF的反应机理还存在不少争议，需要综合利用各种技术手段进行更全面更深入的研究。

如图3-4所示，HMF呋喃环上有两个不同位置的碳碳双键，其分别可与水发生加成反应。如果水加成反应发生在C-2和C-3位置（2,3-加成），则得到的中间产

物会进一步发生聚合反应生成副产物腐殖质；如果水加成反应发生在 C-4 和 C-5 位置(4,5-加成)，则中间产物经过一系列脱水/再水合及重排反应，最终得到乙酰丙酸和甲酸。

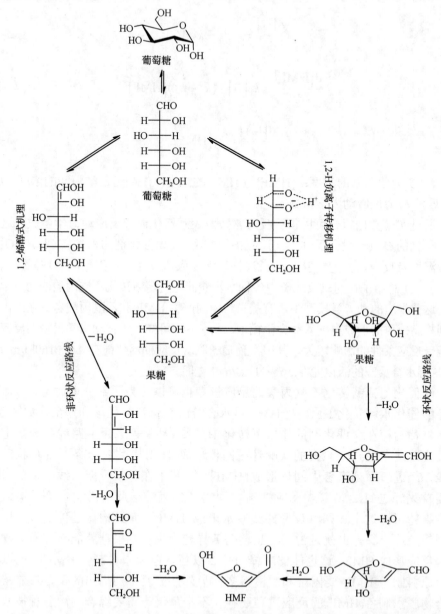

图 3-3　葡萄糖转化 HMF 的反应机理[29]

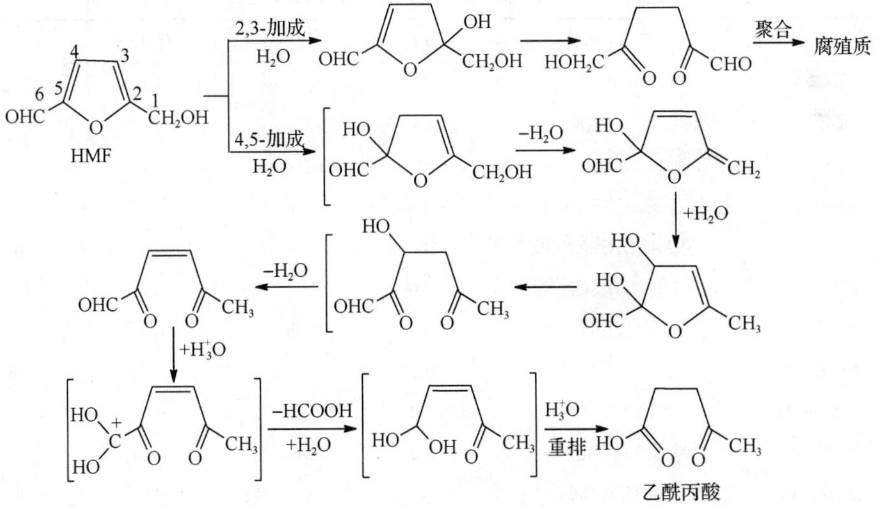

图 3-4　HMF 再水合脱去甲酸形成乙酰丙酸的反应机理[10, 30]

第二节　催化转化己糖制备乙酰丙酸

一、均相水体系中制备乙酰丙酸

以葡萄糖和果糖为代表的六碳糖(己糖)丰富易得，且在水溶液中具有较高的溶解度，因此它们是制备乙酰丙酸的理想原料。最常使用的均相催化剂包括液体无机酸、有机酸和金属盐类(主要是氯化物和硫酸盐)，如 HCl、HNO_3、H_2SO_4、H_3PO_4、对甲苯磺酸(PTSA)、三氟乙酸(TFA)、$AlCl_3$ 及 $CrCl_3$ 等[31-39]，这些均相酸催化剂的优势在于价格低廉、易于获得。此外，由于均相催化剂在水相中与反应底物如葡萄糖形成均相的溶液(二者之间传质阻力小)，所以均相催化剂催化己糖水解转化乙酰丙酸的得率一般都比较高。酸催化己糖水解通常涉及 H^+ 对反应底物地进攻所导致的脱水及异构化等反应；此外，氯化物和硫酸盐属于强酸弱碱盐，其水溶液能够解离出 H^+ 使溶液呈酸性，所以这些均相酸催化己糖水解转化乙酰丙酸的效率在很大程度上取决于反应使用的酸浓度及无机酸初级解离常数的强度。此外，这些均相催化剂的催化效率还取决于反应底物浓度、具体的反应条件等。表 3-2 中总结了近年来各种均相催化在水体系中催化己糖转化制备乙酰丙酸的研究进展。

表 3-2 各种均相酸催化剂在水相中催化己糖转化乙酰丙酸[40]

底物浓度/(wt%)	催化剂	T/℃	t	转化率/%	得率/%
果糖(8)	PTSA	88	8h 20min	80	23
果糖(8)	高氯酸	88	8h 20min	78	24
果糖(4)	HCl	95	1h 36min	96	39
果糖(2)	TFA	180	1h		45
果糖(9)	Amberlyst XN-1010	100	9h		16
葡萄糖(5)	H_2SO_4	170	2h	100	34
葡萄糖(12)	H_2SO_4	100	24h	100	30
葡萄糖(30)	HCl	162	1h		24.4
葡萄糖(2)	TFA	180	1h	100	37
葡萄糖(2)	甲磺酸	180	15min		41
葡萄糖(10)	HCl; $CrCl_3$	140	6h	97	46
葡萄糖(1)	$CrCl_3$+HY	145.2	147min	100	47
葡萄糖(13)	磺化石墨烯	200	2h	89	50

从表 3-2 可知，HCl 和 H_2SO_4 是催化己糖转化乙酰丙酸最常用的无机酸催化剂，并且乙酰丙酸的最高得率可以达到近 40%。尤其值得注意的是，HCl 催化己糖制备乙酰丙酸已经具有数十年的历史。早在 1931 年，Thomas 和 Schuette[38]就研究了利用 HCl 催化各种碳水化合物降解制备乙酰丙酸。到了 1962 年，Carlson 的专利也声称 HCl 是催化各种碳水化合物转化乙酰丙酸的最佳催化剂，因为 HCl 容易回收再利用；并且，Carlson[41]认为乙酰丙酸容易通过减压精馏实现分离纯化。近年来的研究表明，H_2SO_4 也可以成功地催化简单的糖类如葡萄糖或果糖制备乙酰丙酸，并且乙酰丙酸的得率与 HCl 催化条件下的结果相当。例如，Szabolcs 等[42]研究了在微波辐射加热条件下(170℃，30min)催化果糖降解制备乙酰丙酸，HCl 和 H_2SO_4 催化作用下乙酰丙酸得率分别达到 49.3%和 42.7%。值得注意的是，Rackemann 等[43]研究发现在 180℃和 15min 的反应条件下，H_2SO_4 催化葡萄糖在水溶液中转化乙酰丙酸的得率可以达到 65.2%。此外，在同样的反应条件下，甲磺酸也能达到与硫酸接近的催化效果。

金属盐也能高效地催化己糖降解制备乙酰丙酸。最近，Peng 等[44]研究了 $FeCl_3$、$CrCl_3$ 及 $AlCl_3$ 等氯化物在水相中催化葡萄糖转化制备乙酰丙酸。实验发现，在这些被研究的金属氯化物中，$AlCl_3$ 催化葡萄糖制备乙酰丙酸的效果最好，最高得率可达 71.1%(180℃、2h)。这些金属盐的催化机理可以从两个方面解释：一是金属阳离子的 Lewis 酸性能够催化葡萄糖-果糖异构反应；二是金属盐自身水解释放的 Brønsted 酸能够催化己糖继续降解形成乙酰丙酸。Choudhary 等[45]

研究了以 HCl 和 CrCl$_3$ 分别作为 Brønsted 酸和 Lewis 酸，催化葡萄糖在水相中降解制备乙酰丙酸。如图 3-5 所示，Cr^{3+} 与葡萄糖分子间能够形成强的相互作用，并促进葡萄糖开环和异构化为果糖。CrCl$_3$ 配位的水分子能够作为亲核试剂进攻糖苷键并形成葡萄糖单体分子。另一方面，CrCl$_3$ 水合物中 Cl$^-$ 能继续与葡萄糖 α-异头碳上羟基发生氢键作用，并促进其经过旋光异构转化为 β-异头物，形成 β-吡喃葡萄糖形式[46]。然后，β-吡喃葡萄糖中半缩醛部分能够与 CrCl$_3$ 水合物形成一种烯醇中间体，并进一步异构化葡萄糖为果糖。果糖在酸催化剂作用下能够容易地脱去 3 分子水形成 HMF。在酸催化剂和高温反应条件下，HMF 不能稳定存在，会继续经过再水合反应降解形成乙酰丙酸和甲酸。因而，即使在较温和的反应温度如 140℃ 条件下，HCl 和 CrCl$_3$ 催化葡萄糖降解转化乙酰丙酸的得率也可以达到 46%。此外，SnCl$_4$ 和 HCl 也被证明具有类似的 Lewis-Bronsted 酸协同催化作用，并能催化葡萄糖经过连续的异构化、脱水和再水合反应得到乙酰丙酸和甲酸[47]。

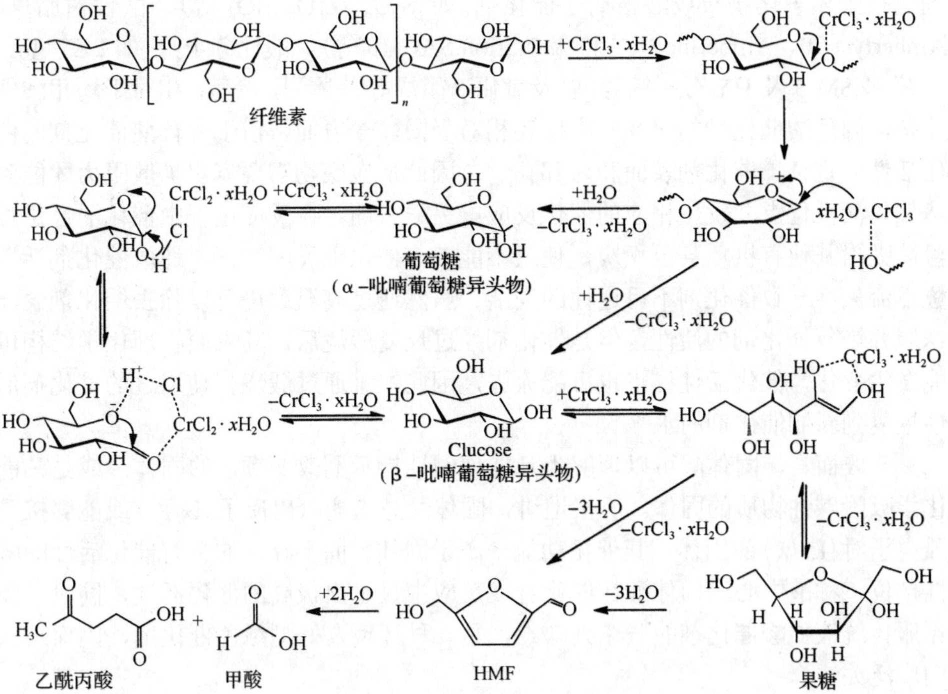

图 3-5 CrCl$_3$ 催化纤维素酸降解制备乙酰丙酸的可能反应机理

另一方面，这些均相酸催化剂同样会导致副产物的形成，从而降低最终产物中乙酰丙酸的得率。当直接以木质纤维素生物质作为原料时，乙酰丙酸得率的变化受到反应器设计、操作条件及木质纤维素生物质预处理方法等因素的影响，尤其在将乙酰丙酸的生产工艺从实验室放大至工业化过程中更是如此。这也是目前木质纤维素生物质制乙酰丙酸难以成功实现工业化的主要原因之一。因此，为了实现从木质纤维素生物质大规模地制备乙酰丙酸，研究酸浓度、工艺操作条件不同参数的优化十分必要。另一方面，均相酸催化剂的使用也面临其他一些难以避免的缺点，包括酸催化剂难以回收、严重的设备腐蚀及环境污染、重金属离子的毒性等。无机酸及金属氯盐对金属的强腐蚀性决定了反应装置的建造需要选用特殊材质，进而增加整体工艺的投资成本和运行成本。因此，很多研究开始关注于开发便于回收再利用的固体酸催化剂代替均相酸催化剂，来催化葡萄糖等碳水化合物降解转化乙酰丙酸。

二、固体酸催化制备乙酰丙酸

固体酸催化剂最大的优势在于便于回收再利用，且几乎对生产设备没有腐蚀性，因此有望在工业上大规模使用。如表 3-3 所示，目前经常使用的固体酸催化剂包括金属氧化物负载酸根离子催化剂（如 $S_2O_8^{2-}/ZrO_2\text{-}SiO_2$ 等）、酸性树脂（如 Amberlyst 70、Amberlite IR-120 及 Nafion SAC-13 等）、酸性分子筛（如 LZY 型分子筛、ZSM-5 及 HY 分子筛等）以及氧化石墨烯等[31, 48-51]。然而，相对于均相酸催化剂，固体酸催化剂的研究和应用还相对受限。一方面，由于固体酸催化剂的催化活性位点位于催化剂表面和内部孔洞，因此反应底物需要克服扩散阻力才能到达催化活性位点并发生相应的催化反应；另一方面，在反应过程中催化活性位点可能吸附其他有机质甚至积炭，使之不能参与催化主反应，甚至造成催化剂活性位点流失，导致催化剂不可逆性的失活。虽然通过高温煅烧可以除去催化剂表面积炭并恢复催化剂的活性，但是催化剂经过反复煅烧后，其表面物理化学结构可能发生变化，催化活性位点也可能流失，因此很难通过煅烧将使用过的催化剂活性恢复到新制催化剂的水平。

一般而言，固体酸可以理解为凡能使碱性指示剂改变颜色的固体，或是凡能化学吸附碱性物质的固体。严格地讲，固体酸是指能给出质子(B 酸)或能够接受孤电子对(L 酸)的固体。其催化功能来源于固体表面上存在的具有催化活性的酸性部位，称酸中心。固体酸在催化合成反应中显示出极高的催化活性，同时又能克服传统液体酸催化剂的一系列缺点，是一种环境友好型绿色催化剂，因而被人们广泛关注。

固体酸的分类方法有多种，通常分为如下三种：一般固体酸、超强固体酸及复合型固体酸。按负载的性质又可分为无机固体酸和有机固体酸，目前绝大多数固体酸为无机固体酸。比较系统的分类方法是将固体酸分为九大类[52]，见表 3-3。

表 3-3 固体酸的分类

类型	实例
固载化液体酸	HF/Al_2O_3、BF_3/Al_2O_3、H_3PO_4/硅藻土
氧化物	简单：ZnO、Al_2O_3、B_2O_3、Nb_2O_5、CdO、TiO_2 复合：Al_2O_3-SiO_2、TiO_2-SiO_2、Al_2O_3-B_2O_3
硫化物	CdS、ZnS
金属盐	磷酸盐：$FePO_4$、$Cu_3(PO_4)_2$、$Zn_3(PO_4)_2$、$Mg_3(PO_4)_2$
分子筛	沸石分子筛：ZSM-5 沸石、X 沸石、Y 沸石、β 沸石 丝光沸石 非沸石分子筛：AlPO、SAPO 系列
杂多酸	$H_3PW_{12}O_{40}$、$H_4SiW_{12}O_{40}$、$H_3PMo_{12}O_{40}$
阳离子交换树脂	苯乙烯-二乙烯基苯共聚物、Nafiona-H
天然粘土矿	高岭土、膨润土、白土
固体超强酸	SO_4^{2-}/ZrO_2、WO_3/ZrO_2、MoO_3/ZrO_2

1) $SO_4^{2-}/MxOy$ 型固体酸催化剂

李小保等[53]首次将 SO_4^{2-}/ZrO_2 应用于葡萄糖水解制备乙酰丙酸的反应。采用正交实验确定了适宜的反应条件，结果发现当葡萄糖浓度为 3g/L、催化剂用量为 2g/L、反应温度为 180℃和反应时间 6h 时，乙酰丙酸收率较高，沉淀-浸渍法制备的 SO_4^{2-}/ZrO_2 催化剂在此反应中具有一定的活性。之后，李小保等[54]对 SO_4^{2-}/ZrO_2 催化剂进行了金属复合和改性研究。研究发现，SO_4^{2-}/ZrO_2-Fe_2O_3 对葡萄糖水解生成 HMF 的反应有利，而 SO_4^{2-}/ZrO_2-Al_2O_3 对 HMF 托羧生成乙酰丙酸的反应有利，该研究成果对提高乙酰丙酸合成反应的催化剂活性具有重要意义。王攀等[55]用 SO_4^{2-}/TiO_2 催化纤维素水解制备乙酰丙酸，探讨了反应时间、温度、催化剂用量和固液比等因素对产率的影响，得到了较优的工艺条件：反应时间为 15min、反应温度为 220℃，催化剂投加量为 m(纤维素)：m(催化剂)=2：1，固液比为 1：15，得到的乙酰丙酸最高产率为 25.51%。王春英等[56]利用硫酸浸渍制备的 SO_4^{2-}/Al_2O_3-TiO_2 催化纤维素水解制备乙酰丙酸，在较优条件下乙酰丙酸产率为 19.34%。Watanabe 等[57]的研究表明，ZrO_2 为碱性催化剂对异构化反应有促进作用，而 TiO_2 为酸碱两性催化剂，对 5-HMF 的生成有促进作用。

2) 杂多酸催化剂

刘欣颖[58]利用杂多酸及其盐类催化剂催化果糖脱水生成 HMF，发现杂多酸及其盐类对该反应有较好的活性，其中杂多酸的盐类化合物比其相应的杂多酸活性高。Zhao 等[59]用固体杂多酸盐 $Cs_{2.5}H_{0.5}PW_{12}O_{40}$ 作为催化剂，研究了果糖在两相体系中转化为 HMF 的情况。结果发现，在 115℃下反应 60min 后，HMF 的得率为 74.0%，选择性高达 94.7%。并且该催化剂在 50wt%果糖浓度下也具有较好的活性，重复利用效果好。Fan 等[60]用固体杂多酸盐 $Ag_3PW_{12}O_{40}$ 做催化剂转化果糖和葡萄糖生成 HMF, 发现果糖在 120℃下反应 60min 后, HMF 得率为 77.7%, 选择性为 93.8%。并且, $Ag_3PW_{12}O_{40}$ 在转化葡萄糖生成 HMF 的反应中也显示出一定活性。

3) 分子筛催化剂

Lourvanij 等[61]在 110～160℃温度下使用 HY 沸石分子筛对 12%葡萄糖溶液进行水解反应, 并且考察了温度、时间、搅拌速率对葡萄糖转化率的影响。研究表明, 葡萄糖在 160℃温度下经过 8h 的反应, 转化率可达到 100%, LA 得率为 20%, 且葡萄糖转化的表观活化能为 23.25kcal/mol。Moreau 等[62]考察了蔗糖在 H 型沸石分子筛上的水解, 发现当 HY 沸石分子筛的硅铝比为 15、反应温度为 75～100℃时, 可以使蔗糖水解转化率最大化, 而 HMF 的产率最小化。蔗糖的转化能通过催化剂用量和反应温度来控制。Moreau 等[21, 63]使用 H-丝光沸石作为催化剂研究果糖在两相体系中脱水生成 HMF。结果发现, 当硅铝比为 11 时, 果糖的转化率最大, 果糖生成 HMF 近似为一级反应。张欢欢[64]研究了 180℃、硅铝比为 20～25 的 ZRP-5 分子筛催化葡萄糖制备乙酰丙酸。结果表明, ZRP-5 分子筛对乙酰丙酸有良好的选择性, 反应 12h 时葡萄糖转化接近完全, 乙酰丙酸产率为 35%。

4) 离子交换树脂

吕秀阳等[65]使用小型高压反应釜测定了在 130～160℃范围内 Amberlyst 35W 和 36W 树脂催化六元糖的降解反应动力学。发现 Amberlyst 35W 和 36W 具有相似的催化活性, 其中 35W 树脂对葡萄糖的异构化影响较小, 但可提高果糖脱水生成中间产物 HMF 和 HMF 脱羧生成乙酰丙酸的速率, 从而提高乙酰丙酸的产率。使用四种不同酸性离子交换树脂催化蔗糖水解, 反应温度为 100℃, 反应 24h 后乙酰丙酸得率在 10%～25%之间[66]。研究发现大孔离子交换树脂对 HMF 选择性好, 但不利于生成乙酰丙酸; 而小孔离子交换树脂可以将 HMF 截留在孔内, 有利于进一步生成乙酰丙酸。

5) 固体磷酸盐

Carlini 等[67]用磷酸铌催化果糖在 110℃下水解生成乙酰丙酸, 发现果糖在 1h 时转化率为 30%, 选择性高达 90%; 3h 时转化率为 80%, 而选择性降低为 70%～80%。Benvenuti 等[68]又用磷酸的锆盐和钛盐催化糖类物质, 发现二者均能催化果糖生成 HMF, 果糖转化率高达 95%, HMF 的选择性高达 95%。Asghari 和 Yoshida[69]制备了不同类型的磷酸锆并将其用于临界水中催化果糖制备 HMF, 结果表明磷酸锆的晶型和表面积对催化效果有显著影响。在 240℃条件下, 大孔磷酸锆可使果糖转化率达 80%, HMF 的选择性为 61%。实验表明, 磷酸锆在高温水中的性质稳定, 且回收方法简单。Mednick[70]使用磷酸铵为催化剂时, HMF 产率仅为 23%, 以三乙胺磷酸盐时产率为 36%, 吡啶磷酸盐时产率为 44%。此外, 有人尝试用磷酸铵作催化剂, 但效果不理想。

自日本学者 Arata 等[71]在 1979 年首次报道了 SO_4^{2-}/M_xO_y 型固体超强酸的研究之后，人们之后对其进行了更多的开发和应用。SO_4^{2-}/M_xO_y 型固体酸催化剂相比于含卤素的催化剂，具有不腐蚀设备、污染小、耐高温、可重复利用及回收方法简易等优点。此类催化剂的缺点是寿命短，易失活。失活的主要原因是 SO_4^{2-} 的流失和表面积炭所致，但催化剂失活后可重新进行洗涤、干燥、酸化和焙烧处理，补充催化剂的酸性位，烧去积炭，露出强酸点，恢复其活性[72]。为了延长催化剂的使用寿命，也可对催化剂进行改性，比如添加其他金属元素或采用多组分氧化物载体复合化技术。目前，大多数 SO_4^{2-}/M_xO_y 型固体酸还处于实验室开发阶段，没有实现规模化的工业生产。不过，从该类催化剂合成与作用机理深入研究，在不久的将来有可能使其成为化工生产中的一种重要固体酸催化剂。

杂多化合物(HPC)作为性能优异的酸碱、氧化还原或双功能催化剂被人们所熟知。杂多酸(HPA)型催化剂之所以性能优异，是因为它具有传统催化剂不具有的优秀特性：首先，它具有确定的结构，如 Keggin 结构和 Dawson 结构等，这有利于杂多酸以分子设计为手段通过改变分子组成和结构来调变其催化性能，以达到特定催化反应的要求；第二，它通常溶于极性溶剂，可用于均相和非均相催化反应体系；第三，同时具有酸性和氧化性，可作为酸、氧化还原或双功能催化剂；第四，具有独特的反应场，在固相催化反应中能使整个体相成为反应场的"假液相"行为；第五，杂多阴离子的软性，杂多阴离子属于软碱，作为金属离子或有机金属等的配体，具有独特的配位能力，而且可使反应中间产物稳定化[58]。到目前为止，关于使用杂多化合物催化生物质资源制备乙酰丙酸的研究报道还很少，还需要进一步地探索。但是此类超强酸的缺点与卤素类固体超强酸类似，在加工和处理中存在着一些"三废"污染问题，这在一定程度上限制了其应用前景。

分子筛是一类由硅(或磷等原子)铝酸盐组成的多孔性固体。它具有晶体的结构和特征，表面为固体骨架，内部的孔穴可起到吸附分子的作用。沸石分子筛对许多酸催化反应具有高活性和异常的选择性，这主要得益于分子筛的酸性。由于分子筛具有多孔性、易分离、可重复利用等许多优点，在石油化工产品中有广泛的用途[73]。但是分子筛的酸性较弱，在酸催化反应时催化活性不够好，因此对分子筛进行负载改性可作为今后的研究方向。

离子交换树脂也可避免液体酸应用中所遇到的诸如设备腐蚀、副反应多以及环境污染问题，此外还可大大简化操作程序，而且同一催化剂可反复使用。在某些情况下，甚至可直接将产物蒸馏出来。缺点是其耐温性和耐磨性不好，而且价格比较昂贵。

三、均相和非均相催化剂在有机溶剂中催化制备乙酰丙酸

除了水溶液外，很多有机溶剂也被用于研究从糖类制备乙酰丙酸。这其中

包括极性非质子性溶剂，如二甲亚砜、二甲基甲酰胺、二甲基乙酰胺、四氢呋喃、甲基异丁基酮及乙酸乙酯等[74]。然而，以二甲亚砜为代表的极性非质子溶剂是糖类脱水制备 HMF 的优良溶剂，因为在这种溶剂中可以抑制 HMF 再水合形成乙酰丙酸和甲酸。但是，研究发现以 Amberlyst 35 酸性树脂和端基封闭的聚乙二醇分别作为催化剂和溶剂，在 100℃和 4h 的反应条件下可以使甜玉米糖浆转化乙酰丙酸的得率达到 45.3%[74]。此外，Mascal 和 Nikitin[75, 76]报道了一种两步法转化葡萄糖制备乙酰丙酸的方法。首先，在 1,2-二氯乙烷中葡萄糖在浓 HCl 催化作用下形成 5-氯甲基糠醛 5-CMF（100℃，1~3h）；然后，得到的 5-CMF 在水相中继续水解得到乙酰丙酸，基于葡萄糖的乙酰丙酸得率可达 79%（190℃，20min）。

少量的研究也报道了在极性质子溶剂中催化转化己糖制备乙酰丙酸。例如，Brasholz 等[77]研究了在水/甲醇（1:2）混合溶剂中以 HCl 催化果糖转化制备乙酰丙酸，在 140℃、1.33h 反应条件下乙酰丙酸得率达到 72%。在绝大多数如乙醇、丁醇及其与水的混合溶剂等极性质子溶剂中，果糖很容易脱水形成 HMF[78]。另一方面，极性质子溶剂尤其是醇类被广泛用作制备乙酰丙酸酯的溶剂，因为生物质在酸催化作用下可以在醇溶剂中直接醇解得到乙酰丙酸酯。

由于溶剂性质对催化反应具有重大的影响，因此选择合适的有机溶剂至关重要。首先，底物在溶液中的溶解性是一个非常重要的议题，其中溶剂的极性起着关键的作用，因为根据相似相容原理，与溶质极性相近的溶剂对溶质的溶解性高。因此，很多极性溶剂如二甲亚砜、二甲基甲酰胺、二甲基乙酰胺、四氢呋喃及甲基异丁基酮等被用作研究糖水解制乙酰丙酸的溶剂。除此以外，其他参数如溶质尺寸、比表面积、分子的电极化率以及溶质溶剂间的氢键强度等都会影响溶质在溶剂中的溶解度[79]。溶剂同样可以影响催化反应的选择性。例如，在二甲亚砜中有助于促进糖类选择性转化 HMF，因为二甲亚砜会抑制 HMF 水解生成乙酰丙酸、甲酸以及腐殖质[80]。这主要是由于 HMF 中的醛基能够与二甲亚砜形成强的相互作用，这就限制了 HMF 的水解和缩合反应[81]。此外，在选用合适溶剂时还有一些其他问题也必须考虑。例如，溶剂是否便于分离回收再利用，以及溶剂成本和对环境的影响等。从经济性、技术及安全性等方面考虑，绝大多数有机溶剂都存在以下明显的缺点：①高成本；②高沸点，这直接关系到通过传统的精馏分离回收溶剂的可行性；③反应稳定性，如在大量水和酸催化剂存在条件下四氢呋喃容易发生水解反应；④安全问题，如四氢呋喃能够在空气中被氧化为易燃易爆的过氧化物；⑤溶剂的毒性。由于这些原因，有机溶剂还没有大规模用于催化糖类转化 HMF 或乙酰丙酸。总的来说，水仍然是催化糖类转化乙酰丙酸最好的溶剂，因为它比有机溶剂更环保、更廉价易得。

第三节 纤维素和生物质原料直接水解转化制备乙酰丙酸

一、无机酸和金属水相中催化制备乙酰丙酸

纤维素是植物初生细胞壁的重要结构组成，在自然界中非常丰富，且不可食用，因此不会与人类的食物链产生竞争。由于纤维素的以上特性，很多研究者致力于通过催化水解等途径将纤维素转化为乙酰丙酸以及其他高附加值化学品。以木质纤维素为代表的原始生物质包括芦竹、柳枝稷、芒草以及白杨木等生长周期短的草类和树木。此外，可用的廉价生物质资源还包括木屑、小麦秸秆、玉米秸秆、甘蔗渣、城市废弃物、果皮以及造纸污泥等农林和城市废弃物。表 3-4 中总结了近年来各种均相催化剂在水相中催化纤维素和生物质原料转化乙酰丙酸的研究进展。

表 3-4 各种均相酸催化剂在水相中催化纤维素和各种生物质原料制备乙酰丙酸[74]

原料，浓度/(wt%)	催化剂	反应条件	乙酰丙酸得率/(wt%)
纤维素，1.6	HCl	180℃，20min	44.0
纤维素，5.0	HCl	微波加热，170℃，50min	31.0
纤维素，5.0	H_2SO_4	微波加热，170℃，50min	23.0
纤维素，8.7	H_2SO_4	150℃，6h	40.8
纤维素，2.0	$CrCl_3$	200℃，3h	47.3
纤维素，20.0	$CuSO_4$	240℃，0.5h	17.5
芦竹，7.0	HCl	190℃，1h	24.0
芦竹，7.0	HCl	微波加热，190℃，20min	22.0
水葫芦，1.0	H_2SO_4	175℃，0.5h	9.2
玉米秸秆，10.0	$FeCl_3$	180℃，40min	35.0
高粱仔，10.0	H_2SO_4	200℃，40min	32.6
小麦秸秆，6.4	H_2SO_4	209.3℃，37.6min	19.9
小麦秸秆，7.0	HCl	微波加热，200℃，15min	20.6
稻谷壳，10.0	HCl	170℃，1h	59.4
甘蔗渣，11.0	H_2SO_4	150℃，6h	19.4
甘蔗渣，10.5	HCl	220℃，45min	22.8
稻草，10.5	HCl	220℃，45min	23.7
橄榄树枝，7.0	HCl	微波加热，200℃，15min	20.1
杨树木屑，7.0	HCl	微波加热，200℃，15min	26.4
烟草片，7.0	HCl	200℃，1h	5.2
造纸污泥，7.0	HCl	200℃，1h	31.4

如表 3-4 所示,在微波辐射加热的条件下(170℃,50min),无机酸 HCl 或 H_2SO_4 催化纤维素降解制备乙酰丙酸的得率分别达到 31wt%和 23wt%。如果采用传统的加热方式,Shen 和 Wyman[82]发现,在 180℃和 20min 的反应条件下,HCl 催化纤维素降解制备乙酰丙酸的得率可以达到 44wt%;而 Girisuta 等[33]发现,在 150℃和 2h 的反应条件下,H_2SO_4 同样可以催化纤维素得到类似的乙酰丙酸得率(43wt%)。以上研究说明这些无机酸催化纤维素降解制备乙酰丙酸的效率有差别。此外,固体原料的装载量对反应也有较大影响。一般来说,在同样的反应条件下,相对低的固体原料用量会得到更高的乙酰丙酸得率。需要注意的是,尽管相对高的固体原料用量会导致乙酰丙酸得率下降,但最终液体产物中乙酰丙酸的浓度能够维持在一个相对高的水平。这有利于后续乙酰丙酸的分离提纯,因为相对高的乙酰丙酸浓度能够降低分离提纯的能耗,并减少废水的排放[83]。然而,无限增加固体物料投入量是不可能,这会导致纤维素水解反应不充分,并在高温下碳化结焦。事实上,太高或太低的投料固液比都不利于纤维素的水解,因此选择合适的固体投料量对于乙酰丙酸的生产非常重要[84]。

无机酸同样是木质纤维素原料降解制备乙酰丙酸最常使用的催化剂。例如,Licursi 等[85]研究了 HCl 催化芦竹转化乙酰丙酸,在 190℃和 1h 的反应条件下乙酰丙酸得率可以达到 24wt%。在微波辐射加热的条件下,在同样温度下反应 20min,HCl 催化芦竹转化乙酰丙酸的得率就可以达到 22wt%,这说明微波加热对上述催化反应效率具有极大的促进作用[86]。小麦秸秆也是一种非常重要的生物质资源,同样是制备乙酰丙酸的重要原料。例如,Chang 等[87]详细研究了各种反应参数对 H_2SO_4 催化小麦秸秆转化乙酰丙酸的影响,最终乙酰丙酸的优化得率可以达到 19.9wt%(209.3℃,37.6min)。在 200℃和 1h 的反应条件下,HCl 催化小麦秸秆制备乙酰丙酸的得率同样可以达到 20wt%左右;但在微波辐射加热的协助下,反应时间可以大大缩短至 15min[88]。

稻壳同样是一种非常丰富的农作物废弃物,通常每生产 4t 大米就会得到 1t 稻壳。稻壳中多糖的含量超过 50wt%,因此可以用作生产乙酰丙酸的原料[89]。水稻和甘蔗广泛种植于中国的南方地区,主要用于生产粮食和蔗糖。然而,每年都有上百万吨的稻草和甘蔗渣被弃置或焚烧。因此,直接利用这些生物质废弃物生产乙酰丙酸对于走向可持续性发展和绿色化学是非常重要的一步。Yan 等[84]研究发现,在 220℃和 45min 的反应条件下,HCl 催化甘蔗渣和稻草转化乙酰丙酸的得率分别可以达到 22.8wt%和 23.7wt%。其他还可以用于乙酰丙酸生产的废弃生物质原料包括橄榄树枝、杨树木屑及造纸污泥等(如表 3-4 所示)。

相对于纯单糖,利用原始的木质生物质作为制备乙酰丙酸的原料具有以下明显优势:一是可以以一种低成本的方式解决处置这些农林废弃生物质所可能导致的环境问题;二是这些农林废弃物的利用有助于偏远地区的农业经济发展和就业。然而,利用这些原始生物质作为原料还存在一些目前无法避免的缺点或需要解决的问题。例如,生物质原料收获的季节性和区域性、不同生物质原料组成的多样性以及生物质原料的运输成本,这些都是制约其制备乙酰丙酸工艺经济性的瓶颈。其中,原料的运输成本不仅受运输距离的影响,而且还与生物质的种类及其运输形式密切相关。就此而论,整合生物质原料的预处理和合理的物流及原料供应链也许可以克服上述困难。此外,以这些廉价可再生的原料制备乙酰丙酸的得率通常较低,因此需要通过合理地优化生产工艺以提高乙酰丙酸的得率。另一方面,由于木质生物质组成的复杂性和多样性,为了提高反应速率和产物得率,原料的预处理是生产制备乙酰丙酸必不可少的步骤。预处理工艺的选择对于后续的转化也至关重要,这主要取决于生物质原料自身的性质[90]。

由于木质生物质成分复杂,主要包括纤维素、半纤维素和木质素等。因此,酸催化降解这些原始或废弃木质生物质原料的产物中除了乙酰丙酸、糠醛和甲酸等主要产物,还伴随产生很多其他的有机质(如乙酸、氨基酸、可溶性木质素及聚合的杂质等)和无机盐类。这些矿物盐和粘稠有机质的沉积可能会在催化转化反应和后续分离提纯过程中堵塞设备管路。此外,中和酸催化剂同样会产生大量的无机盐沉淀。最近,糠醛被用作萃取剂从生物质的酸水解液中萃取分离乙酰丙酸和甲酸。例如,Lee 等提出了一种高能效的混合纯化工艺,通过糠醛液液萃取分离反应液中的乙酰丙酸和甲酸,再精馏制得纯乙酰丙酸产品[91]。

Girisuta 等[92]深入调查酸催化水葫芦水解制备乙酰丙酸过程中的副产物,结果发现在水解产物中包含乙酸、丙酸和甲酸,以及大量来源于水葫芦纤维素和半纤维素组分的中间产物,包括葡萄糖、阿拉伯糖、5-羟甲基呋喃及糠醛等。其中深棕色的固体物质包括葡萄糖和 HMF 酸催化降解形成的腐殖质、五碳糖和糠醛的缩合产物,以及不溶性的木质素残留和灰分[93, 94]。

除此以外,藻类代表了另一种尚未被充分开发的可用于制备乙酰丙酸的生物质原料。初步研究表明,通过一步法或两步法水解藻类生物质转化乙酰丙酸的得率可达 22wt%。例如,红藻 *Kappaphycus alvarezii* 中的多糖在不同的温度下初步水解主要得到半乳糖和少量的葡萄糖,进一步研究表明这两种六碳糖转化乙酰丙酸具有类似的反应活性[95]。考虑到微藻能在富营养化的水体中生长并净化水质,因此以微藻作为原料制备乙酰丙酸对环境保护具有非常重要的意义。此外,微藻生物质生长不需要土地且容易经过酸催化水解制备单糖类,生长速率远高于很多陆生植物,所以微藻是非常具有应用前景的乙酰丙酸生产原料。

值得注意的是,壳聚糖和甲壳素也可以高得率地降解转化制备乙酰丙酸[96]。壳聚糖和甲壳素是地球上仅次于纤维素的第二丰富的多糖原料,通常是作为海鲜和渔业的废弃物。尽管目前已经研究了很多生物质原材料转化制备乙酰丙酸，但仍有很多其他原料未被充分开发利用。这其中包括城市固体垃圾、有机废料、棉杆、芦苇以及海藻等，未来还需要进一步地研究考察。

二、固体酸水相中催化制备乙酰丙酸

固体酸具有可回收再利用和对环境负面影响小等优点，然而由于固体酸和生物质原料都不溶于水，使得这种固-液-固反应体系中的传质阻力成为固体酸应用的最主要的挑战之一。迄今为止，只有少数研究报道了以固体酸催化生物质原料转化制备乙酰丙酸，且乙酰丙酸得率通常较低(表 3-5)。未来努力的方向是进一步改进生产制备工艺，包括提高反应速率和简化催化剂回收再利用等。由于催化剂和原料都是不溶于水的固体，所以在这种催化体系中原料与催化剂之间相互作用力弱，传质阻力大，表现出原料反应活性低或催化反应效率低的特征。此外，催化反应过程中固体催化剂表面容易沉积如腐殖质和木质素来源的残渣等固体副产物，进而导致固体酸催化剂失活。表 3-5 中总结了近年来应用固体酸在水相中催化生物质原料降解制备乙酰丙酸的实验结果。

表 3-5 各种固体酸在水相中催化生物质原料制备乙酰丙酸

原料，浓度/(wt%)	催化剂	反应条件	乙酰丙酸得率/(wt%)
纤维二糖，5.0	磺化氯甲基聚苯乙烯树脂	170℃，5h	12.9
蔗糖，5.0	磺化氯甲基聚苯乙烯树脂	170℃，10h	16.5
纤维素，5.0	磺化氯甲基聚苯乙烯树脂	170℃，10h	24.0
纤维素，5.0	Al-NbOPO$_4$	180℃，24h	38.0
纤维素，2.5	磺化碳	190℃，24h	1.8
纤维素，2.0	ZrO$_2$	180℃，3h	39.0
纤维素，4.0	磷酸锆	220℃，2h	12.0
菊粉，6.0	磷酸铌	微波，200℃，15min	28.1
小麦秸秆，6.0	磷酸铌	微波，200℃，15min	10.1
水稻秸秆，6.6	$S_2O_8^{2-}$/ZrO$_2$-SiO$_2$-Sm$_2$O$_3$	200℃，10min	14.2

由于固体酸和生物质原料都不溶于水，因此在水溶液中固体酸表面的催化活性位点很难接触到固体生物质原料。最近，Zuo 等[97]研究了磺化氯甲基聚苯乙烯树脂在水相中催化纤维素转化制备乙酰丙酸，在 170℃和 10h 的反应条件下乙酰丙酸得率可以达到 24wt%。当以纤维二糖和蔗糖作为原料时，在 170℃、5 或 10h 的反应条件下磺化氯甲基聚苯乙烯树脂在水相中催化制备乙酰丙酸得率分别可以达到 12.9wt%或 16.5wt%[97]。Joshi 等[98]制备了一种 ZrO$_2$ 固体酸催化剂，在 180℃

和 3h 的条件下催化乙酰丙酸得率可以提高至 39wt%。Weingarten 等[51]制备了一种磷酸锆固体酸催化剂，并研究了其在水相中催化纤维素转化乙酰丙酸的性能，发现在 220℃、2h 的反应条件下纤维素转化乙酰丙酸得率可以达到 12wt%。最近，Ding 等[99]制备了一种 Al 掺杂的磷酸铌固体酸催化剂（Al-NbOPO$_4$），Al 的掺杂能够调节固体酸催化剂酸性位点和强度，使之有利于催化纤维素降解制备乙酰丙酸。众所周知，固体酸具有合适的酸强度对于催化纤维素转化乙酰丙酸至关重要。Ding 等[99]发现，随着 Al 的掺杂量提高至 2.49%，催化剂的 Brønsted 和 Lewis 酸性都不断增强，最终催化制备乙酰丙酸得率最高可以达到 38wt%。磷酸铌也被应用于在微波加热条件下催化菊粉或小麦秸秆降解制备乙酰丙酸：在 200℃、15min 的反应条件下，菊粉和小麦秸秆转化乙酰丙酸的得率分别达到 28.1wt%和 10.1wt%，且不会产生大量不溶的固体副产物[88]。由于这些固体酸催化剂具有强极性，因此通常也是能与微波场发生强的相互作用的强微波吸收体。从这个角度来说，不仅极性的液相溶剂能够在微波作用下高效快速地加热，固体酸催化剂表面的催化位点同样也可以。除了上述介绍的固体酸外，Chen 等[100]合成了一种超强固体酸催化剂 $S_2O_8^{2-}/ZrO_2$-SiO_2-Sm_2O_3，并用于催化蒸汽爆破后小麦秸秆制备乙酰丙酸，发现 200℃和 10min 的反应条件下乙酰丙酸得率为 14.2wt%。

从表 3-4 和表 3-5 可知，无论是以可溶性糖作为原料，还是以不溶的纤维素或生物质原料作为反应底物制备乙酰丙酸，绝大部分底物浓度都为超过 10wt%。这主要是由于在高的底物浓度下，不仅会导致大量副产物的形成，而且高的固液比还会导致反应器的搅拌困难，从而进一步造成反应器内传热不均一，导致反应底物结焦碳化，这一现象在可溶性糖作为反应底物时尤为明显。

鉴于固体酸目前在使用过程中所存在的上述问题，在工业规模上利用固体酸催化制备乙酰丙酸还不具备现实可行的条件。进一步深入研究固体酸催化剂表面特性、酸性位点密度、催化选择性、孔结构等理化结构性质，以促进对固体酸催化效能的理解并提高乙酰丙酸得率。此外，固体酸制备过程中可能涉及的重金属的毒性在一定程度上也限制了固体酸催化剂的应用。但是相对于均相催化剂，固体酸催化剂能够实现催化剂回收再利用，因此研究固体酸催化剂催化制备乙酰丙酸也具有一定的现实意义。

三、单相有机溶剂中制备乙酰丙酸

由于纤维素等碳水化合物酸催化降解制备乙酰丙酸反应过程中涉及多步水解反应，因此在纯的有机溶剂中纤维素或生物质原料降解乙酰丙酸的效果较差。通常在有机溶剂中掺混少量水分促进水解过程，如水（10wt%）与 γ-戊内酯（90wt%）的混合溶液（如表 3-6 所示）。

表 3-6 纤维素和原始生物质在单相有机溶剂中转化制备乙酰丙酸

原料,浓度/(wt%)	催化剂	反应条件	乙酰丙酸得率/(wt%)
纤维素,2	$[C_4H_6N_2(CH_2)_3SO_3H]_{3-n}H_nPW_{12}O_{40}$, n=1, 2, 3	140℃,12h,H_2O/MIBK(1/10, v/v)	63.1
纤维素,4	磺化氯甲基聚苯乙烯树脂	170℃,10h,H_2O/GVL(10/90wt%)	47.0
纤维素,2	磺化的 Amberlyst 70	160℃,16h,H_2O/GVL(10/90wt%)	49.4
玉米秸秆,6	磺化的 Amberlyst 70	160℃,16h,H_2O/GVL(10/90wt%)	38.7

在 γ-戊内酯与水组成的混合体系中,Zuo 等[97]研究了磺化氯甲基聚苯乙烯树脂催化微晶纤维素降解制备乙酰丙酸:在 170℃和 10h 的条件下,乙酰丙酸得率可以达到 47wt%。分析认为,γ-戊内酯能够溶解纤维素,因此增强了纤维素与固体酸之间的相互作用,进而促进纤维素高选择性转化乙酰丙酸。然而,研究者实际上并未给出 γ-戊内酯能够溶解纤维素的直接证据,也可能 γ-戊内酯只是能够比较有效地溶胀纤维素。同样在 γ-戊内酯与水组成的混合体系中,Alonso 等[101]在类似的反应条件下(160℃、16h)研究了磺化 Amberlyst 70 催化纤维素转化制备乙酰丙酸,目的产物得率最高可达 49.4wt%。而在纯水体系中,在同样条件下磺化 Amberlyst 70 催化纤维素转化乙酰丙酸得率只有 13.6wt%,这充分说明了 γ-戊内酯能够促进不溶的固体酸催化剂和纤维素之间的相互作用,进而促进纤维素降解制备乙酰丙酸。Alonso 等[101]进一步研究了在 γ-戊内酯与水混合体系中磺化 Amberlyst 70 催化玉米秸秆制备乙酰丙酸,在同样的反应条件下乙酰丙酸得率可以达到 38.7wt%。研究者认为,γ-戊内酯也可以溶胀 Amberlyst 70 树脂,进而增加催化活性位点并促进反应底物在催化剂孔道内的扩散。

此外,全氟己烷等氟代试剂也被用于生物质转化乙酰丙酸的研究[102]。然而,这类溶剂的高毒性和高成本限制了其大规模应用。我们必须清楚地认识到,选择绿色可持续的溶剂对于通过生物炼制转化生物质原料生产化学品是至关重要的。此外,还需充分考虑到溶剂对环境的影响及其分离回收的效率。

四、在双相溶剂体系和离子液体中制备乙酰丙酸

用于制备乙酰丙酸的双相溶剂体系通常由水相和另一与水不相容的有机相组成,由于乙酰丙酸在有机相中具有更高的分配系数,因此有利于分离回收目的产物乙酰丙酸。γ-戊内酯与水可以互溶,但是 γ-戊内酯与饱和食盐水可以形成分离的两相。Wettstein 等[103]研究了在 γ-戊内酯与饱和食盐水组成的两相中,HCl 催化纤维素转化制备乙酰丙酸:在 155℃和 1.5h 的条件下,纤维素在水相中经过酸催化降解得到乙酰丙酸,同时乙酰丙酸不断被萃取至有机相 γ-戊内酯中,最终得率可以达到 51.6wt%。

由于需要与水相形成不相溶的两相体系，因此可供选择的有利于分离乙酰丙酸的有机溶剂比较有限。当乙酰丙酸在有机溶剂中相对于水相中的分配系数不高时，仍然会有相当量的产物被留在水相中，造成乙酰丙酸的得率下降。对于乙酰丙酸分配系数低的有机溶剂，需要使用大量的有机溶剂才能保证水相中剩余的乙酰丙酸全部被萃取出来。然而这样会极大地增加后续产品和溶剂回收步骤的能耗。此外，涉及多种溶剂的反应工艺通常要求相对复杂的工厂设计，这样不可避免地会增加投资成本。因此，需要选用乙酰丙酸分配系数高的有机溶剂，以减少有机溶剂的使用量，进而降低后续分离提纯乙酰丙酸的总体能耗。

近年来，应用离子液体作为反应溶剂或催化剂的研究受到了极大关注。离子液体通常是指在室温至100℃范围内呈液态的一种盐类[104]。离子液体具有众多常规溶剂所不具备的特性，如稳定性、低蒸气压以及根据离子不同广泛可调的物理化学性质，这些与众不同的特性使得其非常适合作为生物质原料转化高附加值产物的溶剂[105, 106]。特别需要强调的是，多种离子液体能够有效地溶解纤维素甚至生物质原料，因此能极大地促进催化活性位点与反应底物之间的相互作用。例如，Kang等[107]在离子液体[EMIM][Cl]中，$CrCl_3$和HY分子筛共同催化纤维素降解乙酰丙酸得率可以达到46wt%（61.8℃、14.2min）。在同样的反应条件下，空果壳在离子液体中转化制备乙酰丙酸的得率也可以达到20wt%。微波加热也被应用于离子液体中催化转化制备乙酰丙酸。例如，Ren等[108]在微波加热的条件下，纤维素在黄酸化的离子液体中转化乙酰丙酸得率可以达到39.4wt%（160℃、30min）。

然而，离子液体的应用仍然存在一些不可忽视的缺点：目前离子液体的"绿色溶剂"属性还受到一定程度的质疑，这主要是由于不同阴阳离子的组合可以得到数量众多且性能各异的离子液体，这就很难保证离子液体的制备工艺及其性能都是环境友好的[109]；离子液体的高黏度性能不利于催化反应过程中的质量传递；离子液体的低挥发性限制了通过简单的精馏等方法对其进行回收，因而需要开发其他方法分离反应物质和离子液体，此外，离子液体的制备工艺相对复杂，使得其成本还比较高。上述这些问题都限制了离子液体的工业规模应用。

五、糠醇转化为乙酰丙酸的工艺技术

目前，乙酰丙酸生产多数采用木质纤维或葡萄糖酸水解工艺路线。由于此路线以六元碳链原料生产五元碳链的产品，副反应多、能耗大、收率一般低于30%。为此，科研工作者开始探索以下路线：利用生物质纤维中的五碳糖如半纤维水解产生糠醛，糠醛还原后产物糠醇可进一步转化为乙酰丙酸[110-114]。

$$\text{furfuryl alcohol} + H_2O \xrightarrow{\text{水解重排}} CH_3-\underset{\underset{O}{\|}}{C}-CH_2CH_2COOH$$

$$\text{furfuryl alcohol} + CH_3CH_2OH \xrightarrow{\text{醇解重排}} CH_3\underset{\underset{O}{\|}}{C}CH_2CH_2COOCH_2CH_3$$

$$CH_3\underset{\underset{O}{\|}}{C}CH_2CH_2COOCH_2CH_3 + H_2O \rightleftharpoons CH_3\underset{\underset{O}{\|}}{C}CH_2CH_2COOH + HCOOH$$

糠醇价格虽然高于葡萄糖，但糠醇水解重排工艺副反应少，能耗低，若能获得一定的收率，将是一条有竞争力的乙酰丙酸生产工艺路线，并可实现对生物质纤维组分的充分利用。糠醇水解重排反应一般以盐酸为催化剂，在有机溶剂中进行。常用的溶剂有酮类、醇类和有机酸类等。有研究探索了以糠醇为原料、乙醇为溶剂、盐酸为催化剂生产乙酰丙酸，结果产品的单程收率达到 74.8%，显示出较好的工业应用前景。虽然在不加水的工艺途径中会合成大量的乙酰丙酸乙酯，但可以通过水解使其生成乙酰丙酸。

乙酰丙酸乙酯很容易聚合，特别是因为产品的沸点较高，在蒸馏除去轻组分后，釜底产品的浓度很高，黏度较大，从而影响传热的速度，造成釜壁的温度较高，也会引发产品自聚。在体系中适当加入某种更高沸点的稳定溶剂作为抗凝剂，既可降低釜底产品的浓度，又可降低体系粘度，从而有效减少产品的损失。但过多地使用抗凝剂，必然会增加产品提纯的难度和能耗。因此，选择合适的工艺条件，以获得较高的单程收率十分重要。

影响乙酰丙酸收率的因素有很多，包括水用量、乙醇用量、盐酸用量、反应温度、反应时间、蒸馏真空度、回流比和抗凝剂的用量等。例如，通过以下实验考察不同因素的影响：固定水用量为 10∶1(mol 水/mol 糠醇)，反应温度为回流温度；蒸馏真空度为 15mmHg（绝压），无回流；选取乙醇用量(A)、盐酸用量(B)、反应时间(C)、抗凝剂用量(D)为实验因素。研究结果显示，极差 R 的大小排列顺序为 B>C>A>D，在此最优条件下乙酰丙酸的收率可达 74.8%（表 3-7）。

表 3-7 乙酰丙酸反应稳定性实验结果

实验号	收率/%
Y1	74.5
Y2	75.0
平均	74.8

糠醇转化乙酰丙酸过程中,常会生成乙酰丙酸类环状缩酮。4 个因素 3 种水平的正交试验的级差 R 的大小顺序为醇用量＞盐酸用量＞反应时间＞抗凝剂。由糠醇水解制备乙酰丙酸乙酯中间体,产率仅为 59%。有试验显示醇用量、盐酸用量、反应时间和抗凝剂 4 个影响因素中的反应时间影响最大。通过控制反应混合液的滴加速度,避免糠醇开环聚合形成树脂。酸性过强也会使糠醇聚合形成树脂,酸性太低,反应不完全,盐酸用量也是个重要因素。在蒸出溶剂后,釜底产品的浓度很高,粘高较大,乙酰丙酸酯沸点很高,减压蒸馏下仍易于聚合,会造成产品收率的降低。加入稳定性高、沸点很高的抗凝剂,可以降低釜底产品的浓度和体系的粘度,从而有效地减少产品的损失。但过多的抗凝剂,必然会加大产品提纯的难度和能耗,所以加入的抗凝剂量必须适当。

利用 FT-IR 可测定乙酰丙酸缩酮类物质的形成,可通过比较缩合反应(没有用氮气保护)前后的折光率、沸点来推断。在 FT-IR 谱图中,酮的特征吸收峰为 $1705\sim1720cm^{-1}$,缩酮的特征吸收峰为 $1250\sim1000cm^{-1}$ 和 $900\sim800cm^{-1}$,如有吸收峰存在,说明存在缩酮基。此外,酯的特征吸收峰为 $1750\sim1735cm^{-1}$ 和 $1300\sim1000cm^{-1}$(两个峰),如在谱图上 $1728cm^{-1}$ 处出现一个吸收峰(由于基团间的相互作用或空间结构的影响,吸收峰有所位移)和在 $1300\sim1000cm^{-1}$ 上出现两个峰,说明产品中存在酯基,这些峰的存在可说明这种新物质是乙酰丙酸酯类环状缩酮(表 3-8)。

表 3-8 糠醇转化乙酰丙酸过程中生成的乙酰丙酸类环状缩酮类型

序号	分子式	状态	$m/(\%)$	$\theta/(℃)$	P/Pa	n
1	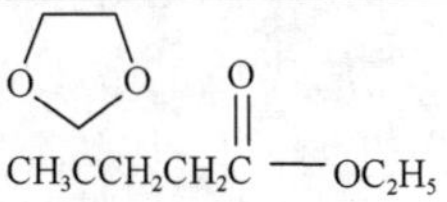 $CH_3CCH_2CH_2C-OC_2H_5$ (环状)		74.4	165	1200	14340
2	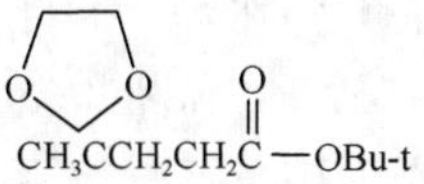 $CH_3CCH_2CH_2C-OBu-t$ (环状)	无色液体且久置会变成浅黄色	75.4	180	1200	14390
3	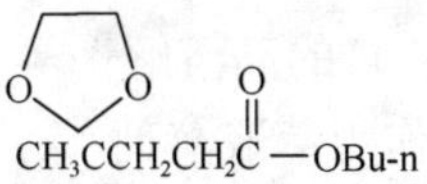 $CH_3CCH_2CH_2C-OBu-n$ (环状)		75.3	184	1200	14414

第四节 生物质制备乙酰丙酸的中试及其工业生产化前景

一、乙酰丙酸的分离提纯

乙酰丙酸的生产通常可以采用间歇反应或连续反应两种形式,而连续反应过程的乙酰丙酸得率要高于间歇反应[115]。因此,使用连续流反应器生产乙酰丙酸的研究报道比较多。由于腐殖质与乙酰丙酸、无机酸催化剂难以分离,特别是腐殖质可能在乙酰丙酸分离提纯过程中进一步炭化甚至结焦,造成设备管路堵塞,影响设备使用寿命,因而后续提纯处理乙酰丙酸面临着很大的挑战。如果以纤维素为原料,降低初始纤维素的处理量有助于减少腐殖质的形成,但同时会导致乙酰丙酸的得率降低,从稀反应液中回收乙酰丙酸也更加复杂[116]。此外,乙酰丙酸具有多样性的反应活性,能形成多种多样的衍生物,这进一步阻碍了其顺利地分离提纯。因此,乙酰丙酸的分离提纯在很大程度上决定于乙酰丙酸的生产工艺与技术。总的来说,常规的减压蒸馏可以实现乙酰丙酸的分离提纯。此外,还有其他方法也被用于乙酰丙酸的分离提纯,包括溶剂萃取、反应萃取及汽提法等。表3-9总结各种分离提纯乙酰丙酸方法的优势及其限制。

表3-9 各种乙酰丙酸分离提纯方法的优势及其限制

分离提纯方法	优势	限制
减压蒸馏	工艺简单,容易操作,技术成熟	能耗高,易形成副产物
溶剂萃取	不需要额外的工艺步骤	消耗大量溶剂,溶剂具有毒性,需要萃取腐殖质
汽提	产品纯度高	能耗大
膜分离	可单步分离,连续分离时可提高生产效率,副产物形成少	成本高,膜容易受污染
吸附	工艺简单	低的吸附容量限制其工业应用
离子液体	还在研究阶段	成本高昂,纯化困难

"Biofine process"工艺主要是通过两步法转化生物质生产乙酰丙酸。在这种工艺中,包括腐殖质在内的固体物质通过过滤除去,然后再通过常压/减压蒸馏和汽提分离提纯乙酰丙酸。这种方法同样可以用于挥发性酸催化生产乙酰丙酸的工艺,因为这种分离提纯方法不仅能回收90%~95%的酸催化剂,同样可以回收溶剂水,最终分离提纯得到乙酰丙酸的纯度可以达到95%~97%[41,117]。

常用于乙酰丙酸溶剂萃取的溶剂包括丁醇、二氯甲烷及乙醚等。然而,这些溶剂的高挥发性、毒性及其对有色物质(主要是腐殖质)的高溶解性等问题都不容忽视[118]。乙酰丙酸的反应萃取是以不溶于水的醇类作为萃取溶剂,同时乙酰丙酸发生酯化反应并使酯化产物从水相转移至有机醇相,该工艺可以避免催化剂的回收和废弃物的产生[119]。膜分离可以促进乙酰丙酸的反应萃取。膜分离乙酰丙酸要优于简单的反应萃取,因为乙酰丙酸的酯化及其分离可以一步完成,不需要额外的萃取剂[120]。此外,膜能保持水相和有机相的分离,从而使副产物的形成达到最小化。需要注意的是,乙酰丙酸溶剂萃取工艺应该尽量避免使用多种溶剂,因为这会导致工厂工程设计变得复杂,增加投资成本。

吸附同样可以用于分离提纯乙酰丙酸。分子筛-SiO_2/Al_2O_3是常用的吸附材料,但相对低的吸附容量限制了其在工业规模上的应用。乙酰丙酸分离提纯工艺对乙酰丙酸整体生产过程的经济性影响很大,因为该工艺过程可能产生大量废水和消耗大量的能量。因此,开发能够100%回收的绿色溶剂用于乙酰丙酸的萃取分离非常有必要。

二、乙酰丙酸制备的中试及工业化生产

木质纤维素生物质转化乙酰丙酸一个主要的工艺是"Biofine process",这是一种以硫酸作为催化剂的两阶段高温酸解工艺(图3-6),可以处理多种多样的木质生物质原料。不同于大多数酸水解工艺,"Biofine process"的最终产物不是单糖,而是乙酰丙酸和糠醛[121, 122]。"Biofine process"工艺的第一阶段在一个活塞流反应器中进行,纤维素和其他多糖碳水化合物水解成可溶的中间产物(如HMF);包含这些中间产物的物料继续转移至混合流反应器(第二阶段),并转化为糠醛、乙酰丙酸、甲酸及其他产物。由于物料在第一阶段反应的停留时间仅需要12~25s,因此使用的活塞流反应器体积很小。然而,由于物料在第二阶段需要的停留时间长达15~30min[123],因此第二阶段使用的混合流反应器要比活塞流反应器大得多[124]。第二阶段反应器可用作一个汽提塔,并可以从降解反应混合物中转移出糠醛。最终从上述工艺分离的乙酰丙酸纯度可以高达98%,同时可以实现硫酸催化剂的回收和再利用。通过物料平衡计算,大约50wt% C_6糖转化为乙酰丙酸,另外20wt%的C_6糖形成甲酸,剩下的30wt%转化为焦炭。

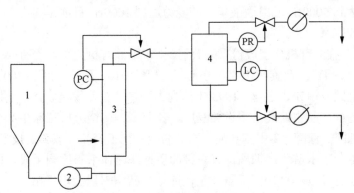

图3-6 Biofine公司开发的连续催化法
1-原料罐; 2-高压泵; 3-管式反应器; 4-反应器

另一方面,50wt%的C_5糖转化为糠醛,剩下的同样也转化为焦炭。基于上述工艺,1996年在美国纽约最先建立了每天生物质处理量为1t的中试工厂,并在2006年开始了运行日均生物质处理量3000t的商业化工厂。这一商业化工厂由Le Calorie公司建造,使用当地的烟草叶、甘蔗渣及造纸废泥作为原料[125]。但据报道上述商业化工厂的运行遇到一些问题,主要是由于盐和腐殖质的沉积导致第一阶段反应器堵塞[126]。此外,美国Segetis公司于2009年建立了年产100t左右的

中试生产线，并于 2012 年建立年产超过 1300t 的示范装置。Segetis 公司的生产工艺最初是基于高果糖浓度的玉米糖浆作为原料，但是最近该公司宣传他们对工艺进行了改进，能够以纤维素糖作为原料。意大利的 GF Biochemicals 公司已经建立了年产能达 2000t 的生产线，并计划于 2017 年将规模扩大至 10000t。2016 年 2 月，GFBiochemicals 公司正式收购美国 Segetis 公司，目前成为全球最大的乙酰丙酸生产供应商。目前，国内乙酰丙酸厂家主要有如下几家。

(1)河北亚诺化工有限公司。河北亚诺化工有限公司系河北省科学院和石家庄开发区亚诺科技发展公司合资兴办的有限责任公司，被河北省科委认定为高新技术企业，拥有自营进出口权，已于 2000 年通过 ISO9002 质量体系认证。公司以研究、开发、生产和订制精细有机化工产品为主要方向，主要产品是以玉米芯等生产的乙酰丙酸及其他化工产品如甲基磺酸、甲基磺酰氯和吡啶衍生物系列等。

(2)南通市江心沙合成化工厂。南通市江心沙合成化工厂位于海门市江心沙农场南首，成立于 1976 年，原为江苏农垦系统的国有企业，2000 年进行改制。企业占地 $49000m^2$，建筑面积 $6000m^2$。固定资产 1800 多万元，现有职工 175 人，大专以上技术人员 27 人，高级工程师 3 人。主要产品为双酚酸、精品双酚酸、乙酰丙酸、精品乙酰丙酸、$2322^\#$水溶性树脂。

(3)淄博双玉化工有限公司。山东淄博双玉化工有限公司位于淄博市张店。公司下设糠醇车间、乙酰丙酸车间、过碳酸钠车间。糠醇生产采用液相加氢法，年生产能力达到 5000t，乙酰丙酸年生产能力达到 1000t，目前是国内生产规模最大的乙酰丙酸厂家。

(4)山东临淄有机化工股份有限公司。山东临淄有机化工股份有限公司系一家外向型企业，拥有固定资产 78820 万元，年产值 10108 万元，利税 1300 万元，1991 年晋升为全国乡镇先进企业，1993 年达到大型(二)企业规模。公司现拥有世界先进水平的各种产品生产线，下设糠醛厂、糠醇厂、广饶分厂三家生产企业，主要生产经营糠醛、糠醇、2-甲基呋喃、乙酰丙酸等化工产品。该公司技术力量雄厚，主要利用玉米芯水解生产糠醛，有完善的质量保证体系和检测手段，并率先在全国同行业通过 ISO9002 国际质量体系认证。产品 90%以上用于出口。

(5)河北省清苑县永利化工有限公司。河北省清苑县永利化工有限公司始建于 1986 年。现有职工 260 人，占地面积 $30000m^2$，建筑面积 $9600m^2$，固定资产 1600 万人民币。职工中 30%为中高级科研人员，全部工艺设备和检测仪器均达到国际先进水平。现已形成多种精细化工产品为龙头的体系。目前，公司的主要产品有过氧乙酸、乙酰丙酸、二甲基二硫、甲基磺酸、甲基磺酰氯、甲硫醚等，年生产能力 20000t。各产品质量均达到国际先进水平，90%以上产品远销欧美、东南亚等国家和地区。

(6)陕西天澳实业股份有限公司。陕西天澳实业股份有限公司是由中国宝鸡天外天集团为主要发起人,联合其他六家法人单位发起成立的,是目前西北地区唯一一家专业生产芋皂素及其系列化工产品的公司。公司位于陕西省宝鸡县千河工业开发区内,陇海、宝成、宝中铁路在此交汇,交通、通讯十分便利。目前年生产乙酰丙酸3000t,其中2000t工业级和1000t高纯级乙酰丙酸,年产值7300万元,利税2513万,利润1500万元。

作为一种有重要意义的平台化合物,乙酰丙酸的主要研究及发展方向有如下几点。

(1) 开发新工艺,提高产量和质量,降低成本。目前,国内乙酰丙酸生产厂家较少,主要厂家有廊坊三威化工有限公司、河北亚诺化工有限公司、山东临淄有机化工股份有限公司、陕西天澳实业股份有限公司等,目前产量还难以满足发展精细化工产品的巨大需求。随着乙酰丙酸应用领域的不断拓展,其需求量必将日益增加。因此,提高乙酰丙酸的产量和质量迫在眉睫。此外,国内的生产工艺普遍存在着收率低、污染严重、生产成本高等问题,为了满足乙酰丙酸作为平台化合物的要求,必须加强技术投入,开发绿色、高效、经济的新工艺来解决上述问题。为了克服这些缺点,可以尝试在以下几个方面进行改进:①采用廉价的生物质原料,这样可以大大降低生产成本;②采用连续水解转化工艺和设备来提高生产效率;③循环利用废料液来减少污染,如对酸进行循环利用;④采用绿色环保工艺技术,如采用固体酸进行催化及亚临界水降解等。另外,国外在利用生物质水解制乙酰丙酸方面的工作,可以为国内的研究带来很好的启示。

(2) 大力开发乙酰丙酸及其衍生物的应用领域。乙酰丙酸作为新型的平台化合物越来越受到人们的关注,利用它可以得到许多具有高附加值的产品,如新型材料、新型能源、新型化工产品等。所以,大力开发新产品,拓展乙酰丙酸及其衍生物的应用领域是非常必要的,这也为研究人员提供了一个新的研究平台。乙酰丙酸作为一种酮酸,既含有羰基又含有羧基,所以兼备酮和酸的反应特性,以此为基础可以进行多元化的有机合成,从而获得多元化的具有高附加值的精细化工产品。作为商品的乙酰丙酸多以晶体的形式存在,且性能稳定,可以直接使用,非常方便。有理由相信,随着乙酰丙酸生产成本的进一步降低,以乙酰丙酸为平台化合物的研究将成为新的热点,其应用领域将会越来越广泛。

(3) 加强多学科交叉的基础和应用研究。如前所述,利用生物质直接水解生产乙酰丙酸,是最有前途、最有可能使乙酰丙酸成为绿色平台化合物的生产方法。但生物质的水解过程是一个十分复杂的多相、多步反应过程,人们对该过程的机理和动力学问题还不十分明确。此外,反应体系成分的复杂性也给产品的产量、质量和下游的提取带来了很多问题,而目前人们对整个体系的物性、热力学性质等相关数据还缺乏了解,以上种种因素阻碍了乙酰丙酸的工业化进程和广泛应用。所以,加强基础研究,建立相应的理论基础是十分必要的。只有在相关理论基础研究上进一步地深入，才会在工艺研究、开发设计等方面实现新的突破。作为新型的平台化合物，有关乙酰丙酸的应用和研究可以渗透到各个学科，多学科的交叉会极大地促进相关基础研究和应用研究的进步。所以，大力开展多学科的交叉研究也是十分必要的。

参 考 文 献

[1] Smeets E, Faaij A, Lewandowski I, et al. A bottom-up assessment and review of global bio-energy potentials to 2050. Progress in Energy and Combustion Science, 2007, 33(1): 56-106.

[2] Laureano-Perez L, Teymouri F, Alizadeh H, et al. Understanding factors that limit enzymatic hydrolysis of biomass. Applied Biochemistry and Biotechnology, 2005, 124(1-3): 1081-1099.

[3] Zakrzewska M E, Bogel-Lukasik E, Bogel-Lukasik R. Ionic liquid-mediated formation of 5-hydroxymethylfurfurals: A promising biomass-derived building block. Chemical Reviews, 2011, 111(2): 397-417.

[4] Qi X H, Watanabe M, Aida T M, et al. Synergistic conversion of glucose into 5-hydroxymethylfurfural in ionic liquid-water mixtures. Bioresource Technology, 2012, 109: 224-228.

[5] Ståhlberg T, Fu W J, Woodley J M, et al. Synthesis of 5-(hydroxymethyl) furfural in ionic liquids: Paving the way to renewable chemicals. ChemSusChem, 2011, 4(4): 451-458.

[6] Mosier N, Wyman C, Dale B, et al. Features of promising technologies for pretreatment of lignocellulosic biomass. Bioresource Technology, 2005, 96(4): 673-686.

[7] Weingarten R, Cho J, Xing R, et al. Kinetics and reaction engineering of levulinic acid production from aqueous glucose solutions. ChemSusChem, 2012, 5(7): 1280-1290.

[8] Baugh K D, Mccarty P L. Thermochemical pretreatment of lignocellulose to enhance methane fermentation: I. Monosaccharide and furfurals hydrothermal decomposition and product formation rates. Biotechnology and Bioengineering, 1988, 31(1): 50-61.

[9] Chang C, Ma X J, Cen P L. Kinetics of levulinic acid formation from glucose decomposition at high temperature. Chinese Journal of Chemical Engineering, 2006, 14(5): 708-712.

[10] Girisuta B, Janssen L P B M, Heeres H J. A kinetic study on the decomposition of 5-hydroxymethylfurfural into levulinic acid. Green Chemistry, 2006, 8(8): 701.

[11] Girisuta B, Janssen L P B M, Heeres H J. A kinetic study on the conversion of glucose to levulinic acid. Chemical Engineering Research & Design, 2006, 84(A5): 339-349.

[12] Heimlich K R, Martin A N. A kinetic study of glucose degradation in acid solution. Journal of the American Pharmaceutical Association, 1960, 49(9): 592-597.

[13] Jing Q, Lu X Y. Kinetics of non-catalyzed decomposition of glucose in high-temperature liquid water. Chinese Journal of Chemical Engineering, 2008, 16(6): 890-894.

[14] McKibbins S W. Kinetics of the acid catalyzed conversion of glucose to 5-hydroxymethyl-2-furaldehyde and levulinic acid. Forest Products Journal, 1958, 12: 17-23.

[15] Smith P C, Grethlein H E, Converse A O. Glucose decomposition at high temperature, mild acid, and short residence times. Solar Energy, 1982, 28(1): 41-48.

[16] Amarasekara A S, Williams L D, Ebede C C. Mechanism of the dehydration of D-fructose to 5-hydroxymethylfurfural in dimethyl sulfoxide at 150 degrees C: an NMR study. Carbohydrate Research, 2008, 343(18): 3021-3024.

[17] Antal M J, Mok W S L, Richards G N. Kinetic-studies of the reactions of ketoses and aldoses in water at high-temperature .1. Mechanism of formation of 5-(hydroxymethyl)-2-furaldehyde from D-fructose and sucrose. Carbohydrate Research, 1990, 199(1): 91-109.

[18] Assary R S, Redfern P C, Greeley J, et al. Mechanistic insights into the decomposition of fructose to hydroxy methyl furfural in neutral and acidic environments using high-level quantum chemical methods. Journal of Physical Chemistry B, 2011, 115(15): 4341-4349.

[19] Guan J, Cao Q A, Guo X C, et al. The mechanism of glucose conversion to 5-hydroxymethylfurfural catalyzed by metal chlorides in ionic liquid: A theoretical study. Computational and Theoretical Chemistry, 2011, 963(2-3): 453-462.

[20] Qian X H. Mechanisms and energetics for bronsted acid-catalyzed glucose condensation, dehydration and isomerization reactions. Topics in Catalysis, 2012, 55(3-4): 218-226.

[21] Moreau C, Durand R, Razigade S, et al. Dehydration of fructose to 5-hydroxymethylfurfural over H-mordenites. Applied Catalysis A: General, 1996, 145(1-2): 211-224.

[22] Hu S Q, Zhang Z F, Song J L, et al. Efficient conversion of glucose into 5-hydroxymethylfurfural catalyzed by a common Lewis acid SnCl4 in an ionic liquid. Green Chemistry, 2009, 11(11): 1746-1749.

[23] Qi X H, Watanabe M, Aida T M, et al. Fast transformation of glucose and di-/polysaccharides into 5-hydroxymethylfurfural by microwave heating in an ionic liquid/catalyst system. ChemSusChem, 2010, 3(9): 1071-1077.

[24] Stahlberg T, Rodriguez-Rodriguez S, Fristrup P, et al. Metal-free dehydration of glucose to 5-(hydroxymethyl)furfural in ionic liquids with boric acid as a promoter. Chemistry-A European Journal, 2011, 17(5): 1456-1464.

[25] Zhao H B, Holladay J E, Brown H, et al. Metal chlorides in ionic liquid solvents convert sugars to 5-hydroxymethylfurfural. Science, 2007, 316(5831): 1597-1600.

[26] Binder J B, Cefali A V, Blank J J, et al. Mechanistic insights on the conversion of sugars into 5-hydroxymethylfurfural. Energy & Environmental Science, 2010, 3(6): 765-771.

[27] Moliner M, Roman-Leshkov Y, Davis M E. Tin-containing zeolites are highly active catalysts for the isomerization of glucose in water. Proceedings of the National Academy of Sciences of the United States of America, 2010, 107(14): 6164-6168.

[28] Pidko E A, Degirmenci V, van Santen R A, et al. Glucose activation by transient Cr^{2+} dimers. Angewandte Chemie-International Edition, 2010, 49(14): 2530-2534.

[29] Hu L, Zhao G, Hao W W, et al. Catalytic conversion of biomass-derived carbohydrates into fuels and chemicals via furanic aldehydes. RSC Advances, 2012, 2(30): 11184-11206.

[30] Asghari F S, Yoshida H. Kinetics of the decomposition of fructose catalyzed by hydrochloric acid in subcritical water: Formation of 5-hydroxymethylfurfural, levulinic, and formic acids. Industrial & Engineering Chemistry Research, 2007, 46(23): 7703-7710.

[31] Alonso D M, Gallo J M R, Mellmer M A, et al. Direct conversion of cellulose to levulinic acid and gamma-valerolactone using solid acid catalysts. Catalysis Science & Technology, 2013, 3(4): 927-931.

[32] Girisuta B, Janssen L, Heeres H. Green chemicals: A kinetic study on the conversion of glucose to levulinic acid. Chemical Engineering Research and Design, 2006, 84(5): 339-349.

[33] Girisuta B, Janssen L P B M, Heeres H J. Kinetic study on the acid-catalyzed hydrolysis of cellulose to levulinic acid. Industrial & Engineering Chemistry Research, 2007, 46(6): 1696-1708.

[34] Heeres H, Handana R, Chunai D, et al. Combined dehydration/(transfer)-hydrogenation of C6-sugars (D-glucose and D-fructose) to gamma-valerolactone using ruthenium catalysts. Green Chemistry, 2009, 11(8): 1247-1255.

[35] Kuster B F, van der Baan H S. The influence of the initial and catalyst concentrations on the dehydration of D-fructose. Carbohydrate Research, 1977, 54(2): 165-176.

[36] Schraufnagel R A, Rase H F. Levulinic acid from sucrose using acidic ion-exchange resins. Industrial & Engineering Chemistry Product Research and Development, 1975, 14(1): 40-44.

[37] Shen J C, Wyman C E. Hydrochloric acid-catalyzed levulinic acid formation from cellulose: Data and kinetic model to maximize yields. AICHE Journal, 2012, 58(1): 236-246.

[38] Thomas R W, Schuette H. Studies on levulinic acid. I. Its preparation from carbohydrates by digestion with hydrochloric acid under pressure. Journal of the American Chemical Society, 1931, 53(6): 2324-2328.

[39] Vandam H E, Kieboom A P G, Vanbekkum H. The conversion of fructose and glucose in acidic media - formation of hydroxymethylfurfural. Starch-Starke, 1986, 38(3): 95-101.

[40] Mukherjee A, Dumont M J, Raghauan V. Review: Sustainable production of hydroxymethylfurfural and levulinic acid: Challenges and opportunities. Biomass & Bioenergy, 2015, 72: 143-183.

[41] Carlson L J. Process for the manufacture of levulinic acid: Google Patents; 1962.

[42] Szabolcs Á, Molnár M, Dibó G, et al. Microwave-assisted conversion of carbohydrates to levulinic acid: an essential step in biomass conversion. Green Chemistry, 2013, 15(2): 439.

[43] Rackemann D W, Bartley J P, Doherty W O. Methanesulfonic acid-catalyzed conversion of glucose and xylose mixtures to levulinic acid and furfural. Industrial Crops and Products, 2014, 52: 46-57.

[44] Peng L C, Lin L, Zhang J H, et al. Catalytic conversion of cellulose to levulinic acid by metal chlorides. Molecules, 2010, 15(8): 5258-5272.

[45] Choudhary V, Mushrif S H, Ho C, et al. Insights into the interplay of Lewis and Bronsted acid catalysts in glucose and fructose conversion to 5-(hydroxymethyl)furfural and levulinic acid in aqueous media. Journal of the American Chemical Society, 2013, 135(10): 3997-4006.

[46] Amarasekara A S, Ebede C C. Zinc chloride mediated degradation of cellulose at 200 °C and identification of the products. Bioresource Technology, 2009, 100(21): 5301-5304.

[47] Qiao Y, Pedersen C M, Huang D, et al. NMR study of the hydrolysis and dehydration of inulin in water: Comparison of the catalytic effect of Lewis acid $SnCl_4$ and Brønsted acid HCl. ACS Sustainable Chemistry & Engineering, 2016, 4(6): 3327-3333.

[48] Ding D Q, Wang J J, Xi J X, et al. High-yield production of levulinic acid from cellulose and its upgrading to gamma-valerolactone. Green Chemistry, 2014, 16(8): 3846-3853.

[49] Upare P P, Yoon J W, Kim M Y, et al. Chemical conversion of biomass-derived hexose sugars to levulinic acid over sulfonic acid-functionalized graphene oxide catalysts. Green Chemistry, 2013, 15(10): 2935-2943.

[50] Van de Vyver S, Thomas J, Geboers J, et al. Catalytic production of levulinic acid from cellulose and other biomass-derived carbohydrates with sulfonated hyperbranched poly(arylene oxindole)s. Energy & Environmental Science, 2011, 4(9): 3601-3610.

[51] Weingarten R, Conner W C, Huber G W. Production of levulinic acid from cellulose by hydrothermal decomposition combined with aqueous phase dehydration with a solid acid catalyst. Energy & Environmental Science, 2012, 5(6): 7559-7574.

[52] 任素霞, 徐海燕, 杨延涛, 等. 固体超强酸催化微晶纤维素水解制备乙酰丙酸. 可再生能源, 2015, 3: 023.

[53] 李小保, 宴宇宏, 叶菊娣, 等. SO_4^{2-}/ZrO_2 催化葡萄糖水解制乙酰丙酸研究. 广东化工, 2009, 36(11): 10-11.

[54] 李小保, 黄秋萍, 罗公平, 等. SO_4^{2-}/ZrO_2 固体超强酸催化剂金属离子复合、改性及在乙酰丙酸制备中的研究. 广东化工, 2010, 37(10): 244-245.

[55] 王攀, 王春英, 漆新华, 等. SO_4^{2-}/TiO_2 催化纤维素水解制乙酰丙酸的研究. 现代化工, 2008, (S2).
[56] 王春英, 王攀, 漆新华, 等. SO_4^{2-}/Al_2O_3-TiO_2 转化纤维素生成乙酰丙酸. 化工进展, 2009, 1: 028.
[57] Watanabe M, Aizawa Y, Iida T, et al. Glucose reactions with acid and base catalysts in hot compressed water at 473 K. Carbohydrate Research, 2005, 340(12): 1925-1930.
[58] 刘欣颖. 固体酸催化果糖选择性合成 5-羟甲基糠醛(HMF). 大连: 大连理工大学硕士学位论文, 2007.
[59] Zhao Q A, Wang L, Zhao S, et al. High selective production of 5-hydroymethylfurfural from fructose by a solid heteropolyacid catalyst. Fuel, 2011, 90(6): 2289-2293.
[60] Fan C Y, Guan H Y, Zhang H, et al. Conversion of fructose and glucose into 5-hydroxymethylfurfural catalyzed by a solid heteropolyacid salt. Biomass & Bioenergy, 2011, 35(7): 2659-2665.
[61] Lourvanij K, Rorrer G L. Reactions of aqueous glucose solutions over solid-acid Y-zeolite catalyst at 110-160 degrees-C. Industrial & Engineering Chemistry Research, 1993, 32(1): 11-19.
[62] Moreau C, Durand R, Aliès F, et al. Hydrolysis of sucrose in the presence of H-form zeolites. Industrial Crops and Products, 2000, 11(2): 237-242.
[63] Buttersack C, Laketic D. Hydrolysis of sucrose by dealuminated Y-zeolites. Journal of Molecular Catalysis, 1994, 94(3): L283-L290.
[64] 张欢欢. 环境友好催化剂作用下葡萄糖水解反应行为研究. 浙江: 浙江大学硕士学位论文, 2006.
[65] 吕秀阳, 彭新文, 卢崇乐, 等. 强酸性树脂催化下六元糖降解反应动力学. 化工学报, 2009, 60(3): 634-640.
[66] Bozell J J, Moens L, Elliott D, et al. Production of levulinic acid and use as a platform chemical for derived products. Resources, conservation and recycling, 2000, 28(3): 227-239.
[67] Carlini C, Giuttari M, Galletti A M R, et al. Selective saccharides dehydration to 5-hydroxymethyl-2-furaldehyde by heterogeneous niobium catalysts. Applied Catalysis a-General, 1999, 183(2): 295-302.
[68] Benvenuti F, Carlini C, Patrono P, et al. Heterogeneous zirconium and titanium catalysts for the selective synthesis of 5-hydroxymethyl-2-furaldehyde from carbohydrates. Applied Catalysis a-General, 2000, 193(1-2): 147-153.
[69] Asghari F S, Yoshida H. Dehydration of fructose to 5-hydroxymethylfurfural in sub-critical water over heterogeneous zirconium phosphate catalysts. Carbohydrate Research, 2006, 341(14): 2379-2387.
[70] Mednick M. The Acid-Base-Catalyzed Conversion of Aldohexose into 5-(Hydroxymethyl)-2-furfural2. The Journal of Organic Chemistry, 1962, 27(2): 398-403.
[71] Arata K, Hino M, Matsuhashi H. Solid catalysts treated with anions: XXI. Zirconia-supported chromium catalyst for dehydrocyclization of hexane to benzene. Applied Catalysis A: General, 1993, 100(1): 19-26.
[72] 战永复, 战瑞瑞. 纳米固体超酸 SO_4^{2-}/TiO_2 的研究. 无机化学学报, 2002, 18(5): 505-508.
[73] 陈同云. 焙化温度及掺杂对分子筛负载 SO_4^{2-}/ZrO_2-Co_2O_3 固体超强酸性能影响的研究. 分子催化, 2006, 20(4): 311-315.
[74] Antonetti C, Licursi D, Fulignati S, et al. New frontiers in the catalytic synthesis of levulinic acid: From sugars to raw and waste biomass as starting feedstock. Catalysts, 2016, 6(12): 196.
[75] Mascal M, Nikitin E B. Dramatic advancements in the saccharide to 5-(chloromethyl)furfural conversion reaction. ChemSusChem, 2009, 2(9): 859-861.
[76] Mascal M, Nikitin E B. High-yield conversion of plant biomass into the key value-added feedstocks 5-(hydroxymethyl)furfural, levulinic acid, and levulinic esters via 5-(chloromethyl)furfural. Green Chemistry, 2010, 12(3): 370-373.
[77] Brasholz M, Von Kaenel K, Hornung C H, et al. Highly efficient dehydration of carbohydrates to 5-(chloromethyl)furfural (CMF), 5-(hydroxymethyl)furfural (HMF) and levulinic acid by biphasic continuous flow processing. Green Chemistry, 2011, 13(5): 1114-1117.

[78] Qu Y, Huang C, Zhang J, et al. Efficient dehydration of fructose to 5-hydroxymethylfurfural catalyzed by a recyclable sulfonated organic heteropolyacid salt. Bioresource Technology, 2012, 106: 170-172.

[79] Shuai L, Luterbacher J. Organic solvent effects in biomass conversion reactions. ChemSusChem, 2016, 9(2): 133-155.

[80] Morone A, Apte M, Pandey R A. Levulinic acid production from renewable waste resources: Bottlenecks, potential remedies, advancements and applications. Renewable and Sustainable Energy Reviews, 2015, 51: 548-565.

[81] Tsilomelekis G, Josephson T R, Nikolakis V, et al. Origin of 5 - Hydroxymethylfurfural Stability in Water/Dimethyl Sulfoxide Mixtures. ChemSusChem, 2014, 7(1): 117-126.

[82] Shen J, Wyman C E. Hydrochloric acid-catalyzed levulinic acid formation from cellulose: data and kinetic model to maximize yields. AIChE Journal, 2012, 58(1): 236-246.

[83] Peng L, Lin L, Zhang J, et al. Catalytic conversion of cellulose to levulinic acid by metal chlorides. Molecules, 2010, 15(8): 5258-5272.

[84] Yan L, Yang N, Pang H, et al. Production of levulinic acid from bagasse and paddy straw by liquefaction in the presence of hydrochloride acid. CLEAN–Soil, Air, Water, 2008, 36(2): 158-163.

[85] Licursi D, Antonetti C, Bernardini J, et al. Characterization of the Arundo Donax l. solid residue from hydrothermal conversion: comparison with technical lignins and application perspectives. Industrial Crops and Products, 2015, 76: 1008-1024.

[86] Antonetti C, Bonari E, Licursi D, et al. Hydrothermal conversion of giant reed to furfural and levulinic acid: optimization of the process under microwave irradiation and investigation of distinctive agronomic parameters. Molecules, 2015, 20(12): 21232-21253.

[87] Chang C, Cen P, Ma X. Levulinic acid production from wheat straw. Bioresource Technology, 2007, 98(7): 1448-1453.

[88] Galletti A M R, Antonetti C, De Luise V, et al. Levulinic acid production from waste biomass. Bioresources, 2012, 7(2): 1824-1835.

[89] Bevilaqua D B, Rambo M K, Rizzetti T M, et al. Cleaner production: levulinic acid from rice husks. Journal of Cleaner Production, 2013, 47: 96-101.

[90] Pang C, Xie T, Lin L, et al. Changes of the surface structure of corn stalk in the cooking process with active oxygen and MgO-based solid alkali as a pretreatment of its biomass conversion. Bioresource Technology, 2012, 103(1): 432-439.

[91] Nhien L C, Long N V D, Kim S, et al. Design and assessment of hybrid purification processes through a systematic solvent screening for the production of levulinic acid from lignocellulosic biomass. Industrial & Engineering Chemistry Research, 2016, 55(18): 5180-5189.

[92] Girisuta B, Danon B, Manurung R, et al. Experimental and kinetic modelling studies on the acid-catalysed hydrolysis of the water hyacinth plant to levulinic acid. Bioresource Technology, 2008, 99(17): 8367-8375.

[93] Girisuta B, Janssen L P B M, Heeres H J. Green chemicals: A kinetic study on the conversion of glucose to levulinic acid. Chemical Engineering Research and Design, 2006, 84(5): 339-349.

[94] Mansilla H D, Baeza J, Urzúa S, et al. Acid-catalysed hydrolysis of rice hull: evaluation of furfural production. Bioresource Technology, 1998, 66(3): 189-193.

[95] Lee S B, Kim S K, Hong Y K, et al. Optimization of the production of platform chemicals and sugars from the red macroalga, Kappaphycus alvarezii. Algal Research, 2016, 13: 303-310.

[96] Omari K W, Besaw J E, Kerton F M. Hydrolysis of chitosan to yield levulinic acid and 5-hydroxymethylfurfural in water under microwave irradiation. Green Chemistry, 2012, 14(5): 1480-1487.

[97] Zuo Y, Zhang Y, Fu Y. Catalytic Conversion of cellulose into levulinic acid by a sulfonated chloromethyl polystyrene solid acid catalyst. ChemCatChem, 2014. 6: 753-757.

[98] Joshi S S, Zodge A D, Pandare K V, et al. Efficient conversion of cellulose to levulinic acid by hydrothermal treatment using zirconium dioxide as a recyclable solid acid catalyst. Industrial & Engineering Chemistry Research, 2014: 140610084054004.

[99] Ding D, Wang J, Xi J, et al. High-yield production of levulinic acid from cellulose and its upgrading to γ-valerolactone. Green Chemistry, 2014, 16: 3846-3853.

[100] Chen H, Yu B, Jin S. Production of levulinic acid from steam exploded rice straw via solid superacid. Bioresource Technology, 2011, 102(3): 3568-3570.

[101] Alonso D M, Gallo J M R, Mellmer M A, et al. Direct conversion of cellulose to levulinic acid and gamma-valerolactone using solid acid catalysts. Catalysis Science & Technology, 2013, 3: 927-931.

[102] Rackemann D W, Doherty W O S. The conversion of lignocellulosics to levulinic acid. Biofuels, Bioproducts & Biorefining, 2011, 5(2): 198-214.

[103] Wettstein S, Martin A D, Chong Y, et al. Production of levulinic acid and gamma-valerolactone (GVL) from cellulose using GVL as a solvent in biphasic systems. Energy & Environmental Science, 2012, 5(8): 8199-8203.

[104] Zhao D, Wu M, Kou Y, et al. Ionic liquids: applications in catalysis. Catalysis Today, 2002, 74(1): 157-189.

[105] Lopes A M, Bogel-Lukasik R. Acidic ionic liquids as sustainable approach of cellulose and lignocellulosic biomass conversion without additional catalysts. ChemSusChem, 2015, 8(6): 947-965.

[106] Petkovic M, Seddon K R, Rebelo L P N, et al. Ionic liquids: a pathway to environmental acceptability. Chemical Society Reviews, 2011, 40(3): 1383-1403.

[107] Kang M, Kim S W, Kim J W, et al. Optimization of levulinic acid production from Gelidium amansii. Renewable Energy, 2013, 54: 173-179.

[108] Ren H, Zhou Y, Liu L. Selective conversion of cellulose to levulinic acid via microwave-assisted synthesis in ionic liquids. Bioresource Technology, 2013, 129: 616-619.

[109] Deetlefs M, Seddon K R. Assessing the greenness of some typical laboratory ionic liquid preparations. Green Chemistry, 2010, 12(1): 17-30.

[110] 吴翠玲, 蔡振元. 糠醇为原料合成乙酰丙酸酯类缩酮. 华侨大学学报: 自然科学版, 2002, 23(3): 257-259.

[111] 张玉兰, 丁彦. 4-氧代戊酸酯类缩酮的合成研究. 兰州大学学报: 自然科学版, 1994, 30(2): 66-70.

[112] 张维成, 孙宝国. 糠酸和糠醇酯类香料的研究. 精细化工, 1994, 11(6): 19-22.

[113] 晶曦, 俊标, 常红, 等. 红外光谱在有机化学和药物化学中的应用. 北京: 科学出版社, 2001: .

[114] 杜小英, 祖桂荣. 乙酰丙酸的制备. 天津化工, 1996, (3): 32-32.

[115] Galletti A M R, Antonetti C, De Luise V, et al. Conversion of biomass to levulinic acid, a new feedstock for the chemical industry. Chimica e l'Industria, 2011, 93: 112-117.

[116] Wettstein S G, Alonso D M, Gurbuz E I, et al. A roadmap for conversion of lignocellulosic biomass to chemicals and fuels. Current Opinion in Chemical Engineering, 2012, 1(3): 218-224.

[117] Alva T. Method of making levulinic acid. Google Patents; 1940.

[118] Douglas M A. Recovery of levulinic acid. Google Patents; 1941.

[119] Ayoub P M. Process for the reactive extractive extraction of levulinic acid. Google Patents; 2008.

[120] Den Boestert J L W C, Haan J P, Nijmeijer A. Process for permeation enhanced reactive extraction of levulinic acid. Google Patents; 2009.

[121] P, Inderwildi O R, Farnood R, et al. Liquid fuels, hydrogen and chemicals from lignin: A critical review. Renewable & Sustainable Energy Reviews, 2013, 21: 506-523.

[122] Hayes D J, Fitzpatrick S, Hayes M H, et al. The biofine process–production of levulinic acid, furfural, and formic acid from lignocellulosic feedstocks. Biorefineries–Industrial Processes and Product, 2006, 1: 139-164.

[123] Fitzpatrick S W. Production of levulinic acid from carbohydrate-containing materials. Google Patents; 1997.

[124] Fitzpatrick S W. Lignocellulose degradation to furfural and levulinic acid. Google Patents; 1990.

[125] Ritter S. Biorefinery gets ready to deliver the goods. Chemical & Engineering News, 2006, 84(34): 47-47.

[126] Galletti A M R, Antonetti C, De Luise V, et al. Levulinic acid production from waste biomass. Bioresources, 2012, 7(2): 1824-1835.

第四章 乙酰丙酸酯合成途径与技术

目前开发的从生物质资源或生物质基衍生物出发转化合成乙酰丙酸酯的潜在合成途径可概括为以下 6 种：生物质糖醇解合成乙酰丙酸酯、纤维素类生物质直接醇解合成乙酰丙酸酯、乙酰丙酸酯化合成乙酰丙酸酯、糠醇醇解合成乙酰丙酸酯、糠醛一步转化合成乙酰丙酸酯以及 5-氯甲基糠醛醇解合成乙酰丙酸酯。所有乙酰丙酸酯的合成途径均涉及到酸性催化，因此寻找高效实用的催化体系是目前乙酰丙酸酯合成的研究重点之一。

第一节 乙酰丙酸酯的性质与应用

乙酰丙酸酯又名戊酮酸酯、4-酮基戊酸酯或 4-氧代戊酸酯，常见的主要包括乙酰丙酸甲酯、乙酰丙酸乙酯、乙酰丙酸丁酯等短链脂肪酸酯，它们是一类具有芳香气味的无色透明或黄色液体，沸点较高，易溶于乙醇、乙醚、氯仿等大多数有机溶剂，一些具体的物化性质参见表 4-1[1,2]。

表 4-1 几种常见的乙酰丙酸酯的物化性质

类别	化学文摘号	分子式	分子量	沸点/℃	熔点/℃	密度/(g/mL, 25℃)	折光率(20℃)	闪点/℃
乙酰丙酸甲酯	624-45-3	$C_6H_{10}O_3$	130.14	196	−24	1.051	1.422	66.9
乙酰丙酸乙酯	539-88-8	$C_7H_{12}O_3$	144.17	206	−33	1.016	1.422	90.6
乙酰丙酸丁酯	2052-15-5	$C_9H_{16}O_3$	172.22	238	n/a	0.974	1.427	91.0

乙酰丙酸酯是一类非常有潜力的新能源平台化学品，具有广泛的工业应用价值。例如，它的性质与生物柴油相似，可以作为石化柴油和生物柴油等运输混合燃料，添加后能有效改善燃烧清洁度，且具备优良的润滑能力、闪点稳定性和低温流动性[3]。表 4-2 比较了常用汽油含氧添加剂甲基叔丁基醚和几种乙酰丙酸酯的特性，发现在汽油中添加相同质量的甲基叔丁基醚和乙酰丙酸酯，前者的燃烧需氧量明显高于后者，而掺合这两种添加剂后汽油的辛烷值则较为接近[4,5]。同时，乙酰丙酸酯也是化学工业中一类重要的原料，可作为香料、涂料、粘合剂、增塑剂等，被广泛应用于食品、医药、化妆品、涂料、橡胶等众多行业。此外，乙酰丙酸酯分子中存在一个羰基和一个酯基，羰基上的碳氧双键为强极性键，碳原子

为正电荷中心,当羰基发生反应时,碳原子的亲电中心起着决定性的作用。乙酰丙酸酯的羰基结构可以异构化得到烯醇式异构体,因此具有高的反应活性,可以作为反应底物参与加氢、氧化、水解、酯交换、缩合、加成等多种化学反应,衍生出数量众多的有工业意义的化学品,如γ-戊内酯、双酚酯、乙酰丙酸乙烯等[6]。

表 4-2 汽油添加剂甲基叔丁基醚和乙酰丙酸酯的特性比较

添加剂	含氧量/%	燃烧需氧量/%		辛烷值
		2.7%添加剂	2.0%添加剂	
甲基叔丁基醚	18	11.0	14.9	109
乙酰丙酸甲酯	37	5.4	7.3	106.5
乙酰丙酸乙酯	33	6.6	8.1	107.5
乙酰丙酸异丙酯	30	6.6	8.9	105
乙酰丙酸异丁酯	28	7.2	9.7	102.5

将乙酰丙酸酯的合成途径总结如图 4-1 所示。本章将根据乙酰丙酸酯的不同合成途径分别进行介绍。

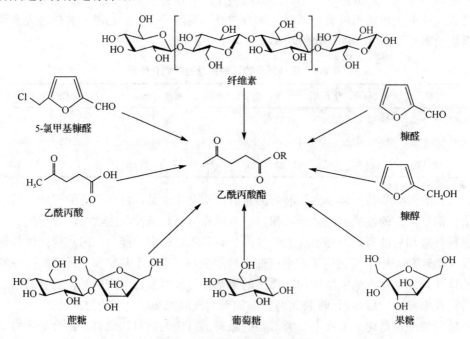

图 4-1 乙酰丙酸酯的合成途径

第二节　糖类化合物醇解合成乙酰丙酸酯

一、反应过程机理

鉴于甲醇、乙醇等低级烷醇具有独特的物理和化学性质，高温高压下对生物质组分有良好的溶解性和反应性，近年来引起了人们较广泛的关注。生物质糖醇解合成乙酰丙酸酯通常是指以己糖类碳水化合物（如蔗糖、葡萄糖、果糖）为原料，在低级烷醇体系中通过酸性催化剂高温催化降解制得乙酰丙酸酯。与研究较多的生物质资源水解反应相比，该过程可以最大限度地减少废水的处理和排放，环境污染小，生产工艺符合当今化学工业绿色化的发展趋势。此外，众多研究也表明，作为介质的醇有利于保护反应物中的活性羟基，抑制聚合物等腐殖质的形成，减少副反应，提高原料的有效利用率。

生物质糖醇解生成乙酰丙酸酯与水解生成乙酰丙酸的过程类似，是一个复杂的、连续的多步串联反应，通常认为的反应机理如图 4-2 所示。

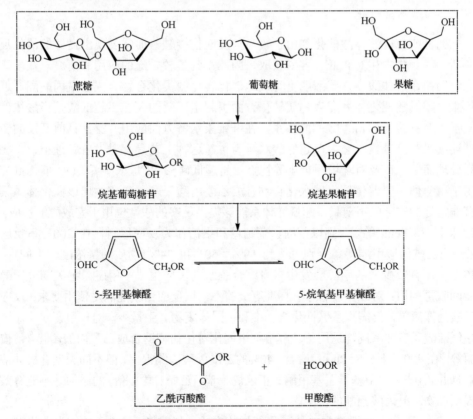

图 4-2　糖类化合物醇解合成乙酰丙酸酯的过程机理

在醇体系中，葡萄糖等碳水化合物在酸催化作用下加热首先醇解生成烷基葡萄糖苷，随后异构化成烷基果糖苷；在酸性条件下，烷基糖苷经加热进一步脱水生成 HMF 和 5-烷氧基甲基糠醛；然后再进一步醇解生成等物质的量的乙酰丙酸酯和甲酸酯。尽管该合成途径要经历多步中间过程，但反应可以在同一条件下、同一反应器中连续进行，生产工艺简单，过程条件容易控制，因此该转化合成途径也称为一锅式串联反应。反应完成后，根据体系中物质沸点的不同，产物乙酰丙酸酯容易从反应混合物中通过蒸馏分离获得，剩余未反应的醇可以回收循环使用。基于以上诸多优点，生物质糖醇解被认为是一条非常有发展潜力的合成乙酰丙酸酯的途径。

二、催化合成技术

糖类化合物醇解合成乙酰丙酸酯是一个典型的酸催化反应，基于催化剂开发的合成技术是有效转化糖类化合物合成乙酰丙酸酯的关键内容，目前开发的催化剂反应体系主要包括有无机或有机液体酸、固体酸、金属盐、离子液体催化体系。

(一) 液体酸催化

无机或有机液体酸催化剂由于较易与反应物接触，通常表现出良好的催化反应活性，且成本相对较低、容易获取，因此得到了较广泛的应用和研究。众多研究表明：在液体酸中，硫酸能更有效地催化转化糖类化合物合成乙酰丙酸酯。近年来，超低酸催化体系在生物质转化方面引起了广泛的关注。超低酸是指酸浓度低于 0.1%（约 0.01mol/L）的酸体系，在纤维素水解方面应用广泛。目前开发的新型连续水解纤维素工艺多以超低酸水解为主，这种工艺具有对设备腐蚀小、产物后处理简单，以及对环境污染小等特点。将超低硫酸（质量浓度≤0.1%）催化剂应用于甲醇体系中催化转化碳水化合物合成乙酰丙酸甲酯，研究发现该催化体系具有非常好的实际应用前景。超低酸体系能够提供足够的酸性位用于完成醇解反应，彭林才[7]和 Peng 等[8]分别以蔗糖、葡萄糖和果糖作为反应原料，在 200℃下反应 2.5h，乙酰丙酸甲酯得率分别可达到 59%、50%和 74%（物质的量浓度，下同）；体系中仅有较少量的甲醇会发生自身缩合脱水副反应生成二甲醚，绝大部分甲醇能回收再利用；对设备腐蚀小，标准等级的不锈钢反应器就能满足使用要求；反应后酸处理简单，仅需少量碱性化合物中和；固体废物产生量少，对环境影响小。该超低硫酸反应体系同样适用于乙醇溶剂中催化转化葡萄糖合成乙酰丙酸乙酯，常俊丽等[9]在 200℃下反应 2h 可获得约 40%的乙酰丙酸乙酯得率，但不同类型有机共溶剂（如四氢呋喃、甲基异丁基甲酮、正己烷、苯、乙腈、丙酮等）的添加并不能有效提高产物乙酰丙酸乙酯的得率。

Xiao 等[10]采用微波加热代替传统加热方式，以 3.5%的稀硫酸作为催化剂，在160℃下微波加热反应1h,甲醇体系中转化葡萄糖、果糖、蔗糖获得乙酰丙酸甲酯的得率分别达到54%、85%、67%。与传统加热方式相比,相同反应条件下乙酰丙酸甲酯得率明显提高,如以葡萄糖作为反应原料,微波加热所得乙酰丙酸甲酯得率是普通加热方式的3倍,充分显示出了微波加热方式用于该反应过程的优势。

除无机酸催化外,一些有机酸也可用作醇解糖类化合物合成乙酰丙酸酯的催化剂。如有专利表明:在醇介质中,萘磺酸能有效地催化转化单糖和寡聚糖生成乙酰丙酸[11]。此外,也发现对甲苯磺酸在甲醇体系中能有效地催化转化葡萄糖合成乙酰丙酸甲酯,张阳阳等[12]在160℃下反应3 h,乙酰丙酸甲酯得率为42%。进一步将各种分子筛和对甲苯磺酸组合作为混合催化体系用于该反应,发现Sn-β分子筛与对甲苯磺酸组合的混合体系催化效果最佳,产物乙酰丙酸甲酯得率可达68%,其中主要原因是由于具路易斯酸性的Sn-β分子筛对葡萄糖异构化成果糖有较好的促进作用,从而能有效提高产物得率。

(二) 固体酸催化

液体催化剂与反应物之间传质阻力小,可以很好地接触,有利于催化反应的进行,因而通常可以得到较高的产物收率。但是液体酸存在以下问题:与产物难以分离,较难实现催化剂的重复使用;酸浓度较高时,腐蚀性强,对反应器材质要求高等。随着近年来人们节能环保意识的不断增强,固体酸催化剂得到了越来越广泛的应用,在一定程度上能克服液体酸催化存在的缺点。众多研究表明,硫酸化金属氧化物催化剂对糖类化合物转化合成乙酰丙酸酯具有良好的催化活性。如SO_4^{2-}/TiO_2在高温甲醇体系中对催化转化碳水化合物合成乙酰丙酸甲酯具有较好的选择性。Peng等[13]研究发现,当分别以蔗糖、葡萄糖和果糖作为起始原料,在200℃下反应2h,乙酰丙酸甲酯得率分别可达43%、33%和59%。对SO_4^{2-}/TiO_2催化剂进行回收重复利用,发现不经过任何处理回收的催化剂反应活性显著下降,主要原因是反应过程中形成的副产固体聚合物沉积吸附在催化剂表面影响了其反应活性。将回收的固体催化剂通过高温焙烧,可以去除表面沉积吸附的固体聚合物,重复使用时催化活性大部分可得到恢复。类似地,SO_4^{2-}/ZrO_2也能有效地催化转化葡萄糖合成乙酰丙酸酯,Peng等[14]在乙醇体系中200℃下反应3h,可获得30%的乙酰丙酸乙酯得率。继硫酸化的单一金属氧化物固体酸后,大量研究表明硫酸化的复合金属氧化物固体酸对反应具有良好协同催化作用,如SO_4^{2-}/TiO_2-ZrO_2复合固体催化剂用于甲醇体系中转化果糖,在200℃下反应1h可使乙酰丙酸甲酯得率达到71%。然而,该催化剂对于葡萄糖转化并未表现出高的反应活性,产物乙酰丙酸甲酯得率反而略低于硫酸化单独金属氧化物催化剂,表明这些金属氧化物复合也不能有效地促进葡萄糖异构化合成果糖[15]。此外,

SO_3H-SBA-15固体催化剂在乙醇体系中对转化果糖合成乙酰丙酸乙酯具有良好的反应活性，Saravanamurugan和Riisager[16]在140℃下反应24h可得到得率为57%的乙酰丙酸乙酯；然而该催化剂不能有效地转化葡萄糖合成乙酰丙酸乙酯，主要产物为乙基葡萄糖苷，得率可达80%。硫酸化蒙脱土催化剂具有更广泛的原料适应性，不仅能高效地催化转化果糖合成乙酰丙酸酯，也能有效地转化葡萄糖类化合物合成乙酰丙酸酯，如Xu等[17]在甲醇体系中以葡萄糖为反应原料，在200℃下反应4h可使乙酰丙酸甲酯得率达到48%。

除上述硫酸化金属氧化物固体催化剂外，一些分子筛也展现出优良的催化反应活性。如H-USY、H-Beta分子筛均能在甲醇或乙醇体系中催化转化糖类化合物合成乙酰丙酸酯。当以H-USY分子筛作为催化剂，分别以葡萄糖、果糖、甘露糖、山梨糖、蔗糖、纤维二糖、麦芽糖作为反应原料，在甲醇体系中160℃下反应24h，可获得乙酰丙酸甲酯得率分别为49%、51%、53%、41%、49%、53%、51%。H-USY分子筛容易实现分离回收，Saravanamurugan和Riisager[18]通过高温焙烧处理后具有非常好的反应稳定性和多次可重复利用性，在5次回收重复利用过程中，转化葡萄糖合成乙酰丙酸酯的得率基本保持不变，同时催化剂的比表面积和孔径未发生明显变化。酸碱双功能ZrO_2/沸石固体催化剂转化碳水化合物合成乙酰丙酸甲酯表现出更加高效的反应活性，Li等[19]在甲醇体系中微波180℃下作用4h，分别以葡萄糖、甘露糖、半乳糖和蔗糖作为反应原料，乙酰丙酸甲酯得率分别高达67%、71%、73%和78%。同时，该酸碱双功能固体催化剂具有良好的可回收重复利用性，不经任何处理重复利用4次反应活性无明显下降，通过高温焙烧热再生后，其反应活性与新制备的催化剂相当。

(三) 金属盐催化

许多金属盐在有机或水溶液体系中表现出强的路易酸性和布朗斯特酸性，这些金属盐大多也是丰富廉价易得的商品化产品，因此为催化降解生物质提供了有潜力的催化剂来源。有研究表明：在众多常用金属盐催化剂用于转化葡萄糖合成乙酰丙酸甲酯的反应过程中，发现$Al_2(SO_4)_3$具有最好的催化活性和反应选择性，能高效地异构化葡萄糖生成果糖并进一步转化合成乙酰丙酸甲酯，文献[20]在160℃下反应2.5h，可获得得率为64%的乙酰丙酸甲酯；然而，其他铝盐（如$AlCl_3$、$Al(NO_3)_3$）并不能有效地催化转化葡萄糖合成乙酰丙酸甲酯。这些研究结果认为，催化性能不仅与金属盐的阳离子相关，而且也取决于金属盐阴离子的类型。例如，铝离子与硫酸根离子的结合能为葡萄糖转化合成乙酰丙酸甲酯提供较佳的酸性环境体系，促使反应的选择性提高。此外，$Al_2(SO_4)_3$也能有效地催化转化果糖和蔗糖合成乙酰丙酸甲酯，但是乙酰丙酸甲酯得率并不突出，分别为49%和55%，反而稍低于以葡萄糖作为反应原料的乙酰丙酸甲酯得率。一般来说，果糖比葡萄糖更容易催化转化成乙酰丙酸甲酯，出现不同结果的可能原因是由于以果糖作为反应原料时，在高的果糖浓度和 $Al_2(SO_4)_3$ 作用下，果糖容易聚合炭化，从而导致其转化合成乙酰丙酸甲酯的得率降低。金属盐通常情况下也可回收重复利用，反应后首先采用蒸馏方式可除去反应溶剂，然后加入二氯甲烷萃取可使 $Al_2(SO_4)_3$ 沉淀分离，回收的 $Al_2(SO_4)_3$ 作为催化剂重复利用催化活性保持不变，具有良好的重复利用稳定性[20]。除无机金属盐外，研究发现一些特定的有机金属盐(如三氟甲基磺酸铜)具有更加优越的催化反应性能，且所需的反应条件更加温和，刘彦等[21]在120℃下反应2h，反应物果糖完全被转化，乙酰丙酸甲酯收率高达88%[21]。

(四) 离子液体催化

近年来，离子液体催化剂已成功应用于生物质降解过程中，显示出巨大的发展潜力。目前，离子液体催化剂用于催化糖类化合物醇解转化合成乙酰丙酸酯也有相关报道。如 Saravanamurugan 等[22]研究了不同的磺酸功能化离子液体在乙醇介质中催化转化单糖和二糖生成乙酰丙酸乙酯的反应活性，发现磺酸功能化离子液体能有效作用于果糖脱水形成 HMF，随后醚化成乙氧基甲基糠醛，最后再水合形成乙酰丙酸乙酯。通常认为上述反应进程与离子液体的酸性密切相关，如基于双三氟甲基磺酰亚胺阴离子的离子液体([BMIm-SO_3H][NTf_2])得到相对较高的乙酰丙酸乙酯得率(77%)。以蔗糖作为初始反应物，乙酰丙酸乙酯和乙基葡萄糖苷的得率分别为43%和25%。然而，以葡萄糖作为初始反应物，仅能获得少量的乙酰丙酸乙酯，主要产物为乙基葡萄糖苷。这可能是该离子液体催化剂难以使葡萄糖异构转化成果糖，从而进一步影响乙酰丙酸酯的生成。Chen 等[23]采用离子液体基磷钨酸作为催化剂转化糖类化合物合成乙酰丙酸乙酯，发现与上述类似的催化反应规律。当以果糖为初始反应物，乙酰丙酸乙酯得率可高达80%；同样该离子液体不能有效地转化葡萄糖成乙酰丙酸乙酯，得率仅为18%。通过过滤，离子液体基磷钨酸可回收重复利用，经5次循环利用，催化转化果糖合成乙酰丙酸乙酯得率从80%下降到62%。这表明催化剂在反应过程中存在部分活性流失，可能是由于反应过程中生成的聚合产物沉积在催化剂表面所导致。

此外，有研究表明铝盐与咪唑的复合盐催化体系可以在甲醇中催化蔗糖反应生成乙酰丙酸甲酯，尤其是在铝盐中加入1,3-二甲基咪唑硫酸氢盐时，可以明显地提高乙酰丙酸甲酯的得率。如文献[24]使用1,3-二甲基咪唑硫酸氢盐结合甲基磺酸铝作为协同催化剂，在反应温度140℃下反应3h，乙酰丙酸甲酯得率可达到70%。反应机理可能是甲基磺酸铝有助于葡萄糖单元异构化生成果糖，而1,3-二甲基咪唑硫酸氢盐则能促进果糖进一步转化合成乙酰丙酸甲酯。离子液体作为一种新兴的催化剂和溶剂，具有较为明显的优势，如不挥发、稳定性好和可重复使用，但也存在一些局限，如制备过程复杂，合成成本高等。目前离子液体在生物质醇解中的应用还刚刚起步，寻找更加廉价有效的离子液体催化体系将是今后研究的重点。

表 4-3 为糖类化合物醇解合成乙酰丙酸酯的催化调控技术。

表 4-3　糖类化合物醇解合成乙酰丙酸酯的催化调控技术

催化技术类型	反应底物	反应介质	催化剂	温度/℃	时间/h	乙酰丙酸酯得率/%	文献来源
液体酸催化	葡萄糖	甲醇	0.05% H_2SO_4	200	2.5	甲酯, 50	[8]
	蔗糖	甲醇	0.05% H_2SO_4	200	2.5	甲酯, 59	[7]
	果糖	甲醇	0.05% H_2SO_4	200	2.5	甲酯, 74	[7]
	葡萄糖	乙醇	0.1% H_2SO_4	200	2	乙酯, 40	[9]
	葡萄糖	甲醇	3.5% H_2SO_4	微波 160	1	甲酯, 54	[10]
	果糖	甲醇	3.5% H_2SO_4	微波 160	1	甲酯, 85	[10]
	蔗糖	甲醇	3.5% H_2SO_4	微波 160	1	甲酯, 67	[10]
	葡萄糖	甲醇	对甲苯磺酸	160	3	甲酯, 42	[12]
	葡萄糖	甲醇	Sn-β 分子筛/对甲苯磺酸	160	3	甲酯, 68	[12]
固体酸催化	葡萄糖	乙醇	SO_4^{2-}/ZrO_2	200	3	乙酯, 30	[14]
	蔗糖	甲醇	SO_4^{2-}/TiO_2	200	2	甲酯, 43	[13]
	葡萄糖	甲醇	SO_4^{2-}/TiO_2	200	2	甲酯, 33	[13]
	果糖	甲醇	SO_4^{2-}/TiO_2	200	2	甲酯, 59	[13]
	果糖	乙醇	SO_3H-SBA-15	140	24	乙酯, 57	[16]
	葡萄糖	甲醇	硫酸化蒙脱土	200	4	甲酯, 48	[17]
	果糖	甲醇	硫酸化蒙脱土	200	4	甲酯, 65	[17]
	蔗糖	甲醇	硫酸化蒙脱土	200	4	甲酯, 60	[17]
	果糖	甲醇	SO_4^{2-}/TiO_2-ZrO_2	200	1	甲酯, 71	[15]
	蔗糖	甲醇	SO_4^{2-}/TiO_2-ZrO_2	200	1	甲酯, 54	[15]
	葡萄糖	甲醇	SO_4^{2-}/TiO_2-ZrO_2	200	1	甲酯, 23	[15]
	葡萄糖	甲醇	H-USY	160	20	甲酯, 49	[18]
	果糖	甲醇	H-USY	160	20	甲酯, 51	[18]
	甘露糖	甲醇	H-USY	160	20	甲酯, 53	[18]
	山梨糖	甲醇	H-USY	160	20	甲酯, 41	[18]
	蔗糖	甲醇	H-USY	160	20	甲酯, 49	[18]
	纤维二糖	甲醇	H-USY	160	20	甲酯, 53	[18]
	麦芽糖	甲醇	H-USY	160	20	甲酯, 51	[18]
	葡萄糖	甲醇	ZrO_2/沸石	微波 180	4	甲酯, 67	[19]
	甘露糖	甲醇	ZrO_2/沸石	微波 180	4	甲酯, 71	[19]
	半乳糖	甲醇	ZrO_2/沸石	微波 180	4	甲酯, 73	[19]
	蔗糖	甲醇	ZrO_2/沸石	微波 180	4	甲酯, 78	[19]
金属盐催化	葡萄糖	甲醇	$Al_2(SO_4)_3$	160	2.5	甲酯, 64	[20]
	果糖	甲醇	$Al_2(SO_4)_3$	160	2.5	甲酯, 49	[20]
	蔗糖	甲醇	$Al_2(SO_4)_3$	160	2.5	甲酯, 55	[20]
	果糖	甲醇	三氟甲基磺酸铜	120	2	甲酯, 88	[21]
离子液体催化	果糖	乙醇	[BMIm-SO_3H][NTf_2]	140	24	乙酯, 77	[22]
	蔗糖	乙醇	[BMIm-SO_3H][NTf_2]	140	24	乙酯, 43	[22]
	葡萄糖	乙醇	[BMIm-SO_3H][NTf_2]	140	24	乙酯, 8	[22]
	果糖	乙醇	离子液体基磷钨酸	120	12	乙酯, 80	[23]
	蔗糖	乙醇	离子液体基磷钨酸	120	12	乙酯, 48	[23]
	葡萄糖	乙醇	离子液体基磷钨酸	120	12	乙酯, 18	[23]
	蔗糖	甲醇	1,3-二甲基咪唑硫酸氢盐/甲基磺酸铝	140	3	甲酯, 70	[24]

第三节 纤维素直接醇解合成乙酰丙酸酯

一、反应机理

纤维素是植物生物质的主要成分，也是自然界中分布最广、含量最多的一种非粮碳水化合物，占植物界碳含量的50%以上。纤维素类生物质直接醇解法是将纤维素或含纤维素的生物质植物资源在醇反应体系中，经酸催化降解直接获得乙酰丙酸酯的方法。该方法具有工艺简单、原料成本低的优点。纤维素类生物质直接醇解生成乙酰丙酸酯与水解生成乙酰丙酸的过程类似，是一个复杂的、连续的多步串联反应，一般认为的反应机理如图4-3所示。在醇体系中，生物质中的纤维素在酸催化下加热首先醇解生成烷基葡萄糖苷；在酸性条件下，烷基葡萄糖苷经加热进一步脱水生成5-烷氧基甲基糠醛；然后进一步醇解生成等物质的量的乙酰丙酸酯和甲酸酯。该反应是一个连续的过程，可在同一反应器中直接转化完成。

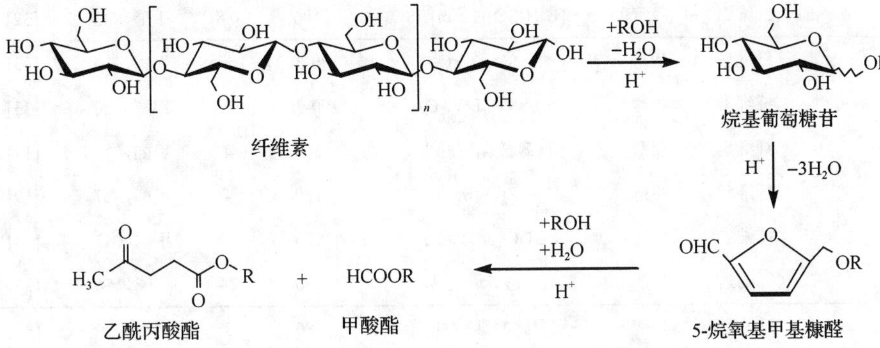

图 4-3 纤维素类生物质直接醇解合成乙酰丙酸酯的过程机理

二、催化合成技术

纤维素是由 D-葡萄糖以 β-1,4-糖苷键组成的大分子多糖，分子量为 50000~2500000，相当于 300~15000 个葡萄糖基，不溶于水及一般有机溶剂，化学反应可及性相对较差。因此，与糖类化合物醇解合成乙酰丙酸酯相比，纤维素直接醇解合成乙酰丙酸酯的难度要相对更大。尤其对于木质纤维生物质原料，纤维素与半纤维素、木质素之间相互交织形成致密的网状结构，并且相互间有氢键、范德华力和化学共价键的连接，利用其直接醇解合成乙酰丙酸酯，首先需要使纤维素分离暴露出来，才能进一步使反应正常进行。关于纤维素类生物质直接醇解合成乙酰丙酸酯，目前已有较多相关研究报道，开发的催化合成技术主要包括液体酸催化、固体酸催化和混合酸体系催化，总结如表4-4所示。

表 4-4 纤维素类生物质直接醇解合成乙酰丙酸酯的催化调控技术

催化技术类型	反应底物	反应介质	催化剂	温度/℃	时间/h	乙酰丙酸酯得率/%	文献来源
液体酸催化	纤维素	20%甲醇+80%四氯化碳	0.5% H_2SO_4	188	0.1	甲酯, 46	[25]
	纤维素	乙醇	2% H_2SO_4	195	0.15	乙酯, 38	[25]
	麦秆	乙醇	2.5% H_2SO_4	183	0.6	乙酯, 51	[27]
	纤维素	甲醇	3.5% H_2SO_4	微波 160	1	甲酯, 40	[10]
	玉米秆	甲醇	3.5% H_2SO_4	微波 160	1	甲酯, 35	[10]
	纤维素	甲醇	0.1% H_2SO_4	210	2	甲酯, 50	[28]
	造纸污泥	甲醇	0.3% H_2SO_4	222	3.6	甲酯, 55	[30]
	纤维素	正丁醇	20% H_2SO_4	130	20	丁酯, 62	[31]
	纤维素	正丁醇	30% H_2SO_4	130	5	丁酯, 60	[31]
	纤维素	正丁醇	$[C_4H_8SO_3Hmim]HSO_4$	180	0.8	丁酯, 33	[32]
固体酸催化	纤维素	甲醇	SO_4^{2-}/ZrO_2	290-300	1min	甲酯, 16	[33]
	纤维素	甲醇	$Cs_xH_{3-x}PW_{12}O_{40}$	290-300	1min	甲酯, 20	[33]
	纤维素	甲醇	硫酸化蒙脱土	200	4	甲酯, 24	[17]
	纤维素	甲醇	ZrO_2/沸石	180	4	甲酯, 27	[19]
	纤维素	甲醇	TiO_2纳米粒子	175	20	甲酯, 42	[34]
	纤维素	甲醇	铌基磷酸盐	180	24	甲酯, 56	[35]
混合酸催化	纤维素	甲醇	三氟甲磺酸铟+对甲苯磺酸	180	5	甲酯, 70	[36]
	纤维素	甲醇	三氟甲磺酸铝+对甲苯磺酸	180	5	甲酯, 65	[36]
	纤维素	甲醇	三氟甲磺酸镓+对甲苯磺酸	180	5	甲酯, 66	[36]
	纤维素	甲醇	三氟甲磺酸铟+苯磺酸	180	5	甲酯, 72	[36]
	纤维素	甲醇	三氟甲磺酸铟+2-萘磺酸	180	5	甲酯, 75	[36]
	松木	甲醇	三氟甲磺酸铟+苯磺酸	200	5	甲酯, 69	[37]
	桉木	甲醇	三氟甲磺酸铟+苯磺酸	200	5	甲酯, 67	[37]
	甘蔗渣	甲醇	三氟甲磺酸铟+苯磺酸	200	5	甲酯, 74	[37]
	纤维素	甲醇	乙酰丙酮铝+对甲苯磺酸	180	5	甲酯, 72	[38]
	杉木	甲醇	乙酰丙酮铝+对甲苯磺酸	180	5	甲酯, 80	[38]
	桉木	甲醇	乙酰丙酮铝+对甲苯磺酸	180	5	甲酯, 70	[38]
	纤维素	甲醇	$SnCl_4+H_2SO_4$	微波 180	50min	甲酯, 62	[39]

(一) 液体酸催化

无机酸等液体催化剂由于较易作用于木质纤维生物质，且成本低、容易获取，因此得到了较广泛的应用和研究。西德联邦林产木材经济研究学院 Garves[25]最初较系统地研究了在 180~200℃高温下酸催化降解纤维素转化合成乙酰丙酸酯的反应情况。发现稀硫酸对纤维素醇解具有较好的反应活性，绝大多数纤维素能被降解；用不同的低级烷醇作为反应体系，产物乙酰丙酸酯的理论得率均可达 37%以上，如乙酰丙酸甲酯为 46%，乙酰丙酸乙酯为 38%。一些废弃纤维材料也被用作生物质原料直接转化合成乙酰丙酸酯，如 Olson 等[26]使用家具制造中的刨花板和建筑废料作为反应原料，在醇介质中 200℃的温度条件下，2%(质量浓度)的稀硫酸能有效地催化转化原料中的纤维素生成乙酰丙酸酯。分离后，还可以获得一些具有应用价值的固体残渣如木炭和树脂木素。由此可见，经醇解后，废弃原料中的大部分组分都能得到充分有效利用。农业废弃物麦秆在乙醇体系中稀硫酸作用下也能有效地直接转化其中的纤维素成为乙酰丙酸乙酯，Cheng 等[27]通过响应面统计分析方法得到优化条件为硫酸浓度 2.5%(质量浓度)、液固比 19.8、反应温度 183℃和反应时间 0.6h，该条件下每千克麦秆原料可获得 179g 的乙酰丙酯乙酯，相当于 51%的理论得率。改用微波代替普通加热在甲醇体系直接转化纤维素和玉米秆，乙酰丙酸酯得率无明显改善[10]。

Li 等[28]采用超低硫酸体系(0.1%(质量浓度))在 210℃下反应 2h，纤维素转化成乙酰丙酸甲酯得率也可以达到 50%。实验结果表明，0.1%的超低硫酸体系能提供足够的酸性位点醇解纯纤维素和葡萄糖。然而，当超低硫酸体系直接用于转化造纸污泥时，醇解反应基本不能进行，仅有极少量的乙酰丙酸甲酯生成。造成以上实验结果差异的原因可能是造纸污泥对酸有不同程度的中和能力。该中和作用主要是指造纸污泥中的无机阳离子和灰分与氢离子发生离子交换反应，使反应体系中的氢离子浓度降低。除中和能力外，Maloney 等[29]的研究还发现木质生物质会减弱酸的解离，如半纤维素结构中的 4-O-甲基葡萄糖醛酸基和乙酰基在降解过程中脱落并发生反应，生成一种难解离的弱酸，从而减弱了氢离子的催化活性。此外，木质素、半纤维素和纤维素之间的相互交织结构也可能会增加醇解难度。Peng 等[30]通过增加硫酸浓度至 0.3%(质量浓度)，在 222℃下反应 3.6h，产物乙酰丙酸甲酯得率可达理论值的 55%，即每千克造纸污泥原料大约可以得到 290g 乙酰丙酸甲酯。

除稀硫酸和超低硫酸体系可有效用于催化转化纤维素类生物质直接合成乙酰丙酸酯外，有研究表明，在相对更高浓度的硫酸体系中、更加温和的反应温度下，纤维素也能高效地转化生成乙酰丙酸酯。如 Hishikawa 等[31]研究表现，纤维素在20%(质量浓度)的硫酸丁醇体系中，于 130℃下反应 20h，乙酰丙酸丁酯得率可达

62%；进一步提高硫酸浓度至 30%（质量浓度），可在更短的反应时间 5h 内，获得得率为 60%的乙酰丙酸丁酯。

除无机液体酸外，磺酸功能化离子液体发现也能有效催化纤维素转化为乙酰丙酸酯。如马浩等[32]研究发现，酸度强的磺酸功能化离子液体 1-(4-磺酸丁基)-3-甲基咪唑硫酸氢盐([$C_4H_8SO_3Hmim$]HSO_4)能够在丁醇体系中有效地催化纤维素转化为乙酰丙酸丁酯，优化反应条件下纤维素的转化率高达 98.4%(物质的量浓度)，乙酰丙酸丁酯得率为 31.1%(物质的量浓度)，同时共生产物甲酸丁酯、水溶性产物和生物油的产率分别为 33.4%、20.6%和 23.8%。该酸性离子液体催化剂表现出了良好的重复使用性能，使用 6 次后仍然保持较高的反应活性。

(二) 固体酸催化

纤维素类生物质原料不易溶于醇类介质中，固体酸难以直接作用于反应物，从而导致低的催化活性，限制了它的应用范围。通常需要先经过前处理或在更加苛刻的反应条件下，当纤维素解聚溶解后，固体酸才能更好地发挥作用。如 Rataboul 等[33]研究了多种固体酸催化剂在甲醇中直接催化转化纤维素生成乙酰丙酸甲酯的反应活性和选择性，发现在超临界条件(300℃/10MPa)下，当纤维素解聚后，固体酸 $Cs_xH_{3-x}PW_{12}O_{40}$ 或 SO_4^{2-}/ZrO_2 催化 1min 仅可获得 16%~20%的乙酰丙酸甲酯得率。Xu 等[17]和 Li 等[19]研究发现，在较低反应温度下(180~200℃)，利用硫酸化蒙脱土或者 ZrO_2/沸石作为固体酸催化剂，在甲醇体系中反应 4h，也只有 24%~27%的纤维素可转化合成乙酰丙酸甲酯，反应效果明显低于直接以糖类化合物作为起始原料。上述结果表明，固体酸催化剂较难直接作用于不溶解的纤维素，反应效率相对较低，通过延长反应时间，产物乙酰丙酸酯得率有所增加。如 Kuo 等[34]研究发现，当用 TiO_2 纳米粒子作为催化剂时，纤维素在甲醇体系中 175℃下反应 20h，乙酰丙酸甲酯得率可以达到 42%；Ding 等[35]研究表明，当用铌基磷酸盐作为催化剂时，纤维素在甲醇体系中 180℃下反应 24h，可获得得率为 56%的乙酰丙酸甲酯。

(三) 混合酸催化

近年来，研究发现布朗斯特酸结合路易斯酸的混合酸催化体系可高效地将纤维素类生物质直接醇解合成乙酰丙酸酯。如 Tominaga 等[36]发现路易斯酸三氟甲磺酸盐和布朗斯特有机酸混合后协同催化能明显提高纤维素转化合成乙酰丙酸酯的选择性和收率。如用三氟甲磺酸铟和对甲苯磺酸作为协同催化剂，在甲醇介质中 180℃下反应 5h 后，乙酰丙酸甲酯得率可达 70%。改用三氟甲磺酸铝或三氟甲磺酸镓代替三氟甲磺酸铟，仍可获得较为满意的乙酰丙酸酯甲酯得率。如用 2-萘磺酸代替对甲苯磺酸协同三氟甲磺酸铟催化，乙酰丙酸甲酯得率可提高至 75%。用葡萄糖作为初始反应物，反应能在更低的温度(160℃)下进行，且单独使用三氟甲磺酸铟作为催化剂就能有效地使葡萄糖转化合成乙酰丙酸甲酯。推测其协同反应机理是布朗斯特有机酸能促使纤维素中 β-1,4-糖苷键及氢键断裂降解为葡萄糖，而路易斯酸三氟甲磺酸盐则可有效地使葡萄糖异构化生成果糖，继而进一步反应生成乙酰丙酸酯。该混合催化体系也表现出良好的可回收性和重复使用稳定性，反应混合体系中溶剂和产物蒸馏掉后，残余物能作为催化剂重复使用，催化活性保持不变。此外，该混合催化体系也被证实可用于直接转化木质纤维生物质原料合成乙酰丙酸酯，如 Nemoto 等[37]分别以松木、桉木和甘蔗渣作为起始反应物，在甲醇体系中200℃下反应5h，乙酰丙酸甲酯理论得率分别可达69%、67%和74%，表现出较广泛的原料适应性。这是目前发现的较有优势的催化转化纤维素体系，尽管昂贵的三氟甲磺酸盐的使用将会影响到该技术的推广应用，但也为高效催化体系的开发提供了新的思路借鉴。基于此，科研人员研究开发了一个更加实用、有效价廉易得的混合催化体系——乙酰丙酮铝协同对甲苯磺酸，该体系能高效地将纤维素、杉木、桉木等植物纤维原料直接转化合成乙酰丙酸酯，得率超过70%[38]。此外，也有研究表明，在微波条件下，质子酸 H_2SO_4 和路易斯酸性金属盐 $SnCl_4$ 组成的二元混合体系可实现纤维素到乙酰丙酸甲酯的高效转化，在 180℃下反应 50min，可获得约 62%的乙酰丙酸甲酯得率[39]。

第四节　生物质经乙酰丙酸酯化合成乙酰丙酸酯

一、合成路线

生物质经乙酰丙酸酯化合成乙酰丙酸酯是指生物质先通过水解生成乙酰丙酸，经分离后的乙酰丙酸再与醇发生酯化反应合成乙酰丙酸酯，合成路线如图4-4所示。目前，由生物质转化合成乙酰丙酸主要有两种途径：第一种是纤维原料中的多缩戊糖先水解成糠醛，然后加氢生成糠醇，再在酸催化下，通过水解、开环、重排得到乙酰丙酸；第二种是纤维素等己糖类生物质在酸催化作用下加热水解，经中间产物葡萄糖和 HMF 直接转化合成乙酰丙酸。第一种生产途径中尽管糠醇催化水解可以达到较高的乙酰丙酸收率，但整个生产过程步骤多、工艺复杂，导致总收率低、经济性差。而第二种生产途径工艺过程简单，反应条件容易控制，目前已能获得较满意的收率，生产成本低，将成为今后生物质转化合成乙酰丙酸的主要方法。从生物质出发转化合成乙酰丙酸已在第三章介绍，不再赘述，这里主要概述从乙酰丙酸转化合成乙酰丙酸酯的研究进展。

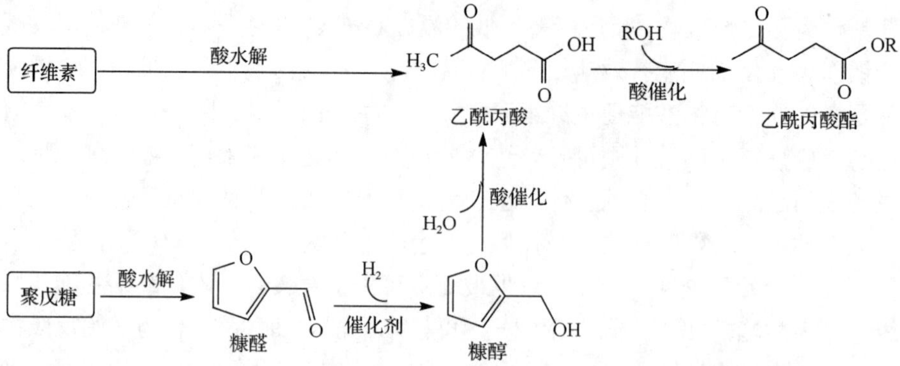

图 4-4 生物质经乙酰丙酸酯化合成乙酰丙酸酯

二、乙酰丙酸的酯化

众所周知，羧酸跟醇生成酯和水的反应是有机化学反应中一类典型的酯化反应。乙酰丙酸经酯化合成乙酰丙酸酯的过程技术总结如表 4-5 所示。工业上常以硫酸作为催化剂，它能同时吸收反应过程中生成的水，使酯化反应更彻底。Bart 等[40]以硫酸作为催化剂，考察了反应物物质的量的比、硫酸浓度和反应温度对乙酰丙酸与正丁醇酯化的反应速率和平衡转化的影响，对数据进行了动力学拟合：在硫酸作用下乙酰丙酸的羧基首先质子化形成反应中间体，然后质子化的酸与正丁醇可逆反应生成乙酰丙酸丁酯和水，结果发现整个反应过程遵循一阶速率反应方程。近年来，由于全球对环境保护的日益重视，采用清洁的固体酸替代传统的无机液体酸作为催化剂引起了众多研究人员的关注，反应后催化剂容易过滤分离，并可多次重复使用，反应液不需碱洗、水洗等工序，后处理工艺简单，除酯化反应过程中产生少量废水外，基本无"三废"排放。另有一些相关合成研究报道，如何柱生和赵立芳[41]研究了以分子筛负载 TiO_2/SO_4^{2-} 的固体超强酸催化乙酰丙酸和乙醇合成乙酰丙酸乙酯，反应条件温和、副反应少，优化的乙酰丙酸乙酯收率高达 97%。王树清等[42]采用强酸性阳离子交换树脂作为催化剂，以环己烷为带水剂，以乙酰丙酸和正丁醇为原料合成乙酰丙酸丁酯，最高收率可达 91%。Dharne 和 Bokade[43]用多种杂多酸负载的酸化黏土催化乙酰丙酸酯化合成乙酰丙酸丁酯，发现负载 20%(质量分数)十二钨磷酸的酸化黏土具有很高的催化活性，120℃下反应 4h，乙酰丙酸转化率可达 97%，乙酰丙酸丁酯选择性为 100%。Nandiwale 等[44]研究发现，分子筛 H-ZSM-5 上负载 15%(质量分数)的十二钨磷酸在更低的反应温度(78℃)下催化乙酰丙酸与乙醇反应 4h，可获得 94%的乙酰丙酸乙酯得率。此外，国外有研究发现，脱硅或介孔修饰的分子筛 H-ZSM-5 自身对乙酰丙酸酯化也具有非常好的催化活性，乙酰丙酸酯得率可达 95%~98%[45,46]。

表 4-5 乙酰丙酸酯化合成乙酰丙酸酯的催化调控技术

反应介质	催化剂	温度/℃	时间/h	乙酰丙酸酯得率/%	文献来源
乙醇	TiO_2/SO_4^{2-}	110	2	乙酯,97	[41]
正丁醇	强酸性阳离子交换树脂	100~105	3	丁酯,91	[42]
正丁醇	十二钨磷酸负载的酸化黏土	120	4	丁酯,97	[43]
乙醇	十二钨磷酸负载的 H-ZSM-5	78	4	乙酯,94	[44]
乙醇	脱硅 H-ZSM-5	120	5	乙酯,95	[45]
丁醇	介孔修饰 H-ZSM-5	120	5	丁酯,98	[46]
乙醇	南极假丝酵母脂肪酶(Novozym 435)	51	0.7	乙酯,96	[48]

除酸催化外，生物酶也被应用于乙酰丙酸酯化过程中，它具有反应条件更加温和、能耗低等优点。如 Yadav 和 Borkar[47]研究了多种固定化脂肪酶用于催化乙酰丙酸和正丁醇酯化合成乙酰丙酸丁酯，发现南极假丝酵母脂肪酶(Novozym 435)催化效果最好，甲基叔丁基醚是优良的反应溶剂，动力学数据拟合表明该反应服从正丁醇底物抑制伴随的乒乓机制模型。在此基础上，Lee 等[48]采用四因素五水平中心组合旋转设计及响应面分析法对乙酰丙酸和乙醇在无溶剂体系中酯化合成乙酰丙酸乙酯的反应条件进行了优化，发现温度、固定化酶用量和反应物物质的量的比三个因素对乙酰丙酸乙酯的生成影响高度显著，较佳工艺条件为：温度 51℃、时间 0.7h、酶用量 292.3mg、醇酸物质的量的比 1.1：1，转化得率可达 96%。可见，脂肪酶也是一种非常有效可行的乙酰丙酸酯化催化剂。

总的看来，由乙酰丙酸与醇酯化转化合成乙酰丙酸酯相对容易，具有工艺简单、反应条件温和、副反应少、产物收率高等优点，是目前工业上常采用的转化合成方法。然而，作为原料的乙酰丙酸现阶段转化合成成本仍然较高，从而限制了该转化途径合成乙酰丙酸酯的大规模工业化。

第五节 生物质经糠醇醇解合成乙酰丙酸酯

一、合成路线

生物质中的聚戊糖可经糠醇醇解转化合成乙酰丙酸酯。聚戊聚糖先经水解、脱水等过程制取糠醛；然后，糠醛经选择性加氢生成糠醇；在酸性催化剂的作用下，糠醇在水中转化合成乙酰丙酸；乙酰丙酸与醇反应一步合成乙酰丙酸酯。糠醇醇解合成乙酰丙酸酯的反应条件与乙酰丙酸酯化的反应条件相似，产物得率高，可以代替纤维素及其衍生物作为底物合成乙酰丙酸酯，反应途径如图 4-5 所示。

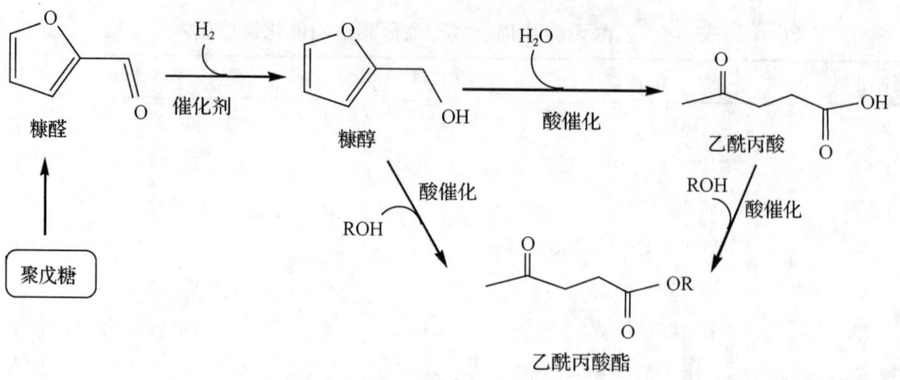

图 4-5　生物质聚戊糖经糠醛加氢和糠醇醇解转化合成乙酰丙酸酯

目前，糠醛的生产已具备较成熟的生产工艺和路线，工业生产常用的原料主要有玉米芯、葵花籽壳、棉籽壳、甘蔗渣、稻壳、阔叶木等，常用的催化剂有硫酸、盐酸、重过磷酸钙、醋酸等。糠醛加氢转化合成糠醇的生产工艺可分为液相法和气相法两种。由于液相法要求使用高压设备、存在能耗高、污染严重、无法连续操作等弊端，所以气相法替代液相法已成为国际上糠醇生产的主要发展趋势。传统转化合成主要以 Cu-Cr 氧化物系列作为催化剂，现阶段为适应环保要求主要开展了无 Cr 催化剂，包括 Cu 系、Ni 系、Co 系、非晶态 Ni-B 合金催化剂和分子筛催化剂的研究。

二、反应机理

在反应过程中，糠醇醇解机制可以分为两部分：第一步，糠醇和醇反应生成中间产物 2-烷氧基甲基呋喃，与相应的醇反应生成相应的中间产物，如与乙醇反应生成乙氧基甲基呋喃，与正丁醇反应生成丁氧基甲基呋喃。第二步，2-烷氧基甲基呋喃缓慢地转化为相应的乙酰丙酸酯。在这个过程中，糠醇醇解反应占主导作用，糠醇或者中间产物都有可能发生副反应。首先，在酸的催化作用下，糠醇的羟基和醇的羟基发生质子化和缩合反应，形成重要中间产物 2-烷氧基甲基呋喃。这个反应过程很容易进行并且反应速度很快。而 2-烷氧基甲基呋喃至乙酰丙酸酯的过程较为复杂，反应速度较慢，所以整个过程的反应速率取决于这一阶段。

酸催化糠醇转化形成乙酰丙酸酯的反应过程还涉及多个重要中间体的形成，如图 4-6 所示。醇介质在 2-烷氧基甲基呋喃及其衍生物的不同位置上进行加成和亲核反应；随后，这些中间体通过质子化反应、消除反应和异构化等转化为乙酰丙酸酯。在这个过程中，糠醇会直接合成副产物腐殖质，这一反应路径与糠醇醇解的反应平行，两者互不干涉。由于糠醇的活性羟基发生酯化反应，会对糠醇形成有效保护，所以发生副反应的糠醇分子只占很小一部分。酸催化糠醇形成腐殖质的反应机理如图 4-7 所示。糠醇形成腐殖质的过程很复杂，相关的讨论也很多，普遍被接受的一种机理是在酸性催化剂的作用下,两个糠醇分子间形成—CH₂—键的链接,低聚物中氢负离子与连接两个呋喃环和碳正离子的碳原子进行离子交换,而另一个低聚物中羟甲基质子化反应终止后脱水形成该碳正离子;同时,γ-二酮结构发生呋喃开环反应,就形成携带多个共轭双键和碳基的深棕色固体腐殖质[49]。

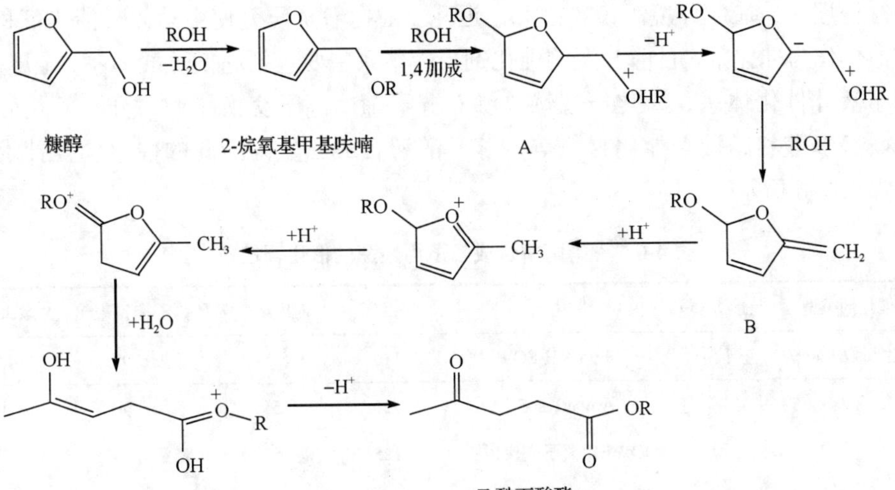

图 4-6 酸催化糠醇转化形成乙酰丙酸酯的反应机理

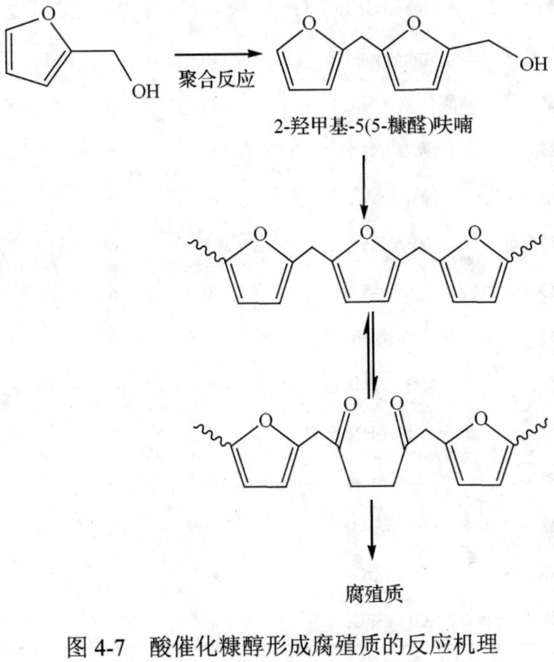

图 4-7 酸催化糠醇形成腐殖质的反应机理

三、催化合成技术

传统催化剂研究主要以无机液体酸如硫酸、盐酸作为催化剂,然而在强无机酸作用下,糠醇容易发生聚合反应形成低聚物,导致乙酰丙酸酯收率不高,所以通常需要添加过量的醇介质来减少糠醇聚合。另外,反应结束后,还需要对废酸进行处理,易造成环境污染。因此,近几年业内着重研究使用固体酸催化剂和离子液体作为催化剂,目前开发的催化剂反应体系主要包括超低硫酸体系、金属盐、离子液体催化体系、氧化石墨烯、沸石分子筛、离子交换树脂、介孔氧化硅材料、杂多酸和磺酸功能化材料等。糠醇醇解合成乙酰丙酸酯的催化调控技术总结如表 4-6 所示。

表 4-6 糠醇醇解合成乙酰丙酸酯的催化调控技术

催化剂类型	反应介质	催化剂	温度/℃	时间/h	乙酰丙酸酯得率/%	文献来源
超低硫酸催化	正丁醇	0.05% H_2SO_4	110	8	丁酯,97	[50]
	乙醇	Amberlyst-35	125	2.5	乙酯,90	[51]
	乙醇	DOWEX 离子交换树脂	125	2.5	乙酯,60	[51]
	乙醇	Purolite 抛光树脂	125	2.5	乙酯,85	[51]
	乙醇	H-ZSM-5	125	2.5	乙酯,80	[51]
	乙醇	Amberlyst-15	90	1.5	乙酯,88	[64]
	正丁醇	Amberlyst-15	110	4	丁酯,94	[49]
	乙醇	磺酸化碳硅复合材料	110	24	乙酯,86	[56]
	乙醇	磺化活性炭	120	6	乙酯,90	[57]
固体酸催化	乙醇	p-TSA	120	6	乙酯,95	[57]
	乙醇	HPA-ZrO_2	120	6	乙酯,48	[57]
	乙醇	ZSM-5	120	6	乙酯,86	[57]
	乙醇	Hβ-沸石	120	6	乙酯,83	[57]
	乙醇	氧化石墨烯	120	6	乙酯,96	[57]
	乙醇	$PrSO_3H$-Et-HNS9.0	120	2	乙酯,85	[58]
	乙醇	ZrAl-mp	140	24	乙酯,80	[55]
	乙醇	SO_4^{2-}/TiO_2	200	2.5	乙酯,75	[54]
	乙醇	SO_4^{2-}/ZrO_2	200	2.5	乙酯,64	[54]
	乙醇	SO_4^{2-}/SnO_2	200	2.5	乙酯,65	[54]

第四章　乙酰丙酸酯合成途径与技术

续表

催化剂类型	反应介质	催化剂	温度/℃	时间/h	乙酰丙酸酯得率/%	文献来源
固体酸催化	乙醇	SO_4^{2-}/Al_2O_3	200	2.5	乙酯，65	[54]
	乙醇	多级孔道沸石 HZ-5	139	4	乙酯，73	[53]
	乙醇	Al-TUD-1	140	24	乙酯，80	[52]
	乙醇	Beta/TUD-1	140	24	乙酯，63	[52]
	乙醇	H-Beta	140	24	乙酯，60	[52]
	乙醇	H-MCM-22	140	24	乙酯，47	[52]
	乙醇	ITQ-2	140	24	乙酯，60	[52]
	正丁醇	$SBA-15-SO_3H$	110	4	丁酯，96	[65]
离子液体催化	乙醇	[BMIm][HSO$_4$]	110	2	乙酯，34	[59]
	乙醇	[BsMIm][HSO$_4$]	110	2	乙酯，92	[59]
	乙醇	[BsTmG][HSO$_4$]	110	2	乙酯，93	[59]
	乙醇	[(HSO$_3$-p)$_2$Im][HSO$_4$]	110	2	乙酯，95	[59]
	正丙醇	[(HSO$_3$-p)$_2$Im][HSO$_4$]	110	2	丙酯，95	[59]
	异丙醇	[(HSO$_3$-p)$_2$Im][HSO$_4$]	110	2	丙酯，90	[59]
	正丁醇	[(HSO$_3$-p)$_2$Im][HSO$_4$]	110	2	丁酯，93	[59]
	异丁醇	[(HSO$_3$-p)$_2$Im][HSO$_4$]	110	2	丁酯，92	[59]
	乙醇	[BsPy]-[HSO$_4$]	110	2	乙酯，93	[59]
	正丁醇	[MIMBS]$_3$PW$_{12}$O$_{40}$	110	12	丁酯，93	[66]
	甲醇	[NMP][HSO$_4$]	130	2	甲酯，98	[60]
	甲醇	[BMIm-SH][ClSO$_3$H]	130	2	甲酯，90	[60]
	甲醇	[BMIm-SH][HSO$_4$]	130	2	甲酯，95	[60]
金属盐催化	乙醇	$AlCl_3$	110	3	乙酯，74	[61]
	乙醇	$AlCl_3$	123	2.7	乙酯，96	[61]
	乙醇	Al(OTf)$_3$	110	3	乙酯，67	[61]
	乙醇	$AlBr_3$	110	3	乙酯，70	[61]
	乙醇	乙酰丙酮铁	70	3.5～4.0	乙酯，95	[67]
	正丁醇	In(OTf)$_3$	118	1.5	丁酯，92	[68]
	正丁醇	$CuCl_2$	115	2	丁酯，95	[62]
	甲醇	$Al_2(SO_4)_3$	微波 150	5min	甲酯，81	[63]

(一) 超低硫酸催化

Peng 等选择超低酸催化体系对转化糠醇合成乙酰丙酸丁酯进行了系列研究，考察了多种不同类型超低酸(≤0.1%，质量浓度)对催化合成乙酰丙酸丁酯的反应效果，进而探索了酸催化剂浓度、反应温度、初始底物浓度、分批加料、搅拌速度及添加水量对反应的影响。Peng 等[50]的研究结果表明：超低磷酸、硼酸均不能有效地催化转化糠醇生成乙酰丙酸丁酯，而超低硫酸则表现出优良的催化效果。当硫酸浓度为 0.05%(质量浓度)时，乙酰丙酸丁酯得率最高。反应温度对醇解反应速率和乙酰丙酸丁酯得率影响显著；增加初始底物浓度，产物乙酰丙酸丁酯浓度相应增加，但得率会逐渐下降；采用分批加料形式进行反应，产物得率仍不能得到有效改善；添加少量水能有效促进乙酰丙酸丁酯的合成。最终得到的优化反应条件为：0.05%(质量浓度)超低硫酸作为催化剂、糠醇初始浓度 0.1mol/L、添加水含量 2%(质量浓度)，搅拌速度 800r/min、反应温度 110℃和反应时间 8h，该条件下糠醇转化率接近 100%，乙酰丙酸丁酯得率高达 97%。可见，超低硫酸体系是催化醇解糠醇合成乙酰丙酸丁酯的一种有效途径，反应中较少糠醇发生副反应聚合，目标产物乙酰丙酸丁酯得率高，同时废酸产生量少、易处理、对环境污染小，可认为是一种绿色工艺。

(二)固体酸催化

固体酸催化剂离子交换树脂(包括大孔树脂和凝胶型树脂)和沸石分子筛起初就引起了广泛的关注。Lange 等[51]对比了多种不同的酸性催化剂，在 125℃下反应 6h 的条件下，大孔树脂在乙醇中催化糠醇转化乙酰丙酸乙酯的得率接近 90%。相对于凝胶型树脂，大孔树脂有更多的酸性位点，反应可及性更高，更具有活性；凝胶型树脂具有的酸位点对乙醇更有可及性，反应中容易形成二乙醚。同样重要的还有在酸性位点上的停留时间，例如使用离子交换树脂作为催化剂时，反应物糠醇在较低的质量流速下就使乙醇有足够的时间在酸性位点上作用，发生缩合反应，产生乙醚，从而降低乙酰丙酸乙酯的得率。乙醇缩合的现象只有在使用乙醇作为溶剂时才特别突出，使用其他的醇例如甲醇和正丁醇时不会发生。

分子筛是一种硅铝酸盐多微孔晶体，也是一类高效的催化剂，因其具有均匀的微孔、大表面积等优异特性而被广泛使用。通过采用不同的方法可以使分子筛的结构性质发生变化，从而改进分子筛的功能，合成新的催化剂。例如，催化剂 Al-TUD-1 通过引入有机模板可以产生微小孔径；MCM-22 分层可以制备合成 ITQ-2，分层过程可以使催化剂的酸性位点和表面积增加。Neves 等[52]研究发现，在 140℃的条件下反应 24h，使用以上两种改性催化剂的乙酰丙酸乙酯得率分别为 80% 和 60%。而未进行分层处理的分子筛 H-MCM-22 在相同反应条件下乙酰丙酸乙酯得率只有 47%，可见改性后的分子筛具有较高的比表面积和孔径尺寸，可以使反应底物更好地进入活性位点，防止扩散限制，从而提高乙酰丙酸酯的得率。

传统硅铝骨架的分子筛也称为沸石，沸石是一种强布朗斯特酸性的高效催化剂，与改性的分子筛相似，可以用于糠醇醇解的反应中。文献[57]中，糠醇与乙醇在 120℃的条件下反应 6h,使用催化剂沸石 H-ZSM-5 的乙酰丙酸乙酯得率为86%。沸石的催化效果受 Si/Al 比例的影响,沸石材料通过碱处理可以改变结构中 Si/Al 的比例,同时布朗斯特酸性也会随之改变,从而可以合成新的催化剂,利用这一特点可以研究布朗斯特酸性对乙酰丙酸乙酯得率的影响。Nandiwale 等[53]研究发现,改性后的多级孔道沸石 HZ-5 的 Si/Al 比最大为 30.15,布朗斯特酸性也测量得到最高值(0.73mmol/g),催化糠醇和乙醇在 139℃的条件下反应 4h,乙酰丙酸乙酯得率达到 73%。因受到副反应的影响,产生了大量的乙醚,致使产物得率降低。

从乙酰丙酸到乙酰丙酸酯的反应中,负载杂多酸的酸度和稳定性都很高,并且易于回收,有良好的商业应用前景。负载杂多酸同样适用于糠醇醇解反应中,以负载杂多酸 $H_3PW_{12}O_{40}/ZrO_2$ 为例,在 120℃条件反应 6h,乙酰丙酸乙酯得率只有 48%,但是中间产物乙氧基甲基呋喃的得率有 40%[57]。乙酰丙酸乙酯得率低的原因应该是乙氧基甲基呋喃至乙酰丙酸乙酯的转化率低。进一步观察发现,糠醇转化率为 100%,但对于糠醇转化合成乙酰丙酸酯的反应,强布朗斯特酸性会导致副反应发生,使乙酰丙酸酯的得率降低,例如 Zhao 等[54]研究发现,磺酸盐催化剂 SO_4^{2-}/ZrO_2 和 SO_4^{2-}/TiO_2 即使在 200℃高温条件下,乙酰丙酸乙酯的率也仅达到 60%。然而,中间产物乙氧基甲基呋喃转化至乙酰丙酸乙酯的过程却需要强布朗斯特酸的催化。氧化锆基介孔催化剂 ZrAl-mp 同时具有中等布朗斯特以及路易斯酸性,可以解决这一矛盾,满足反应的需求。Neves 等[55]研究发现,使用该催化剂乙酰丙酸酯的得率相对较高,可以达到 80%,且糠醇可 100%转化为中间产物乙氧基甲基呋喃。

近几年越来越多的人把目光转向磺酸改性的介孔固体酸催化剂,因为这类催化剂的多孔特性和强酸性都利于反应的进行。这类催化剂包括经磺酸改性后的活性炭、硅碳复合材料和有机硅纳米空心球,实验测得的乙酰丙酸乙酯得率都在 80%~90%之间。但催化剂的磺酸负载量会影响反应速率,负载量越多,反应速率越高,然而只要有足够的磺酸基存在,乙酰丙酸乙酯最后的得率都很接近[56-58]。

新型材料氧化石墨烯可以作为糠醇醇解的催化剂。氧化石墨烯具有层状的纳米结构,相比其他固体酸催化剂(沸石、杂多酸、无机酸、均相酸、磺酸官能化材料),氧化石墨烯的内表面有更大的反应物可及性,有利于反应的进行。与其他催化剂相比,同样在温度 120℃下糠醇与乙醇醇解的反应,氧化石墨烯催化的乙酰丙酸乙酯的得率最大,达到 96%。氧化石墨烯之所以有非凡的催化性能,是因为它结构中含有磺酸基团的酸性位点和羧基与羟基官能团之间的协同效应,为反应提供了强氢键相互作用的框架。氧化石墨烯对糠醇有强亲和力,更易吸收反应底物,从而表现出糠醇的羟基的优先吸附。但使用氧化石墨烯时需要注意的是,氧化石墨烯在水存在时容易与水相互作用,结构会发生改变,对反应不利,所以反应中需要尽可能地避免水的产生。虽然 H_2SO_4、对苯甲磺酸 p-TSA 的磺酸基密度比氧化石墨烯高，但氧化石墨烯的催化性能要比常规酸好，这可能氧化石墨烯中的其他官能团发挥了重要作用，但官能团之间的协同效应需要进一步研究[57]。

(三) 离子液体催化

固体酸是糠醇醇解的有效催化剂，部分固体酸催化剂具有热稳定性优异和成本低等优点，已经在工业上广泛应用。然而固体酸的使用仍然存在问题，例如在反应过程中固体催化剂容易吸附不溶性物质，造成催化失活、回用性差等问题。离子液体是一种绿色反应催化剂和溶剂，因具有挥发性低和可燃性低等性质，其反应过程更安全。与常规酸性催化剂相比，离子液体可以同时用作反应介质和催化剂，因而将离子液体用在糠醇合成乙酰丙酸酯的过程更具优势。

把经磺酸改性和未改性的离子液体进行对比，发现阳离子部分没有磺酸基的离子液体产物得率较低，而含有磺酸基的离子液体在相同反应条件下产物得率明显提高，这是由于改性后的离子液体有更强的酸性。使用哈密特技术测量催化剂酸性，改性后的离子液体哈米特酸度为 1.2，并且离子液体每增加一个磺酸基团，离子液体的哈密特酸度就增加 1，比未改性的离子液体和传统的强酸都具有优势。

离子液体磺化可用烷基磺酸盐和非烷基磺酸盐来实现，两种手段都可以使离子液体的酸度提高。使用二烷基磺酸基在离子液体中有更好的表现，这是因为二烷基磺酸基改性后的离子液体碳链更长。例如，单烷基磺酸改性的离子液体 [BMIm-SH][HSO_4] 和二烷基磺酸改性的离子液体 [(HSO_3-p)$_2$Im][HSO_4]，两者在相同条件下催化糠醇和乙醇反应，[(HSO_3-p)$_2$Im][HSO_4] 的乙酰丙酸乙酯的得率 (95%) 要比 [BMIm-SH][HSO_4] 的 (92%) 高，产物得率轻微的增大是因为咪唑结构中碳链长度增长[59]。但碳链长度并不是越长越好，例如有研究使用丁基磺酸和丙基磺酸改性离子液体，丁基磺酸改性离子液体的乙酰丙酸乙酯的得率为 82%，而使用丙基磺酸改性的离子液体产物得率为 96%。这是因为多烷基磺酸基会产生亲水环境，从而使反应底物不易接近。将离子液体换做其他结构之后用同样程度磺化，发现催化剂的活性相似。这说明磺化的程度决定了离子液体的活性。影响产物得率的关键因素还有磺酸基团的种类，如无机酸 H_2SO_4 改性的产物得率为 92%，苯磺酸和对甲苯磺酸改性的离子液体产物得率要比无机酸改性的离子液体高[59,60]。

离子液体的使用也存在缺点，例如其合成工艺复杂；合成过程中会产生废水，纯化步骤繁多，增加了离子液体的生产成本，同时也带来了污染，降低了离子液体的绿色特征。此外，离子液体还存在稳定性、循环再生利用、环境和安全等方面的一系列问题。

(四) 金属盐催化

金属盐可以作为多糖醇解生成乙酰丙酸酯的催化剂,同样也能催化糠醇醇解反应。最先使用的金属盐催化剂是乙酰丙酮铁,在低温 70 ℃条件下乙酰丙酸乙酯的得率就能达到 95%。在之后相关的研究中,发现金属铝盐是催化糠醇合成乙酰丙酸乙酯的一种高效催化剂。在几种不同的铝盐 $AlCl_3$、$AlBr_3$、$Al_2(SO_4)_3$、$Al(NO_3)_3$、$Al(OTf)_3$、$Al(C_6H_5SO_3)_3$ 中,当使用 $AlCl_3$ 作为催化剂时,在 110 ℃的条件下反应 3h,乙酰丙酸乙酯的得率最高,达到 74%;优化后在 123 ℃下反应 2.7h,乙酰丙酸乙酯得率高达 96%。进一步观察催化剂的布朗斯特酸性,测量三氟甲磺酸铝的 pH 值为 0.12,低于 $AlCl_3$ 的 pH 值(0.89);但在相同反应条件下,以 $AlCl_3$ 为催化剂时得率更高。因此,可以合理推测 $AlCl_3$ 同时具有布朗斯特酸性和路易斯酸,因此可以有效合成更多乙酰丙酸乙酯。在所有铝盐中,$AlBr_3$ 的布朗斯特酸性最大(pH=0.01),糠醇的转化速率也最大,但是 $AlBr_3$ 容易造成聚合反应从而降低乙酰丙酸乙酯的得率。$AlCl_3$ 作为催化剂可以回用 6 次,仍然保持高活性,具有较高的反应得率,展现了较大的产业化应用前景。但以 $AlCl_3$ 为催化剂有一个潜在的缺点,即卤素的存在会造成设备腐蚀。所以金属盐催化剂在糠醇醇解制备乙酰丙酸酯的反应中还需要进一步的研究,以改善其对设备的腐蚀问题[61]。

为了研究金属盐中阴离子与阳离子的协同作用,使用 $CuCl_2$、$CrCl_3$、$FeCl_3$、$AlCl_3$ 等几种金属盐催化糠醇合成乙酰丙酸丁酯。在同样反应条件下,不同金属盐的催化活性差别很大。例如,在 110 ℃的条件下只反应 1h,$CuCl_2$ 催化的乙酰丙酸丁酯的得率为 73%,而 $AlCl_3$ 催化的乙酰丙酸丁酯的得率只有 60%。实验验证各种金属盐的催化活性大小如下:$CuCl_2 > AlCl_3 > CrCl_3 > FeCl_3$,这表明在金属盐催化剂中阳离子对形成乙酰丙酸酯的影响很重要。然而,使用金属硫酸盐 $Cr_2(SO_4)_3$、$Fe_2(SO_4)_3$、$CuSO_4$、$Al_2(SO_4)_3$ 代替氯盐为催化剂时,在同样的反应条件下发现糠醇转化率及乙酰丙酸丁酯的得率下降,表明金属盐的催化性能不仅与他们的阳离子有关,而且还取决于阴离子的种类。进一步观察金属盐的酸性,发现金属硫酸盐的 pH 比相对应的金属氯化物 pH 高,表明催化剂的反应性能与反应系统中由阳离子的布朗斯特酸性有关,但更依赖于金属盐的路易斯酸性[62]。

此外,其他的催化辅助手段可以使催化效果达到更好的水平。例如,Huang 等[63]研究发现,在微波加热的辅助下金属盐 $Al_2(SO_4)_3$ 催化碳水化合物转化,在 150 ℃条件下只需 5min 就能使乙酰丙酸甲酯的得率达到 80.6%。由此可看出,相比传统的加热方式,微波加热具有更大的优势。

第六节 生物质经糠醛转化合成乙酰丙酸酯

一、合成路线

糠醛是半纤维素分解最常见的工业品,也是重要的平台化合物之一。乙酰丙酸酯可以直接由纤维素和糖类原料在高温下合成,也可由糠醇醇解合成。传统上,主要由糠醛加氢还原为糠醇后再醇解合成乙酰丙酸酯。近几年人们越来越多地关注由糠醛直接转化合成乙酰丙酸酯的研究。目前,大部分糠醇都是由糠醛加氢合成而来,除了乙酰丙酸酯外,糠醛还可以转化为其他生物质产物,如烷基呋喃醚、当归内酯、乙酰丙酸、γ-戊内酯等。相比糠醇和纤维素糖类的合成路径,糠醛合成乙酰丙酸酯的路径不仅更加经济有效,而且避免了反应过程中由于腐殖质等化学物质沉积而导致的技术问题。糠醛合成乙酰丙酸酯的路径由图4-8所示。

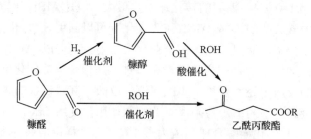

图 4-8 糠醛一步转化合成乙酰丙酸酯的反应路径

二、催化合成技术

糠醛一步合成乙酰丙酸酯的催化调控技术总结如表4-7所示。最初开发的技术需要借助 H_2 来完成,在140℃、5MPa H_2 的条件下,Pt/ZrNbPO$_4$ 催化糠醛和醇合成乙酰丙酸酯,反应6h后,产物选择率达到75.6%(物质的量浓度,下同)[69]。通过在 ZrNbPO$_4$ 上负载 Pt 纳米粒子可以促进糠醛的加氢反应转化为糠醇,在 ZrPO$_4$ 中引入 Nb 元素后不仅赋予了催化剂强布朗斯特酸性,还使催化剂的比表面积与孔径增大,增加了糠醇醇解的速率[69]。分子筛和沸石可促进糠醇的转化,同样适用于糠醛转化。在沸石中引入不同的元素(例如 Sn 元素)后,形成 Sn-β 沸石,将其用于催化氢转移加氢反应,即在不使用氢气的温和条件下,将醇作为供氢体,发生羰基加氢还原生成羟基的反应。转移加氢反应的优势在于不需要高压氢气,反应条件温和,不需要昂贵金属的参与,更符合绿色化学的要求。合成这种催化剂的关键技术是使用固态离子交换在沸石引入路易斯酸位。Antunes 等研究发现,Sn-β 沸石可以在120℃的条件下反应24h,催化糠醛的转化率达95%,产物中包括乙酰丙酸、乙酰丙酸酯和 γ-戊内酯等高附加价值的平台化合物,在合成技术上有很大的创新,同时避免了氢气的使用,但单一产物得率低,乙酰丙酸酯的得率只有14%(物质的量浓度,下同)[70]。

表 4-7 糠醛一步合成乙酰丙酸酯的催化调控技术

反应介质	催化剂	反应条件	乙酰丙酸酯得率/%	文献来源
乙醇	Pt/ZrNbPO$_4$	140℃,5MPa H$_2$,6h	乙酯,70	[69]
异丙醇	Au-H$_4$SiW$_{12}$O$_{40}$/ZrO$_2$	120℃,0.1MPa N$_2$,24h	丙酯,80	[73]
异丙醇	Nb$_2$O$_5$-ZrO$_2$	180℃,2MPa N$_2$,8h	丁酯,66	[74]
异丁醇	(Zr)SSIE-beta	120℃,24h	丁酯,17	[71]
异丁醇	ZrAl-TUD-1(0.7)	120℃,24h	丁酯,18	[71]
异丁醇	(Sn)SSIE-beta	120℃,24h	丁酯,11	[70]
甲醇	Zr-SBA-15	270℃,10h	甲酯,36	[72]

除了 Sn 元素,还有 Zr 元素也可引入沸石中。在相同的反应条件下,使用(Zr)SSIE-beta 可以缩短反应时间,糠醛转化率达到98%[71]。与 Sn-β 沸石使用情况相似,得到的上述催化反应产物众多,但乙酰丙酸酯的得率也很低,只有17%。有序介孔硅酸盐材料 TUD-1 也可用来改性,改变 Zr/Al 的比例后可作为催化剂催化糠醛的转化反应,但在 120℃的条件下乙酰丙酸酯的得率最高只达到18%。在这些催化剂的基础上,不借用氢气的条件下,越来越多的催化剂用来催化糠醛转化反应。Zr-位点对于糠醛转化是不可缺少的,同时 Al 和 Zr 可以促进糠醇转化为乙酰丙酸酯等其他生物质产品。但高 Zr 负载量也容易引起不必要的副反应[71]。Zr-SBA-15 是在 SBA-15 介孔分子筛中掺杂 Zr 来改善 SBA-15 的表面酸性和催化活性的一种改性介孔分子筛,阮厚航等[72]使用该催化剂在 270℃临界甲醇的条件下,反应 10h,发现乙酰丙酸甲酯的得率达到36.3%。Zr-SBA-15 对糠醛一锅法制备乙酰丙酸甲酯有较高的选择性,可能的原因是 ZrO$_2$ 有比较强的路易斯酸位点。

Au-H$_4$SiW$_{12}$O$_{40}$/ZrO$_2$ 是一种复合改性的催化剂,Zhu 等在 120℃、0.1MPa N$_2$ 条件下反应 24h,乙酰丙酸酯的得率高达72%。催化剂表面的 Au-位点也可催化糠醛产生氢转移加成反应生成糠醇,然后 HSiW 为糠醇醇解反应提供了酸性位点,促进了乙酰丙酸酯的生成[73]。混合氧化物微球也是一种有效的催化剂,Chen 等合成双功能催化剂 Nb$_2$O$_5$-ZrO$_2$,在 180℃、2MPa N$_2$ 条件下反应 8h,糠醛转化率达到93%,乙酰丙酸酯选择率达到71.8%[74]。Chen 等[74]研究表明,ZrO$_2$ 可以为糠醛转化提供高效活性,而单独的 Nb$_2$O$_5$ 并没有催化活性,通过聚合物前驱体法将两者结合改性后,合成凝胶型固体酸,使其不仅拥有高表面积和大量的孔隙,增加了反应活性位点,同时还拥有强路易斯酸性,通过他们的协同作用,发挥了良好的双官能团催化作用。

糠醛是一种简单的分子，但是其化学性质活泼，其加氢后有超过 6 种可能的产物，如糠醇、2-甲基呋喃、2-甲基四氢呋喃、呋喃、四氢呋喃、和多元醇等，所以糠醛加氢的方向难以控制。综合上述催化技术可以看出，糠醛转化需要重金属盐，在催化糠醛转化为糠醇的同时如果还能提供酸性位点，就可以使糠醇进一步转化为乙酰丙酸酯。目前糠醛一步转化为乙酰丙酸酯的技术还未成熟，实现产业化仍然存在挑战，所以糠醛一步合成乙酰丙酸酯的集成催化反应还需要进行大量的研究。

第七节　生物质经 5-氯甲基糠醛转化合成乙酰丙酸酯

一、合成路线

生物质经 5-氯甲基糠醛醇解转化合成乙酰丙酸酯是指纤维素等己糖类生物质在盐酸溶液中先降解生成 5-氯甲基糠醛，分离获得的 5-氯甲基糠醛再经醇解制取乙酰丙酸酯，这是美国加利福尼亚大学 Mascal 研究小组近些年发展起来的一种新的转化途径，合成路线如图 4-9 所示[75, 76]。

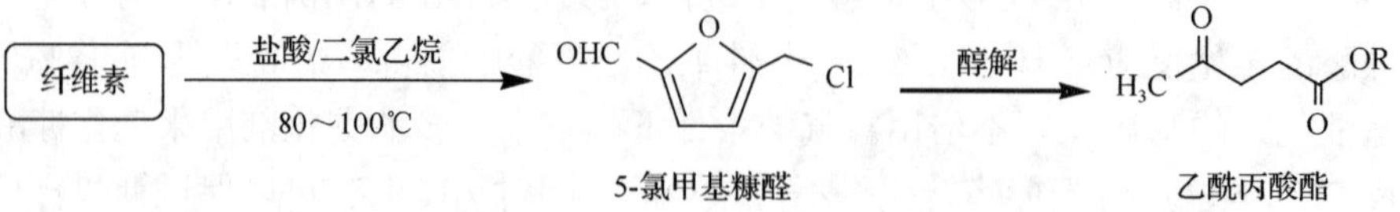

图 4-9　纤维素经 5-氯甲基糠醛醇解转化合成乙酰丙酸酯

二、5-氯甲基糠醛的制备

纤维素羟 5-氯甲基糠醛醇(5-chloromethyfural，5-CMF)解转化合成乙酰丙酸酯途径，生物质能有效降解成小分子化合物 CMF 是进一步实现燃料和化学品高效转化合成的关键。最初开发的 5-CMF 高效制备过程如下[75]：将纤维素、含 5%(质量浓度)氯化锂的浓盐酸溶液和二氯乙烷加入分离塔中，65℃下加热回流连续萃取 18h；然后补加氯化锂浓盐酸溶液继续反应萃取 12h；反应后，合并萃取液，蒸馏回收溶剂，得到残余产物。残余产物经色谱分析发现主要成分为 5-CMF，得率达 71%(物质的量浓度)，另含少量的 2-2-羟基乙酰基呋喃(8%)、HMF(5%)和乙酰酸(1%)，这些小分子有机物收率合计达 85%，过滤后可得少量的黑色腐殖质固体(质量浓度 5%)。在相同条件下，分别以葡萄糖、蔗糖代替纤维素作为原料，5-CMF 分离得率分别为 71%和 76%。对比发现，降解葡萄糖得到的 5-CMF 收率并未高于直接降解纤维素。因此，认为在该过程中，纤维素的水解不是限制反应速率的主要因素，而葡萄糖的脱水才是关键，此现象可为纤维素解聚提供新的启发。该高效降解生物质途径迅速引起了相关领域研究人员的关注，Klaas、Schöne[77]强调报道了该技术，认为这为生物质高效利用提供了一种新的借鉴方法，同时对该技术的应用提出了几点期望，例如是否可直接用天然生物质作为反应原料，以减少纤维分离能耗，降低成本；反应过程中，大量卤化试剂的混入是否会影响后续转化成能源的安全使用。随后，Mascal等进一步研究发现在氯化锂不存在的条件下，在密闭反应器中经多次反应萃取也是同样可行有效的。而且，证实该反应体系同样适用于天然的木质纤维生物质原料。如 Mascal 和 Nikitin[78]以玉米秸秆作为反应原料，在底物浓度为10%（质量体积浓度）的条件下进行反应，5-CMF 分离收率可达 70%，收率与用纯纤维素作为原料接近。另外，经检测也证实利用该过程转化合成的产物中氯元素含量是微量的，不会影响其作为燃料安全使用。近来，Brasholz 等[79]在 Mascal 研究组的工作基础上，改用两相连续流动反应器转化碳水化合物合成 5-CMF，发现反应时间大大缩短，反应效率明显提高，同样可获得高收率的 5-CMF。然而，该反应器由于需要反应液通过滤网进行反应，因此仅适用于转化可溶性糖类，不适用于非溶性的纤维素生物质。对于以糖类化合物作为反应底物，Zuo 等[80]探索建立了一种基于果糖和氯化胆碱的低共熔体系与甲基异丁酮的双向反应体系，在氯化铝的催化下能够将果糖直接催化转化为 5-CMF，最高得率可达50%左右。与之前反应过程技术相比，该催化反应体系不使用高浓度的盐酸作为催化剂，可以认为是一种高效清洁的转化体系。

三、5-氯甲基糠醛的醇解

5-CMF 尽管不能作为燃料直接使用，但它是一种高反应活性的化学中间体，容易高效转化成其他燃料化学品，比如经水解可得到 HMF 和乙酰丙酸；经醇解可得到 5-烷氧基甲基糠醛和乙酰丙酸酯；加氢还原可转化合成 5-甲基糠醛等。Mascal 等的研究表明[76]：在乙醇体系中，5-CMF 在 160℃下反应 30min，乙酰丙酸乙酯分离收率可达 85%；在正丁醇体系中，5-CMF 在 110℃下反应 2h，可获得分离收率为 84%的乙酰丙酸丁酯。可见，在无催化剂的作用下，在不同的醇体系中 5-CMF 都容易发生醇解，并且获得较高收率的乙酰丙酸酯。

综上可知，纤维素生物质经 5-CMF 二步法转化合成乙酰丙酸酯的总收率可达60%以上，转化效率较高，且反应条件较温和，这为生物质转化合成乙酰丙酸酯开辟了一条新的可行途径。

参 考 文 献

[1] 彭林才, 林鹿, 李辉. 生物质转化合成新能源化学品乙酰丙酸酯. 化学进展, 2012, 24(5): 801-809.

[2] Wang Z, Li Z, Lei T, et al. Life cycle assessment of energy consumption and environmental emissions for cornstalk-based ethyl levulinate. Applied Energy, 2016, 183: 170-181.

[3] Wang Z, Lei T, Lin L, et al. Comparison of the physical and chemical properties, performance, and emissions of ethyl levulinate–biodiesel–diesel and n-butanol–biodiesel–diesel blends. energy & fuels, 2017, 31(5): 5055-5062.

[4] Lei T, Wang Z, Chang X, et al. Performance and emission characteristics of a diesel engine running on optimized ethyl levulinate–biodiesel–diesel blends. Energy, 2016, 95: 29-40.

[5] 赵耿, 林鹿, 孙勇. 生物质制备乙酰丙酸酯研究进展. 林产化学与工业, 2011, 31(6): 107-111.

[6] Lei T, Wang Z, Li Y, et al. Performance of a diesel engine with ethyl levulinate-diesel blends: a study using grey relational analysis. BioResources, 2013, 8(2): 2696-2707.

[7] 彭林才. 生物质甲醇中直接降解制取乙酰丙酸甲酯的研究. 广州: 华南理工大学博士学位论文, 2012.

[8] Peng L, Lin L, Li H. Extremely low sulfuric acid catalyst system for synthesis of methyl levulinate from glucose. Industrial Crops and Products, 2012, 40: 136-144.

[9] 常俊丽, 白净, 常春, 等. 超低酸高温催化葡萄糖醇解产物的分布规律. 林产化学与工业, 2015, 35(6): 8-14.

[10] Xiao W, Chen X, Zhang Y, et al. Product analysis for microwave-assisted methanolysis of lignocellulose. Energy & Fuels, 2016, 30(10): 8246-8251.

[11] Bianchi D, Romano A M. Process for the production of esters of levulinic acid from biomass: US, 20110160479A1. 2011.

[12] 张阳阳, 罗璇, 庄绪丽, 等. 混合酸催化葡萄糖选择性转化合成乙酰丙酸甲酯. 化工学报, 2015, 66(9): 3490-3495.

[13] Peng L, Lin L, Li H, et al. Conversion of carbohydrates biomass into levulinate esters using heterogeneous catalysts. Applied Energy, 2011, 88(12): 4590-4596.

[14] Peng L, Lin L, Zhang J, et al. Solid acid catalyzed glucose conversion to ethyl levulinate. Applied Catalysis A: General, 2011, 397(1): 259-265.

[15] Njagi E C, Genuino H C, Kuo C H, et al. High-yield selective conversion of carbohydrates to methyl levulinate using mesoporous sulfated titania-based catalysts. Microporous and Mesoporous Materials, 2015, 202: 68-72.

[16] Saravanamurugan S, Riisager A. Solid acid catalysed formation of ethyl levulinate and ethyl glucopyranoside from mono- and disaccharides. Catalysis Communications, 2012, 17: 71-75.

[17] Xu X, Zhang X, Zou W, et al. Conversion of carbohydrates to methyl levulinate catalyzed by sulfated montmorillonite. Catalysis Communications, 2015, 62: 67-70.

[18] Saravanamurugan S, Riisager A. Zeolite catalyzed transformation of carbohydrates to alkyl levulinates. ChemCatChem, 2013, 5(7): 1754-1757.

[19] Li H, Fang Z, Luo J, et al. Direct conversion of biomass components to the biofuel methyl levulinate catalyzed by acid-base bifunctional zirconia-zeolites. Applied Catalysis B: Environmental, 2017, 200: 182-191.

[20] Zhou L, Zou H, Nan J, et al. Conversion of carbohydrate biomass to methyl levulinate with $Al_2(SO_4)_3$ as a simple, cheap and efficient catalyst. Catalysis Communications, 2014, 50: 13-16.

[21] 刘彦, 王芬芬, 杨荣榛, 等. 三氟甲基磺酸铜催化果糖醇解制备乙酰丙酸甲酯. 工业催化, 2013, 21(4): 71-75.

[22] Saravanamurugan S, Nguyen V B O, Riisager A. Conversion of mono- and disaccharides to ethyl levulinate and ethyl pyranoside with sulfonic acid-functionalized ionic liquids. ChemSusChem, 2011, 4(6): 723-726.

[23] Chen J, Zhao G, Chen L. Efficient production of 5-hydroxymethylfurfural and alkyl levulinate from biomass carbohydrate using ionic liquid-based polyoxometalate salts. RSC Advances, 2014, 4(8): 4194-4202.

[24] 茅花, 黄和. 离子液体-铝盐催化蔗糖制乙酰丙酸甲酯. 化工进展, 2012, 31(8): 1816-1819.

[25] Garves K. Acid catalyzed degradation of cellulose in alcohols. Journal of Wood Chemistry and Technology, 1988, 8(1): 121-134.

[26] Olson E S, Kjelden M R, Schlag A J, et al. Levulinate esters from biomass wastes. ACS Symposium Series, 2001, 784: 51-63.

[27] Chang C, Xu G, Jiang X. Production of ethyl levulinate by direct conversion of wheat straw in ethanol media. Bioresource Technology, 2012, 121: 93-99.

[28] Li H, Peng L, Lin L, et al. Synthesis, isolation and characterization of methyl levulinate from cellulose catalyzed by extremely low concentration acid. Journal of Energy Chemistry, 2013, 22(6): 895-901.

[29] Maloney M T, Chapman T W, Baker A J. Dilute acid hydrolysis of paper birch: kinetics studies of xylan and acetyl-group hydrolysis. Biotechnology and Bioengineering, 1985, 27(3): 355-361.

[30] Peng L, Lin L, Li H, et al. Acid-catalyzed direct synthesis of methyl levulinate from paper sludge in methanol medium. BioResources, 2013, 8(4): 5895-5907.

[31] Hishikawa Y, Yamaguchi M, Kubo S, et al. Direct preparation of butyl levulinate by a single solvolysis process of cellulose. Journal of Wood Science, 2013, 59(2): 179-182.

[32] 马浩, 龙金星, 王芙蓉, 等. 酸性离子液体催化纤维素在生物丁醇中转化为乙酰丙酸丁酯. 物理化学学报, 2015, 31(5): 973-979.

[33] Rataboul F, Essayem N. Cellulose reactivity in supercritical methanol in the presence of solid acid catalysts: direct synthesis of methyl-levulinate. Industrial & Engineering Chemistry Research, 2010, 50(2): 799-805.

[34] Kuo C H, Poyraz A S, Jin L, et al. Heterogeneous acidic TiO_2 nanoparticles for efficient conversion of biomass derived carbohydrates. Green Chemistry, 2014, 16(2): 785-791.

[35] Ding D, Xi J, Wang J, et al. Production of methyl levulinate from cellulose: selectivity and mechanism study. Green Chemistry, 2015, 17(7): 4037-4044.

[36] Tominaga K, Mori A, Fukushima Y, et al. Mixed-acid systems for the catalytic synthesis of methyl levulinate from cellulose. Green Chemistry, 2011, 13(4): 810-812.

[37] Nemoto K, Tominaga K, Sato K. Straightforward synthesis of levulinic acid ester from lignocellulosic biomass resources. Chemistry Letters, 2014, 43(8): 1327-1329.

[38] Tominaga K, Nemoto K, Kamimura Y, et al. A practical and efficient synthesis of methyl levulinate from cellulosic biomass catalyzed by an aluminum-based mixed acid catalyst system. RSC Advances, 2016, 6(69): 65119-65124.

[39] 黄耀兵, 杨涛, 刘安凤, 等. 微波辅助 $SnCl_4/H_2SO_4$ 二元体系催化纤维素醇解制备乙酰丙酸甲酯. 有机化学, 2016, 36(6): 1438-1443.

[40] Bart H J, Reidetschlager J, Schatka K, et al. Kinetics of esterification of levulinic acid with n-butanol by homogeneous catalysis. Industrial & Engineering Chemistry Research, 1994, 33(1): 21-25.

[41] 何柱生, 赵立芳. 分子筛负载 TiO_2/SO_4^{2-} 催化合成乙酰丙酸乙酯的研究. 化学研究与应用, 2001, 13(5): 537-539.

[42] 王树清, 高崇, 李亚芹. 强酸性阳离子交换树脂催化合成乙酰丙酸丁酯. 上海化工, 2005, 30(4): 14-16.

[43] Dharne S, Bokade V V. Esterification of levulinic acid to n-butyl levulinate over heteropolyacid supported on acid-treated clay. Journal of Natural Gas Chemistry, 2011, 20(1): 18-24.

[44] Nandiwale K Y, Sonar S K, Niphadkar P S, et al. Catalytic upgrading of renewable levulinic acid to ethyl levulinate biodiesel using dodecatungstophosphoric acid supported on desilicated H-ZSM-5 as catalyst. Applied Catalysis A: General, 2013, 460: 90-98.

[45] Nandiwale K Y, Niphadkar P S, Deshpande S S, et al. Esterification of renewable levulinic acid to ethyl levulinate biodiesel catalyzed by highly active and reusable desilicated H-ZSM-5. Journal of Chemical Technology and Biotechnology, 2014, 89(10): 1507-1515.

[46] Nandiwale K Y, Bokade V V. Esterification of renewable levulinic acid to n-butyl levulinate over modified H-ZSM-5. Chemical Engineering & Technology, 2015, 38(2): 246-252.

[47] Yadav G D, Borkar I V. Kinetic modeling of immobilized lipase catalysis in synthesis of n-butyl levulinate. Industrial & Engineering Chemistry Research, 2008, 47(10): 3358-3363.

[48] Lee A, Chaibakhsh N, Rahman M B A, et al. Optimized enzymatic synthesis of levulinate ester in solvent-free system. Industrial Crops and Products, 2010, 32(3): 246-251.

[49] Gao X, Peng L, Li H, et al. Formation of humin and alkyl levulinate in the acid-catalyzed conversion of biomass-derived furfuryl alcohol. BioResources, 2015, 10(4): 6548-6564.

[50] Peng L, Li H, Xi L, et al. Facile and efficient conversion of furfuryl alcohol into n-butyl levulinate catalyzed by extremely low acid concentration. BioResources, 2014, 9(3): 3825-3834.

[51] Lange J P, van de Graaf W D, Haan R. Conversion of furfuryl alcohol into ethyl levulinate using solid acid catalysts. ChemSusChem, 2009, 2(5): 437-441.

[52] Neves P, Lima S, Pillinger M, et al. Conversion of furfuryl alcohol to ethyl levulinate using porous aluminosilicate acid catalysts. Catalysis Today, 2013, 218: 76-84.

[53] Nandiwale K Y, Pande A M, Bokade V V. One step synthesis of ethyl levulinate biofuel by ethanolysis of renewable furfuryl alcohol over hierarchical zeolite catalyst. RSC Advances, 2015, 5(97): 79224-79231.

[54] Zhao G, Hu L, Sun Y, et al. Conversion of biomass-derived furfuryl alcohol into ethyl levulinate catalyzed by solid acid in ethanol. BioResources, 2014, 9(2): 2634-2644.

[55] Neves P, Russo P A, Fernandes A, et al. Mesoporous zirconia-based mixed oxides as versatile acid catalysts for producing bio-additives from furfuryl alcohol and glycerol. Applied Catalysis A: General, 2014, 487: 148-157.

[56] Russo P A, Antunes M M, Neves P, et al. Solid acids with SO_3H groups and tunable surface properties: versatile catalysts for biomass conversion. Journal of Materials Chemistry A, 2014, 2(30): 11813-11824.

[57] Zhu S, Chen C, Xue Y, et al. Graphene oxide: an efficient acid catalyst for alcoholysis and esterification reactions. ChemCatChem, 2014, 6(11): 3080-3083.

[58] Lu B, An S, Song D, et al. Design of organosulfonic acid functionalized organosilica hollow nanospheres for efficient conversion of furfural alcohol to ethyl levulinate. Green Chemistry, 2015, 17(3): 1767-1778.

[59] Wang G, Zhang Z, Song L. Efficient and selective alcoholysis of furfuryl alcohol to alkyl levulinates catalyzed by double SO_3H-functionalized ionic liquids. Green Chemistry, 2014, 16(3): 1436-1443.

[60] Hengne A M, Kamble S B, Rode C V. Single pot conversion of furfuryl alcohol to levulinic esters and γ-valerolactone in the presence of sulfonic acid functionalized ILs and metal catalysts. Green Chemistry, 2013, 15(9): 2540-2547.

[61] Peng L, Gao X, Chen K. Catalytic upgrading of renewable furfuryl alcohol to alkyl levulinates using $AlCl_3$ as a facile, efficient, and reusable catalyst. Fuel, 2015, 160: 123-131.

[62] Peng L, Tao R, Wu Y. Catalytic upgrading of biomass-derived furfuryl alcohol to butyl levulinate biofuel over common metal salts. Catalysts, 2016, 6(9): 143.

[63] Huang Y B, Yang T, Zhou M C, et al. Microwave-assisted alcoholysis of furfural alcohol into alkyl levulinates catalyzed by metal salts. Green Chemistry, 2016, 18(6): 1516-1523.

[64] Maldonado G M G, Assary R S, Dumesic J A, et al. Acid-catalyzed conversion of furfuryl alcohol to ethyl levulinate in liquid ethanol. Energy & Environmental Science, 2012, 5(10): 8990-8997.

[65] Demma C P, Ciriminna R, Shiju N R, et al. Enhanced heterogeneous catalytic conversion of furfuryl alcohol into butyl levulinate. ChemSusChem, 2014, 7(3): 835-840.

[66] Zhang Z, Dong K, Zhao Z K. Efficient conversion of furfuryl alcohol into alkyl levulinates catalyzed by an organic-inorganic hybrid solid acid catalyst. ChemSusChem, 2011, 4(1): 112-118.

[67] Khusnutdinov R I, Baiguzina A R, Smirnov A A, et al. Furfuryl alcohol in synthesis of levulinic acid esters and difurylmethane with Fe and Rh complexes. Russian Journal of Applied Chemistry, 2007, 80(10): 1687-1690.

[68] Kean J R, Graham A E. Indium(III) triflate promoted synthesis of alkyl levulinates from furyl alcohols and furyl aldehydes. Catalysis Communications, 2015, 59: 175-179.

[69] Chen B, Li F, Huang Z, et al. Integrated catalytic process to directly convert furfural to levulinate ester with high selectivity. ChemSusChem, 2014, 7(1): 202-209.

[70] Antunes M M, Lima S, Neves P, et al. One-pot conversion of furfural to useful bio-products in the presence of a Sn,Al-containing zeolite beta catalyst prepared via post-synthesis routes. Journal of Catalysis, 2015, 329: 522-537.

[71] Antunes M M, Lima S, Neves P, et al. Integrated reduction and acid-catalysed conversion of furfural in alcohol medium using Zr,Al-containing ordered micro/mesoporous silicates. Applied Catalysis B: Environmental, 2016, 182: 485-503.

[72] 阮厚航, 吕喜蕾, 王立新, 等. 近临界甲醇中 Zr-SBA-15 介孔分子筛催化糠醛一锅法制备乙酰丙酸甲酯的研究. 中国科技论文在线, 2016, http://www.paper.edu.cn./releasepaper/content/201609-252.

[73] Zhu S, Cen Y, Guo J, et al. One-pot conversion of furfural to alkyl levulinate over bifunctional Au-$H_4SiW_{12}O_{40}$/ZrO_2 without external H_2. Green Chemistry, 2016, 18(20): 5667-5675.

[74] Chen B, Li F, Huang Z, et al. Hydrogen-transfer conversion of furfural into levulinate esters as potential biofuel feedstock. Journal of Energy Chemistry, 2016, 25(5): 888-894.

[75] Mascal M, Nikitin E B. Direct, high-yield conversion of cellulose into biofuel. Angewandte Chemie, 2008, 120(41): 8042-8044.

[76] Mascal M, Nikitin E B. High-yield conversion of plant biomass into the key value-added feedstocks 5-(hydroxymethyl) furfural, levulinic acid, and levulinic esters via 5-(chloromethyl) furfural. Green Chemistry, 2010, 12(3): 370-373.

[77] Klaas M R G, Schöne H. Direct, high-yield conversions of cellulose into biofuel and platform chemicals-on the way to a sustainable biobased economy. ChemSusChem, 2009, 2(2): 127-128.

[78] Mascal M, Nikitin E B. Dramatic advancements in the saccharide to 5-(chloromethyl) furfural conversion reaction. ChemSusChem, 2009, 2(9): 859-861.

[79] Brasholz M, Kanel K V, Hornung C H, et al. Highly efficient dehydration of carbohydrates to 5-(chloromethyl) furfural (CMF), 5-(hydroxymethyl) furfural (HMF) and levulinic acid by biphasic continuous flow processing. Green Chemistry, 2011, 13(5): 1114-1117.

[80] Zuo M, Li Z, Jiang Y, et al. Green catalytic conversion of bio-based sugars to 5-chloromethyl furfural in deep eutectic solvent, catalyzed by metal chlorides. RSC Advances, 2016, 6(32): 27004-27007.

第五章 生物质转化乙酰丙酸中间产物——糠醛与糠醇化学

糠醇水解重排后可转化为乙酰丙酸，其在水解重排过程中副反应少、能耗低，是一条有竞争力的乙酰丙酸生产工艺路线。糠醇可由生物质纤维水解产生的糠醛经催化还原后得到，在此转化过程中，糠醛和糠醇被认为是乙酰丙酸合成的重要中间产物，且直接来自半纤维素，这对于实现生物质组分的充分利用，提高生物质资源的利用效率具有重要的意义[1]。

第一节 半纤维素组分水解转化糠醛的途径及进展

一、糠醛的制备途径及合成机制

糠醛又名呋喃甲醛，为无色或浅黄色透明油状液体，其分子结构式中含有活泼的醛基和呋喃环，因此可以生产多种高附加值生物质基化学品和生物质液体燃料，是一种极具吸引力的平台化合物，拥有巨大的市场潜力[2, 3]。糠醛不仅是合成乙酰丙酸的重要中间体，也是一种广泛应用于石油炼制、石油化工、化学工业、医药、食品、合成橡胶及合成树脂等行业的重要有机化工原料和化学溶剂，可用于生产糠醇、琥珀酸、马来酸和戊酸酯等[4-6]。另外，最新研究表明，糠醛通过催化转化可制备生物汽油、生物柴油和生物航空燃料等，并可通过不完全加氢反应生产 2-甲基呋喃和 2-甲基四氢呋喃等生物质液体燃料[7]。

糠醛早在 1821 年就被发现，随后人们对其物理化学性质及其合成方法进行了深入研究。其中，美国的 Quaker Oats 公司在 1922 年首先实现了糠醛的工业化生产，并将其主要应用于木松香脱色和润滑油精制方面，实现了糠醛在工业领域的应用；20 世纪 40 年代，糠醛开始广泛应用于合成橡胶、医药、农药等领域；60 年代以后，随着糠醛衍生物的开发，特别是呋喃树脂在铸造业的广泛应用，极大地促进了糠醛工业的发展；70 年代后，随着能源危机和石油价格的上涨，利用可再生的农林废料生产高附加值的糠醛，并发展其下游化工产品受到重视[8]。当前，我国糠醛的生产能力从 1996 年的 20 万 t/a 增加到 2015 年的 150 万 t/a。然而，现有的糠醛生产工艺存在着污染严重、能耗偏高和生产收率偏低等问题，欧美发达国家已严令禁止在本国范围内生产糠醛[9]。因此，深入研究糠醛的合成机制，建立绿色经济的合成途径,对于促进全球糠醛行业的健康发展,缓解石油资源逐渐枯竭而引发的能源危机具有重要意义。

(一)糠醛的生产原料

糠醛主要是由戊糖脱水产生,所以含有聚戊糖的生物质都可以作为糠醛的生产原料。工业上用来生产糠醛的生物质原料主要有玉米芯、玉米秸秆、棉籽壳、稻壳、甘蔗渣、麦秆、葵花籽壳、棕榈树、花生壳、废弃木材等农业废弃物。一般来说,在相同的反应条件下,原料中戊聚糖含量越高其经济效益越好,越有利于提高出醛率。Montané 等[10]的研究表明,每克玉米芯的理论糠醛生产量为 0.22g,甘蔗渣为 0.17g,玉米秸秆为 0.165g,向日葵壳为 0.16g,稻壳为 0.12g,硬木料为 0.15~0.17g。目前,我国市场上的糠醛大部分是以玉米芯为原料生产的。尽管纤维类生物质成分复杂,糠醛产率较低,但以木糖、木聚糖和半纤维素提取液等为原料制备糠醛的研究在近几年已得到快速发展。

(二)糠醛的合成机制

糠醛的合成主要有两种途径,包括戊糖脱水及糖醛酸脱水。由于戊糖在自然界中广泛存在,而糖醛酸则较为罕见,因此,利用含有戊糖的纤维原料制备糠醛成为主要方法。戊糖在植物纤维原料中以半纤维素的形式存在,半纤维素在酸和水的作用下首先发生水解生成戊糖,再由戊糖脱水环化而成糠醛。其中第一步水解反应速度很快,且戊糖收率很高;而第二步脱水环化反应速度较慢,同时还有副反应发生,具体途径如下:

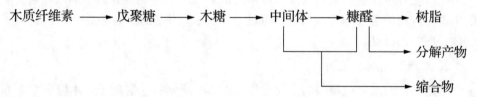

基于此,由木质纤维素催化转化为糠醛的反应过程主要包含戊聚糖(或木聚糖)水解产生木糖及木糖环化脱水产生糠醛两部分。

1. 戊聚糖水解机制

戊聚糖主要是由五元环通过氧桥(醚键)连接而成,其水解产生木糖的过程包括了稀酸水解或在水蒸汽条件下的脱乙酰化作用,具体步骤如图 5-1 所示[11]:

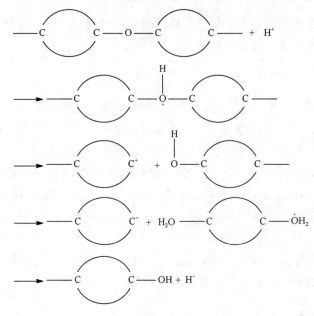

图 5-1 戊聚糖的水解机理

(1) 戊聚糖氧桥连接中的氧键被质子化，从而形成三价氧。
(2) 碳/氧键裂解，导致氧桥的一边形成碳正离子，另一边形成羟基。
(3) 碳正离子与水反应形成 $\overset{+}{O}H_2$ 离子。
(4) 释放出氢离子后留下羟基。
(5) 重复上述反应，直至戊聚糖中所有的氧键消失释放出戊糖或木糖分子。

蒸汽处理木质纤维素会导致木聚糖的水解而产生单糖并释放出醋酸，而少量的单糖在较弱的酸性条件及低温下可进一步脱水产生糠醛，副反应较少，提高了整体反应的选择性。

2. 木糖环化脱水机制

木糖环化脱水生成糠醛的主要过程如图 5-2 所示：①氢质子与木糖中 C-1 原子上的羟基氧结合，脱掉一个水分子形成碳氧双键；②C-2 羟基氧上的电子转移到 C-5 上，C-5 和环上的氧之间的键断开，与 C-2 羟基上的氧形成碳氧键，生成带有羟基和醛基的环氧化合物，再脱去两分子的水生成糠醛[12]。另一种路径是质子与木糖中 C-2 原子上的羟基氧结合，脱掉一个水分子；然后环上氧原子的电子向 C-2 转移，生成带有羟基和醛基的环氧化合物，再脱去两个水分子生成糠醛。Antal 等[13]也指出，酸催化木糖生成糠醛的反应过程中，第一步形成了 2,5-酸酐中间体，再由这种中间体脱水生成糠醛[13]。

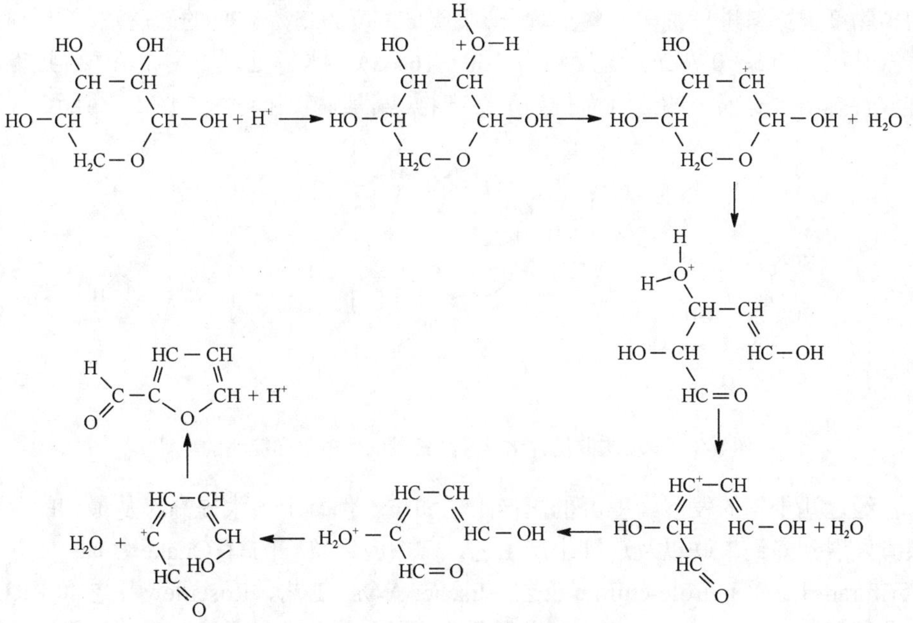

图 5-2　木糖环化脱水生成糠醛的机制

二、糠醛的生产工艺

糠醛的生产工艺主要包括连续式和分批式两种模式，目前主流的生产工艺有 Quaker Oats 工艺、Agrifuran 工艺、Petrole-chimie 工艺、Escher Wyss 工艺及 Rosenlew 工艺[14]。在过去的几十年中，已有大量关于糠醛生产的研究报道，主要集中在催化剂的选择上。糠醛生产过程中常用的催化剂有硫酸、盐酸、磷酸、醋酸等。此外，还可以用酸式盐、强酸弱碱盐等水解过程中能离解出氢离子的化合物作为催化剂。实际应用的有盐类，如磷酸盐、过磷酸钙、重过磷酸钙、硝酸盐、氯化铵，以及 Ti、Zn、Al 等金属盐等，Ge、TiO_2、ZrO_2、ZnO、Fe_2O_3 等金属氧化物，以及氢型沸石、负载磺酸的硅土等固体催化剂[15, 16]。然而，上述研究多是以木糖作为模型化合物在酸性催化剂存在下催化脱水合成糠醛的，戊糖脱水环化生成糠醛的工艺还不成熟，糠醛收率也不高[17]。目前，我国糠醛生产企业多是采用95%的硫酸催化法，少数企业使用盐酸催化法，通过一步法或两步法合成糠醛。

（一）一步法

一步法指糠醛生产的原料中戊聚糖水解产生戊糖和戊糖脱水生成糠醛在同一个水解锅中进行，这种工艺操作过程可称为蒸醛。一步法因设备投资少，操作简单，在糠醛工业中得到了广泛的应用，其步骤通常是先把经过自然干燥或预处理的植物纤维原料进行混酸装料处理（一般质量浓度为 5%～8%的硫酸），然后通过蒸汽升压到 0.5～0.7MPa（温度约为 150～164℃），水解处理 2～4h，再经过糠醛排放管排出含有糠醛的蒸汽而得到最终产物，其具体转化途径如图 5-3 所示[18,19]。

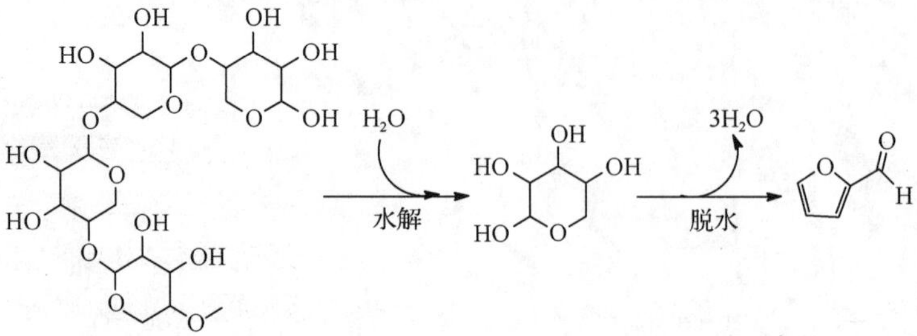

图 5-3　一步法催化转化半纤维素或戊聚糖生产糠醛的途径

经过几十年的发展，糠醛的生产工艺和技术都有了很大提高，从最初的单锅蒸煮发展到多锅串联以及连续生产工艺，其中应用较广的有 Quaker Oats 工艺、Agrifuran 工艺、Petrole-chimie 工艺、Escher Wyss 工艺、Rosenlew 工艺和 RRL-J 工艺等。其中，Quaker Oats 间歇工艺是最古老的糠醛生产工艺，1921 年美国 Quaker Oats 公司使用硫酸作催化剂，以蔗渣、燕麦壳、玉米芯、稻壳等作原料，反应器是带有炭砖、防酸水泥衬里的球形蒸煮罐，操作压力为 4.2kg/cm^2（1kg/cm^2=98.07kPa），反应温度为 153℃，需蒸煮 6～8h，反应过程中从罐底部的蒸汽阀门连续通入蒸汽将生成的糠醛及时移出。从蒸煮罐出来的糠醛蒸汽先进入汽提塔，塔顶馏出液经冷凝分为两层，富醛相再进脱水塔精制。在此过程中糠醛的生成和汽提同时完成，减少了糠醛树脂化和聚合的发生。但 Quaker Oats 间歇工艺存在严重的缺点，如原料停留时间长、硫酸浓度高造成大量酸残留、需要特殊的防腐材料、生产成本高等。

Petrole-chimie 工艺是基于 Agrifuran 工艺改进的，使用一套间歇、固定的反应器进行串联操作，用磷酸或过磷酸钙作催化剂，操作压力为 6.5kg/cm^2，固液比一般采用 1:6。反应过程中蒸汽先通过第一反应器，之后串入第二反应器，依次类推。串联操作降低了蒸汽的消耗量，并且由于从前面反应器中出来的含醛汽中含有水解过程中产生的醋酸，进入后一反应器后可以加快糠醛的生成速度，因而能得到较高浓度的糠醛液，简化了后面的糠醛精制过程；反应后产生的废渣可以用来生产磷肥。

Escher Wyss 工艺采用流化床以实现连续操作，原料通过旋转进料器经设备中心管线进入反应器，在设备中部喷洒质量浓度为 3%硫酸与原料均匀混合，蒸汽由位于设备下部的蒸汽分布器进入，并使得原料颗粒处于悬浮状态以实现固体流态化，反应程度由 γ 射线控制，残渣通过排渣系统排出。反应过程中反应温度为

170℃，平均反应时间为 45min。然而，此工艺存在原料颗粒反应时间不均匀、旋转进料器对原料要求严格(以防止磨损)、设备腐蚀严重、维护费用高昂、蒸汽流量需严格控制(过大过小都会影响"流化态"效果)等缺陷，因而限制了其广泛应用。

Rosenlew 工艺是由瑞典的 Saov 设计，用萃取单宁后的木材和锯末作原料，原料水解前先用二次蒸汽脱氧，用水解过程中生成的醋酸作催化剂，所以水解液不需要进行催化剂的分离。此方法是连续水解工艺，原料从反应器顶部进入，蒸汽从底部进入，固/液比为 1:0.45，水解时间为 1~2h，水解蒸汽压力为 1.5~1.7MPa，每吨糠醛蒸汽耗量为 22~23t，出醛率为 10%(质量得率，下同)，在生产糠醛的同时还能副产醋酸。Rosenlew 工艺具有设备投资少，腐蚀性较小，废渣易处理等优点。

一般情况下，如果采用单锅法进行水解生产糠醛，生成的糠醛平均浓度较低，需采用汽提的方法从体系中移出糠醛，该过程会消耗大量蒸汽，能耗高，且糠醛在高温下还会发生热分解。而如果采用双锅或多锅串联的工艺路线进行水解生产糠醛，即在前一台水解锅后半期抽出的含糠醛较少的蒸汽通到第二台水解锅，作为该水解锅前半期的加热蒸汽，这样可以把蒸出的糠醛浓度由 4%(质量浓度，下同)提高到 5%~6%，并且生产 1t 糠醛可以节省 6~8t 蒸汽，这是一步法经常采用的方式[20]。

一步法会产生大量的废渣，这些废渣主要由纤维素、木质素、未反应的半纤维素和残留催化剂组成。目前糠醛生产厂处理废渣的办法主要是采用煤渣混烧技术将糠醛废渣用作产生蒸汽的燃料。

一步法所采用的催化剂主要有均相催化剂和非均相催化剂两大类，其中均相催化剂主要包括盐酸和硫酸类矿物酸、有机酸、路易斯酸及酸性离子液体等其他酸催化剂；而非均相类催化剂主要是固体酸催化剂。

1) 均相催化剂催化

(1) 矿物酸催化法。

矿物酸催化法主要包括磷酸法、盐酸法(又名纳塔法)及硫酸法三种方法。其中，Vazquez 等[21]进行了磷酸一步法水解稻草制备糠醛的实验研究，取得了一定的效果。而盐酸法是一种较传统的酸水解碳水化合物制备糠醛的方法，其优点是可以在常压下连续水解，设备生产能力强，容易实现自动化的连续生产，出醛率达到 17%~18%(质量得率，下同)。浙江省林业科学研究院、北京日用化学二厂等单位在大量研究工作的基础上，建立了 150~300t/a 以盐酸为催化剂催化碳水化合物水解及脱水生产糠醛的示范装置。本法的特点是使用常压连续水解，设备生产能力大，易实现自动化，出醛率高(17%~18%)；缺点是设备腐蚀严重，设备的部件维修更换率高，而且产生的废弃物和废渣难以处理。

硫酸法因原料和水解锅的区别，又可以分为桂格燕麦法、罗尼法和谢巴夫法等。其中桂格燕麦法在美国广为采用，其特点是水解锅为球形旋转式，糠醛蒸气废热产生2次蒸汽，甲醛等低沸点物可以被回收，但醋酸未被回收，出醛率低；罗尼法的特点是水解锅为四塔流程，设备结构复杂，自动化水平较高；谢巴夫法的特点是水解釜为固定床，分离为四塔流程，采用间歇操作，电耗少。

后期为使废渣变为有机复合肥料，减轻污染，在传统硫酸法的基础上，通过在硫酸稀释时加入普通过磷酸钙而出现改良硫酸法，其生产条件和出醛率均与硫酸法相同，并根据原料的不同分为罗森柳-赛佛法、斯基格-舍沃法、埃斯切维斯-巴考克公司法等。其中，罗森柳-赛佛法的主要特点是采用连续自动水解，原料为甘蔗渣，设备处理能力强，不需加催化剂，甲醛等轻组分可以被回收，蒸汽和废渣利用充分，但设备及加工技术要求较高。国内未见相关的研究和采用此法生产的实例。斯基格-舍沃法的主要特点是采用连续自动水解，原料是木材下脚料，分离采用三塔工艺，基本实现了自动化操作；埃斯切维斯-巴考克公司法的主要特点是水解前先进行2次蒸汽脱氧，水解连续操作，分离为三级萃取工艺。

我国在20世纪70年代中期，广东省东莞糖厂以蔗渣为原料，建立了一座采用稀硫酸加压连续水解生产糠醛的车间，年产量达300t。经过不断地摸索实践，克服了设备防腐、连续进料、排料、料位控制等问题，基本取得了成功，填补了国内连续水解生产糠醛的空白。随后，东莞糖厂与南京林产化工研究所协作，扩大了糠醛生产规模，产品主要供出口。该扩建工程包括增加一套连续水解设备，配套了二级蒸汽回收半置，以及采用连续精馏新技术精制糠醛。全套设备自主设计和制造，经不断摸索，基本达到日产2t精馏糠醛的设计要求，产品质量达到出口国际标准。1980年以后，国内各糠醛生产厂家普遍推广了东莞糖厂的连续精馏新技术，精醛产品纯度达到99%以上，攻克了糠醛出口产品质量问题的大难关。东莞糖厂的连续水解工艺设备，投入生产10年时间，基本上达到预期的要求，但它还存在设备腐蚀和出醛率不够理想等问题。进入80年后期，由于甘蔗原料大减产，蔗渣及蔗糖供应不足，糠醛车间被迫停止生产。我国目前尚没有采用连续水解工艺进行糠醛生产的规模化工厂，缺乏连续水解生产的实践和技术资料。从我国糠醛生产的现状来看，技术装备水平还比较落后，生产带来的环境污染问题亟待解决。目前世界上年产5000t的糠醛厂均将糠醛水解残渣配以少量煤等燃料，供锅炉联产电和蒸汽，不但可满足自用，还可将能源输出。然而，这对我国目前大多数小规模糠醛厂来说，是难以实现的。未来我国糠醛的发展，必须走规模化、资源化、无害化的道路。

近年来，微波辐射技术在化学反应及材料合成中逐渐得到广泛应用，它不仅将反应时间从几小时缩短到几分钟，同时也提高了反应效率。基于此，将微波辐射协同矿物酸催化戊聚糖脱水生产糠醛的研究也得到广泛关注。其中，Yemis和

Mazza[22]在140～190℃条件下研究了微波辐射协同矿物酸在戊聚糖催化转化为糠醛过程中的反应活性。结果表明，在180℃及pH=1.12的条件下，采用微波辐射可在20min内将麦秆、小黑麦秸秆及亚麻纤维素高效转化为糠醛，基于半纤维素的糠醛得率分别能达到48.4%、45.7%及72.1%(物质的量得率，下同)。而Cai等[23]通过构建四氢呋喃(THF)与水的混合体系进一步提高了反应的效率。研究发现，当直接以水为溶剂体系时仅能收获39%糠醛；而以THF/水(体系比为3:1)为溶剂体系时，糠醛得率高达87%。研究发现，当THF与水混溶时，水相中形成的糠醛很容易被有机相的THF萃取出来，而糠醛在THF中较稳定，避免了其进一步发生降解，从而提高了得率。Xing等[24]进一步开发出一个连续的双相反应器用于从半纤维素水溶液中生产糠醛。该反应主要包括木糖脱水及THF萃取两个步骤，当以盐酸或硫酸为催化剂、氯化钠为助催化剂进行木片热水抽提液的催化脱水时，糠醛的得率可高达90%。据估计，以微波辐射协同矿物酸催化生产糠醛的方法所使用的能量仅为目前工业上糠醛生产方法的67%～80%，糠醛生产成本为每吨366美元，仅为美国糠醛市场销售价格的25%。

(2) 有机酸催化法。

有机酸法主要包括醋酸法、甲酸法和马来酸法等。其中，醋酸法也称直接无酸法或自催化法。Mao等[25]的研究表明，当以醋酸为酸催化剂、三氯化铁为助催化剂，在190℃下催化海藻转化生产糠醛时，可得到70%～80%的糠醛。

甲酸法是直接以甲酸为催化剂，在一定反应体系中催化木糖或半纤维素脱水生产糠醛的方法。该方法由于具有较低的腐蚀性，且甲酸易于分离和回收而引起越来越多的关注。Yang等[26]以甲酸为催化剂，研究了木糖在170～190℃下的催化脱水行为，结果表明，当木糖初始浓度为40g/L，甲酸浓度为10g/L时，在180℃温度反应下，木糖转化为糠醛的选择性达到78%，糠醛得率为74%。

马来酸法于2012年被Kim等[27]所报道，他们首先在160℃的温度下研究了木聚糖在水溶液中催化转化为木糖的可行性，并研究了半纤维素催化转化为糠醛的动力学。研究发现，当以纯的木糖为原料时，在200℃的下反应28min，木糖的转化率可高达100%，糠醛的得率则达到67%；而当以玉米秸秆、柳枝稷、松木和杨木等为原料时，木糖的转化率可分别达到92%、85%、75%和81%，而糠醛的得率也可分别达到61%、57%、29%和54%。

(3) 路易斯酸催化法。

除矿物酸和有机酸外，路易斯酸也可用于一锅法中催化戊聚糖脱水制备糠醛。有国内外科研工作者以离子液体[BMIM]Cl为溶剂，采用一锅法研究了各种路易斯酸在微波辐射下催化戊聚糖脱水生产糠醛的行为。结果表明，$AlCl_3$具有较好的催化反应活性，木聚糖在170℃下反应10min即可得到77%的糠醛收率。在整个反应过程中，首先，$AlCl_3$在[BMIM]Cl中形成$[AlCl_n]^{(n-3)-}$，$[AlCl_n]^{(n-3)-}$通过与木聚糖中糖苷键上氧原子结合而消弱了糖苷键之间的键合，从而使木聚糖易于水解为木糖，并进一步脱水生成糠醛。同时，他们利用未处理过的玉米芯、草类原料及松木为原料，在相同的体系下进行了水解及催化脱水产生糠醛的研究，糠醛的得率可分别达到19.1%，31.4%和33.6%[28, 29]。然而，由于离子液体价格较高，导致使用该方法制备糠醛的成本较高。因此，使用可再生的溶剂生产糠醛在近几年引起学者广泛的研究兴趣。

Zhang 等[30]以 γ-戊内酯(γ-Valerolactone，GVL)为溶剂，通过构建水/GVL 反应体系，采用一锅法研究了 $FeCl_3$ 催化木聚糖及玉米穗产生糠醛的调控途径。研究表明，当水/GVL 重量比为 1:10 时具有最佳的反应效果，木聚糖在该体系及170℃下反应 40min 后，糠醛的得率可达到 68.6%；而当反应温度为 185℃时，未经处理的玉米芯在 100min 时可得到 79.6%的糠醛。另外，该反应体系中，六碳糖也能转化为糠醛，这也是以未经处理的玉米芯为原料较以木聚糖为原料能得到更高收率糠醛的原因。在该体系中，纤维素在 170℃下反应 80min 可产生 14.3%的糠醛，且 GVL 可加速糠醛的生成速率、抑制糠醛的降解反应、提高糠醛的稳定性、溶解反应过程中形成的腐殖质。Binder 等[31]以 $CrCl_3$ 或 HCl 为催化剂，在 N,N-二甲基乙酰胺(Dimethylacetamide，DMA)或 DMA-LiCl 体系中研究了木糖或木聚糖催化水解及脱水生产糠醛的可行性。结果显示，当直接以木糖为原料，在 DMA 溶剂体系中无催化剂或以 HCl 为催化剂时，控制反应温度为 100℃，2h 后仅能得到极少量的糠醛。另外，在 DMA 溶剂体系中，控制 HCl 的初始浓度为 12%或 24%，尽管木糖的转化率达到 47%以上，但糠醛的得率仅为 6%~8%。低糠醛得率的主要原因是 HCl 一般在反应温度为 150℃以上时才具有较好的催化效果，而在该研究中，由于反应条件更温和(温度仅为 100℃)，单独使用 HCl 为催化剂并不能获得较高的糠醛得率。相反，当以 $CrCl_3$ 为催化剂时，在 DMA 体系中，糠醛得率可达 30%~40%。另外，当在反应过程中加入 1-乙基-3-甲基咪唑([EMIM]Cl)、LiBr 或[BMIM]Cl 等助催化剂时，对木糖脱水产生糠醛有一定的影响。其中，当以 HCl 为催化剂、[EMIM]Cl 为助催化剂时，糠醛的得率反而有所降低；当以 $CrCl_3$ 为催化剂，[EMIM]Cl 为助催化剂时，糠醛得率没有改变；而当以 LiBr 为助催化剂时，糠醛得率则提高到 47%。以 $CrCl_2$ 为催化剂，[EMIM]Cl 为助催化剂时，糠醛的得率达到 45%；而以 NaBr、[BMIM]Br 或 LiBr 为助催化剂，糠醛得率则提高到 54%~56%。另外，当以 $CrBr_3$ 为催化剂，以 LiBr 为助催化剂时，糠醛得率也可达到 50%。

(4) 其他酸催化法。

除了上述提及的几种酸催化法外，其他一些均相酸催化剂也被用于一锅法催化木聚糖和半纤维素脱水生成糠醛的研究中。Serrano-Ruiz 等[32]报道了一种酸性离子液体([Py-SO_3H]BF_4)在 100W 微波辐射的作用下能有效催化木糖脱水产生糠醛。其结果显示，在水/THF 的双相反应体系中，以[Py-SO_3H]BF_4 为酸催化剂，在

180℃下反应 1h，木糖的转化率及糠醛的得率可分别达到 95%和 85%。另外，他们也研究了木质生物质水解糖浆在[Py-SO$_3$H]BF$_4$的催化作用下，经过两步法催化产生糠醛的情况。研究发现，当在 180℃条件下反应 2h，糠醛的得率可达到 45%。而催化剂的回收实验表明，催化剂每被循环一次，糠醛的得率就降低一半，可能是由于糖浆中含有较高的盐份，导致部分[Py-SO$_3$H]BF$_4$进入有机相所致。

2) 非均相催化剂催化

虽然均相酸催化剂在碳水化合物催化脱水生产糠醛的过程中表现出较高的催化活性，但这些均相催化剂也同时表现出一些固有的缺点，如具有腐蚀性、难回收利用及对环境有害等。而使用非均相催化剂可以克服均相催化剂的这些缺点，因此，采用非均相催化剂制备糠醛的研究已引起了极大的重视。而在非均相催化剂催化碳水化合物生产糠醛的过程中，其体系的构建对产物的得率具有重要的影响，目前已经报道的主要有两种反应体系，即单相及双相催化脱水体系。

(1) 在单相体系中一锅法制备糠醛。

Li 等[33]以固体酸 $SO_4^{2-}/TiO_2\text{-}ZrO_2/La^{3+}$为催化剂，在热水溶液中研究了玉米芯的水解行为，结果表明，$SO_4^{2-}/TiO_2\text{-}ZrO_2/La^{3+}$具有较高的热稳定性及较强的酸性位点，能将多聚糖水解为木糖并进一步脱水生成糠醛。当以玉米芯为原料，且玉米芯/水的比率为 10:100 时，在 180℃条件下反应 120min，每 100g 玉米芯可产糠醛 6.18g，产木糖 6.8g，而反应所剩残渣主要是木素及纤维素。尽管 $SO_4^{2-}/TiO_2\text{-}ZrO_2/La^{3+}$表现出良好的热稳定性，但直接从木质纤维素转化制备糠醛得率较低。

为了提高非均相催化剂的活性，Zhang 等[34]以木聚糖和木质纤维素为原料，通过构建[BMIM]Cl 离子液体反应体系，研究了三种具有较强酸性的固体酸(包括 Amberlyst-15，NKC-9 和 $H_3PW_{12}O_{40}$)在微波辐照下的转化行为。结果显示，当以 Amberlyst-15 为催化剂时，木聚糖在 140℃温度下反应 10min 后，糠醛得率为 87.8%；当以 NKC-9 为催化剂时，木聚糖在 140℃温度下反应 10min 后，糠醛得率为 58.8%；而在 180℃温度下反应 2min 时，糠醛得率可达到 65.9%；而当以 $H_3PW_{12}O_{40}$ 为催化剂时，木聚糖在 160℃温度下反应 10min 时，糠醛得率可以进一步提高至 93.7%，远高于以木糖为原料时 69.8%的糠醛得率。基于以木聚糖为原料时糠醛的得率高于以木糖为原料时的得率，可能的解释是当反应液中木糖浓度过高时，生成的糠醛可能与木糖之间发生交叉聚合反应或是生成的糠醛与中间体之间发生反应，从而导致以木糖为原料时所得糠醛得率下降。而研究表明，离子液体具有较好的重复使用性能，当使用过的离子液体通过乙酸乙酯萃取后，可重复使用 5 次以上。另外，研究也表明，当以未经处理的木质纤维，如玉米芯、松木或稻草为原料时，在 160℃温度下反应 10min，$H_3PW_{12}O_{40}$ 可将其转化为糠醛，糠醛得率可分别达到 15.3%、22.3%和 26.8%。另外，Choudhary 等[35]使用一锅法研究了 β-锡沸石在水相中催化木糖异构转化为木酮糖、再以 HCl 为催化剂催化木酮糖脱水产生糠醛行为。研究表明,β-锡沸石在反应温度100℃左右时,能高效地将木糖异构为木酮糖。其中,在110℃的温度下反应180min时,木糖的转化率可达到83.9%,而木糖酮和糠醛的得率可分别达到11.2%和14.3%。而Gürbüz等[36]也直接以GVL为溶剂,以固体酸为催化剂,研究了木糖催化脱水产生糠醛的行为。结果表明,当以γ-Al_2O_3、Sn-SBA-15和β-锡为催化剂,仅能得到较低得率的糠醛;而当以硫酸化的Amberlyst 70、SAC-13、SBA-15和H-ZSM-15等含质子酸酸性位点的催化剂时,能得到较高得率的糠醛(>70%)。

(2)在双相体系中一锅法制备糠醛。

Sahu和Dhepe[37, 38]以分子筛为催化剂,研究了木质纤维素在双相反应体系中催化脱水生产糠醛的行为。结果表明,双相反应体系能明显提高糠醛的得率,当甘蔗渣在单相水体系以HUSY(Si/Al=15)为催化剂进行催化脱水时发现,在170℃下反应300min时,糠醛得率仅为18%;而当反应在水/对二甲苯体系中进行时,甘蔗渣在140℃下反应300min,半纤维素转化为糠醛并留下木素及纤维素,糠醛得率达到56%,碳的利用率高达90%。然而,HUSY(Si/Al=15)不稳定,在水热条件下易发生形态学变化,导致其每次回用时的催化活性下降20%。Li等[39]以负载锡离子的蒙托石(Sn-MMT)为催化剂,研究了玉米芯的水不溶性半纤维素及水溶性半纤维在2-丁基酚/氯化钠-DMSO体系中催化脱水制备糠醛的反应行为。研究表明,Sn-MMT上的路易斯酸和质子酸酸性位点在催化半纤维素水解为木糖以及木糖催化脱水制备糠醛的过程中起到关键作用,在180℃下反应30min时,糠醛的得率可分别达到39.6%和54.2%。在该反应中,Sn-MMT的路易斯酸性位点可促进木糖异构化转化为木酮糖,而质子酸酸性位点可促使木酮糖水解及脱水生成糠醛。然而,Sn-MMT不稳定,在其回收利用时,催化活性会逐渐降低。回收实验表明,当Sn-MMT催化剂在经过二次活化后,木糖的转化率基本不变,而糠醛的得率则下降11.7%~13.0%。他们认为,回用过程中由于有Sn的流失或其表面被反应生成的一些腐殖质所覆盖而使催化剂的活性降低。

Zhang等[40]以SO_4^{2-}/ZrO_2-TiO_2为催化剂,探讨了其催化混合糖(葡萄糖+木糖)脱水产生糠醛类化合物可能的机制。从图5-4可知,SO_4^{2-}/ZrO_2-TiO_2的前驱体ZrO_2-TiO_2·xH_2O经硫酸浸渍和煅烧后,离子型的S=O变成共价型的S=O键。而SO_4^{2-}与金属原子形成双齿配位结构,并通过S=O双键的诱导效应,使得Zr—O及Ti—O电子云强烈偏移,提高了金属原子的正极化程度,强化了Lewis酸(L酸)中心,使SO_4^{2-}/ZrO_2-TiO_2呈现超强酸性;同时,SO_4^{2-}/ZrO_2-TiO_2通过吸附H_2O而产生Bronsted酸(B酸)中心,从而实现SO_4^{2-}/ZrO_2-TiO_2在L酸和B酸之间的相互转化,并且可以通过这种转化使B酸中心和L酸中心的量在一定条件下形成最佳组合,起到良好的协同作用,从而提高了对混合糖催化脱水的催化活性。

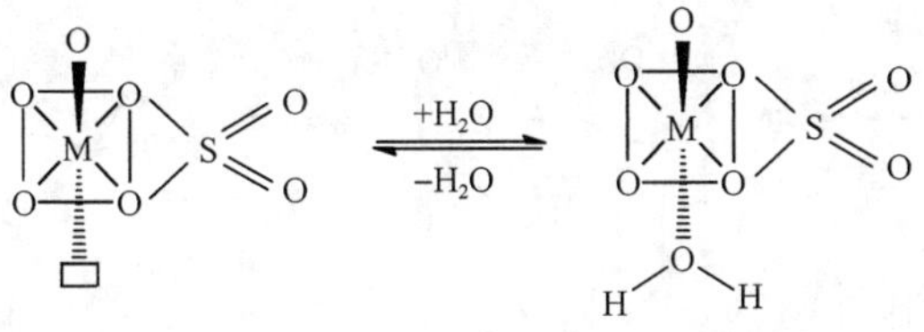

图 5-4 $SO_4^{2-}/ZrO_2\text{-}TiO_2$ 催化剂催化 L 酸与 B 酸的相互转化(M 代表 Zr 或 Ti)

图 5-5 为葡萄糖和木糖在 $SO_4^{2-}/ZrO_2\text{-}TiO_2$ 催化剂的催化作用下脱水生成 HMF 和糠醛可能的反应机理。$SO_4^{2-}/ZrO_2\text{-}TiO_2$ 催化剂能形成含水的化合物，并在葡萄糖和木糖的催化脱水反应中起到 L 酸和 B 酸的作用。从图 5-5(a)可以看出，在 $SO_4^{2-}/ZrO_2\text{-}TiO_2$ 催化葡萄糖脱水的反应中，$SO_4^{2-}/ZrO_2\text{-}TiO_2$ 通过攻击 C-1 上的羟基而使 α-葡萄糖在 C-1 位发生开环反应，从而使葡萄糖的旋光性发生变化，由 α-葡萄糖变为 β-葡萄糖；β-葡萄糖进一步在 $SO_4^{2-}/ZrO_2\text{-}TiO_2$ 催化剂提供的酸性位点的作用下在 C-1 位发生开环，进而异构为果糖或直接脱除三分子的水而得到 5-羟甲基糠醛；同时，得到的果糖在 $SO_4^{2-}/ZrO_2\text{-}TiO_2$ 催化剂的酸催化作用下脱除 3 分子的水后也得到 HMF。如果在有水存在的情况下，HMF 还会进一步降解为乙酰丙酸和甲酸。在图 5-5(b) $SO_4^{2-}/ZrO_2\text{-}TiO_2$ 催化木糖脱水的反应中，与催化葡萄糖脱水制备 HMF 相似，$SO_4^{2-}/ZrO_2\text{-}TiO_2$ 催化剂的酸性位点首先攻击木糖 C-1 上的羟基，进而使木糖在 C-1 位发生开环反应，并迅速脱除 $SO_4^{2-}/ZrO_2\text{-}TiO_2$ 化合物而得到 D-木酮糖；D-木酮糖在 $SO_4^{2-}/ZrO_2\text{-}TiO_2$ 的催化作用下脱除 3 分子水后得到糠醛，在有水存在的条件下，所得到的糠醛还会进一步与水发生反应生成腐殖质。因此，在葡萄糖和木糖混合糖的催化脱水反应体系中采用双相反应体系，使葡萄糖和木糖通过 $SO_4^{2-}/ZrO_2\text{-}TiO_2$ 催化剂的作用，在水相中发生催化脱水反应而分别得到目标产物；同时，通过有机层中正丁醇萃取生成的 HMF 和糠醛而进入有机层，从而能有效防止产物的进一步水解。

除无机固体酸外，一些有机固体酸也被应用于一锅法催化木质纤维素转化为糠醛的过程中。Xu 等[41]以对甲苯磺酸和多聚甲醛共聚制备出有机固体酸 PTSA-POM，并研究了其在 GVL/水的双相体系中催化木聚糖脱水产生糠醛的行为。结果显示，当 GVL/水的比率为 10∶1 时，木聚糖在 170℃下反应 10 min，糠醛的得率达到 69.2%；当以木糖为原料时，糠醛的得率高达 80.4%。然而，在优反应条件下，如果进一步延长反应时间，糠醛的得率会突然降低，表明糠醛在上述反应体系中不稳定，容易形成腐殖质。而当以木糖为模型物的回收实验结果表明，催化剂在回用时磺酸会逐渐溶出，导致催化活性逐渐降低，使糠醛得率从新鲜催化剂的 81.6%下降到第五次回用时的 68.3%。

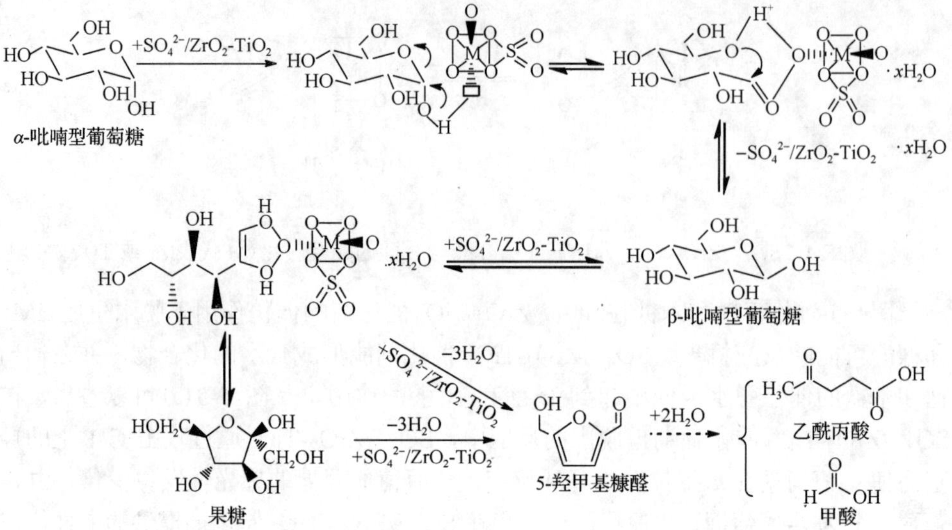

图 5-5 SO_4^{2-}/ZrO_2-TiO_2 催化葡萄糖(a)和木糖(b)脱水制备 HMF 和糠醛可能的机理

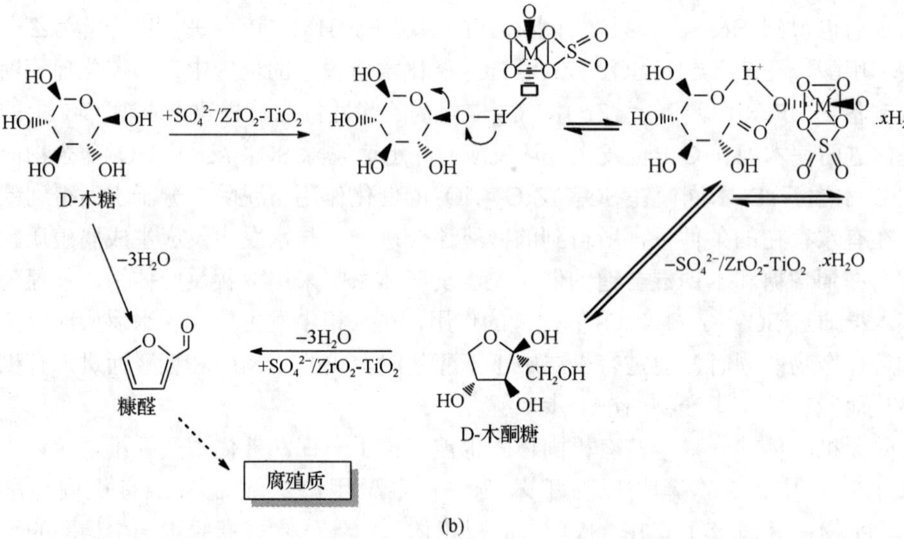

研究发现，催化剂的高稳定及可回收性是半纤维素催化转化为五碳糖和糠醛的关键。Bhaumik 和 Dhepe[42,43]以磷酸硅铝(SAPO-44)为催化剂开发出一种高效、环保、温和的反应过程来转化多种原料生产糠醛。结果显示，当以水/甲苯为双相反应体系，在无催化剂的情况下催化时，在170℃下反应480min，仅能得到26%的糠醛；而当以 SAPO-44 为催化剂时，糠醛的得率可达到63%。在同样条件下，

若以沸石为催化剂，糠醛的得率仅有44%~56%，原因可能是SAPO-44的酸性不强且具有较高的疏水性所致[44,45]。

Moreau等[46,47]采用氢型八面沸石和氢型丝光沸石催化剂，在0.3L带搅拌的高压釜中进行木糖的催化脱水反应。研究表明，向反应釜中加入3.75g木糖、1g催化剂，以及50mL水和150mL甲基异丁基酮或甲苯组成的双相反应体系，充入氮气，反应温度为170℃，在反应刚开始木糖转化率较低时，糠醛的选择性可以达到96%。Dias等[48-51]以硫酸锆、12-钨磷酸盐或磺化改性后的介孔分子筛为催化剂，在以水和二甲基亚砜或甲苯的混合物为溶剂体系及氮气保护下，对木糖进行催化脱水。结果表明，木糖具有较高的转化率，分别达到85%、91%和90%以上；糠醛的得率也达到76%、50%和45%。Lima等[52]在甲苯-水的双相体系中以沸石为催化剂研究了木糖的催化脱水行为，结果表明90%的木糖能发生脱水反应，糠醛的收率也达到47%。Gürbüz等[53]通过构建邻仲丁基苯酚/饱和氯化钠的盐酸溶液组成的双相反应体系，研究了木糖在170℃下催化脱水产生糠醛的行为。结果表明，当木糖浓度为1.5wt%时，使用0.1mol/L的盐酸作为催化剂，反应20min时，木糖的转化率高达98%，而糠醛的选择性可达到80%，糠醛的得率为78%。

为提高一步法生产糠醛的效率，解决间歇水解中存在的问题，有学者也提出了连续水解技术：将粉碎的阔叶木和稀酸混合(0.2%~2.0%)进入连续管式反应器，然后注入饱和蒸汽使操作温度维持在230~250℃，停留时间控制在5~60s之间。该工艺先后进行了实验室规模和中试规模的研究，糠醛收率可达70%[54]。

无论是木糖的单相水解还是双相水解体系，一步法生产糠醛因为产率低，污染严重，原料利用率低，致使无法实现规模化化生产，所以两步法生产糠醛越来越受到重视。

(二) 两步法

两步法指戊聚糖的水解和戊糖的脱水环化分别在两个不同的水解锅内进行，这样可以根据每步的最佳实验条件进行反应，使每步反应都能充分进行，提高每一步的反应产率。一般情况下，两步法工艺的糠醛产率较一步法高，并且原料中木质纤维素在戊聚糖水解过程中不发生反应，经分离可以用来生产其他相应的化学品，提高原料利用率。另外，戊聚糖水解时的条件比较温和，容易控制，还可以降低能耗、得到较高的木糖产率。

两步法工艺较为复杂，设备投资较高，目前在工业生产中还没有得到应用。但随着糠醛工业的发展，以及人们对环境保护和原料综合利用要求的提高，两步法生产工艺将成为糠醛工业发展的必然趋势。

早在1945年，Dunning[55]就使用一套连续生产设备，采用两步法工艺，以硫酸处理玉米芯制备糠醛。研究发现，当第一步水解反应温度为98℃，硫酸浓度为

58%（质量浓度）时，反应129min可得到95%的木糖；而玉米芯水解后经过滤、脱水等处理得到的残渣再用8%（质量浓度）的硫酸在120℃左右水解8min，可得到90%葡萄糖，经发酵可制备工业酒精；而木糖溶液经硫酸催化脱水生产糠醛的收率可达69%。该工艺可以将原料中的纤维素和半纤维素在充分分离后分别加以利用。随后，Singh等[56,57]采用两步法对生物质分级分离炼制木糖、糠醛及葡萄糖的策略进行了研究。先以0.8%的醋酸作为催化剂，对蔗渣中的半纤维素进行预抽提后木糖得率为28%的；反应结束后，体系经过过滤处理，得到的滤液用1.0%的醋酸作催化剂，在220℃下反应70min后糠醛得率为9.8%。而预抽提后的滤渣经水洗和干燥，再用1.0%的硫酸作催化剂，在220℃下反应一定时间后葡萄糖得率为61.3%，葡萄糖再通过水解或发酵生产酒精；最后剩余残渣中的木质素可用来生产苯和苯酚。Sako等[58]在1991年报道了一种硫酸催化木糖脱水及超临界CO_2萃取生产糠醛的方法。他们先将木糖溶液一次加入反应器中，搅拌并控制反应温度到指定值后加入硫酸，再从反应器底部通入超临界CO_2将生成的糠醛连续地从反应器中移出。当木糖的初始浓度为2.0%（质量浓度），反应温度为150℃，硫酸浓度为0.1mol/L时，反应过程中糠醛的选择性始终保持在80%以上，糠醛收率可达70%左右。随后，Kim和Lee[59]也对超临界CO_2萃取工艺进行了研究，并选用固体催化剂（硫酸化的氧化锆和硫酸化的氧化钴）催化生成糠醛，催化剂可以有效地从系统中移除，并可再生循环利用。他们首先向反应器中加入10g催化剂、400g水，通入CO_2使系统压力达到8MPa后升温到180℃；温度稳定后通入超临界CO_2使压力达到20MPa，再加入10wt%的木糖水溶液100g，反应过程中从反应器底部连续通入超临界CO_2，并从液相中取样进行分析。用硫酸化的氧化钛作催化剂时，糠醛得率可达到60%；用硫酸化的氧化钴作催化剂时，糠醛的分解副反应较严重，最终得率在50%左右；两种催化剂的反应都很少有结焦生成。殷艳飞等[60]以造纸原料剩余物竹黄为原料，对两步稀酸水解制备糠醛的工艺条件进行了研究。结果表明，戊糖得率最高的反应条件为固/液比1∶10、温度115℃、反应时间2.5h、硫酸质量分数3.5%，此条件下聚戊糖转化率可达到72.1%。在温度154℃、反应时间8h、硫酸质量分数19.3%、戊糖初始含量4.5%的条件下，糠醛得率可达到理论得率的63.9%。Riansa-ngawong和Prasertsan[61]以棕榈预水解所得半纤维素（木糖含量为80.8%）为原料，采用酸水解及酸催化脱水两步法研究了其转化为糠醛的可行性。结果显示，在半纤维素酸水解过程中，当反应温度为125℃，硫酸浓度为5.5%、液/固比为9∶1时，反应30min，可得到12.58g/L的木糖；而在催化脱水步骤中，当反应温度为140℃时，反应90min可得到8.67g/L的糠醛。

可以看出，两步法生产糠醛的优点是原料中的木质素和纤维素在水解过程中不发生反应，经分离后可以用来生产其他化工产品，使原料得到综合利用，减少废渣产量，减轻环境污染。此外，由于将生成的木糖溶液分离出来单独进行脱水

第二节 糠醛加氢合成糠醇的途径及进展

反应，可以降低反应过程中的蒸汽消耗量，并避免了一步法中由于纤维素、木质素的分解，在最终在糠醛水溶液中形成杂质，不利于糠醛分离精制的问题。

糠醇又名呋喃甲醇、2-羟甲基呋喃，不仅是乙酰丙酸合成的重要前体化合物，也是一种重要的化工原料。以糠醇为原料可制得各种性能的呋喃型树脂、糠醇-脲醛树脂及酚醛树脂，以及耐寒性能优异的增塑剂。同时，糠醇又是呋喃树脂、清漆、颜料的良好溶剂和火箭燃料，并在合成纤维、橡胶、农药和铸造工业亦有广泛应用。其中糠醇是糠醛的重要衍生物，是糠醛深加工的主要产品[62,63]。

糠醇主要来自糠醛的催化加氢，其中世界上糠醛产量的 2/3 用于生产糠醇，由原料进料状态不同，其生产工艺可分为液相法和气相法两种。糠醛液相加氢制糠醇开发的比较早，1931 年亚铬酸铜催化剂首次应用于糠醛的液相加氢制糠醇，40 年代实现了工业化。50 年代，糠醛气相加氢制糠醇由美国的 Quaker Oats 公司实现工业化生产。由于糠醇主要由糠醛加氢还原制得到，因此，我国的糠醇生产企业主要集中在具有丰富的玉米资源的地区，如吉林、山西、山东等地。我国具有一定规模的糠醇生产企业有 30 家左右，其中年产能力 2 万 t 以上的企业大约有 10 家，其他糠醇企业年产量在 1000～20000t。我国既是糠醇的消耗大国，也是生产和出国大国，年设计产能达到 50 万 t 以上。但由于这些企业受到糠醛生产及需求的制约，实际糠醇年产量大约为 30 万～40 万 t，其中 70%～80%的糠醇用于内销，以生产呋喃树脂为主；20%～30%的糠醇用于出口，主要出口地为日本、韩国、比利时和德国等。

一、糠醛氢化还原产生糠醇的机制

糠醛分子的侧链含有一个活泼的羰基，而在呋喃环上含有两个碳碳双键，且呋喃环上的不饱和碳原子与带有未共用电子对的氧原子相邻，因此它们之间会形成一个多电子的大 π 键，发生共轭效应，从而使碳碳双键比碳氧双键稳定。因此，糠醛的催化加氢是一个复杂的过程，采用不同的催化剂或不同的反应条件，会得到不同的加氢产物（图 5-6）。其中，当以铜系催化剂进行催化时，由于铜系催化剂的加氢能力较弱，当反应条件较温和时，糠醛的加氢主要在呋喃环侧链不稳定的羰基上发生，生成糠醇；而当反应温度较高时，生成的糠醇会进一步还原生成 2-甲基呋喃。如采用镍系催化剂进行催化时，由于该催化剂的加氢能力较强，糠醛呋喃环上的碳碳双键和侧链上的碳氧双键会同时发生加氢反应，当反应温度较低时会生成四氢糠醛；而在较高温度时，呋喃环上的碳氧键则会发生断裂，从而生成 1,5-戊二醇。由此可以看出，若想实现糠醛的选择性加氢，选择合适的催化剂和控制反应条件十分重要[64]。

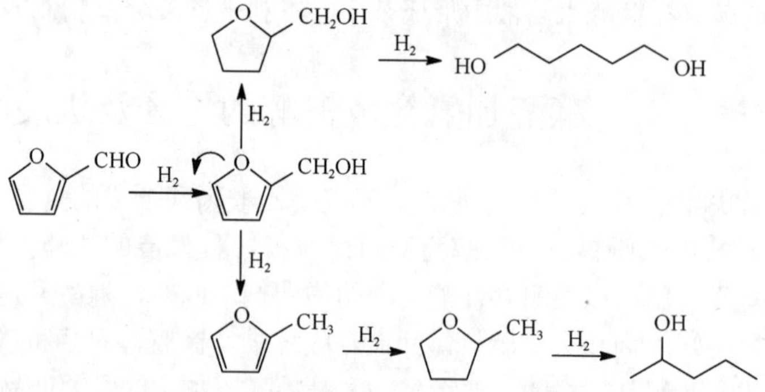

图 5-6　糠醛催化加氢转化途径示意图

Bremner 和 Keeys[65]认为，糠醛在亚铬酸铜的催化作用下氢化还原为糠醇和 2-甲基呋喃的过程为一个连串反应，其反应历程如下：

$$\text{糠醛} + H_2 + M \longrightarrow \text{糠醇} + M \quad (5\text{-}1)$$

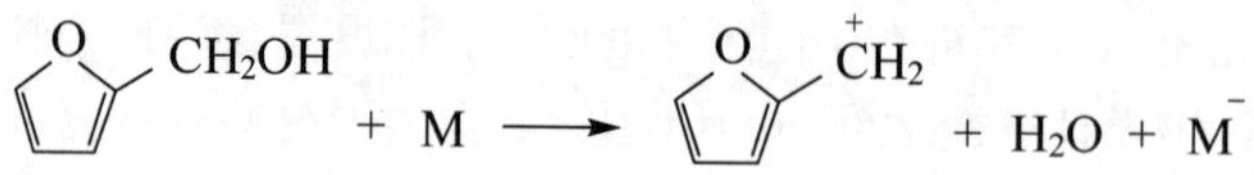

$$\text{糠醇} + M \longrightarrow \text{呋喃甲基正离子} + H_2O + M^- \quad (5\text{-}2)$$

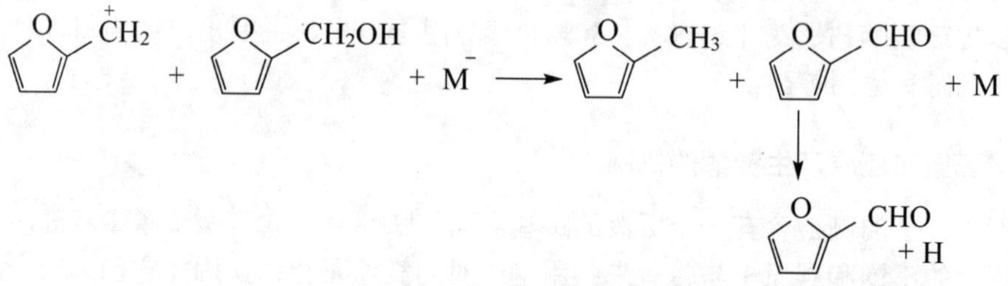

$$\text{呋喃甲基正离子} + \text{糠醇} + M^- \longrightarrow \text{2-甲基呋喃} + \text{糠醛} + M \longrightarrow \text{糠醛} + H \quad (5\text{-}3)$$

其中，式(5-2)决定了整个反应速率的快慢。由于氧化铬具有较高的氧化能力，从而使催化剂成为电子接受体，促进了式(5-2)的进行。另外，碱性物质又能提高催化剂给出电子的能力，并降低式(5-2)中碳正离子的生成速率，促使式(5-1)生成的糠醇从催化剂表面脱附下来。

在此基础上，Rao 等[66]也对铜铬催化剂在催化加氢过程中的反应特性进行了研究，他们指出，整个催化反应过程中，Cu^{2+}的存在至关重要，直接影响整个催化过程。同时，体系中也需要有 Cu^0 的存在，该离子能有效促进整个催化反应的进行。据此，Rao 等提出了适用于双活性位点的 Langmuir-Hinshelwood 模型，具体如下：

$$H_2(g)+S \rightleftharpoons 2H\text{-}S \quad (5\text{-}4)$$

$$C_4H_3OCHO(g)+H\text{-}S \rightleftharpoons C_4H_3OCHO\text{-}S+H \quad (5\text{-}5)$$

$$C_4H_3OCHO\text{-}S+H\text{-}S \rightleftharpoons C_4H_3OCH_2O\text{-}S+S \quad (5\text{-}6)$$

$$C_4H_3OCHO\text{-}S+H\text{-}S \longrightarrow C_4H_3OCH_2O\text{-}S+S \quad (5\text{-}7)$$

$$C_4H_3OCHO\text{-}S \rightleftharpoons C_4H_3OCH_2O(g)+S \quad (5\text{-}8)$$

式中，S 代表反应活性位点。式(5-7)决定了整个反应速率的快慢。如果式(5-8)进一步加氢而不是解吸，则最终产物会生成 2-甲基呋喃。

二、糠醛液相加氢合成糠醇及其催化剂的研究进展

糠醛液相加氢制备糠醇是使催化剂悬浮在糠醛中，在 180～210℃下使用中压或高压加氢，所用装置是空塔式反应器。反应过程中，常通过控制糠醛投料速度来延长反应时间(大于 1h)，从而减轻热负荷。由于物料的返混使加氢反应不能停留在生成糠醇这一步，会进一步生成副产物 2-甲基呋喃及四氢糠醇等，导致原料损耗较高，且催化剂难以回收，易造成铬污染。另外，液相法需在加压下操作，对设备要求较高，目前，我国多采用此法生产糠醇。反应压力高是液相法的主要缺点，然而国内已有在较低压力(1～1.3MPa)下利用液相反应生产糠醇的报道，并获得了较高的得率。

糠醛液相加氢合成糠醇最重要的影响因素是催化剂，因此，高效催化剂的选择是糠醇生产的核心。研究发现，在糠醇半成品中残醛含量达到要求的情况下，铜硅系催化剂选择性一般小于 97%，而良好的铜铬系催化剂选择性一般达 98%以上，从而使糠醇的收率更高；并且铜铬系催化剂在糠醇后续精制工序中沉降速率快、易分离，缩短糠醇生产周期。目前，已见报道的糠醛液相选择性加氢还原制备糠醇的催化剂还有金系催化剂[67]、钌系催化剂[68-70]、铂系催化剂[71-73]、钯基催化剂[74]和铁基催化剂[75,76]，其中最主要的催化剂仍为铜系催化剂、钴系催化剂和镍系催化剂。

(一)铜系催化剂

1) 铬铜系催化剂

由于铬铜系(Cu-Cr)催化剂在糠醛氢化还原方面表现出较好的催化活性，从而在很早就引起了科研人员的广泛关注。早在 1931 年，美国化学家 Adkins 首次将亚铬酸铜催化剂成功地用于包括糠醛在内的醛类化合物的加氢还原以生成相应的

醇类物质，其特点是该催化剂对糠醛侧链醛基的加氢选择性较强，产品得率高。1948年，Cu-Cr催化剂已被用于糠醛还原制备糠醇的工业化生产。但是Cu-Cr催化剂价格昂贵，废催化剂难以再生，铬污染严重。随后，Brown等在传统的Cu-Cr催化剂基础上，引入钙离子，在一定程度上提高催化剂的稳定性。尽管在糠醛的液相加氢过程中，使用Cu-Cr-Ca催化剂能得到90%以上的糠醇，但是由于该催化剂不能再生，相当于是一次性催化剂，稳定剂的作用并没有显现出来。

李国安等[77]采用浸渍法，分别以γ-Al_2O_3、活性炭、TM级白炭黑和SiO_2为载体负载CuO制备出CuO/γ-Al_2O_3、CuO/C和CuO/SiO_2等催化剂，并用于糠醛液相加氢制糠醇反应。在一定条件下，当该催化剂加料量为原料质量的2%、反应温度为200℃、初始氢压为6MPa的条件下，反应40min，糠醛转化率为100%，而糠醇选择性达到99%以上。该催化剂制备过程中加入适量的碱金属有助于提高催化剂表面活性组分Cu的分散度，从而增加了单位面积的活性中心数。赵修波等[78]以共沉淀法制备了QKJ-01改性Cu-Cr糠醛液相加氢制糠醇催化剂，并考察了沉淀过程中的pH值、沉淀温度和焙烧条件等对催化剂性能的影响。催化剂的工业应用表明，QKJ-01糠醛液相加氢催化剂使用量少，糠醛转化率大于99.96%，选择性大于98.4%。周红军等[79]通过X射线荧光、XRD及SEM等仪器对QKJ-01催化剂在糠醛的液相加氢过程中的失活原因进行研究，发现主要原因是糠醛加氢过程中生成的高聚物附着在催化剂的活性表面所致，而常规的燃烧再生方法会使催化剂活性损失殆尽。Yan和Chen[80]也通过共沉淀法制备出CuO/$CuCr_2O_4$催化剂（图5-7），并将该催化剂应用于糠醛液相加氢制备糠醇中，探讨了Cu/Cr物质的量比、反应温度、初始氢压对转化的影响。研究表明，Cu/Cr物质的量比为2的催化剂具有较好的催化反应活性，当反应在200℃、60bar（1bar=100kPa）初始氢压下反应4h，糠醛的转化率为94%，而糠醇的得率可达到83%。在此基础上，他们对该催化剂进行温度调控的研究。结果表明，反应温度与糠醛转化率和糠醇得率正相关，但温度过高会产生大量过度加氢产物。

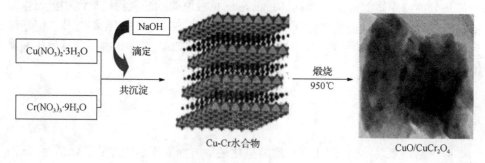

图5-7 CuO/$CuCr_2O_4$催化剂的制备示意图

Villaverde 等[81]也通过共沉淀法制备了 Cu-Cr 催化剂,并将其应用于糠醛的液相加氢过程中,结果表明,在 110℃的反应温度及 10bar 的氢气压力下反应 4h,糠醛的转化率可达到 93.2%,糠醇得率为 48.3%。虽然含铬铜系催化剂具有性能稳定、催化选择性高等特点,但由于催化剂中含有致癌物质铬,会对操作人员的健康和环境造成严重影响。因此,研制高效无铬催化剂越来越受到重视。

2) 无铬铜系催化剂

赵会吉等[82]以铜铝合金为原料制备了 Raney 铜催化剂,元素分析结果表明,铜铝合金中铝与活性金属的质量比接近 1,分别达到 41.85%和 50.95%。且由于合金在制备过程中有氧化现象出现,因此铜铝合金中还含有 7.2%的氧。当合金活化后,铝基本被抽提脱除(仅含 2.05%),得到的 Raney 铜催化剂在洗涤过程中可能残留少量铝的氧化物,因在分析过程中不可避免地接触空气,从而造成 Raney 铜催化剂中的含氧量进一步提高到 20.11%。从 Raney 铜催化剂的比表面积分析可以看出,所得到的催化剂的比表面积达到 $28.75m^2/g$,孔体积为 $0.089cm^3/g$,平均孔径为 8.67nm。而从图 5-8 可以看出,铜铝合金的主要晶相为 Al_2Cu,此外还含少量的单质铝。而 Raney 铜催化剂中除含 Cu^0 晶相峰外,还有明显的 Cu_2O 晶相峰。分析认为,出现 Cu_2O 晶相的可能原因:①铜铝合金中的 Cu 已被部分氧化;②铜铝合金活化过程中由于不断搅拌,不可避免地接触空气而被部分氧化;③XRD 分析前的处理过程中铜铝合金接触空气而被部分氧化。将所得到的催化剂用于糠醛的液相加氢还原时发现,当反应温度为 160℃、初始氢压为 7MPa 时,反应 2h,糠醛的转化率可达到 99.98%,而糠醇的选择性和得率分别达到 96.75%和 96.73%。

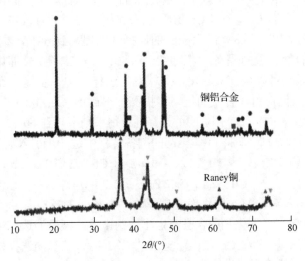

图 5-8 铜铝合金与 Raney 铜催化剂的 XRD 谱图

Xu 等[83]采用共沉淀法制备出 Cu_xNi_y-MgAlO 催化剂，研究发现，催化剂中 Cu 和 Ni 的负载量对催化剂的活性有较大影响。当催化剂中 Cu 的含量为 11.2%（物质的量，下同）时，得到 $Cu_{11.2}$-MgAlO 催化剂，当反应温度分别为 220℃和 300℃时，糠醛的转化率和糠醇的得率分别达到 37.0%、52.7%和 61.2%、78.1%。而当催化剂中 Ni 的含量为 2.4%和 4.7%时，分别得到 $Ni_{2.4}$-MgAlO 和 $Ni_{4.7}$-MgAlO 催化剂，当反应温度为 220℃时，糠醛的转化率和糠醇的得率分别为 11.1%、12.6%和 53.6%、67.2%；而当反应温度增加到 300℃时，糠醛的转化率分别增加到 47.6%和 55.6%，而糠醇的得率几乎没有太大变化，分别为 58.2%和 53.2%。另外，研究还发现，当催化剂中 Cu 和 Ni 的负载量分别为 11.2%和 2.4%时，得到 $Cu_{11.2}Ni_{2.4}$-MgAlO 催化剂，其催化活性明显提高，其中，当反应温度为 220℃时，糠醛的转化率和糠醇的得率分别达到 83.1%和 81.4%；当反应温度增加到 300℃时，糠醛的转化率和糠醇的得率分别增加到 89.9%和 87.0%。而当催化剂中 Cu 和 Ni 的负载量分别为 11.2%和 4.7%时，催化剂的催化活性可进一步提高，其中，在 220℃的反应温度下，糠醛的转化率和糠醇的得率分别达到 84.8%和 89.4%；当反应温度进一步增加到 300℃时，糠醛的转化率和糠醇的得率分别达到 93.2%和 89.2%。Sharma 等[84]也采用共沉淀法制备出系列不同物质的量比的 Cu:Zn:Cr:Zr 基催化剂，并将制得的系列催化剂应用于糠醛的液相加氢，探讨了催化剂各活性组分含量对反应的影响，结果显示，催化剂中金属锌和锆的含量对所制得的催化剂的性能有较大的影响，当催化剂中只含有的铜和铬两种活性金属元素，且其物质的量比为 3:1 时，该催化剂在在 170±2℃的温度及 2MPa 的初始氢压下催化糠醛氢化还原反应 3.5h，糠醛的转化率仅为 75%，糠醛转化为糠醇的选择性为 60%，糠醇的得率为 45%。而当在催化剂中分别加入不同物质量的金属锌后，所得催化剂的活性明显发生变化，其中，当 Cu：Zn：Cr 物质的量比为 3：1：1 时，在同样的反应条件下，糠醛的转化率提高到 83%，而糠醇的选择性则提高到 68%，得率提高到 56%；随着锌的物质的量含量的提高，得到的 Cu：Zn：Cr（3：2：1）催化剂用于糠醛的催化加氢时，糠醛可以全部被转化，而糠醇的选择性进一步提高到 70%，得率达到 70%；随着催化剂中锌含量的进一步提高，得到的 Cu:Zn:Cr（3：3：1）催化剂虽然能将糠醛 100%的转化，但糠醇的选择性及得率则下降到 60%。当 Cu：Zn：Cr 的物质的量比为 3：2：1 时，在催化剂的制备过程中进一步引入活性金属元素锆，得到 Cu：Zn：Cr：Zr（3：2：1：1）、Cu：Zn：Cr：Zr（3：2：1：2）、Cu：Zn：Cr：Zr（3：2：1：3）和 Cu：Zn：Cr：Zr（3：2：1：4）四种催化剂。实验结果表明，锆元素的加入对糠醛的转化率没有影响，在相同的反应条件下，糠醛的转化率都能达到 100%；当催化剂中含有一定比例的锆后，糠醇的选择性及得率均明显提高，其中，当 Cu：Zn：Cr：Zr 为 3：2：1：1 时，糠醇的选择性及得率提高到 78%。进一步增加锆含量，当 Cu：Zn：Cr：Zr 为 3：2：1：2 时，糠醇的选择性及得率进一步提高到 85%；Cu：Zn：Cr：Zr 为 3：2：1：3 及 3：2：1：4 时，糠醇的选择性和得率则高达96%。

  Fulajtárova等[85]采用共沉淀法制备了Pd/C、Pd/MgO、Cu/C、Pd-Cu/C、Pd-Cu/MgO和Pd-Cu/C等金属催化剂，并筛了不同的催化剂在糠醛氢化还原产生糠醇过程中的反应活性，在此基础上，进一步研究了催化剂还原方式、催化剂中铜负载量及糠醛氢化还原过程中的反应溶剂对糠醛还原产生糠醇的影响。其中，催化剂的筛选结果表明，当初始糠醛浓度为6%（质量浓度）时，在130℃的反应温度下，5%Cu/MgO几乎没有催化活性，反应80min时糠醛的转化率仅为3.8%，无糠醇产生。当以单金属钯负载在水滑石和MgO上作为催化剂时，虽然糠醛的转化率增加到80%以上，但糠醇的选择性较低，分别只有33.5%和59.6%。而当把单金属钯负载在活性碳上时，糠醛的转化率可达到96.8%，糠醇的选择性也提高到87.1%。

  另外，如果采用共沉淀法将金属钯和铜负载在MgO或活性碳上，催化剂的活性明显提高，其中，以1%Pd-10%Cu/MgO为催化剂时，在130℃下反应150min，糠醛的转化率及糠醇的选择性可分别达到99.5%和86.3%；当催化剂中铜的含量增加到20%时，催化剂的活性进一步提高，在130℃下反应90min，糠醛的转化率达到98.5%，糠醇的选择性进一步增加到93%；以3%的钯和10%的铜组成3%Pd-10%Cu/MgO时，在40min的反应时间内，糠醛的转化率和糠醇的选择性分别达到99.2%和85.6%；当以5%的钯和5%的铜组成5%Pd-5%Cu/MgO时，所得催化剂具有最佳的反应活性，在130℃下反应30min时，糠醛100%被转化，糠醇的选择性也高达98.7%；而进一步增加反应时间到55min时，糠醇的选择性则达到99.0%。另外，当以5%Pd-5%Cu/C为催化剂时，在120℃的反应温度及0.6Mpa的初始氢压下反应25min，糠醛的转化率和糠醇的得率可分别达到100%和91.2%。同时，催化剂在制备过程中的还原方式对催化剂的活性也有较大影响，其中，对5%Pd/C催化剂采用氢气在300℃或450℃下氢化还原，所得到的催化剂在80℃的反应温度及0.6MPa的初始氢压下反应90min，使糠醛的转化率分别达到93.2%和95.5%，但糠醇的选择性分别只有14.3%和32.8%[86]。而当以$NaBH_4$或甲醛还原5% Pd/C时，所得的催化剂在80℃的反应温度及0.6MPa的初始氢压下反应90min，仅能转化71.5%和46.1%的糠醛，但糠醇的选择性相对较高，可分别达到72.3%和86.3%。反应温度的研究结果表明，温度对糠醛的转化率及糠醇的选择性有较大影响，其中，当反应温度为80℃时，在110min的反应时间内，虽然糠醇的选择性可达到95.7%，但糠醛的转化率仅为79.1%；而当反应温度为110℃时，在80min的反应时间内，糠醛的转化率及糠醇的选择性可分别达到100%和98.6%。另外，从反应时间的影响可以看出，在相同的反应条件下，随着反应时间的增加，糠醛的转化率呈逐渐增加的趋势，可得到更高得率的糠醇；当在80℃下反应140min时，糠醇的选择性可达到94.4%，而糠醛的转化率可从110min时的79.1%增加到97.5%。

  另外，陈兴凡等[87]用KBH_4还原$CoCl_2$和$CuCl_2$混合溶液制得Co-Cu-B催化剂，所得催化剂的 XRD 结果表明，新鲜制得的 Co-B 催化剂为非晶态结构，该样品仅在 $2\theta=45°$ 处有一弥散峰；新鲜制得的 Cu-B 催化剂则表现为晶态结构，在其 XRD 谱图中会出现 Cu-B 晶态结构的衍射峰，分别为 Cu 和 Cu_2O。而新鲜制得的 Co-Cu-B(Cu/Co 物质的量比为 $9.64×10^{-3}$)，由于 Cu 的含量较少，该催化剂中 Cu-B 晶态结构在 Co-B 非晶态结构中所占比例较少，故在 XRD 谱图中没有观察到 Cu-B 晶态结构的衍射峰，仅在 $2\theta=45°$ 处出现 Co-B 非晶态结构的衍射峰。如果增加催化剂中 Cu 的物质的量含量(Cu/Co 物质的量比为 $605.94×10^{-3}$)，Cu-B 晶态结构在 Co-B 非晶态结构中所占有的比例不断增加，在 XRD 谱图中则会出现 Cu-B 晶态结构的衍射峰。而新鲜制得的 Co-Cu-B(Cu/Co 物质的量比为 $9.64×10^{-3}$)催化剂样品的 X 射线光电子的谱分析(XPS)结果表明，样品中的 Co 主要以其金属态存在，对应于电子结合能为 778.0eV；Cu 也主要以其金属态存在，对应的电子结合能为 932.7eV；而 B 则存在着两种状态，其中 188.3eV 处对应 B 的合金态，192.7eV 处则为氧化态的 B。将制得的 Co-Cu-B 催化剂应用于糠醛液相选择性加氢时，该催化剂显示出极好的催化活性，在 100℃温度及 1.0MPa 初始氢压下反应 1.5h，糠醛的转化率和糠醇的选择性均达到 100%。廉金超等[88]采用共沉淀法制备了纳米 $Cu(OH)_2/SiO_2$ 催化剂，并将其用于糠醛液相加氢制备糠醇的反应中，考察了催化剂制备过程中的溶液滴加方式、碱液浓度、反应温度及陈化时间等因素对催化剂活性的影响。结果表明，催化剂制备过程中当含硅助剂的氢氧化钠溶液及五水硫酸铜的氨水溶液采用同时滴加的方式，且在碱液浓度为 2.8mol/L、陈化时间 1h、制备温度 30℃和搅拌速率 400r/min 的条件下，可制得平均直径为 12nm 的氢氧化铜催化剂。另外，他们在 1L 的低压釜中评价了该催化剂的糠醛加氢反应活性，结果显示，当在 200℃的反应温度及 6MPa 的初始氢压下，控制糠醛与催化剂质量比为 200 时，反应 3h，糠醛转化率达到 97%，糠醇选择性高达 96.6%。Villaverde 等[89]也通过浸渍法和共沉淀法分别制备了 Cu/SiO_2 和 Cu-Mg-Al 共沉淀催化剂，并将得到的催化剂应用于糠醛的液相加氢中。结果表明，这两类催化剂均有较高的催化活性，且当以含 Cu40%的 Cu-Mg-Al 共沉淀粒子为催化剂时，在 150℃下，糠醛可 100%的转化为糠醇。Lesiak 等[90]以 $Pd-Cu/Al_2O_3$ 双金属纳米粒子为催化剂(其中含 5%(质量浓度)的 Pd、1.5~6%(质量浓度)的 Cu)，在 90℃及 20bar 的初始氢压下研究了糠醛的加氢还原行为。结果表明，当直接以 5%的 Pd/Al_2O_3 为催化剂时，反应 2h 后，糠醛的转化率可达到 100%，仅得到 28%的糠醇，其主要产物为四氢糠醇，得率达到 72%。当催化剂中含有 1.5%的 Cu 时，得到 $5\%Pd-1.5\%Cu/Al_2O_3$ 催化剂，该催化剂催化糠醛氢化还原转化为糠醇的选择性相应有所提高，在反应 2h 后，糠醛可以全部被转化为糠醇和四氢糠醇，而糠醇的得率也从 28%增加到 41%。当催化剂中金属铜含量进一步提高时，糠醛氢化还原产生糠醇的选择性也逐渐增加，其中，以 $5\%Pd-3\%Cu/Al_2O_3$ 为催化剂时，糠醇的选择性增加到48%；以5%Pd-6%Cu/Al$_2$O$_3$为催化剂时，糠醇的选择性进一步增加到56%；而当以5%Cu/Al$_2$O$_3$为催化剂时，在相同的反应条件下，虽然糠醛的转化率下降到81%，但糠醇的选择性可高达100%，表明铜在糠醛选择性氢化还原产生糠醇的过程中起着重要的作用。除上述双金属催化剂外，Srivastava[91]和Khromova[92]等分别采用浸渍法制备了Co-Cu/SBA-15和Ni-Cu双金属纳米粒子催化剂，也取得了较好的反应效果。

(二) 钴系催化剂

除铜系催化剂外，一些非晶态钴系催化剂在糠醛的氢化还原中也得到广泛应用。其中，彭革等[93]采用WS-3非自耗真空熔炼炉熔融法制备出Co-Al合金催化剂，经过粉碎、筛分、过滤、洗涤，制成骨架型催化剂，得到Co:Al为4.2:5.8的Co-Al合金催化剂。他们将所得到的催化剂应用于糠醛液相加氢制糠醇反应中，研究了反应压力及反应温度的影响。结果表明，当反应物浓度为6.04mol/L，催化剂用量为0.076g/mL糠醛的情况下，反应压力对糠醛转化率及糠醇选择性的影响显著，反应物浓度对反应影响较小，在最佳条件下重复试验，糠醇收率和选择性均在98%以上。而反应温度的研究结果表明，Co-Al合金是一种新型糠醛加氢催化剂，可在较低的反应温度及氢压下进行加氢反应，糠醇的选择性接近100%，该催化剂可重复使用，寿命长；其次，它有良好的导热性，机械强度大、无毒、对环境无污染，由于该催化剂降低了反应过程的反应温度和压力，可节省能源，降低单元操作能耗，在工业中值得推广。

另外，柴伟梅等[94]以CoCl$_2$为钴源，以KBH$_4$为还原剂，采用化学还原法制备了一系列Co-B非晶态合金催化剂，研究结果表明，该系列催化剂在糠醛的选择性加氢还原过程中表现出极高的催化活性，糠醇的选择性接近100%。而Langer等[95-99]也以Co/SBA-15为催化剂，在乙醇体系下详细研究了初始氢压、反应温度、反应时间及底物浓度对糠醛选择性氢化还原生产糠醇的影响。其中，反应时间对糠醛选择性加氢还原生产糠醇的影响可以看出，当反应温度为150℃、初始氢压为2MPa、催化剂用量为5wt%时，随着反应时间从2h降低到1.5h，糠醛的转化率从100%降低到92%；然而，糠醇的选择性却从76%增加到96%。这可能是由于反应时间过长，体系会发生一系列副反应，包括呋喃环的加氢生成四氢糠醛、C═O双键发生氢解生成2-甲基呋喃或脱羧产生呋喃，以及糠醛和2-甲基呋喃的进一步加氢还原产生四氢糠醇和2-甲基四氢呋喃等，从而导致糠醛转化为糠醇的选择性降低，糠醇的得率下降。而当反应时间从1.5h进一步降低到1h，糠醛的转化率急剧降低，下降到80%，而糠醇的选择性仍高达96%。

从初始氢压的影响结果可以看出，当反应温度为150℃时，在5MPa的初始氢压下反应1h就能将糠醛全部转化；当初始氢压为2MPa时，在同样的反应温度下反应 2h，糠醛的转化率仅为 80%；然而，增加初始氢压，糠醛转化为糠醇的选择性将会受到较大影响，将会从 2MPa 时的 96%降低到 5MPa 时的 78%。这可能是由于以下两个方面的原因：①形成的糠醇在较高的氢压下会发生聚合反应而生成聚酯；②形成的糠醇在较高的氢压下会进一步发生氢解而生成完全加氢产物[100,101]。结果表明，当糠醛在 150℃温度及 5MPa 的初始氢压下完全转化为糠醇后，进一步增加反应时间到 2h 及 4h，糠醇的选择性会从 75%急剧下降到 40%，这也进一步证明在较高的氢压下，糠醇会进一步转化为其他物质。他们还在 1MPa 的初始氢压下对上述结果进行了进一步的验证，发现在 2h 内，糠醛的转化率为 81%，而糠醇的选择性高达 95%；在同样的反应条件下，当反应时间从 2h 增加到 3h 时，尽管糠醛的转化率增加到 88%，但糠醇的选择性却从 95%下降到 84%。

从反应温度的影响可以看出，当反应温度低于 150℃时，分别控制反应时间及反应初始氢压在 2h 及 2MPa，随着温度的降低，糠醛的转化率逐渐下降，当温度下降到 140℃时，糠醛的转化率从 150℃时的 100%下降到 97%；进一步降低反应温度到 130℃及 120℃，糠醛的转化率进一步降低到 76%和 71%，而糠醇的选择性基本保持在 87%左右不变。如果在更低的温度下进行反应，则糠醛的转化率急剧下降，如在 110℃和 100℃时，糠醛的转化率分别只有 34%和 20%。当然，当反应温度较低时，可以通过延长反应时间来提高糠醛的转化率，如在 100℃温度下增加反应时间到 6h，糠醛的得率从 20%增加到 51%。

(三)镍系催化剂

除铜系和钴系催化剂外，镍系催化剂也常用于糠醛的液相加氢制备糠醇的反应中。其中，Kotbagi 等[102]采用一锅法共凝胶溶胶-凝胶技术制备了 Ni/CN 催化剂，并通过 TEM 对不同 Ni 含量的催化剂的形貌及 Ni 纳米颗粒的尺寸分布进行了分析。结果显示，Ni 含量分别为 1%、2.5%、5%和 10%(质量浓度)的 Ni/CN 催化剂中，Ni 纳米颗粒的平均尺寸分别为 2.8、4.6、6.9 和 10.1nm，而四种催化剂的比表面积分别为 458、429、374 和 341m^2/g。同时，他们还分别从反应温度和初始氢压等方面对催化剂的活性进行了评价。

从反应温度的影响可以看出，糠醛的转化率随着反应温度及反应时间的增加而增加，当反应 4h 后，糠醛的转化率从 160℃时的 46%增加到 220℃时的 100%(图 5-9a)。而从图 5-9b 可以看出，反应温度对糠醇的选择性也有较大影响，当反应温度控制在 160~180℃时，糠醇的选择性较高，能达到 95%~98%；而当反应温度增加到 200℃时，糠醇的选择性在反应 4h 后达到最高(95%)，进一步增加反应时间，糠醇的选择性出现下降趋势，反应 6h 后糠醇的选择性下降到 87%；而当反应温度 220℃时，随着反应时间从 1h 增加到 6h，糠醇的选择性则从 89%下降到 70%。基于上述结论，他们认为控制反应温度和反应时间分别在 200℃和 4h

第五章 生物质转化乙酰丙酸中间产物——糠醛与糠醇化学 ·175·

能取得较好的转化效果。

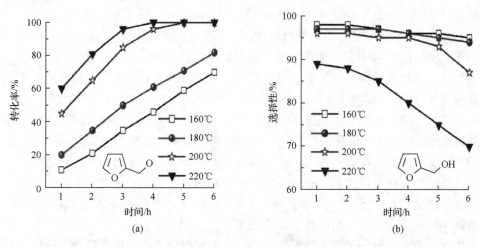

图 5-9 反应温度对糠醛转化率及糠醇选择性的影响（其他反应条件：5mmol 糠醛，80mg 的 5wt% Ni/CN，25mL 异丙醇，1MPa 初始氢压）

另外，从初始氢压的研究结果可以看出，当反应在较低的初始氢压下（0.2、0.5 和 0.7MPa）进行时，糠醛的转化率较低；当反应初始压力增加到 1MPa 时，反应 5h，糠醛的转化率可达到 100%；进一步增加初始氢压到 1.3MPa 时，糠醛在 4h 时就能被完全转化（图 5-10(a)）。而从图 5-10(b) 可以看出，在较低的初始氢压下，糠醇的选择性较高。如图 5-10(b) 所示，当初始氢压在 0.2～1MPa 时，糠醇的选择性在 87%～98%；而当初始氢压增加到 1.3MPa 时，糠醇的选择性急剧下降，其主要原因可能是由于糠醇的进一步加氢还原所致。基于上述结论，他们认为最佳的初始氢压为 1MPa。

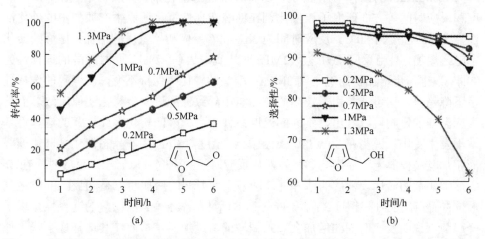

图 5-10 初始氢压对醛转化率及糠醇选择性的影响（其他反应条件：5mmol 糠醛，80mg 的 5wt% Ni/CN，25mL 异丙醇，200℃反应温度）

除单一的钴或镍非晶态合金催化剂外,钴镍双金属合金催化剂也被用于糠醛的选择性加氢还原制备糠醇的研究中。其中,孙雅玲等[103]采用化学还原法制备了CoNiB非晶态合金催化剂,并将其应用于糠醛的液相加氢制备糠醇中,考察了Ni/Co摩尔比、$NaBH_4$滴加速率等催化剂制备条件对催化剂性能的影响;同时,考察了反应过程中的反应压力、反应时间、反应温度等反应条件对糠醛转化率和糠醇选择性的影响。

研究发现,当在80℃的反应温度及2MPa的初始氢压下进行糠醛的氢化还原3h,Ni/Co摩尔比对催化剂的活性有较大影响。其中,随着Ni/Co物质的量比的增加,糠醛的转化率逐渐提高,当Ni/Co物质的量比为5:5时,催化剂的活性最高,糠醛的转化率可达到46.2%;之后,随着Ni/Co物质的量比的进一步增加,糠醛的转化率反而下降。他们认为,这种现象可能是由于钴和镍的协调作用引起的:当钴含量小于0.5时,钴的加入虽然可能会减少镍的活性中心数量,但其有利于非晶态合金分散度和无序度的增加,从而使得催化剂的活性随着Ni/Co物质的量比的增加而提高;当钴含量超过0.5后,镍的活性中心数量大幅度降低,从而导致催化剂活性随着Ni/Co物质的量比的增加而呈下降趋势。当Ni/Co物质的量比为5:5时,在80℃的反应温度及2MPa的初始氢压下进行糠醛的氢化还原3h,发现$NaBH_4$的滴加速率对糠醛转化率也有较大的影响,当$NaBH_4$的滴加速率由1.9mL/min逐渐增加到2.6mL/min时,糠醛的转化率得到大幅度提高,且在滴加速率为2.6mL/min时达到最大(46.1%);而后,随着滴加速率的进一步增加,糠醛的转化率逐渐下降。他们认为这可能是由于不同的滴加速率影响了非晶态合金的粒径和分散度所致。在此基础上,他们在Ni/Co物质的量比为5:5、$NaBH_4$滴加速率为2.6mL/min的条件下制备得到CoNiB非晶态催化剂,并从初始氢压、反应温度和反应时间等方面研究了该催化剂在糠醛选择性氢化还原生产糠醇中的催化活性,当反应温度为80℃,反应时间为3h,随着反应初始氢压的增加,糠醛的转化率随之增加,且当反应压力达到2MPa时达到最大(46.2%),此时糠醇的选择性为90.4%;进一步增加初始氢压到3MPa,糠醛的转化率保持不变,而糠醇的选择性呈下降趋势,这可能是由于较高的初始氢压导致糠醇进一步氢化还原所致。而从反应温度的影响可以看出,不同的温度条件下,糠醛的转化率和糠醇的选择性基本不发生变化,说明在80~140℃范围内,温度对CoNiB非晶态催化剂催化糠醛液相加氢制糠醇无明显影响。另外,从反应时间的研究可以看出,反应时间在3h之前催化剂的活性及糠醇的选择性均随着反应时间的增加而提高,且在3h时达到最佳;而当反应时间超过3h后,催化剂的活性基本不变,而糠醇的选择性呈现下降趋势,说明反应时间的增加会导致糠醇的深度加氢,从而使其选择性下降。他们认为,用化学还原法制备CoNiB非晶态合金催化剂时,当Ni/Co物质的量比为5:5,$NaBH_4$滴加速率为2.6mL/min时所得到的催化剂具有最高的活性。而将该催化剂用于糠醛的液相加氢制备糠醇的反应时，发现在 80℃的反应温度及 2MPa 的初始氢压下反应 3h 时具有最佳的转化效果，糠醛的转化率为 44.2%，糠醇的选择性达到 90.4%。

除上述催化剂外，刘百军等[104]还采用高压釜式反应，将杂多酸盐浸渍到骨架镍上作为糠醛选择加氢反应的催化剂，通过与 DeThomas 等人将 $(NH_4)_6Mo_7O_{24}$ 浸渍到骨架镍上的催化剂进行对比，发现当糠醛转化率约为 80%时两催化剂对糠醇的选择性相当，但当转化率达 98%时，以杂多酸盐改性的催化剂对反应的选择性不变，达到 98%，而后者对反应的选择性下降到 90%以下。骆红山等[105]以 $NiCl_2$ 和 KBH_4 溶液制备出非晶态合金 Ni-B 应用于糠醛的液相加氢制备糠醇的研究中，发现 Ni-B 非晶态合金催化剂对糠醇的选择性接近 100%，而且其催化活性显著高于 Raney Ni 和超细 Ni 催化剂。他们进一步的研究表明，对于 Ni-B 非晶态合金，其在 150℃以下进行热处理时，未出现明显的晶化；但在高温下，会逐渐发生晶化，并导致催化活性和选择性显著下降。同时，雷经新[106]以 Sol-gel 法及浸渍法研究了金属 Mo 及不同载体对非晶态的 Ni-B 合金催化性能的影响，探讨了其对糠醛催化加氢产生糠醇的影响。研究发现，对 Ni-B/γ-Al_2O_3 催化剂而言，在 Mo 的含量为 1.25%~2.5%的范围内，糠醛的转化率及糠醇的得率均能达到 100%；而以 Sol-gel 法制得的复合载体 Ni-B 催化剂，当 Mo 的含量为 1.25%时，糠醛的转化率及糠醇的得率能达到 100%；以浸渍法制得的复合载体 Ni-B 催化剂，当 Mo 的含量为 0.675%~1.25%时，糠醛的转化率及糠醇的得率能达到 100%。催化剂的 DSC 分析结果表明，Mo 能提高 Ni-B/γ-Al_2O_3 催化剂的热稳定性。而其 ICP、TPR 及 TPD 研究结果表明，Mo 的添加使得合金负载量增加，合金中 B 的含量降低；负载型非晶态合金催化剂表面氧化态 Ni 的物种容易被还原以及出现了新的加氢活性中心，同时减弱了氢的吸附强度，增加了催化剂表面上的化学吸附中心数，从而提高了催化剂的活性。魏书芹等[107]以 $NiCl_2 \cdot 6H_2O$ 为前驱体，$(NH_4)_6Mo_7O_{24} \cdot 4H_2O$ 为改性剂，通过浸渍、焙烧和 $NaBH_4$ 还原制备了 NiMoB/γ-Al_2O_3 催化剂，并采用糠醛液相催化加氢评价了其反应活性。结果表明，与 NiB、NiMoB 相比，NiMoB/γ-Al_2O_3 催化剂表现出很高的活性和选择性。在 80℃和 5.0MPa 的初始氢压下，在甲醇溶液中加氢反应 3.0h，糠醛的转化率达 99%，糠醇的收率可达 91%。另外，曹晓霞等[108]也以雷尼镍(Raney Ni)为催化剂，通过甲醇水相重整产氢和糠醛液相加氢两相反应研究了反应温度、反应时间、反应压力及甲醇/糠醛体积比等对反应的影响，发现在反应温度 120℃、反应压力 0.8MPa 和水：甲醇：糠醛为 25：125：5(体积比)的条件下，原位加氢产物糠醇的选择性优于传统的液相加氢还原法。最近，Rodiansono 等[109]采用自制的 Ni-Sn/AlOH 催化剂研究了其在糠醛选择性加氢还原产生糠醇时的催化活性，发现控制 Ni 和 Sn 的物质的量比为 1 制得的 Ni-Sn(1.0)/AlOH 具有较高的催化活性，当控制反应温度为 180℃、反应初度为180℃、反应初始氢压为3.0MPa时，反应75min后，糠醛的转化率能达到97%，糠醇的得率可达97%。

三、糠醛气相加氢合成糠醇及其催化剂的研究进展

糠醛气相加氢法(简称气相法)于1956年实现工业化，反应通常在常压或低压下进行，糠醛气化后与氢气混合，该混合气通过长径比达100的列管式固定床反应器进行反应，因反应过程中物料返混小，可有效地抑制二次加氢，因此反应选择性高，糠醛单耗低。另外，气相法还具有以下优点：反应温度低，催化剂回收容易，且可再生利用，同时消除了铬污染问题。因此，国外的主要糠醇生产厂家均已使用气相法生产工艺，如美国的Quaker Oats公司、法国的Rhone Poulenc公司和芬兰的Rosenlew公司等。我国在1994年以前的糠醇生产企业全部以液相法生产，1994年吉化公司开发了常压糠醛气相加氢制糠醇技术，催化剂寿命可达1500h；保定化工厂从芬兰Rosenlew公司引进了低压气相加氢技术，在一定程度上改善了我国糠醇生产工艺的结构。近十年来，国内关于气相法的研究报道较多，如有将合成氨工业含氢尾气用于糠醛气相加氢制糠醇的方法，在催化剂作用下使合成氨含氢尾气与糠醛于140～170℃下发生反应，糠醛转化率达90%，选择性为95%，高于国外同类技术水平。我国是世界上主要的糠醛生产和出口国，年产量约55000t，其中60%～80%用于出口，而国内糠醛深加工技术落后，糠醛生产受国际市场需求影响较大，因此开发先进的糠醛深加工工艺尤为必要。

糠醛气相加氢反应过程是一级反应，对氢的级数则根据氢气过量程度的不同而不同，反应的活化能为53.058kJ/mol。也有学者认为该反应对糠醛为一级，而对氢为二级，测得反应的活化能为89.250kJ/mol。研究结果不同可能主要是由于所用催化剂的不同导致的。由于液相法操作压力较高，对设备材质要求严格，且容易发生糠醛深度加氢，副产物较多，消耗高；而气相加氢法操作条件温和，操作压力由液相法的高压或中压降至常压或十几个大气压，并且采用固定床列管式反应器，消除了返混现象，可抑制二次加氢现象，减少了副反应的发生。因此，气相法代替液相法已是国际上糠醇生产的发展趋势。

目前，对于气相法糠醛加氢工艺的研究仍主要集中在催化剂的研究上，这也是糠醇气相加氢转化产生糠醇的难点与核心。目前，气相加氢反应所用催化剂以铜系催化剂为主。

(一) Cu-Cr 催化剂

铜系含铬催化剂是最早被开发出来用于糠醛选择性气相加氢生产糠醇的催化剂。该催化剂制备过程中的pH值一般为4～6，煅烧温度为250～350℃，所得的催化剂具有较好的活性和稳定性。该催化剂在反应温度为105～160℃，氢醛物质

的量比为 2~25，负荷为 0.14~0.53g 糠醛/g·h 和常压条件下，糠醛转化率可达 100%，糠醇选择性和收率都在 98%以上。殷恒波等人[110]采用孔体积分浸的方法，以 Al_2O_3 为载体，以 15%(质量浓度，下同)的 CuO 和 5%的 Cr_2O_3 制得 $CuCr/\gamma$-Al_2O_3 负载型催化剂，在反应温度为 120℃、氢醛物质的量比为 10、空速为 0.4/h 时，糠醛的转化率接近 100%，糠醇的选择性高达 95%。其中，$CuCr/\gamma$-Al_2O_3 催化剂性能稳定、选择性高，其中 Cu 是糠醛加氢制糠醇的活性组分，Cr 的存在提高了催化剂的活性和选择性。另外，用 XPS 对铜铬催化剂还原前后的样品作广角衍射分析，发现还原前的 CuO 在还原后变为 Cu，而 Cr_2O_3 在还原之后结构没有变化，表明活性组分是零价铜，而非两价铜，Cr 的作用在于增加 Cu 的分散度，提高活性和热稳定性。如果在催化剂中加入助剂钙，则可延长催化剂的稳定性和使用寿命，使用 XPS 测定钙的加入对 Cu、Cr 原子相对百分含量的影响发现，钙的加入使 Cu-Cr 催化剂表面 Cu 对 Cr 的相对含量较均匀，这佐证了钙是铜铬催化剂的稳定剂。然而，由于 Cu-Cr 催化剂中含有致癌物质 Cr，会造成严重的铬污染，近年无铬催化剂已成为糠醇生产的发展趋势。

(二)Cu-Zn 催化剂

国内外学者[111-115]通过浸渍法制备了 Cu/Al_2O_3 催化剂，该催化剂表现出良好的催化加氢效果。其中，张定国等[111]制备了不同铜锌比的 γ-Al_2O_3 和改性 γ-Al_2O_3 负载的 Cu-Zn 催化剂，并用 XRD、XPS 和 SEM 等手段对催化剂进行了表征，以糠醛加氢制糠醇为模型，在固定床连续流动单管反应器中评价了催化剂的活性和选择性。结果表明，当反应温度为 140℃，氢气流速为 0.5ml/s，糠醛空速为 $2h^{-1}$ 时，以 Co 处理过的 γ-Al_2O_3 负载 Cu-Zn 催化剂具有较大的活性，糠醛转化率达到 91.3%，其稳定性可达到 6h；而以 Ni 改性的 γ-Al_2O_3 负载 Cu-Zn 后表现出很低的活性，与同一族元素(如 Ca 和 Ba)改性所起的作用基本相同。另外，催化剂的 XRD 表征结果显示，催化剂还原活化前，其中的金属元素铜和锌均以氧化态 CuO 和 ZnO 的形式存在；而催化剂在被还原活化后，金属元素铜则以单质的形式存在。当催化剂失活后，其 XRD 的表征结果显示，单质铜又转变成 CuO。XPS 和 SEM 的结果也表明，催化剂中金属的价态及颗粒的形貌在反应前后发生了变化，所制备的催化剂在糠醛加氢制糠醇反应中表现出较高的选择性。

多个课题组[116-118]采用浸渍法制备了 Cu-Zn 系催化剂，其中周亚明和沈伟[116]还在催化剂的制备过程中添加了适量其他金属离子的催化剂作为研究对象，利用固定床连续反应装置，考察了反应条件对催化剂活性的影响。研究表明，当以 CuO-ZnO 为催化剂时，在 160℃、常压、氢/醛物质的量 5~7、糠醛液体空速(0.5~0.6)/h 条件下，糠醛转化率达到 100%，糠醇选择性大于 98%。催化剂的结构测试表明，经过氢还原反应，CuO 还原为 Cu，ZnO 虽未发生变化，但 Zn 的电子动能有所上升，部分 Cu 进入 ZnO 晶格形成固溶体，Cu-ZnO 固溶体中的缺氧结构对含氧中间物起稳定作用，构成糠醛加氢的活性中心。另外，他们将 Cu、Zn、Mg、Mo 的硝酸盐配制成溶液，以 Na_2CO_3 为沉淀剂，pH 值中和到 7～8，沉淀经洗涤后于 110℃烘干 6h，400℃灼烧 4h 后制得 $CuO-ZnO-Al_2O_3$ 催化剂。将此催化剂进行糠醛气相加氢反应，结果表明在 137℃、0.1MPa、糠醛进料速度 2.1g/h、氢气流量 1.0L/h 条件下，糠醛转化率达到 100%，糠醇选择性为 99.8%。单管放大实验结果表明，在 120～145℃、0.12～0.14MPa、糠醛负荷 0.083mL/mL·h、氢/醛物质的量比 32 的条件下，连续反应 1000h，糠醛转化率为 98.8%，糠醇选择性为 98.3%，2-甲基呋喃选择性为 1.7%。将 Cu、Zn 及作为助剂的硝酸盐按一定比例制成溶液，加入溶有 $Al(OH)_3$ 的 Na_2CO_3 水溶液中共沉淀，经老化、洗涤、干燥和焙烧制备出 $CuO-ZnO-Al_2O_3$ 催化剂，在对助剂 Mn、Ca、Mg、Ba、Ni 进行筛选时，发现加入适量的 MnS 可以显著改善催化剂的催化性能，使糠醛转化率由不加助剂时的 96%提高到 99.8%，糠醇选择性由 53.6%提高至 97.7%，其性能优于进口催化剂。催化剂的结构测试结果表明，Mn 可提高 Cu 和 Zn 的分散度，使催化剂具有足够的活性中心，同时 Mn 是变价金属，具有氧化还原性，它的加入可降低活性中心 Cu 被氧化成 Cu^+ 或 Cu^{2+} 的速度，起到稳定催化剂活性的作用。此外，Mn 的加入还可将 CuO 的还原温度由不加助剂时的 340℃降低到 305℃，提高了催化剂的可还原性。将含 $MnCuO-ZnO-Al_2O_3$ 催化剂在工业生产线试运行 1 个月，结果显示糠醛转化率仍可达到 99.4%，糠醇选择性达到 97.9%。

(三) Cu-Zn-Al 催化剂

王爱菊等[119]用溶胶凝胶法制得 Cu-Zn-Al 催化剂，用于糠醛气相加氢制糠醇反应，研究了制备条件对催化剂性能的影响，并使用 TPR、BET、XRD 等技术对催化剂进行了表征。催化剂活性评价结果表明，在常压、反应温度为 130℃、糠醛进料量为 2mL/h 和氢醛物质的量比为 9 的条件下，糠醛转化率为 99.18%，糠醇选择性为 97.17%。陈霄榕等[120]采用共沉淀法制备了改性的 Cu-Zn-Al 催化剂，用于糠醛气相加氢制糠醇反应。他们在相同制备条件下，加入 Mn、Ca、Mg、Ba、Ni 等助剂，考察这些助剂对催化剂活性的影响，发现适量 Mn 的加入，对 Cu-Zn-Al 催化剂性能的改变非常明显，在较温和的反应条件下(反应温度为 130℃、氢醛物质的量比为 9、糠醛液体空速为 $1.0h^{-1}$)，糠醛转化率由原来的 96.0%提高至 99.8%，糠醇选择性由 53.6%提高至 97.7%，这是由于加入 Mn 可以提高 Cu 和 Zn 的分散度。许多研究者指出，Mn 对 CuO 的高分散有促进作用。正是这种高分散作用，使得催化剂有足够的活性中心。同时，由于 Mn 是变价金属，具有氧化还原性，它的加入可稳定催化剂的活性物种 Cu^0，降低 Cu^0 被氧化成 Cu^+ 或 Cu^{2+} 的速度，从而起到稳定催化剂活性的作用。此外，Mn 的加入，还可降低催化剂的还原温度，即 Mn 提高了催化剂的可还原性,这也与它对 CuO 的分散作用有关。他们还发现钾的加入,可显著提高糠醇的选择性。糠醛加氢催化剂浸渍钾后,钾和活性组分之间相互作用,产生了经钾改性的加氢活性中心或活性相,这可以增加催化剂单位表面积上铜的分散度,提高单位表面的加氢活性中心数目。由于铜系催化剂上的加氢活性中心数目较少,因而限制了加氢速度,催化剂中浸渍碱性物质钾,可增加吸附物的数目,提高反应速度,所以浸渍适量的钾对反应是有利的。另外,工业运行结果表明,Cu-Zn-Al 系糠醛气相加氢制糠醇催化剂有较好的活性。

(四) Cu-SiO$_2$ 催化剂

多位国内外学者[121-123]采用浸渍法制得 Cu/SiO$_2$ 催化剂,并将其应用于糠醛的气相选择性催化加氢制备糠醇的反应中,取得了较好的效果。他们以 110~120 目的 SiO$_2$ 为载体,CuO/SiO$_2$ 质量比为 0.57,助剂/Cu 质量比为 0.08,浸渍液 pH 值为 8.5,浸渍温度为 95℃,活化温度为 150℃,活化时间为 6h,焙烧温度为 350℃,焙烧时间为 4h,分别制备了含铜量为 15%、18%和 20%的催化剂[121]。研究发现,含 Cu 量为 15%的催化剂在制备过程中经室温干燥及 400℃焙烧处理 4h 后,对糠醛加氢制糠醇表现出良好的活性。在常压、反应温度为 105℃、糠醛投料量为 0.53mL/h 和氢醛物质的量比为 13:1 的苛刻条件下,连续运转 50h,糠醛转化率为 98.2%,糠醇的选择性为 100%。而 TPR 的研究结果进一步表明,该催化剂中的 CuO 或大部分 CuO 不是简单负载于 SiO$_2$ 表面形成高分散的 CuO,而是与 SiO$_2$ 之间具有很强的化学作用,形成了更稳定的化学状态,使得铜的还原更难,这一结论与文献[124,125]的研究结果相反。而张蕊[126]及宋华等[127]也分别采用溶胶-凝胶法制备了 CuO/SiO$_2$ 负载型催化剂。他们的研究结果表明,以 Na$_2$CO$_3$ 为沉淀剂制备的活性组分负载量为 30%的 CuO/SiO$_2$ 催化剂,在柠檬酸添加量为 5%、沉淀 pH 值为 8.0、450℃焙烧 4h 的制备条件下,所制得的催化剂具有最好的活性。将该催化剂应用于固定床反应器中,在常压条件下,当反应温度为 180℃、氢醛物质的量比为 5、液时空速为 1h^{-1} 时,糠醛的转化率可达到 98%以上,而糠醇的选择性也高达 99%。该催化剂在连续运行 30h 后开始失活,如果将失活的催化剂在空气气氛及 450℃温度下焙烧处理 4h,可恢复活性,回收的催化剂在连续使用 20h 后出现明显失活现象。另外,Li 等[128]以溶胶-凝胶法制备了 Cu/TiO$_2$-SiO$_2$ 负载型催化剂,该催化剂在 180℃的温度及 1.0MPa 氢压下催化糠醛气相加氢制备糠醇具有较好的效果,糠醛的转化率可达到 96.9%,糠醇的选择性也高达 96.3%。

(五) Cu-MgO 催化剂

张丽荣等[129]以超微 MgO 为载体,通过负载金属 Cu 和 Co 后制得的 Cu-Co-MgO 催化剂可用于糠醛气相加氢制糠醇。将所得到的催化剂应用于常压连续流动固定床反应器上进行糠醛的气相加氢还原，结果表明，催化剂具有很高的活性、稳定性和糠醇选择性；对比后发现，Cu-Co-MgO 催化剂的性能要优于常规 MgO 为载体的催化剂。另外，XPS 和 TPR 分析结果表明，催化剂试样中 Cu 和 Co 与载体之间存在着相互作用，Co 的加入有利于提高催化剂的稳定性。他们的放大实验结果也表明 Cu-Co-MgO 催化剂具有较好的催化性能。而一些国外学者[130-133]采用共沉淀法制备了 Cu-MgO 催化剂，该催化剂用于糠醛气相加氢制糠醇反应中，糠醛转化率和糠醇选择性均达到98%。他们通过 N_2O 的脉冲化学吸附的方法证实，Cu-MgO 催化剂表面产生了大量 Cu 的活性中心，从而使 Cu-MgO 催化剂具有较高的活性的选择性；另外，由于 Cu 和 MgO 界面层上存在着缺陷中心，这也使 Cu-MgO 催化剂具有较高的活性的选择性。

(六) 铜系分子筛催化剂

20世纪80年代以来，出现了以沸石分子筛为载体的催化剂，如 Pd-CuY 催化剂，该催化剂比 Cu-Cr 氧化物催化剂对糠醇的选择性高。红外光谱和电子顺磁共振光谱证实 CuY 中 Cu^{2+} 吸附了呋喃环，其吸附量随 Cu^{2+} 交换度的增加而增加，表明 CuY 沸石可阻止呋喃环的进一步加氢，因此糠醛在加氢过程中能选择性地生成糠醇，而不会生成深度加氢产物四氢糠醇。另外，Vargas-Hernandez 等[134]以 SBA-15 分子筛为载体，并控制铜的负载量制得 Cu/SBA-15 催化剂。研究发现，当铜的负载量为15%（质量浓度）时所得到的催化剂具有较好的活性，在170℃下反应5h，糠醛的转化率为54%，糠醇的选择性可高达95%。

(七) Cu/-海泡石催化剂

乐治平等[135]采用海泡石为载体，通过浸渍法制备了负载型 Cu/海泡石催化剂。他们发现，Cu/海泡石催化剂可应用于糠醛常压气相加氢制糠醇反应，且在较低的反应温度便能获得高转化率和高选择性。结果显示，当催化剂中 Cu 的含量为18.1%时，在反应温度为135℃、常压、氢气流量为30mL/min、糠醛注射量为0.2μL的条件下，糠醛的转化率可达到100%，糠醇的选择性也高达100%。

第三节　糠醛与糠醇的应用

糠醛作为一种生物质基平台化合物，由于其分子结构中存在着双烯、羰基和环醚等官能团，因此它同时具备了双烯、醛、醚和芳香烃等化合物的性质，可以发生氢化、氧化、氯化、硝化和缩合等化学反应，具有广泛用途，如表5-1所示。另外，糠醛的下游产品覆盖农药、医药、染料、涂料、树脂等行业，具有广泛的应用前景。

表 5-1　糠醛的主要衍生物及其应用[136, 137]

糠醛衍生物	来源	主要用途
糠醇	糠醛加氢还原	生产树脂和四氢糠醇,以及香料、赖氨酸和维生素 C 的中间体
呋喃	糠醛催化脱羰	生产四氢呋喃和乙酰呋喃
2-甲基呋喃	糠醛加氢还原	作为溶剂和单体
四氢呋喃	呋喃加氢还原	制备工业溶剂、聚合物、黏合剂、医药产品
糠胺	糠醛胺化还原	生产医药和农药产品
糠酸	糠醛氧化	合成药物和香水
乙酰丙酸	糠醇酸水解	生产丁二酸和 δ-氨基乙酰丙酸

一、在食品方面的应用

糠醛可直接用在食品行业中作为防腐剂,也可以其为原料合成高级防腐剂。其中,由糠醛转化而得到的木糠醇可添加在糖果、口香糖或糖麦片中起到预防龋齿的作用。另外,糠醛还可用于苹果酸的合成,苹果酸是生物体三羧酸的循环中间体,口感接近于天然果汁并具有天然香味;同时,与柠檬酸相比,苹果酸产生热量更低、口味更好,因此被广泛应用于饮料、酒类、口香糖和果酱等多种食品中,并有逐渐替代柠檬酸的势头,是目前世界食品工业中用量最大和发展前景较好的有机酸之一。此外,糠醛还可以合成麦芽酚和乙基麦芽酚,而麦芽酚和乙基麦芽酚都具有令人愉快的焦糖香味,具有增香、增甜、保香、防腐和掩盖异味等功能,从而被用于食品增香或作为食品添加剂使用。目前,以糠醛为原料直接或间接合成的香料产品除麦芽酚和乙基麦芽酚外,还有糠酸酯、乙酸糠酯、丙酸糠酯、α-呋喃丙烯酸甲酯、硫代糠酸甲酯以及糠醛异丙硫醇缩醛等,这些香料产品中已被美国香味料和萃取物质制造者协会和国际食品香料工业组织实践法规批准使用于食品、饮料和化妆品等行业,并被列于欧盟食用香料名单。

二、在农药领域的应用

糠醛可用于农药的生产,且由于所制得的农药较易分解,很少存在农药残毒的问题。目前,以糠醛为原料生产的农药可有数十种,其中,将糠醛氧化后制顺丁烯二酸或顺酐,再经酯化后与 P_2S_5 和甲醇作用可制成马拉松,它是水稻叶蝉、螨虫、果树介壳虫和棉蚜等病虫螨虫的治理。另外,糠醇可与二乙基硫代磷酰氯通过缩合及 NaOH 除 HCl 处理后得到糠磷 250 杀虫剂;而糠醛加氢还原生成呋喃后,可与氯发生取代反应,得到呋喃氯,用作杀虫剂和熏蒸剂。糠醛还可以用于合成抗螟磷,可有效治理水稻病虫害。

三、在医药方面的应用

目前，以糠醛为原料生产的医药产品已有数百种之多。其中，糠醛经硝酸和醋酸酐处理后可得到中间产物 5-硝基糠醛二醋酸酯，该中间产物可用于合成许多硝基呋喃制剂，包括呋喃唑酮、呋喃西林和呋喃丹等。另外，糠醛还可合成呋喃类抗癌药物糠醛三乙酸酯、麻醉剂呋卡因及消炎剂长效磺胺、磺胺嘧啶、呋喃噻唑等。同时，通过糠醛还可合成治疗缺铁性贫血的富马酸亚铁、治疗细菌感染的磺胺嘧啶、抗血吸虫药物呋喃双胺、利尿药物糠胺等众多的医药产品。

四、在有机溶剂方面的应用

由于具有共轭双键，因此糠醛及其衍生物是一类特殊的有机溶剂，在石油加工过程中被用作选择性溶剂，从其他 C_4 烃类中萃取丁二烯，精制润滑油、松香、植物油、蒽等化工原料；还可用作硝化纤维素的溶剂和二氯乙烷萃取剂。另外，糠醛加氢还原后得到的四氢呋喃被称为"溶剂之王"，易溶于水、醇、酮、乙醚、酯类、脂肪酸、氯烃、芳烃等，是溶解范围很广的一种溶剂，对天然树脂和合成树脂有很好的溶解性，特别对于聚乙烯树脂和聚氯乙烯树脂具有很好的溶解能力，溶解速度快，能在树脂表面及内部迅速扩散渗透，而且能与水和其他溶剂混合使用。

五、在合成树脂方面的应用

在合成树脂领域，用糠醛为单体合成的呋喃树脂具有良好的热稳定性、机械强度及电绝缘性等特点；同时，呋喃树脂还具有较好的耐腐蚀性，可抵抗强酸、强碱和大多数溶剂的腐蚀，因而被广泛用于防腐涂料。另外，糠醛树脂、糠酮树脂和糠醇树脂等由于具有硬化速度快、砂芯强度高、生产机械化和自动化等特点，被广泛用于制作塑料、涂料、胶泥和粘合剂。而呋喃树脂还可作为呋喃环氧玻璃钢，可提高玻璃钢的耐温性和耐化学性。糠醛不含水，保存与运输方便，因此，糠醛可代替甲醛用于酚醛树脂的生产，从而提高树脂产率并节约苯酚用量，生产所得的树脂具有较好的机械物理性能，并且避免了甲醛的气味及其带来的污染。

参 考 文 献

[1] 李凭力, 肖文平, 常贺英, 等. 糠醛生产工艺的发展. 林产工业, 2006(33): 13-16.

[2] 高红玲, 庞博, 杜健, 等. 半纤维素转化为糠醛的绿色制备工艺及发展趋势. 纸和造纸, 2015(34): 13-19.

[3] Zhou P, Zhang Z. One-pot catalytic conversion of carbohydrates into furfural and 5-hydroxymethylfurfural. Catalysis Science & Technology, 2016(6): 3694-3712.

[4] Choudhary H, Nishimura S, Ebitani K. Metal-free oxidative synthesis of succinic acid from biomass-derived furan compounds using a solid acid catalyst with hydrogen peroxide. Applied Catalysis A: General, 2013(458): 55-62.

[5] Guo H, Yin G. Catalytic aerobic oxidation of renewable furfural with phosphomolybdic acid catalyst: an alternative route to maleic acid. The Journal of Physical Chemistry C, 2011 (115): 17516-17522.
[6] Gilkey M J. Panagiotopoulou P P, Mironenko AV, et al. Mechanistic insights into metal lewis acid-mediated catalytic transfer hydrogenation of furfural to 2-methylfuran. ACS Catalysis, 2015 (5): 3988-3994.
[7] Yan K, Wu G, Lafleur T, et al. Production, properties and catalytic hydrogenation of furfural to fuel additives and value-added chemicals. Renewable and Sustainable Energy Reviews, 2014 (38): 663-676.
[8] 陈军. 糠醛生产技术进展. 贵州化工, 2005 (30): 6-8.
[9] Marcotullio G, De Jong W. Chloride ions enhance furfural formation from D-xylose in dilute aqueous acidic solutions. Green Chemistry 2010 (12): 1739-1746.
[10] Montané D, Salvadó J, Torras C, et al. High-temperature dilute-acid hydrolysis of olive stones for furfural production. Biomass and Bioenergy, 2002 (22): 295-304.
[11] Zeitsch K J. The chemistry and technology of furfural and its many by-products. Elsevier, 2000.
[12] Nimlos M R, Qian X, Davis M, et al. Energetics of xylose decomposition as determined using quantum mechanics modeling. The Journal of Physical Chemistry A, 2006 (110): 11824-11838.
[13] Antal M J, Leesomboon T, Mok W S, et al. Mechanism of formation of 2-furaldehyde from D-xylose. Carbohydrate Research, 1991 (217): 71-85.
[14] 张璐鑫, 于宏兵. 糠醛生产工艺及制备方法研究进展. 化工进展, 2013 (32): 425-432.
[15] Zhang J H, Zhuang J P, Lin L, et al. Conversion of D-xylose into furfural with mesoporous molecular sieve MCM-41 as catalyst and butanol as the extraction phase. Biomass & Bioenergy, 2012 (39): 73-77.
[16] Weingarten R, Cho J, Conner Jr W C, et al. Kinetics of furfural production by dehydration of xylose in a biphasic reactor with microwave heating. Green Chemistry, 2010 (12): 1423-1429.
[17] 陶芙蓉, 王丹君, 宋焕玲, 等. 单糖脱水制备呋喃类化合物的研究进展. 分子催化, 2011 (25): 467-475.
[18] 章思规. 实用精细化学品手册(有机卷). 北京: 化学工业出版社, 1996.
[19] Beisekov T, Erzhanova M, Plyusnin L, et al. Hydrogenation of furfural on multicomponent copper catalysts. USA: Hydrolysis and wood chemistry USSR, 1988.
[20] 李淑君. 植物纤维水解技术. 北京: 化学工业出版社, 2009.
[21] Vazquez M, Oliva M, Tellez-Luis S J, et al. Hydrolysis of sorghum straw using phosphoric acid: Evaluation of furfural production. Bioresource Technology, 2007 (98): 3053-3060.
[22] Yemiş O, Mazza G. Acid-catalyzed conversion of xylose, xylan and straw into furfural by microwave-assisted reaction. Bioresource Technology, 2011 (102): 7371-7378.
[23] Cai C M, Zhang T, Kuma, R, et al. THF co-solvent enhances hydrocarbon fuel precursor yields from lignocellulosic biomass. Green Chemistry, 2013 (15): 3140-3145.
[24] Xing R, Qi W, Huber G W. Production of furfural and carboxylic acids from waste aqueous hemicellulose solutions from the pulp and paper and cellulosic ethanol industries. Energy & Environmental Science, 2011 (4): 2193-2205.
[25] Mao L, Zhang L, Gao N, et al. Seawater-based furfural production via corncob hydrolysis catalyzed by $FeCl_3$ in acetic acid steam. Green Chemistry, 2013 (15): 727-737.
[26] Yang W, Li P, Bo D, et al. The optimization of formic acid hydrolysis of xylose in furfural production. Carbohydrate Research, 2012 (357): 53-61.
[27] Kim E S, Liu S, Abu-Omar M M, et al. Selective conversion of biomass hemicellulose to furfural using maleic acid with microwave heating. Energy & Fuels, 2012 (26): 1298-1304.

[28] Zhang L, Yu H, Wang P, et al. Conversion of xylan, D-xylose and lignocellulosic biomass into furfural using $AlCl_3$ as catalyst in ionic liquid. Bioresource Technology, 2013(130): 110-116.

[29] Hines C C, Cordes D B, Griffin S T, et al. Flexible coordination environments of lanthanide complexes grown from chloride-based ionic liquids. New Journal of Chemistry, 2008(32): 872-877.

[30] Zhang L, Yu H, Wang P, et al. Production of furfural from xylose, xylan and corncob in gamma-valerolactone using $FeCl_3 \cdot 6H_2O$ as catalyst. Bioresource Technology, 2014(151): 355-360.

[31] Binder J B, Blank J J, Cefali A V, et al. Synthesis of furfural from xylose and xylan. ChemSusChem, 2010(3): 1268-1272.

[32] Serrano-Ruiz J C, Campelo J M, Francavilla M, et al. Efficient microwave-assisted production of furfural from C_5 sugars in aqueous media catalysed by Brönsted acidic ionic liquids. Catalysis Science & Technology, 2012(2): 1828-1832.

[33] Li H, Deng H, Ren J, et al. Catalytic hydrothermal pretreatment of corncob into xylose and furfural via solid acid catalys. Bioresource Technology, 2014(158): 313-320.

[34] Zhang L, Yu H, Wang P. Solid acids as catalysts for the conversion of D-xylose, xylan and lignocellulosics into furfural in ionic liquid. Bioresource Technology, 2013(136): 515-521.

[35] Choudhary V, Pinar A B, Sandler S I, et al. Xylose isomerization to xylulose and its dehydration to furfural in aqueous media. ACS Catalysis, 2011(1): 1724-1728.

[36] Gürbüz E I. Gallo J M R, Alonso D M, et al. Conversion of hemicellulose into furfural using solid acid catalysts in γ-valerolactone. Angewandte Chemie International Edition, 2013(52): 1270-1274.

[37] Sahu R, Dhepe P L. An one-pot method for the selective conversion of hemicellulose from crop waste into C_5 sugars and furfural by using solid acid catalysts. ChemSusChem, 2012(5): 751-761.

[38] Dhepe P L, Sahu R. A solid-acid-based process for the conversion of hemicellulose. Green Chemistry, 2010(12): 2153-2156.

[39] Li H, Ren J, Zhong L, et al. Production of furfural from xylose, water-insoluble hemicelluloses and water-soluble fraction of corncob via a tin-loaded montmorillonite solid acid catalyst. Bioresource Technology, 2015(176): 242-248.

[40] Zhang J H, Lin L, Liu S J. Efficient production of furan derivatives from a sugar mixture by catalytic process. Energy & Fuels, 2012(7): 4560-4567.

[41] Xu Z. Li W, Du Z, et al. Conversion of corn stalk into furfural using a novel heterogeneous strong acid catalyst in γ-valerolactone. Bioresource Technology, 2015(198): 764-771.

[42] Bhaumik P, Dhepe P L. Influence of properties of SAPO's on the one-pot conversion of mono-, di-and poly-saccharides into 5-hydroxymethylfurfural. RSC Advances, 2013(3): 17156-17165.

[43] Bhaumik P, Dhepe P L. Effects of careful designing of SAPO-44 catalysts on the efficient synthesis of furfural. Catalysis Today, 2015(251): 66-72.

[44] Lok B M. Messina C A, Patton R L, et al. Silicoaluminophosphate molecular sieves: another new class of microporous crystalline inorganic solids. Journal of the American Chemical Society, 1984(106): 6092-6093.

[45] Bhaumik P, Dhepe P L. Efficient, stable, and reusable silicoaluminophosphate for the one-pot production of furfural from hemicellulose. ACS Catalysis, 2013(3): 2299-2303.

[46] Moreau C, Durand R, Peyron, D, et al. Selective preparation of furfural from xylose over microporous solid acid catalysts. Industrial Crops and Products, 1998(7): 95-99.

[47] Moreau C, Belgacem M N, Gandini A. Recent catalytic advances in the chemistry of substituted furans from carbohydrates and in the ensuing polymers. Topics in Catalysis, 2004(27): 11-30.

[48] Dias A S, Pillinger M, Valente A A. Dehydration of xylose into furfural over micro-mesoporous sulfonic acid catalysts. Journal of Catalysis, 2005(229): 414-423.

[49] Dias A S, Pillinger M, Valente A A. Mesoporous silica-supported 12-tungstophosphoric acid catalysts for the liquid phase dehydration of D-xylose. Microporous and Mesoporous Materials, 2006(94): 214-225.

[50] Dias A S, Lima S, Brandão P, et al. Liquid-phase dehydration of D-xylose over microporous and mesoporous niobium silicates. Catalysis Letters, 2006(108): 179-186.

[51] Dias A S, Lima S, Carriazo D, et al. Exfoliated titanate, niobate and titanoniobate nanosheets as solid acid catalysts for the liquid-phase dehydration of D-xylose into furfural. Journal of Catalysis, 2006(244): 230-237.

[52] Lima S, Pillinger M, Valente A A. Dehydration of D-xylose into furfural catalysed by solid acids derived from the layered zeolite Nu-6 (1). Catalysis Communications, 2008(9): 2144-2148.

[53] Gürbüz E I, Wettstein S G, Dumesic J A. Conversion of hemicellulose to furfural and levulinic acid using biphasic reactors with alkylphenol solvents. ChemSusChem, 2012(5): 383-387.

[54] Kwarteng I K. Kinetics of acid hydrolysis of hardwood in a continuous plug flow reactor. USA: Dartmouth College, 1983.

[55] 毛燎原. 玉米芯"一步法"制取糠醛清洁生产工艺研究. 大连: 大连理工大学博士学位论文, 2013.

[56] Singh A, Das K, Sharma D K. Integrated process for production of xylose, furfural, and glucose from bagasse by two-step acid hydrolysis. Industrial & Engineering Chemistry Product Research and Development, 1984(23): 257-262.

[57] Sproull R D, Bienkowski P R, Tsao G T. Production offurfural from corn stover hemicellulose. Biotechnology and Bioengineering Symposium, 1986(15): 561-577.

[58] Sako T, Taguchi T, Sugeta T, et al. Kinetic study of furfural formation accompanying supercritical carbon dioxide extraction. Journal of Chemical Engineering of Japan, 1992(25): 372-377.

[59] Kim Y C, Lee H S. Selective synthesis of furfural from xylose with supercritical carbon dioxide and solid acid catalyst. Journal of Industrial and Engineering Chemistry, 2001(7): 424-429.

[60] 殷艳飞, 房桂干, 施英乔, 等. 两步法稀酸水解竹黄(慈竹)生产糠醛的研究. 林产化学与工业, 2011(1): 95-99.

[61] Riansa-ngawong W, Prasertsan P. Optimization of furfural production from hemicellulose extracted from delignified palm pressed fiber using a two-stage process. Carbohydrate Research, 2011(346): 103-110.

[62] Huang W, Li H, Zhu B L, et al. Selective hydrogenation of furfural to furfuryl alcohol over catalysts prepared via sonochemistry. Ultrasonics Sonochemistry, 2007(14): 67-74.

[63] Nagaraja B M, Padmasri A H, Raju B D, et al. Production of hydrogen through the coupling of dehydrogenation and hydrogenation for the synthesis of cyclohexanone and furfuryl alcohol over different promoters supported on Cu-MgO catalysts. International Journal of Hydrogen Energy, 2011(36): 3417-3425.

[64] 曲莎莎. 固定床反应器中糠醛气相加氢制备糠醇的研究. 天津: 河北工业大学硕士学位论文, 2009.

[65] Bremner J G, Keeys R K. The hydrogenation of furfuraldehyde to furfuryl alcohol and sylvan (2-methylfuran). Journal of the Chemical Society, 1947: 1068-1080.

[66] Rao R, Dandekar A, Baker R, et al. Properties of copper chromite catalysts in hydrogenation reactions. Journal of Catalysis, 1997(171): 406-419.

[67] 孟祥巍, 王红, 刘丹, 等. Au/SBA-15催化糠醛选择性加氢制糠醇. 石油化工高等学校学报, 2011(6): 59-62.

[68] Yuan Q, Zhang D M, Van Haandel L, et al. Selective liquid phase hydrogenation of furfural to furfuryl alcohol by Ru/Zr-MOFs. Journal of Molecular Catalysis A: Chemical, 2015(406): 58-64.

[69] Panagiotopoulou P, Vlachos D G. Liquid phase catalytic transfer hydrogenation of furfural over a Ru/C catalyst. Applied Catalysis A: General, 2014(480): 17-24.

[70] Panagiotopoulou P, Martin N, Vlachos D G. Effect of hydrogen donor on liquid phase catalytic transfer hydrogenation of furfural over a Ru/RuO$_2$/C catalyst. Journal of Molecular Catalysis A: Chemical, 2014(392): 223-228.

[71] Taylor M J, Durndell L J, Isaacs M A, et al. Highly selective hydrogenation of furfural over supported Pt nanoparticles under mild conditions. Applied Catalysis B: Environmental, 2016(180): 580-585.

[72] Merlo A B, Vetere V, Ruggera J F, et al. Bimetallic Pt/Sn catalyst for the selective hydrogenation of furfural to furfuryl alcohol in liquid-phase. Catalysis Communications, 2009(10): 1665-1669.

[73] Chen X, Zhang L, Zhang B, et al. Highly selective hydrogenation of furfural to furfuryl alcohol over Pt nanoparticles supported on g-C$_3$N$_4$ nanosheets catalysts in water. Scientific Reports, 2016(6): 580-585.

[74] O'Driscoll Á, Leahy J, Curtin T. The influence of metal selection on catalyst activity for the liquid phase hydrogenation of furfural to furfuryl alcohol. Catalysis Today, 2016(279): 194-201.

[75] Halilu A, Ali T H, Atta A Y, et al. Highly selective hydrogenation of biomass-derived furfural into furfuryl alcohol using a novel magnetic nanoparticles catalyst. Energy & Fuels, 2016(30): 2216-2226.

[76] Li J, Liu J, Zhou H, et al. Catalytic transfer hydrogenation of furfural to furfuryl alcohol over nitrogen-doped carbon-supported iron catalysts. ChemSusChem, 2016(9): 1339-1347.

[77] 李国安, 王承学, 赵凤玉, 等. 糠醛液相加氢制糠醇新型催化剂的研究. 精细石油化工, 1995(1): 12.

[78] 赵修波, 蒋新, 周红军. 糠醛液相加氢催化剂的研制及工业应用. 工业催化, 2005(13): 47-50.

[79] 周红军, 赵修波, 蒋新. 糠醛液相加氢生产糠醇催化剂的失活研究. 工业催化, 2004: 18-21.

[80] Yan K, Chen A. Efficient hydrogenation of biomass-derived furfural and levulinic acid on the facilely synthesized noble-metal-free Cu-Cr catalyst. Energy, 2013(58): 357-363.

[81] Villaverde M, Bertero N, Garetto T, et al. Selective liquid-phase hydrogenation of furfural to furfuryl alcohol over Cu-based catalysts. Catalysis Today, 2013(213): 87-92.

[82] 赵会吉, 李孟杰, 丁宁, 等. Raney 铜催化糠醛加氢制备糠醇的研究. 石油化工, 2014: 1179-1184.

[83] Xu C, Zheng L, Liu J, et al. Furfural hydrogenation on Nickel-promoted Cu-containing catalysts prepared from hydrotalcite-like precursors. Chinese Journal of Chemistry, 2011(29): 691-697.

[84] Sharma R V, Das U, Sammynaiken R, et al. Liquid phase chemo-selective catalytic hydrogenation of furfural to furfuryl alcohol. Applied Catalysis A: General, 2013(454): 127-136.

[85] Fulajtárova K, Soták T, Hronec M, et al. Aqueous phase hydrogenation of furfural to furfuryl alcohol over Pd-Cu catalysts. Applied Catalysis A: General, 2015(502): 78-85.

[86] Huang S, Yang N, Wang S, et al. Tuning the synthesis of platinum-copper nanoparticles with a hollow core and porous shell for the selective hydrogenation of furfural to furfuryl alcohol. Nanoscale, 2016(8): 14104-14108.

[87] 陈兴凡, 刘俊, 杨晓春, 等. Co-Cu-B 催化剂用于糠醛液相加氢制糠醇. 上海师范大学学报(自然科学版), 2007(36): 88-92.

[88] 廉金超, 刘丹, 杨玉莲, 等. 纳米 Cu(OH)$_2$/SiO$_2$ 催化剂的制备条件对糠醛加氢反应的影响. 石油炼制与化工, 2010(41): 41-44.

[89] Villaverde M M, Garetto T F, Marchi A J. Liquid-phase transfer hydrogenation of furfural to furfuryl alcohol on Cu-Mg-Al catalysts. Catalysis Communications, 2015(58): 6-10.

[90] Lesiak M, Binczarski M, Karski S, et al. Hydrogenation of furfural over Pd-Cu/Al$_2$O$_3$ catalysts. The role of interaction between palladium and copper on determining catalytic properties. Journal of Molecular Catalysis A: Chemical, 2014(395): 337-348.

[91] Srivastava S, Solanki N, Mohanty P, et al. Optimization and kinetic studies on hydrogenation of furfural to furfuryl alcohol over SBA-15 supported bimetallic copper-cobalt catalyst. Catalysis Letters, 2015(145): 816-823.

[92] Khromova S A, Bykova M V, Bulavchenko O A, et al. Furfural hydrogenation to furfuryl alcohol over bimetallic Ni-Cu Sol-gel catalyst: A model reaction for conversion of oxygenates in pyrolysis liquids. Topics in Catalysis, 2016(59): 1413-1423.

[93] 彭革, 赵凤玉, 李国安. 糠醛液相加氢制糠醇骨架钴催化剂的研究. 石油化工, 1997(8): 353-357.

[94] 柴伟梅, 骆红山, 李和兴. 不同溶剂体系制备的 Co-B 催化剂应用于糠醛选择性加氢制备糠醇. 上海师范大学学报(自然科学版), 2005(34): 87-90.

[95] Lange J P, Van der Heide E, Van Buijtenen J, et al. Furfural-a promising platform for lignocellulosic biofuels. ChemSusChem, 2012(5): 150-166.

[96] Yan K, Cheng A C. Highly selective production of value-added γ-valerolactone from biomass-derived levulinic acid using the robust Pd nanoparticles. Applied Catalysis A: General, 2013(468): 52-58.

[97] Sitthisa S, Sooknoi T, Ma Y G, et al. Conversion of furfural and 2-methylpentanal on Pd/SiO$_2$ and Pd-Cu/SiO$_2$ catalysts. Journal of Catalysis, 2011(277): 1-13.

[98] Dutta, S. Catalytic materials that improve selectivity of biomass conversions. RSC Advances, 2012(2): 12575-12593.

[99] Perez R F, Fraga M A. Hemicellulose-derived chemicals: one-step production of furfuryl alcohol from xylose. Green Chemistry, 2014(16): 3942-3950.

[100] Nakagawa Y, Tamura M, Tomishige K. Catalytic reduction of biomass-derived furanic compounds with hydrogen. ACS Catalysis, 2013(3): 2655-2668.

[101] Medlin J W. Understanding and controlling reactivity of unsaturated oxygenates and polyols on metal catalysts. ACS Catalysis, 2011(1): 1284-1297.

[102] Kotbagi T V, Gurav H R, Nagpure A S, et al. Highly efficient nitrogen-doped hierarchically porous carbon supported Ni nanoparticles for the selective hydrogenation of furfural to furfuryl alcohol. RSC Advances, 2016(6): 67662-67668.

[103] 孙雅玲, 杜长海, 邹丹, 等. 非晶态 CoNiB 合金催化糠醛液相加氢制糠醇. 化学工程师, 2010(172): 10-12.

[104] 刘百军, 吕连海, 蔡天锡. 糠醛在杂多酸盐修饰骨架镍上的选择加氢. 催化学报, 1997(18): 177-178.

[105] 骆红山, 庄莉, 李和兴. 超细 Ni-B 非晶态合金催化糠醛液相加氢制备糠醇. 分子催化, 2002(16): 49-54.

[106] 雷经新. 负载型非晶态 Ni-B 及 Ni-B-Mo 合金催化剂催化糠醛液相加氢制糠醇的研究. 南昌: 南昌大学硕士学位论文, 2006.

[107] 魏书芹, 崔洪友, 王景华, 等. NiMoB/γ-Al$_2$O$_3$ 催化剂制备及糠醛加氢活性评价. 化学反应工程与工艺, 2010(26): 30-36.

[108] 曹晓霞, 项益智, 卢春山, 等. 甲醇水相重整制氢原位还原糠醛制备糠醇. 稀有金属材料与工程, 2010(39): 516-520.

[109] Rudiansono R, Takayoshi H, Nobuyuki I, et al. Development of nanoporous Ni-Sn alloy and application for chemoselective hydrogenation of furfural to furfuryl alcohol. Bulletin of Chemical Reaction Engineering & Catalysis, 2014(9): 53-59.

[110] 殷恒波, 张振祥. 糠醛气相加氢制糠醇催化剂的研究. 沈阳化工学院学报, 1992(6): 221-228.

[111] 张定国, 张守民, 张淑红, 等. Cu-Zn/γ-Al$_2$O$_3$ 催化剂的制备及其在选择加氢反应中的催化性能. 催化学报, 2003(24): 350-354.

[112] 方键, 屈学俭, 李长海. 糠醛气相加氢制糠醇新型配合物催化剂. 长春工业大学学报(自然科学版), 2006(27): 192-195.

[113] 李瑞峰. Cu 系无 Cr 催化剂催化糠醛加氢制糠醇的研究. 大庆: 大庆石油学院硕士学位论文, 2008.

[114] 李锋, 宋华, 李瑞峰, 等. Al$_2$O$_3$-ZrO$_2$ 复合氧化物对 Cu 基催化剂选择加氢性能的影响. 化工进展, 2010(29): 1898-1902.

[115] Li M, Hao Y, Cárdenas-Lizana F, et al. Selective production of furfuryl alcohol via gas phase hydrogenation of furfural over Au/Al$_2$O$_3$. Catalysis Communications, 2015(69): 119-122.

[116] 周亚明, 沈伟. 糠醛常压气相催化加氢制糠醇. 石油化工, 1997(26): 4-7.

[117] 张定国, 刘芬, 李发亮, 等. 糠醛加氢制糠醇中 Cu-Zn/γ-Al$_2$O$_3$ 催化剂的改性研究. 化学反应工程与工艺, 2007(23): 136-140+182.

[118] Jiménez-Gómez C P, Cecilia J A, Durán-Martín D, et al. Gas-phase hydrogenation of furfural to furfuryl alcohol over Cu/ZnO catalysts. Journal of Catalysis, 2016(336): 107-115.

[119] 王爱菊, 陈霄榕, 雷翠月, 等. 糠醛气相加氢制糠醇催化剂的研制. 工业催化, 2000(8): 25-28.

[120] 陈霄榕, 王爱菊, 卢学英, 等. Cu-Zn-Al 催化剂上糠醛气相加氢制糠醇的研究. 化工进展, 2001(6): 40-49.

[121] 林培滋, 黄世煜. 新型糠醛加氢制糠醇催化剂研究. 燃料化学学报, 1996(24): 364-367.

[122] Sitthisa S, Sooknoi T, Ma Y, et al. Kinetics and mechanism of hydrogenation of furfural on Cu/SiO$_2$ catalysts. Journal of Catalysis, 2011(277): 1-13.

[123] Sitthisa S, Resasco D E. Hydrodeoxygenation of furfural over supported metal catalysts: a comparative study of Cu, Pd and Ni. Catalysis Letters, 2011(141): 784-791.

[124] Robertson S, McNicol B, De Baas J, et al. Determination of reducibility and identification of alloying in copper-nickel-on-silica catalysts by temperature-programmed reduction. Journal of Catalysis, 1975(37): 424-431.

[125] 黄子政, 邱丽娟. 糠醛液相加氢制糠醇无毒催化剂的研制. 石油化工, 1992(21): 35-38.

[126] 张蕊. 糠醛气相加氢制糠醇催化剂的研究. 太原: 中北大学硕士学位论文, 2014.

[127] 宋华, 宋腱森, 李锋. Cu/TiO$_2$-SiO$_2$ 催化剂的制备及糠醛选择加氢活性研究. 化学工业与工程技术, 2012(33): 55-58.

[128] Li F, Cao B, Ma R, et al. Performance of Cu/TiO$_2$-SiO$_2$ catalysts in hydrogenation of furfural to furfuryl alcohol. The Canadian Journal of Chemical Engineering, 2016(94): 1368-1374.

[129] 张丽荣, 张明慧, 李伟, 等. 糠醛气相加氢制糠醇新型催化剂. 石油化工, 2003(32): 329-332.

[130] Nagaraja B, Padmasri A H, Seetharamulu P, et al. A highly active Cu-MgO-Cr$_2$O$_3$ catalyst for simultaneous synthesis of furfuryl alcohol and cyclohexanone by a novel coupling route-Combination of furfural hydrogenation and cyclohexanol dehydrogenation. Journal of Molecular Catalysis A: Chemical, 2007(278): 29-37.

[131] Nagaraja B, Padmasri A, Raju B D, et al. Vapor phase selective hydrogenation of furfural to furfuryl alcohol over Cu-MgO coprecipitated catalysts. Journal of Molecular Catalysis A: Chemical, 2007(265): 90-97.

[132] Nagaraja B. Kumar V S, Shasikala V, et al. A highly efficient Cu/MgO catalyst for vapour phase hydrogenation of furfural to furfuryl alcohol. Catalysis communications, 2003(4): 287-293.

[133] Estrup A. Selective hydrogenation of furfural to furfuyl alcohol over copper magnesium oxide. Maine: University of Maine, 2015.

[134] Vargas-Hernandez D, Rubio-Caballero J M, Santamaria-Gonzalez J, et al. Furfuryl alcohol from furfural hydrogenation over copper supported on SBA-15 silica catalysts. Journal of Molecular Catalysis A: Chemical, 2014(383): 106-113.

[135] 乐治平, 黄艳秋, 代丽丽. 海泡石负载 Cu 催化糠醛气相加氢制糠醇反应. 分子催化, 2005(19): 69-71.

[136] Ribeiro P R, Carvalho J R M, Geris R, et al. Furfural-from biomass to organic chemistry laboratory. Química Nova, 2012(35): 1046-1051.

[137] Machado G, Leon S, Santos F, et al. Literature review on furfural production from lignocellulosic biomass. Natural Resources, 2016(7): 115-129.

第六章 生物质转化乙酰丙酸中间产物——5-羟甲基糠醛化学

5-羟甲基糠醛(5-Hydroxymethylfurfural，HMF)又名 5-羟甲基-2-糠醛、5-羟甲基-2-呋喃甲醛、5-羟甲基呋喃甲醛或羟甲基糠醛，是生物质转化为乙酰丙酸的直接前体。HMF 可以由果糖、葡萄糖、蔗糖、麦芽糖、纤维二糖、淀粉和纤维素等碳水化合物经过环状脱水反应或直链脱水反应生成[1]。由于 HMF 分子中含有一个醛基、一个羟基和一个呋喃环，因此，它的化学性质非常活泼，可通过水合、加氢、氧化、醚化、酯化、缩合、胺化、取代成脱羧等反应进一步衍生合成各种高附和值化合物，并广泛应用于能源、材料和医药等领域[2]。正是因为 HMF 拥有着巨大的应用潜力和广阔的市场前景，早在 2004 年美国能源部就将其列为基于生物质资源的十大平台化合物之一，被认为是一种联系生物质资源与化学工业的关键物质[3-6]。因此，为了充分发挥 HMF 应有的重要作用和工业价值，如何将碳水化合物高效转化为 HMF 是近年来生物质综合利用领域最主要的研究热点之一。

第一节 5-羟甲基糠醛合成的催化反应体系

碳水化合物脱水制备 HMF 是一个典型的酸催化反应，因此，酸催化剂在整个脱水过程中起着核心作用。近年来，人们在不同碳水化合物脱水制备 HMF 方面进行了大量的研究，设计合成了各种类型的酸催化剂，使得碳水化合物的转化率、HMF 的产率和选择性不断提高。本节将碳水化合物脱水制备 HMF 所使用的催化剂进行综合介绍，大体分为八类，即无机酸催化剂、金属氯化物催化剂、杂多酸催化剂、离子液体催化剂、固体超强酸催化剂、酸性离子交换树脂催化剂、分子筛催化剂和碳基固体酸催化剂。

一、无机酸催化剂

无机酸是一类最常见的酸催化剂，包括盐酸(HCl)、溴氢酸(HBr)、硝酸(HNO_3)、磷酸(H_3PO_4)和硫酸(H_2SO_4)等。由于具有价格低廉、来源广泛和作用机理明确等优点，它们在生物质基碳水化合物脱水制备 HMF 的早期研究过程中有着极其广泛的应用，而且直到最近仍有部分研究人员将研究重点放在这些无机酸催化剂上，并取得了一系列新的进展。例如，Lai 和 Zhang[7]在异丙醇中以 HCl

作为催化剂催化果糖脱水，120℃反应 2h，HMF 的产率可以达到 83%；Caes 和 Raines[8]在环丁砜中采用 HBr 作为催化剂，100℃反应 1h，HMF 的产率可以达到 93%；Bicker 等[9]在丙酮中以 H_2SO_4 作为催化剂，180℃反应 3min，果糖的转化率和 HMF 的选择性分别可以达到 99%和 77%；Li[10]等则在 1-丁基-3-甲基咪唑氯盐（[BMIM]Cl）中分别采用 HNO_3 和 H_3PO_4 作为催化剂，在 80℃下分别反应 5min 和 12h，HMF 的产率分别可以达到 93%和 67%。Román-Leshkov[11]、Chheda[12]和 Hu[13]等也研究了上述无机酸作为催化剂催化葡萄糖脱水反应。但是，在水、DMSO、MIBK 或[BMIM]Cl 中，葡萄糖的转化率和 HMF 的选择性均低于 50%。从以上研究结果可以看出，无机酸催化剂可以相对容易地催化果糖脱水形成 HMF，但是对葡萄糖脱水形成 HMF 来说并没有达到理想的催化效果。众多研究结果表明[14-18]，与果糖脱水制备 HMF 不同，葡萄糖脱水制备 HMF 的过程包含两个连续的步骤：一是葡萄糖需要首先经过异构化反应形成果糖；二是形成的果糖再进一步经过脱水反应形成 HMF。由此可知，葡萄糖能否有效地异构为果糖是其能否顺利脱水形成 HMF 的关键。正是由于 HCl、HBr、HNO_3、H_3PO_4 和 H_2SO_4 等无机酸不能有效地催化葡萄糖异构为果糖[19-21]，影响后续的脱水步骤，进而导致了较低的葡萄糖转化率和 HMF 选择性。为了克服单独使用无机酸的不足，Huang 等[22]采用了生物催化和化学催化相结合的方法，首先利用葡萄糖异构酶将葡萄糖异构化为果糖，然后再利用无机酸催化果糖脱水，取得了较为理想的结果，葡萄糖的转化率和 HMF 的选择性分别高达 88%和 63%。

二、金属氯化物催化剂

2007 年，Zhao 等[23]在 1-乙基-3-甲基咪唑氯盐（[EMIM]Cl）中研究了金属氯化物如 CuCl、$CuCl_2$、$FeCl_2$、$PdCl_2$、$PtCl_2$、$FeCl_3$、VCl_3、$MoCl_3$、$RuCl_3$、$RhCl_3$ 和 $PtCl_4$ 等催化果糖和葡萄糖脱水制备 HMF。结果发现，上述这些金属氯化物虽然对葡萄糖的催化作用不明显，但是对果糖却都具有较高的催化活性，在 80℃反应 3h 的条件下，HMF 产率均在 60%以上。然而，当 $CrCl_2$ 作为催化剂时，在 100℃下反应 3h，葡萄糖转化 HMF 的产率能够高达 70%。这是首次关于葡萄糖高效转化 HMF 的报道。进一步的研究表明，$CrCl_2$ 与其他金属氯化物相比具有更适宜的 Lewis 酸性，它可以进一步与[EMIM]Cl 形成金属复合物[EMIM]$CrCl_3$，并可以通过与葡萄糖分子中的羟基形成氢键的方式促进质子转移，催化 α-葡萄糖首先旋光异构为 β-葡萄糖，进而通过烯醇式中间体异构为果糖，最后果糖经脱水反应可较容易地形成 HMF（图 6-1）[23-25]。在此基础上，Qi、Zhang 和 Bali 等[26-28]发现 $CrCl_3$ 在同样条件下也能够有效地催化葡萄糖发生脱水反应形成 HMF。由于 $CrCl_3$ 具有比 $CrCl_2$ 更强的 Lewis 酸性以及更优良的稳定性和溶解性，因此可以取代 $CrCl_2$ 作为催化葡萄糖脱水制备 HMF 的催化剂[1]。此外，Hu 等[29]近期的研究表明，$SnCl_4$

在 1-乙基-3-甲基咪唑四氟硼酸盐中对葡萄糖转化 HMF 也具有较为显著的催化活性。例如，在 100℃下反应 3h，葡萄糖转化 HMF 的产率可以达到 61%；如果以果糖、蔗糖、纤维二糖、菊粉和淀粉作为原料，同样条件下 HMF 的产率可以分别达到 62%、65%、57%、40%和 47%。近年来，其他金属氯化物如 NH_4Cl、$ZnCl_2$、$ZrOCl_2$、$CrBr_3$、CrF_3、$AlCl_3$、$LaCl_3$、$ScCl_3$、$YbCl_3$、$IrCl_3$、$ZrCl_4$、$GeCl_4$ 和 WCl_6，以及不同金属氯化物的组合如 $CrCl_2/CuCl_2$、$CrCl_2/RuCl_3$、$CrCl_3/LiCl$、$CrCl_3/CuCl_2$、$CrCl_3/IrCl_3$ 和 $CrCl_3/ZrOCl_2$ 等也都被用于催化各种碳水化合物脱水制备 HMF[30-50]。尽管金属氯化物催化剂的使用从环境保护角度来说存在一定的负面效应，但是鉴于它们优异的催化性能，该类催化剂在碳水化合物脱水制备 HMF 的研究中也受到了越来越多的重视。

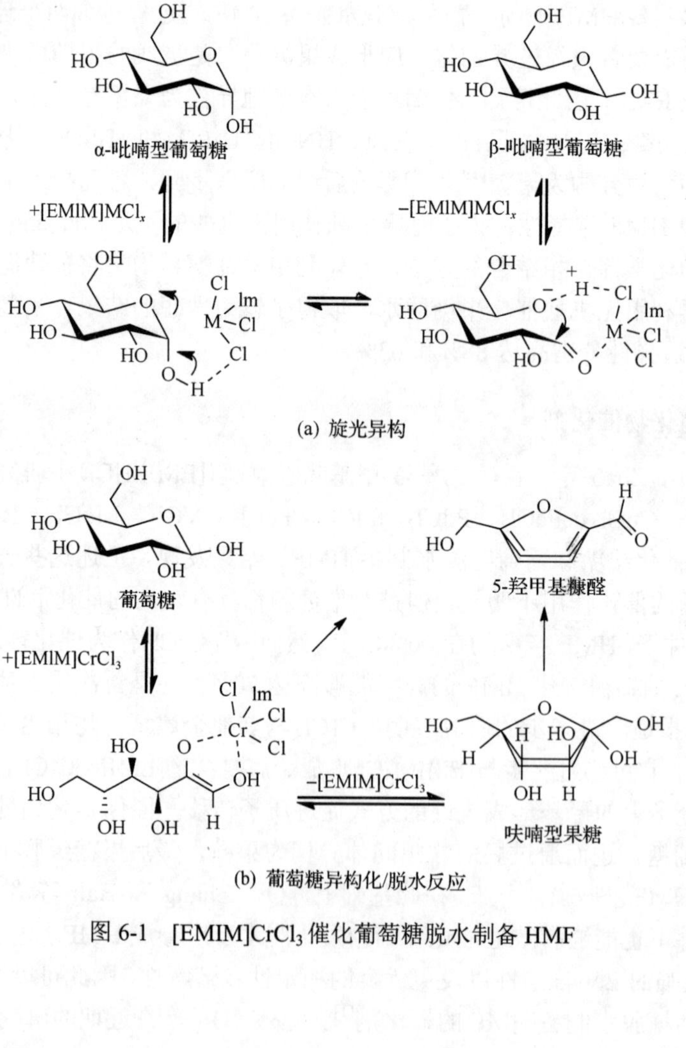

(a) 旋光异构

(b) 葡萄糖异构化/脱水反应

图 6-1 [EMIM]$CrCl_3$ 催化葡萄糖脱水制备 HMF

三、离子液体催化剂

随着人们对 HMF 研究的不断深入和对离子液体认识的不断完善，离子液体催化剂逐渐被应用于生物质基碳水化合物脱水制备 HMF。离子液体的理化性质具有较宽的可调区间，不同阴阳离子组成的离子液体既可以作为碱性催化剂，也可以作为酸性催化剂。2008 年，Hu 等[51]研究了 1,1,3,3,-四甲基胍三氟醋酸盐和 1,1,3,3,-四甲基胍乳酸盐两种碱性离子液体催化果糖的转化，结果表明这两种碱性离子液体对果糖的转化基本上没有催化活性，转化率都在 5%以下，HMF 的产率也均接近于零。2012 年，Qu 等[52]合成了另外一种碱性离子液体氢氧化 1-丁基-3-甲基咪唑，并把它应用于催化果糖脱水制备 HMF；结果发现这种碱性离子液体对果糖的转化具有很高的催化活性，在 160℃反应 8h 的条件下，HMF 的得率可以达到 92%，但它对葡萄糖并没有明显的催化作用。

另外，据不同的酸碱理论，酸性离子液体又可以分为 Brønsted 酸性离子液体和 Lewis 酸性离子液体。Lima[53]和 Tong 等[54]研究发现，Brønsted 酸性离子液体如 1-乙基-3-甲基咪唑硫酸氢盐、N-甲基-2-吡咯烷酮硫酸氢盐([NMP][HSO$_4$])和 N-甲基-2-吡咯烷酮甲基磺酸盐都能够有效地催化果糖脱水，HMF 的产率分别高达 82%、69%和 72%；然而这些离子液体对葡萄糖转化的催化效果仍然不佳，同样条件下 HMF 的产率仅为 9%、2%和 3%。最近，Qi[26]、Zhao[23]和 Li 等[55]的研究结果表明，在 Lewis 酸性离子液体 1-甲基-3-丁基咪唑-氯化铬盐([BMIM][CrCl$_4$])的催化作用下，葡萄糖可以高效的发生脱水反应，HMF 的产率能够达到 70%以上。这说明对于葡萄糖脱水制备 HMF 而言，Lewis 酸性离子液体要比 Brønsted 酸性离子液体更有效。深入分析催化反应机理可知，Brønsted 酸性离子液体仅对果糖等己酮糖脱水制备 HMF 具有较强的催化能力，对葡萄糖等己醛糖异构为己酮糖的催化活性较弱；而葡萄糖需要首先异构为果糖才能进一步脱水形成 HMF，因此 Brønsted 酸性离子液体对葡萄糖基本没有催化活性，而 Lewis 酸性离子液体对葡萄糖异构为果糖则有着较强的催化活性[56]。如果将 Lewis 酸性离子液体和 Brønsted 酸性离子液体联用作为催化剂，则有可能实现催化葡萄糖或含有葡萄糖单元碳水化合物高效转化生成 HMF。

四、杂多酸催化剂

杂多酸是一类由中心杂原子和配位多原子按照一定空间结构通过氧原子桥联组成的含氧多元酸，其不仅具有较强的酸性，而且具有较强的氧化还原性。杂多酸的种类繁多，按照中心杂原子与配位多原子之比，一般可以将其分为五大类：Keggin 型、Silverton 型、Dawson 型、Waugh 型和 Anderson 型[57-59]。其中，Keggin 型的杂多酸结构稳定且合成简单，是研究和应用最为广泛的杂多酸。Keggin 型杂多酸的阴离子结构通式为$[XM_{12}O_{40}]^{n-}$,其中 X 代表中心杂原子如 P、Si、Fe 或 Co 等,M 代表配位多原子如 Mo、W、Nb 或 Ta 等。Keggin 型杂多酸与其他类型杂多酸一样,可以通过改变阴离子和与之匹配的阳离子来调节其催化性能,进而适应不同催化反应的需要[60-62]。基于 Keggin 型杂多酸独特的空间结构和优良的理化性质,它在催化碳水化合物脱水制备 HMF 的研究中受到广泛关注。

磷钨酸($H_3PW_{12}O_{40}$)、磷钼酸($H_3PMo_{12}O_{40}$)、硅钨酸($H_4SiW_{12}O_{40}$)和硅钼酸($H_4SiMo_{12}O_{40}$)是四种最典型的 Keggin 型杂多酸,它们不仅能够有效地催化果糖脱水形成 HMF,而且对葡萄糖脱水也具有良好的催化活性。Chidambaram 和 Bell 的研究结果表明[63],当 $H_3PW_{12}O_{40}$、$H_3PMo_{12}O_{40}$、$H_4SiW_{12}O_{40}$ 和 $H_4SiMo_{12}O_{40}$ 作为催化剂时,在 120℃反应 3h 的条件下,在[BMIM]Cl 中的转化率和 HMF 选择性分别都超过了 70%和 80%。显然,上述杂多酸的催化效果优于 HCl、HNO_3、H_3PO_4 和 H_2SO_4 等无机酸。另外,需要指出的是,Keggin 型杂多酸的催化活性与其自身的酸性有着非常密切的关系。一般来说,酸性越强,催化活性越好。因此,根据上述四种杂多酸的酸性强弱顺序 $H_3PW_{12}O_{40}$ > $H_3PMo_{12}O_{40}$ > $H_4SiW_{12}O_{40}$ > $H_4SiMo_{12}O_{40}$ 可知,$H_3PW_{12}O_{40}$ 应具有最佳的催化活性。但是,由于 $H_3PW_{12}O_{40}$ 在[BMIM]Cl、水等很多极性溶剂中具有较大的溶解度,造成催化剂在反应结束后很难回收利用,很大程度上限制了它的实际应用。

为了解决 $H_3PW_{12}O_{40}$ 难以回收利用的问题,东北师范大学有关团队借助半径较大的阳离子部分或完全取代 $H_3PW_{12}O_{40}$ 中的氢离子,制备得到了一系列固体磷钨酸盐如 $Cs_{2.5}H_{0.5}PW_{12}O_{40}$ 和 $Ag_3PW_{12}O_{40}$[64-66]。当在水和 MIBK 组成的体系中使用 $Cs_{2.5}H_{0.5}PW_{12}O_{40}$ 和 $Ag_3PW_{12}O_{40}$ 作为催化剂催化果糖脱水时,在 120℃反应 1h 的条件下,HMF 的产率分别达到 74%和 78%;且这种固体磷钨酸盐在循环使用 6 次后,HMF 的产率并没有明显的降低。另外,以 $Ag_3PW_{12}O_{40}$ 为催化剂,葡萄糖的转化率和 HMF 选择性也分别高达 89%和 85%。实验结果表明,固体磷钨酸盐不仅能够有效克服 $H_3PW_{12}O_{40}$ 难以回收利用的缺点,而且还具有与 $H_3PW_{12}O_{40}$ 相当的催化活性。近年来,随着分子设计技术的不断发展,一些有机小分子也被用来改进 $H_3PW_{12}O_{40}$ 的结构和性能。例如,在 $H_3PW_{12}O_{40}$ 分子中引入赖氨酸可以制备得到具有酸碱双功能位点的催化剂$(C_6H_{15}O_2N_2)_2HPW_{12}O_{40}$,其中亲核的氨基和亲电的氢质子能够协同促进果糖脱水过程中的限速步骤即烯醇化反应,从而加速了 HMF 的形成[67]。另外,$(C_6H_{15}O_2N_2)_2HPW_{12}O_{40}$ 还能够耐受极高的果糖浓度,当果糖浓度增加到 67%时,HMF 的产率仍然高达 92.3%,这对于 HMF 的商业生产来说非常有利。再者,在 $H_3PW_{12}O_{40}$ 基础上引入十二烷基磺酸铬($Cr(DS)_3$)和氯化胆碱(ChCl)可以分别制备得到 $Cr[(DS)H_2PW_{12}O_{40}]_3$ 和 $ChH_2PW_{12}O_{40}$。上述这两种催化剂除了具有较强的酸性以外,还分别具有一个亲水头部 $CrH_2PW_{12}O_{40}$ 和 $H_2PW_{12}O_{40}$,以及一个疏水尾部 $OSO_3C_{12}H_{25}$ 和 $HOCH_2CH_2N(CH_3)_3$。

当 Cr[(DS)H₂PW₁₂O₄₀]₃ 和 ChH₂PW₁₂O₄₀ 在水和水与 MIBK 组成的体系中作用于纤维素时，分别在 170℃反应 4h 和 140℃反应 8h，HMF 的产率分别高达 70%和 75%[68-70]。纤维素能够高效地转化为 HMF 归因于上述两种催化剂特殊结构和性能之间的协同作用。具体来说，在整个转化过程中，纤维素首先被催化剂亲水的头部吸附在催化剂表面，这样可以减少纤维素和催化剂活性中心之间的空间作用距离；接着，吸附在催化剂表面的纤维素在催化剂表面酸性位点的催化作用下逐步发生水解和脱水反应，使得 HMF 能够不断形成；最后，催化剂疏水的尾部与 HMF 相互作用，起到稳定 HMF 的作用，进而抑制后续各种副反应的发生。此外，ChH₂PW₁₂O₄₀ 除了具有优良的催化性能以外，还是一个温度响应型催化剂。尽管在纤维素转化形成 HMF 的过程中，ChH₂PW₁₂O₄₀ 可以作为均相催化剂，但是只需要将反应温度降低到室温情况下，ChH₂PW₁₂O₄₀ 就会自动从反应混合液中析出，经过简单过滤后便可以用于下一轮的催化反应。因此，ChH₂PW₁₂O₄₀ 的回收利用较易实现。

五、固体超强酸催化剂

固体酸是一类能够给出质子（Brønsted 酸性中心）或着能够接受孤对电子（Lewis 酸性中心）的固体催化剂。由于能够克服传统液体酸催化剂的一系列缺点，固体酸被认为是一类对环境友好的绿色催化剂，受到了人们的普遍重视。固体超强酸是指酸强度比 100%浓硫酸更强的固体酸即 Hammett 酸度函数 H_0<−11.93 的固体酸。就其本质来说，固体超强酸是由 Brønsted 酸和 Lewis 酸按照某种作用方式复合而形成的一种新型催化剂。在众多的固体超强酸中，H_2SO_4 或 H_3PO_4 负载型的固体超强酸具有良好的催化性能和较低的制备成本，因而在碳水化合物脱水制备 HMF 研究中有着最为广泛的应用。

一般认为，H_2SO_4 或 H_3PO_4 负载型固体超强酸酸中心的形成主要是源于硫酸根 (SO_4^{2-}) 或磷酸根 (PO_4^{3-}) 在金属氧化物表面上的配位吸附。这种配位作用不仅使得金属—氧键周围的电子云密度发生强烈偏移，强化了 Lewis 酸性中心；而且当 Lewis 酸性中心吸附水分子后，还会对水分子中的电子存在强吸引作用，促进吸附的水分子在催化剂干燥与焙烧过程中发生解离进而产生 Brønsted 酸性中心[71]。另外，由于固体超强酸制备过程中使用的金属氧化物如二氧化钛 (TiO_2)、二氧化锆 (ZrO_2)、二氧化锡 (SnO_2)、三氧化二铝 (Al_2O_3)、五氧化二铌 (Nb_2O_5) 和五氧化二钽 (Ta_2O_5) 等均具有酸碱两性，所以 H_2SO_4 或 H_3PO_4 浸渍干燥焙烧后仍然保留了原来部分碱性位点。换句话说，硫酸或磷酸负载型固体超强酸如 PO_4^{3-}/TiO_2、PO_4^{3-}/Nb_2O_5、PO_4^{3-}/Ta_2O_5、SO_4^{2-}/ZrO_2、SO_4^{2-}/SnO_2、SO_4^{2-}/ZrO_2-Al_2O_3 和 SO_4^{2-}/SnO_2-Al_2O_3 等不仅具有 Lewis 酸性位点和 Brønsted 酸性位点，而且还具有碱性位点，多种酸碱位点的共存对于充分发挥其催化性能至关重要[72-87]。以 SO_4^{2-}/ZrO_2 为例，经过 XRD、XPS、吡啶吸附原位红外光谱(Py-FT-IR)、氨气和二氧化碳程序升温脱附(NH_3-TPD 和 CO_2-TPD)等表征可知，它的碱性位点、Lewis 酸性位点和 Brønsted 酸性位点分别为 O^{2-}、Zr^{4+} 和 H^+。其中，前两者可以催化葡萄糖异构化为果糖，而后者则可以催化果糖脱水形成 HMF，三者之间良好的协同作用能够促进葡萄糖有效地转化生成 HMF。与 SO_4^{2-}/ZrO_2 的作用机理类似，上述其他 H_2SO_4 或 H_3PO_4 负载型固体超强酸对葡萄糖及其他生物质基碳水化合物的脱水反应同样展现出了较高的催化活性。例如，Atanda 等合成了一种锐钛矿型固体超强酸 PO_4^{3-}/TiO_2，在甲基吡咯烷酮(NMP)和 NaCl 水溶液与 THF 组成的体系中，PO_4^{3-}/TiO_2 催化果糖、葡萄糖、蔗糖、纤维二糖、淀粉和纤维素制备 HMF 的产率分别高达 99%、91%、98%、94%、85% 和 86%。这种 PO_4^{3-}/TiO_2 催化剂具有优异的催化稳定性，连续重复使用 4 次后 HMF 的产率仍然能够达到与第一次使用时相当的水平。上述报道是生物质基碳水化合物转化利用领域的突破性进展，对于 HMF 的工业生产和后续利用也具有十分重要的现实意义。除了酸性位点和碱性位点之外，H_2SO_4 或 H_3PO_4 负载型固体超强酸的合成条件如金属离子的种类与来源、沉淀剂的类型与浓度、浸渍液浓度与浸渍时间和焙烧温度与焙烧时间等都会影响催化剂的理化性质如催化剂的晶型、比表面积、孔径大小、酸碱强度以及酸碱比例等，进而影响催化剂的催化活性。因此，需要根据生物质基碳水化合物的种类及其脱水的难易程度，调节不同的合成条件以满足实际需要。

六、酸性离子交换树脂催化剂

酸性离子交换树脂通常是由具有酸性功能基团的高分子化合物组成。根据氢离子交换基团电离常数的大小可将酸性离子交换树脂分为强酸性离子交换树脂和弱酸性离子交换树脂。另外，根据酸性离子交换树脂的物理结构又可将其分为凝胶型离子交换树脂和大孔型离子交换树脂。其中，前者的高分子骨架之间会形成微细的孔隙并随环境条件的不同而发生改变，因此该孔隙不是真正严格意义上的孔隙；然而，后者的孔隙却不是高分子骨架结构的组成部分，它并不随环境条件的改变而改变。

早在 1980 年，日本科学家 Nakamura 和 Morikawa[88]就已经将酸性离子交换树脂应用于催化果糖脱水制备 HMF。他们以大孔型的酸性离子交换树脂 Diaion PK-216 作为催化剂，80℃下反应 5h，在 DMSO 中的 HMF 产率可以达到 90%。受此启发，Halliday 等[89]在 2003 年利用凝胶型的酸性离子交换树脂 Dowex-50wx8-100 催化果糖脱水制备 HMF，然而在 80℃下反应 25h，HMF 的产率仅有 77%。由此可见，酸性离子交换树脂本身的物理结构会显著影响其对果糖脱水制备 HMF 的催化活性。众所周知，大孔型离子交换树脂具有较大的比表面积、较大的孔径和较强的吸附性等。在催化果糖脱水制备 HMF 的过程中，较大的比表面积可以使得大孔型离子交换树脂展现出更多的酸性位点，较大的孔径则允许果糖分子进入大孔型离子交换树脂的孔道内部，以便增加果糖和酸性位点之间的接触几率；同时，较强的吸附性还会促进大孔型离子交换树脂吸收反应过程中生成的水，进而避免 HMF 继续水合反应等，这些均是大孔型离子交换树脂能够发挥其良好催化性能的必要条件[90]。然而，与此不同的是，凝胶型离子交换树脂一般情况下比表面积和孔径都较小，果糖分子无法进入其孔道内部，其与酸性位点之间的相互作用只能发生在凝胶型离子交换树脂表面(图 6-2)，进而导致了它的催化活性和效率低于大孔型离子交换树脂。此外，需要注意的是，Diaion PK-216 和 Dowex-50wx8-100 的酸性功能基团均为—SO_3H，都属于强酸性离子交换树脂。尽管 Dowex-50wx8-100 的催化活性要低于 Diaion PK-216，但是仍然要远高于弱酸性离子交换树脂。例如，D152 是一种典型的弱酸性离子交换树脂，其酸性基团为–COOH，即使在离子液体[BMIM]Cl 中催化果糖进行脱水反应，HMF 的产率也基本上可以忽略不计。这说明离子交换树脂的酸强度也是影响果糖脱水形成 HMF 的重要因素，强酸性离子交换树脂对于该过程的进行更为有利。

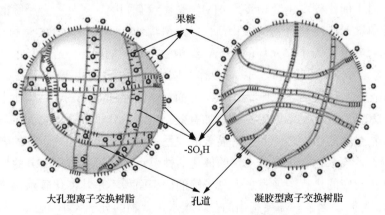

图 6-2　大孔型和凝胶型离子交换树脂与果糖的相互作用

基于对大孔型离子交换树脂和强酸性离子交换树脂的综合认识，人们合成了一系列的大孔强酸性离子交换树脂如 Amberlyst-15、Amberlyst-70、PDVB-SS-SO3H、D001-CC、NKC-9 和 D072 等[90-103]。这些树脂对果糖脱水制备 HMF 具有更加优异的催化性能，特别是 Amberlyst-15 几乎可以催化果糖 100%转化生成 HMF[94]。尽管大孔强酸性离子交换树脂可以高效催化果糖脱水形成 HMF，但是其缺点仍需指出：①大孔强酸性离子交换树脂属于有机高分子材料，热稳定性相对较差；②大孔强酸性离子交换树脂对催化葡萄糖以及含有葡萄糖单元的其他碳水化合物的水解并无理想的催化活性，这主要是因为它们的酸性来源于具有Brønsted酸性的—SO_3H基团，然而Brønsted酸不能有效将葡萄糖异构化果糖。因此，设计制备具有高效葡萄糖异构化功能且热稳定性良好的大孔强酸性离子交换树脂是今后催化剂合成和HMF制备领域的重要发展方向。

七、分子筛催化剂

分子筛又称沸石，是一类由硅氧四面体和铝氧四面体通过氧桥键连接而形成的具有三维空间网络形状的结晶态硅铝酸盐化合物。由于分子筛具有可调的酸性位点、特定的孔道结构、较大的比表面积和良好的热稳定性等诸多优点，使其在催化碳水化合物脱水制备HMF方面得到了非常广泛的应用。氢型的H-β、H-ZSM-5和H-MOR是目前最常用的分子筛，它们的催化活性很大程度上依赖于其本身硅铝比的大小[104-110]。一般来说，分子筛的硅铝比越大，其酸密度越小但酸强度越大；相反，分子筛的硅铝比越小，其酸密度越大但酸强度越小。众多研究结果表明，酸密度与酸强度之间的适度平衡对于HMF的形成是极其重要的。由于分子筛过高或过低的硅铝比会打破酸性位点密度与强度之间的平衡，因此中等硅铝比的分子筛对于催化碳水化合物转化HMF是比较有利的。另外，分子筛的孔道结构也会影响其对碳水化合物的催化活性。众所周知，H-β、H-ZSM-5和H-MOR分子筛的骨架分别为十二元环的BEA结构、十元环的MFI结构和十二元环的MOR结构。当硅铝比相同时，以H-β作为催化剂能够获得更高的HMF产率。这说明在催化碳水化合物脱水制备HMF方面，十二元环的BEA结构比十元环的MFI结构和十二元环的MOR结构更加有效。然而，分子筛的比表面积与其催化碳水化合物水解的活性之间并没有显著的关系。这可能是因为分子筛的表面积通常都比较大，碳水化合物与分子筛的催化活性位点之间可以进行充分的接触，不会影响催化反应的进行。换言之，分子筛的比表面积不是其催化碳水化合物脱水制备HMF的限制因素。需要指出的是，碳水化合物的分子大小一般大于0.8nm，而H-β、H-ZSM-5和H-MOR的孔径仅约为0.5~0.8nm，所以它们是无法进入这些分子筛孔道内部的[111]。因此，碳水化合物脱水制备HMF的催化反应应该主要发生在分子筛的表面，这也正是分子筛具有较大比表面积的优势所在。

根据分子筛的合成过程和硅氧铝三者之间的连接方式可知，分子筛通常情况下既含有Lewis酸性位点（三配位的铝中心），又含有Brønsted酸性位点（硅氧铝桥上的羟基）。其中，前者主要负责催化葡萄糖异构化果糖，而后者则主要催化果糖转化为HMF（图6-3）[111-114]。也就是说，分子筛的Lewis酸性位点和Brønsted酸性位点在碳水化合物脱水制备 HMF 的反应过程中起着不同的催化作用。同时，由于碳水化合物的种类不同，其发生脱水反应的难易程度也会不同，因此不同原料在催化反应过程中对分子筛 Lewis 酸性位点和 Brønsted 酸性位点的要求也就有所不同。比如，当以果糖或菊粉作为原料制备 HMF 时，使用的分子筛理论上应该具有相对较多的 Brønsted 酸性位点；而如果以葡萄糖或含有葡萄糖单元的碳水化合物作为原料制备 HMF 时，所用的分子筛就应该具有相对较多的 Lewis 酸性位点。由此可见，有必要采取适当的措施调节分子筛 Lewis 酸性位点和 Brønsted 酸性位点之间的比例(L/B)，以便催化不同来源生物质基碳水化合物转化制备 HMF。

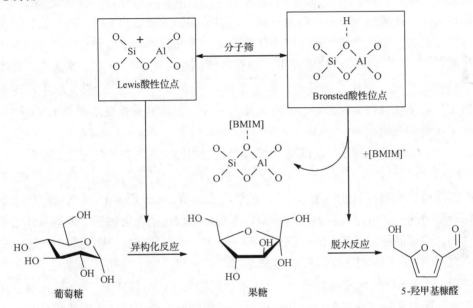

图 6-3 分子筛催化葡萄糖脱水制备 HMF

近年来，国内外研究者们做了很多努力和尝试去调节分子筛催化剂的不同酸性位点比例。目前主要有以下四种途径：①采用高温煅烧、高温蒸汽或浓酸处理等方法，破坏分子筛本身如 H-β 的硅氧铝键以形成更多的三配位铝中心，进而增加分子筛的 Lewis 酸性位点[115-117]；②通过离子交换、分子嫁接或直接负载等手段，引入合适的外源金属离子，可以制备得到相应的具有更多 Lewis 酸性位点的分子筛如 Fe-ZSM-5、Cu-ZSM-5、Al-SBA-15、AlZn-SBA-15、Sn-MCM-41 和 CrCl$_2$-Im-SBA-15 等[118-123]；③采用先进的理论设计并借助传统分子筛的制备经验，直接合成具有丰富 Lewis 酸性位点的新型分子筛如 Sn-beta 和 Sn-Mont 等[124-130]；④通过原位修饰与后续磺化等步骤，在原有分子筛如 SBA-15 和 MCM-41 的基础上引入不同的磺酸基团，能够显著增加 Brønsted 酸性位点的数量[131-136]。

其中，前三种途径可以提高分子筛的 L/B 比值，更加有利于葡萄糖以及含有葡萄糖单元碳水化合物向 HMF 的转化；第四种途径可以提高分子筛的 B/L 比值，适合于果糖以及含有果糖单元碳水化合物向 HMF 的转化过程。

八、碳基固体酸催化剂

碳基固体酸是以各种含碳有机物如葡萄糖、果糖、蔗糖、淀粉、纤维素、木质素、木屑、椰壳、聚氯乙烯、聚苯乙烯或聚二乙烯基苯等为碳源，以发烟硫酸、浓硫酸或对甲苯磺酸等为磺化剂，经过无氧碳化或水热反应制备出羰基载体，并通过磺化攻性后得到的一类固体酸催化剂[137-146]。碳基固体酸催化剂的孔道排列、孔径大小和比表面积等由制备方法决定，根据其碳骨架结构不同，碳基固体酸大体可以分为三类：普通大孔碳基固体酸、无序多孔碳基固体酸和有序介孔碳基固体酸[147]。由于具有原料价廉易得、制作步骤简单和化学稳定性好等优点，碳基固体酸在酯化、醚化、水解、重排、加成、缩合和烷基化等有机反应中均表现出了良好的催化性能。近年来在碳水化合物尤其果糖和菊粉脱水制备 HMF 中得到了广泛的应用。

与 H_2SO_4 和 Amberlyst-15 等传统酸催化剂相比，碳基固体酸催化剂除了具有—SO_3H 基团外，还可能具有—COOH 和 Ph—OH 等基团或官能团（图 6-4）。在果糖和菊粉脱水制备 HMF 的反应中，虽然 H_2SO_4 和 Amberlyst-15 等传统酸催化剂拥有更高的—SO_3H 密度，但在同样条件下它们的催化活性仍然低于碳基固体酸催化剂，这可能是由于其中的—COOH 和 Ph—OH 等基团或官能团的作用。进一步研究表明，—COOH 和 Ph—OH 能够通过与碳水化合物上羟基以氢键的方式相互作用，促进在催化剂表面的吸附，进而增加底物与催化活性位点—SO_3H 接触的几率。换而言之，这种吸附位点和催化位点之间的协同效应是碳基固体酸具有优良催化性能的主要原因[137-139]。另外，由于催化过程中产生的副产物尤其是腐殖质等物质含有一些与碳水化合物相似的羟基基团，这些副产物也容易被碳基固体酸催化剂所吸附，最终导致碳基固体酸催化剂不能与腐殖质等副产物完全分离，在很大程度上影响了碳基固体酸催化剂的重复使用性能。2015 年，Hu 等[148]以酶解木质素残渣为原料，在无氧碳化与磺化嫁接反应步骤之前添加氯化铁溶液预先浸渍步骤，在原有碳基固体酸催化剂的基础上引入了 Fe_3O_4 磁性组分，这样仅需要在磁场的作用下即可实现碳基固体酸催化剂与反应体系中其他副产物的高效分离（图 6-5），进而解决了碳基催化剂回收利用的问题。并且，上述碳基催化剂重复使用多次以后，其催化活性也无明显降低。

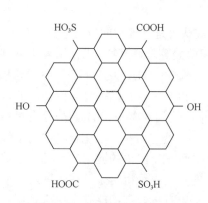

图 6-4 碳基固体酸催化剂模型

图 6-5 碳基固体酸催化剂的磁性回收

另外，尽管碳基固体酸能够高效地催化果糖和菊粉等脱水转化为 HMF（其产率可以达到 90%以上），但其对葡萄糖以及含有葡萄糖单元的碳水化合物转化制备 HMF 并没有明显的催化活性。主要原因是，不论是吸附位点——COOH 和 Ph—OH，还是催化位点——SO$_3$H，它们均属于 Brønsted 酸性位点，因此碳基固体酸催化剂缺乏催化葡萄糖异构化果糖的能力，进而不能有效地催化葡萄糖转化生成 HMF。为了克服碳基固体酸催化剂的上述不足，Zhang 等[145]在碳基固体酸催化剂的制备过程中引入了具有 Lewis 酸性位点的 ZrO$_2$，制备得到的大孔炭质固体催化剂（macroporous carbonaceous solid catalysts, MCSC）具备了催化葡萄糖异构化果糖的能力。当葡萄糖和纤维素分别作为反应底物，在[EMIM]Cl 中 120℃下仅反应 30min，MCSC 催化制备 HMF 的产率可以分别达到 63%和 43%。鉴于 MCSC 的成功制备与应用，在今后的研究过程中也可以将其他具有 Lewis 酸性位点的组分引入到碳基固体酸催化剂中，使其既具有催化葡萄糖异构化果糖的活性，又具有催化果糖脱水转化 HMF 的活性，进而可以适用于催化各种生物质基碳水化合物制备 HMF。

第二节　5-羟甲基糠醛合成的溶剂体系

除了酸催化剂外，反应溶剂也是影响生物质基碳水化合物高效转化 HMF 的关键因素。近年来，人们已经研究开发了多种溶剂体系，本节将分别重点介绍单相溶剂体系、双相溶剂体系、离子液体溶剂体系和低共熔溶剂体系。

一、单相溶剂

水具有绿色环保且价格价廉的特点,因此被认为是最理想的反应溶剂。但是,HMF在水中容易发生水合反应生成乙酰丙酸和甲酸等降解产物。当使用有机溶剂如N-甲基吡咯烷酮NMP、DMF、N,N-二甲基乙酰胺(DMA)、DMSO、环丁砜和2-叔丁基苯酚(SBP)等作为反应溶剂时,HMF的得率可以大幅提高。例如,若以果糖为原料,在上述有机溶剂中HMF的得率可以达到60%~100%。尽管有机溶剂能在一定程度上抑制HMF降解产物的形成,但是它们对碳水化合物的溶解性普遍不高,因此限制了这些有机溶剂在规模化生产HMF中的应用。另外,这些有机溶剂往往具有比较高的沸点,这给HMF的分离提纯也带来了很大困难。从经济环保的角度来看,今后在工业规模上单独利用有机溶剂构建碳水化合物脱水制备HMF的反应体系可能性并不大。

二、双相溶剂

为了克服单相溶剂体系的不足,水与各种有机溶剂如苯、2-丁醇(2-Butanol)、四氢呋喃(THF)和甲基异丁基酮(MIBK)的双相溶剂体系逐渐受到关注(图6-6)。在双相溶剂体系中,生物质基碳水化合物首先在水相中发生脱水反应生成HMF,由于HMF在有机溶剂中具有更高的分配系数,大部分水相中产生的HMF能够迅速地被转移至有机相中,进而减少了HMF在水相中进一步发生副反应的可能性。在双相溶剂体系的发展中,美国威斯康星大学Dumesic研究小组的工作尤其引人注目。2006年,Román-Leshkov等[11]首次在Science上报道了在改进的传统双相溶剂体系中制备HMF的研究成果。他们在水相中添加DMSO和聚乙烯吡咯烷酮(PVP),用以抑制HMF副反应的发生;同时在有机相MIBK中添加2-丁醇或二氯甲烷(DCM),可以进一步提高HMF在有机相中的分配系数。例如,在[(H_2O:DMSO,8:2):PVP,7:3]/(MIBK:2-butanol,7:3)双相体系中,果糖的转化率和HMF的选择性分别达到了82%和83%[11];在(3:7H_2O:DMSO)/DCM双相体系中,葡萄糖、蔗糖、纤维二糖、菊粉和淀粉的转化率分别达到了62%、82%、85%、100%和91%,HMF的选择性也分别达到48%、62%、45%、70%和40%[149]。2007年,Dumesic研究小组又在Nature上报道了双相溶剂体系的突破性进展。他们发现在水相中加入无机盐NaCl后可以大幅度增加HMF在有机相中的分配系数,进而提高果糖的转化率和HMF的选择性[150]。由此可见,双相溶剂体系不仅能够提高生物质基碳水化合物的转化率、HMF的选择性和得率,而且产物分离后的有机溶剂还能继续回收利用,从而降低了生产成本。作为高效催化碳水化合物转化HMF的催化剂,双相溶剂体系或将是HMF实现工业化生产的首要选择。

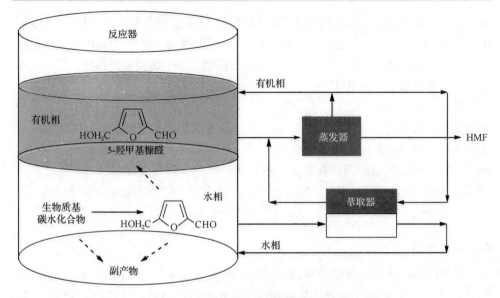

图 6-6 双相体系中果糖脱水制备 HMF

三、离子液体溶剂

离子液体是一类完全由阴阳离子构成的,并在室温或近室温下呈液体状态的盐类,也称为低温熔融盐[151]。离子液体具有低挥发性、低熔点、低毒性、不易燃、热稳定性强、导电能力强、电化学窗口宽、可调性强、对大多数有机物和无机物溶解能力强等独特的理化性质[152],因此近年来离子液体作为一类新兴溶剂在碳水化合物脱水制备 HMF 中得到了广泛应用。

利用离子液体作为反应溶剂制备 HMF 的研究最早可以追溯到 1983 年,Fayet 和 Gelas[153]在氯化吡啶中成功地将果糖转化为 HMF,其产率达到了 70%,同时氯化吡啶还在一定程度上抑制了副产物的产生。离子液体在果糖转化 HMF 中的应用始于 2003 年,Lansalot-Matras 等[154]以 1-丁基-3-甲基咪唑四氟硼酸盐([BMIM]BF$_4$)和 1-丁基-3-甲基咪唑六氟磷酸为反应溶剂,以离子交换树脂 Amberlyst-15 或对甲苯磺酸为催化剂,在 80℃下反应 32h,HMF 的得率均可以达到 70%以上。随后人们发现,氯化 1-烷基-3-甲基咪唑类离子液体([RMIM]Cl)具有良好的水稳定性,能为碳水化合物水解转化 HMF 提供更好的化学环境。例如,美国西北太平洋国家实验室 Zhao 等[23]采用 1-乙基-3-甲基咪唑氯盐([EMIM]Cl)作为反应溶剂,以 CrCl$_2$ 作为催化剂,成功解决了葡萄糖脱水困难的问题:在 100℃下反应 3h,HMF 的得率可以达到 70%。Yong 等[40]和 Li 等[55]在 1-丁基-3 甲基咪唑氯盐([BMIM]Cl)中,利用 NHC/CrCl$_2$ 和 CrCl$_3$ 催化葡萄糖脱水,HMF 产率分别可达 81%和 91%(物质的量浓度)。最近,Chidambaram 和 Bell[63]的研究进一步提高了葡萄糖脱水制备 HMF 的得率。在 120℃和 3h 的反应条件下，$H_3PW_{12}O_{40}$ 在 [EMIM]Cl 或[BMIM]Cl(乙腈为助剂)中催化葡萄糖的转化率和 HMF 的选择性均分别达到了 99%和 98%，这是迄今为止葡萄糖制备 HMF 的最好结果。另外，1-氢-3-甲基咪唑氯盐([HMIM]Cl)、1-己基-3-甲基咪唑氯盐([HexMIM]Cl)、1-甲基-3-辛基咪唑氯盐([MOIM]Cl)、己内酰胺-氯化锂(CPL-LiCl)和 DMA-LiCl 等在促使其他碳水化合物脱水制备 HMF 的过程中也展现出了离子液体作为反应溶剂的优势。就目前来说，尽管离子液体的价格相对比较高，但是它具有其他类型反应溶剂所无法比拟的优点，因此在今后相当长的一段时间内采用离子液体作为反应溶剂制备 HMF 仍将是研究的热点。如果今后离子液体的生产成本能够得到进一步降低，将能极大促进其在 HMF 大规模生产中的应用。

四、低共熔溶剂

低共熔溶剂是指由氢键受体(如季铵盐)和氢键供体(如酰胺、尿素、羧酸和多元醇等)按照一定的化学计量比组合而成的两组分或三组分的低共熔混合物，其凝固点显著低于各个组分纯物质的熔点[155-157]。由于低共熔溶剂的物化性质与离子液体非常相似，因此在碳水化合物脱水制备 HMF 的研究中得到了广泛的应用。例如，2009 年 Ilgen 等[34]报道了在氯化胆碱(ChCl)与尿素(urea)组成的低共熔溶剂(ChCl/Urea,1:2)中果糖脱水制备HMF的研究。在此过程中，果糖的浓度为40%，酸催化剂为 10%物质的量浓度的 $CrCl_2$、$CrCl_3$、$FeCl_3$、$AlCl_3$ 或 Amberlyst-15。然而，HMF 的产率却低于 30%，这可能是由于果糖与尿素的之间存在副反应。当采用四甲基脲代替尿素之后，副反应被有效地抑制，在 $FeCl_3$ 的催化下 HMF 的得率高达 89%。但是，四甲基脲的应用也存在两个明显的问题，即试剂毒性和产物分离问题。为此，Ilgen 等通过使用碳水化合物与 ChCl 共混形成的低共熔溶剂来取代之前的低共熔溶剂，这种高浓度熔体有着低熔点、低粘度和低毒性的特点。另一方面，这种催化反应体系存在一个明显缺陷就是在反应过程中使用了金属氯化物催化剂，一方面增加了成本，同时也可能给环境带来一定的污染。为此，Hu 等[158]报道了在低共熔溶剂中无需添加金属氯化物催化剂就可以制备 HMF 的反应体系。Han 等以 ChCl 和柠檬酸组成的具有布朗斯特酸性的混合物作为低共熔溶剂，在 80℃下反应 1h, 果糖转化 HMF 得率即可高达 76%。在上述催化剂体系中，菊粉也能通过降解和脱水高选择性制备 HMF。结果表明，当采用 ChCl/草酸和 ChCl/柠檬酸作为低共熔溶剂时，在 80℃下反应 2h, HMF 的产率分别可达 56%和 51%。另外，在上述催化体系中加入适量的水可以增加 HMF 的得率。最近，Vigier 等[159]报道了以甜菜碱盐酸盐(BHC)作为一种可再生的布朗斯特酸与 ChCl 和水构成的低共熔溶剂并用于制备 HMF，在这种三组分低共熔溶剂中(ChCl/BHC/水)，在 130℃下反应 2h, HMF 的得率可以达到 65%；当用 MIBK 作为萃取剂时，HMF

的纯品产率高达95%以上,而且该低共熔溶剂成功回收7次后,仍然具有一定的催化效果。

与有机溶剂和离子液体相比,低共熔溶剂有着以下明显的优点:①原料价廉易得且制备方便;②制备过程绿色且原子利用率为100%;③毒性低且可降解。另外,当HMF被有机溶剂萃取后,旋转蒸发除去萃取和洗涤过程带进反应体系的水(低共熔溶剂溶于水),即可方便实现对低共熔溶剂的回收;而且,从已经报道的大部分实验结果来看,回收的低共熔溶剂仍然能够保持良好的稳定性,将其重新用于下一个反应循环,HMF得率并没有明显的降低。除此之外,从催化化学和有机合成角度考虑,低共熔溶剂有着与咪唑类离子液体类似的溶解能力,采用不同的氢键供体和氢键受体可以配制出不同的低共熔溶剂。同时,由于低共熔溶剂自身存在着一定的酸碱性,甚至可以在不外加催化剂的条件下催化部分反应[156]。因此,在不远的未来,低共熔溶剂有望取代价格高昂的离子液体,成为一种更为绿色经济的反应溶剂。

第三节　5-羟甲基糠醛合成的其他影响因素

除了催化剂和反应溶剂外,催化反应的其他参数如反应温度、反应时间、加热方式、催化剂用量、底浓度、水分含量、助溶剂的使用和产物的萃取方法等都会影响HMF的得率。为了更好地利用这些因素优化反应条件,提高HMF的得率,本节将对这些因素逐一进行讨论。

一、反应温度

与水和有机溶剂比,离子液体或低共熔混合物作为反应溶剂能够显著降低HMF制备反应所需要的温度,但是反应温度仍然是影响碳水化合物转化率和HMF得率的一个很重要的因素。利用离子液体或低共熔混合物介导制备HMF所需的反应温度范围一般在室温到140℃之间,目前大部分研究报道的反应温度都集中在80~120℃。通常来讲,反应温度较低时反应速率液也相对较慢,从而导致较低的HMF得率;而随着反应温度的逐渐升高,HMF的得率也随之上升。且与较低反应温度相比,在较高的范围温度下达到相同HMF得率所需的反应时间也会更短。但是当反应温度过高时,HMF的得率就会下降,这是因为过高的反应温度同时也会促进HMF降解为其他副产物。

二、反应时间

在一定反应条件下,HMF的得率一般随着反应时间的延长而逐渐增加。然而,当HMF的得率达到最大值后,继续延长反应时间反而会导致HMF的得率逐渐降低。这主要是因为此时 HMF 降解的速率大于了 HMF 形成的速率。在初步设定反应时间时，也可以将反应体系的颜色变化作为一个衡量副反应程度的指标。因为随着反应的不断进行，反应体系的颜色将由浅黄色逐渐变为褐色，而反应体系的颜色一旦变为黑色就说明 HMF 已经开始降解或聚合形成腐殖质等副产物了。

三、加热方式

目前，催化制备 HMF 的反应主要使用传统的加热方式如油浴等。由于这种加热方式是靠物质传导性能加热，在加热时很容易导致局部温度过高并使整个反应体系受热不均匀，进而影响 HMF 的得率。微波加热方式是从反应体系内部加热，加热速度快且均匀，克服了传统加热方式的不足，现已逐渐被应用于 HMF 的制备反应中。例如，Li 等[160]研究了以葡萄糖为原料，采用微波方式加热(400W 反应1min)，HMF 的得率高达91%；而采用油浴方式加热，在100℃下反应1h，HMF 的得率却只有17%[160]。Qi 等[26]同样以葡萄糖为原料，在120℃下反应5min，采用微波方式加热 HMF 的得率为67%；而采用油浴方式加热 HMF 的得率只有45%。由此可见，与传统加热方式相比，采用微波方式加热不仅能加快反应速率、缩短反应时间，而且还可以提高 HMF 的得率。

四、催化剂用量

催化剂的用量是一个与反应时间密切相关的参数。一般来说，达到相同的催化效果，较少的催化剂用量需要较长的反应时间，较多的催化剂用量则需要较短的反应时间。此外，在相同的反应时间内，HMF 的得率将会随着催化剂用量的增加而逐渐增加；但是催化剂使用一旦过量，HMF 的得率反而会逐渐降低。Tan[161]和 Wang 等[32]的研究结果表明，这可能是由于过量的催化剂不仅加快了 HMF 的形成，同时也促进了 HMF 的降解。因此，合适的催化剂用量是保证 HMF 高得率的一个很重要的因素。

五、底物浓度

在 HMF 的实际生产过程中，较高的底物浓度不仅代表着较大的生产能力，而且是降低生产成本的一个重要手段。众多研究表明，当底物浓度超过一定限度时，HMF 的得率会逐渐降低。这是因为过高的底物浓度会导致底物与底物之间以及底物与生成的 HMF 之间发生更多的聚合反应。从目前的技术水平来讲，这种聚合反应是不可避免的，所以要想从较高的底物浓度出发获得较高的 HMF 得率还需要进一步的研究探索。

六、水分含量

在碳水化合物转化为 HMF 的过程中，水起着相当重要的作用。在离子液体体系中，一方面水可以使 HMF 发生水合降解生成乙酰丙酸和甲酸等副产物，造成 HMF 得率的降低；另一方面水也可以作为反应物参与纤维素等多糖的水解。此外，虽然水可以降低离子液体的黏度，有利于传质；但过量的水，也会造成纤维素的析出，不利于进一步的反应。水对于葡萄糖和果糖等单糖制备 HMF 来说有着非常不利的影响，应该尽量减少反应体系中的水分含量；而对于纤维素等多糖制备 HMF 来说，可以通过计算在反应体系中添加适量的水参与纤维素水解为单糖的反应。总之，HMF 制备体系中的水分含量应该根据不同反应物而有所控制。

七、助溶剂

Lansalot-Matras 等研究了 Amberlyst-15 在[BMIM]BF_4 中催化果糖降解，在 80℃下反应 24h，HMF 的得率只有 35%左右；而向反应体系中加入少量的助溶剂 DMSO 后，HMF 的得率可以达到 75%左右[154]。类似地，Chidambaram 和 Bell 利用磷钼酸 12-MPA 在[EMIM]Cl 中催化葡萄糖降解，在 120℃下反应 3h，葡萄糖的转化率和 HMF 的选择性仅为 66%和 90%，而腐殖质的得率却高达 9%[63]；当加入少量的助溶剂乙腈后，在相同的反应条件下，葡萄糖的转化率和 HMF 的选择性高达 99%和 98%，而腐殖质的得率几乎可以忽略不计。由此可见，在反应体系中加入适当且适量的助溶剂，不仅能够提高碳水化合物的溶解度，而且能够抑制腐殖质等副产物的形成，进而提高 HMF 的得率。

八、萃取方法

HMF 的规模化生产不仅取决于较高的 HMF 得率，而且还需要有高效的产物分离方法。在关于 HMF 分离的研究中，有机溶剂萃取法最为常见。理想的萃取溶剂应该既不溶于反应溶剂，又对 HMF 有较高的分配系数，同时沸点还要适中以便于回收利用。能够满足这些条件的有机萃取剂主要有乙酸乙酯、甲基异丁基酮、二乙醚、苯、四氢呋喃和丙酮等。萃取剂的使用主要有两种方法：一种是将水、离子液体或低共熔溶剂作为单相反应系统，反应完成后用萃取剂萃取 HMF；另一种是将水、离子液体或低共熔溶剂和萃取剂组成双相反应系统，在反应过程中萃取 HMF。与单相反应系统相比，双相反应系统中 HMF 的得率要高 15%左右，这可能是由于 HMF 在离子液体中形成后被及时地萃取到有机相中，避免了进一步副反应的发生[162]。

第四节　5-羟甲基糠醛转化产物的研究进展

HMF 是一种极为重要的生物质基平台化合物，通过水合、加氢、氧化、醚化、酯化、缩合、胺化、取代和脱羧等反应可以进一步制备其他各种高附加值的衍生物(图 6-7)，并能广泛应用于能源、材料和医药等领域。本节以目前研究最为广泛的 2,5-二甲基呋喃(DMF)、5-乙氧基甲基糠醛(EMF)、1,6-己二醇(HDO)、2,5-呋喃二甲醛(DFF)和 2,5-呋喃二甲酸等为例，简要概括 HMF 的主要应用及其最新研究进展。

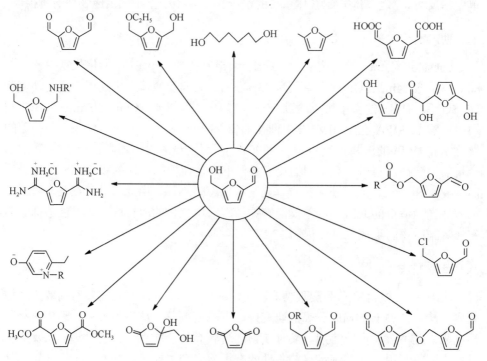

图 6-7　HMF 转化制备各种高附加值衍生物

一、2,5-二甲基呋喃

2,5-二甲基呋喃(DMF)是由 HMF 经过选择性加氢得到的一种非常有潜力的新型液体生物燃料。DMF 与燃料乙醇相比：①具有更高的能量密度(31.5 MJ/L)，与汽油接近(31.1 MJ/L)；②具有更高的沸点(92～94℃)，不易挥发；③具有更高的辛烷值(119)，防爆性能好；④具有水不溶性，易于储存和运输；⑤分离过程能耗较低，生产成本较低[163]。鉴于 DMF 优良的理化性质、重要的潜在应用价值和广阔的市场前景，HMF 选择性加氢制备 DMF 的研究工作已经得到了国内外生物质能源领域众多科学家的广泛关注。

目前，科学家们已经开发了多种用于 HMF 选择性加氢制备 DMF 的催化反应体系，其中以液相加氢为主。然而，无论应用哪种催化反应体系，HMF 选择性加氢制备 DMF 均需要经过三个反应步骤才能完成（图 6-8）：①HMF 分子中的醛基和醇羟基先分别加氢（脱氧）形成 2,5-二羟甲基呋喃（DHMF）和 5-甲基糠醛（MF）；②DHMF 和 MF 进一步加氢形成 5-甲基糠醇（MFA）；③MFA 最终加氢脱氧形成 DMF。另外，由于 HMF 分子中同时含有醛基、醇羟基和呋喃环，化学性质非常活泼，在催化剂和氢供体存在的情况下很容易形成各种不同的过渡加氢产物。因此，在 HMF 选择性加氢反应过程中，除了会生成目标产物 DMF 以外，还可能会生成 2,5-二羟甲基四氢呋喃、5-甲基四氢糠醇、2,5-二甲基四氢呋喃和 2-己醇等副产物。

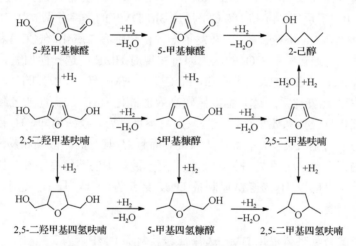

图 6-8　HMF 选择性加氢制备 DMF 的反应机理

HMF 加氢产物是比较复杂的，如何保证 HMF 分子上醛基和醇羟基优先加氢，同时尽量避免呋喃环上碳碳双键和碳氧键的加氢，是 HMF 选择性加氢制备 DMF 需要首先要解决的关键问题。通常来讲，选择合适的催化反应体系是解决上述问题的关键。针对目前所取得一些研究结果，下文将分别从氢气、甲酸、醇类和水等不同氢供体角度出发，总结概述 HMF 选择性加氢制备 DMF 的催化反应体系及其最新研究成果。

(一) 氢气为氢供体催化 HMF 选择性加氢制备 DMF

2007 年，Román-Leshkov 等[150]率先开启了 HMF 选择性加氢反应的研究。例如，在正丁醇中以氢气（H_2）为氢供体，在 220℃反应 10h，$CuCrO_4$ 催化 HMF 加氢制备 DMF 的产率可以达到 61%。然而，$CuCrO_4$ 对溶剂中的氯离子极度敏感，仅百万分之一浓度的氯离子也会导致 $CuCrO_4$ 失活。为了减轻氯离子对铜基催化剂的毒害，Román-Leshkov 等设计了另一种经过钉金属改性的 CuRu/C 催化剂，DMF 的产率可以进一步提高到了 71%；即使在含有 1.6mmol/L 氯离子的情况下，DMF 的产率还可以达到 61%[150]；2009 年，Binder 和 Raines[164]采用相同的催化反应体系催化来源于不同碳水化合物的 HMF 粗产物选择性加氢，DMF 的产率也能达到 49%。这也进一步证明了 CuRu/C 催化 HMF 选择性加氢制备 DMF 的优越性。2010 年，Chidambaram 和 Bell[63]在离子液体 1-乙基-3-甲基咪唑氯盐（[EMIM]Cl）中研究了 HMF 的选择性加氢反应，以乙腈和 Pd/C 分别为助剂和催化剂，在 120℃下反应 1h，DMF 的产率仅为 32%。在上述催化剂体系中，较低的 DMF 产率主要归因于反应温度和反应时间等因素。最近，Nishimura[165]、Zu[166]和 Huang 等[167]在四氢呋喃中分别以 PdAu/C、Ru/Co_3O_4 和 $Ni-W_2C/AC$ 为催化剂，分别在 60℃下反应 6h、130℃下反应 24h 和 180℃下反应 3h，DMF 的产率分别高达 96%、93.4%和 96%。此外，Chatterjee 等[168]开发了一种由超临界二氧化碳（CO_2）和水组成的催化反应体系，通过控制 CO_2 的压力即可实现对 HMF 的选择性加氢。当 CO_2 的压力为 10MPa 时，在 80℃下反应 2h，Pd/C 催化 HMF 转化 DMF 的产率可以达到 100%。尽管上述催化反应体系都能比较高效地催化 HMF 选择性加氢制备 DMF，但是这些催化反应体系还是存在一些缺点或不足之处。众所周知，H_2 目前主要来源于不可再生的化石资源，制氢成本较高，而且 H_2 具有高分散性和易燃性，不易储存和运输；再者，H_2 在各种溶剂尤其是离子液体中的溶解度不高，原子利用率较低。因此，目前以 H_2 为氢供体制备 DMF 经济性较低，且 H_2 使用过程中存在较大的安全隐患。

（二）甲酸为氢供体催化 HMF 选择性加氢制备 DMF

2010 年，Thananatthanachon 和 Rauchfus 在四氢呋喃中首次以甲酸为氢供体，以 H_2SO_4 和 Pd/C 催化 HMF 选择性加氢：在 70℃下反应 15h，DMF 的产率高达 95%[169]。在同样的反应体系中，果糖经过一锅两步法也可以高效制备 DMF：首先在 150℃下先反应 2h，果糖发生脱水生成 HMF；然后在 70℃下继续反应 15h，生成的 HMF 继续选择性加氢形成 DMF，产率也可以达到 51%[169]。而在上述反应过程中，甲酸除了具有优异的供氢性能以外，还可以作为一种良好的果糖脱水[169]。2012 年，De 等[170]在同样的反应体系中研究了 Ru/C 催化果糖经 HMF 选择性加氢制备 DMF：在微波加热的条件下，反应首先在 150℃下反应 10min，然后再在 75℃下反应 45min，最终 DMF 的产率即可达到 32%。需要注意的是，尽管甲酸是一种可再生又极具应用前景的供氢体，但是甲酸本身具有很强的腐蚀性，且甲酸作为氢供体在 HMF 选择性加氢反应体系中又需要酸性更强的 H_2SO_4 参与，这不仅会给环境带来一定的负面影响,而且也需要特殊的耐酸、耐腐蚀的反应设备,进而在很大程度上限制了它的广泛应用。

(三)醇类为氢供体催化 HMF 选择性加氢制备 DMF

2012 年,Hansen 等[171]开发了一种将甲醇重整制氢和 HMF 的选择性加氢相结合的新型催化反应体系。这种催化体系以超临界甲醇为氢供体,在 300℃下反应 45min,以铜-多孔金属氧化物(Cu-PMO)作为催化剂,可实现全部转化,DMF 的产率可以达到 34%。尽管以甲醇为氢供体能一定程度上降低生产成本和增加安全系数,但是甲醇重整制氢需要很高的临界温度,而且反应过程中目标产物的选择性较低。为了克服甲醇的上述缺点,Jae[172]和 Scholz 等[173]将转移加氢技术应用于 HMF 的选择性加氢。这种氢转移体系以异丙醇为氢供体,以 Ru/C 和 Pd/Fe$_2$O$_3$ 为催化剂,在 190℃下反应 6h 和 180℃下反应 7.5h,HMF 的转化率均可以达到 100%,DMF 的产率也分别高达 81%和 72%。由此可以看出,异丙醇比甲醇更适合作为 HMF 转移加氢制备 DMF 过程中的氢供体。以异丙醇作为氢供体不仅可以降低相应的反应温度,还可以提高目的产物的选择性。但是,异丙醇脱氢后的产物容易发生逆反应且反应过程中需要充入惰性气体维持高压。

(四)水为氢供体催化 HMF 选择性加氢制备 DMF

不论是以 H$_2$ 或甲酸为氢供体,还是以甲醇或异丙醇为氢供体,HMF 选择性加氢制备 DMF 的反应温度至少都在 60℃以上,部分反应甚至需要高达 300℃的反应温度。2013 年,Nilges 和 Schröder[174]开发了一种在室温条件下催化 HMF 选择性加氢制备 DMF 的电化学催化反应体系,在这种体系中 HMF 还原过程是由一系列连续的 2 质子/2 电子还原步骤组成的。另外,研究结果表明,铜电极材料比镍、铂、碳、铁、铅和铝电极材料更为有效;而且,在 H$_2$SO$_4$ 电解液的基础上添加一定的助溶剂乙腈或乙醇不仅能够抑制分子氢的产生,还能够提高电化学催化加氢的库伦效率和目的产物的得率。因此,在由体积比为 1:1 的水和乙醇为溶剂组成的 0.5 M H$_2$SO$_4$ 溶液中,以铜为电极材料,DMF 的选择性可以达到 35.6%,DHMF 和 MFA 的选择性分别为 33.8%和 11.1%。同时,研究者也指出,DHMF 和 MFA 是 HMF 在电化学催化体系中选择性加氢制备 DMF 的中间产物,若延长反应时间,DHMF 和 MFA 最终也将会生成目的产物 DMF[174]。总之,利用电化学催化加氢反应体系不仅可以将电能转化为液体燃料中的能量,而且也为替代分子氢制备液体燃料提供了一种新的途径。

二、5-乙氧基甲基糠醛

5-乙氧基甲基糠醛(EMF)是由 HMF 和乙醇经过醚化反应生成的。由于 EMF 具有较高的能量密度(30.3MJ/L)，其值与汽油(31.1MJ/L)和柴油(33.6MJ/L)的能量密度接近，因此被认为是一种非常有潜力的新型液体燃料或燃料添加剂[175]。

(一) HMF 选择性醚化制备 EMF

氢型分子筛和酸性树脂等固体酸催化剂在醚化反应中表现出了较好的催化活性，但当反应底物为杂环化合物如 HMF 时，这些分子筛中的微孔结构可能会影响传质过程的进行，进而导致 EMF 得率的降低。为了有效解决反应过程中的传质问题，2011 年，Lanzafame 等[176]制备了一系列不同 Si/Al 比的介孔 Al-MCM-41 固体酸催化剂，并对其进行了 XRD、N_2 吸附脱附、FT-IR 及 NMR 等表征分析。结果表明，Al-MCM-41 固体酸具有均匀的介孔结构且比表面积较大(均在 $1000m^2/g$ 以上)。为了探究 Al-MCM-41 固体酸在 HMF 与乙醇醚化反应中的催化活性，Lanzafame 等还制备了 ZrO_2-SBA-15(Z-SBA-15) 和 SO_4^{2-}/ZrO_2-SBA-15 (SZ-SBA-15)，并对它们的催化性能进行了对比。其中 Z-SBA-15 展现了较高的催化活性和选择性，EMF 的收率达 76%，Al-MCM-41(Si/Al=50)与 Z-SBA-15 同样具有良好的催化性能。由表征数据可知，这是由于 Al^{3+} 的引入使得这些介孔材料具备了较强的 Lewis 酸性。

2012 年，Che 等[177]采用浸渍法制备了不同负载率的高分散 $H_4SiW_{12}O_{40}$/MCM-41 纳米片状固体酸催化剂，并进一步对该催化剂进行了电位滴定及物理吸附等技术表征。结果显示，负载率为 40%的 $H_4SiW_{12}O_{40}$/MCM-41 展现出较高的酸量(不同杂多酸和常用无机酸的酸性大小为 $H_4SiW_{12}O_{40} \approx H_3PW_{12}O_{40} > H_2SO_4 > H_3PO_4$)和比表面积($926m^2/g$)。当该催化剂用于 HMF 与乙醇醚化反应制备 EMF 时，在 90℃下反应 2h，HMF 的转化率和 EMF 选择性分别可达 92%和 84.1%。这表明强酸性催化剂对醚化反应的进行具有促进作用，而且该催化剂重复使用 5 次后，HMF 的转化率仍在 90%以上。

2014 年，Antunes 等[178]制备了磺化石墨氧化物(S-RGO)。催化剂表征分析结果表明，S-RGO 固体酸具有较高的硫含量(1.08mmol/g)和较高的酸量(2.2mol/g)，因此在催化 HMF 与乙醇的醚化反应中表现出了较高的催化活性。当催化剂用量为 $10g/dm^3$ 时，在 140℃下反应 24h，HMF 的转化率高达 100%，EMF 的收率也达到了 42%。研究表明，该催化剂展现出的较高催化活性源于 S-RGO 中存在的不同酸性位点与石墨氧化物结构的协同效应，而且该催化剂较其他固体酸稳定性好，具有一定的重复使用性。

(二)碳水化合物直接转化制备 EMF

近年来,使用价格低廉且可再生的碳水化合物作为原料,通过一锅法选择性转化制备 EMF 的研究越来越受到重视。2005 年,Tarabanko 等[179]使用 H_2SO_4 催化果糖一锅法转化制备 EMF,在 H_2SO_4 浓度为 1.8mol/L 时,EMF 的收率为 60%。虽然 H_2SO_4 表现出较高的催化活性,但其存在腐蚀设备、存在安全隐患、对反应条件要求苛刻及可能造成环境污染等缺点。因此,开发新型酸催化剂催化制备 EMF 逐渐成为本领域的研究重点。

2012 年,Yang 等[180]研究发现 $H_3PW_{12}O_{40}$ 对于制备 EMF 具有优良的催化性能。在 130℃微波条件下反应 30min,$H_3PW_{12}O_{40}$ 催化转化果糖制备 EMF 的收率达到了 65%。笔者进一步研究发现,当加入 THF 作为共溶剂时,EMF 的收率可以提高到 76%。为了进一步评估 $H_3PW_{12}O_{40}$ 的催化性能,该催化剂被用于蔗糖和菊粉转化制备 EMF,实验结果表明,EMF 收率分别为 33%和 62%。最近,Wang 等[181]也研究了 $H_3PW_{12}O_{40}$ 在乙醇中催化转化果糖一锅法选择性制备 EMF。为了改善 EMF 的选择性,笔者在反应体系中引入 DMSO 并探讨了其用量对催化反应的影响。研究发现,随着 DMSO 用量的增加,EMF 的收率从 28%增加到了 64%,同时不溶性副产物的收率从 31%下降到了 18%,这表明 DMSO 能有效抑制副反应的发生尤其是腐殖质的产生及 HMF 的水合作用。但是,当 DMSO 用量继续增加时,EMF 的收率反而有所下降,这可能是由于乙醇用量的减少影响了 HMF 的醚化反应且促进了可逆反应的进行。此外,笔者还采用了 Hummers 方法制备了氧化石墨烯催化剂并将其用于催化合成 EMF[182]。实验结果表明,以果糖、蔗糖和菊粉分别为起始原料,在乙醇-DMSO 反应体系中,在 100℃下反应 24h,EMF 收率分别为 71%、34%和 66%,且该催化剂重复使用 4 次后,EMF 收率无明显下降,表明该催化剂具有良好的催化稳定性。

在接下来的研究中,张泽会课题组[183-191]先后研究了 $AlCl_3$、$FeCl_3$、$SiO_2\text{-}SO_3H$、$[MIMBS]_3PW_{12}O_{40}$、$K\text{-}10clay\text{-}H_3PW_{12}O_{40}$、$Fe_3O_4@SiO_2\text{-}H_3PW_{12}O_{40}$、$Fe_3O_4@SiO_2\text{-}SO_3H$ 等为酸催化剂,以不同碳水化合物为起始原料,在一定条件下选择性转化制备 EMF。结果表明,使用上述催化剂,果糖一锅法选择性转化 EMF 取得较好的效果;葡萄糖、蔗糖、菊粉和淀粉等也能够较好地选择性转化为 EMF。最近,Li 等[192]使用赖氨酸(Lysine)、精氨酸(Arginine)、组氨酸(Histidine)和 $H_3PW_{12}O_{40}$ 为前体制备了一系列的纳米片状的酸碱多功能催化剂,分别记为 Lys/PW、Arg/PW 和 His/PW。实验结果表明,Lys/PW 催化剂活性高于 Arg/PW 和 His/PW,在乙醇-DMSO 反应体系中分别以果糖、菊粉、山梨醇及蔗糖为初始原料,在 120℃下反应 15h,EMF 的收率可以分别达到 76.6%、58.5%、42.4%和 36.5%,且该催化剂重复使用 6 次后,EMF 收率仍无明显降低。

从已有的文献报道可以得知：以生物质为原料选择性转化制备 EMF 的收率和选择性还不够理想，多数催化剂存在活性较低、成本较高和工艺复杂等缺点，不利于 EMF 的连续生产和应用。因此，用于选择性催化转化制备 EMF 的催化剂应从低成本、易制备和能耗低为出发点，将提高催化剂酸性、稳定性及改善 EMF 选择性和提高 EMF 收率等方面作为今后的研究方向。

三、1,6-己二醇

1,6-己二醇(HDO)是一种极为重要的共聚单体，在聚酯、聚氨酯、环保涂料和添加剂等领域有着越来越广泛的应用，这些聚合材料产品具有优异的环保、热加工和耐候性等性能[193]。目前，HDO 的工业生产均以石油化工产品为原料，在世界范围内的产量约为 7 万~8 万 t/a。就目前来说，比较成熟的 HDO 生产技术是由甲醇或乙醇与 1,6-己二酸在强酸催化剂的作用下，首先生成己二酸二甲酯或己二酸二乙酯，然后再经过加氢生成 HDO。但该方法存在以下不足：①原料甲醇或乙醇与反应产物分离困难；②加氢反应条件苛刻，反应压力高达 30MPa，大量 H_2 循环浪费动力；③1,6-己二酸由环己醇和环己酮的混合物经硝酸氧化生产，过程中会产生大量温室气体，并存在设备腐蚀和环境污染等问题。针对上述问题，亟需开发更为经济、安全和绿色的生产方法。

近期，Rennovia 公司宣布开发出了一种新的催化剂和工艺，可以从可再生原料(葡萄糖等碳水化合物)生产 1,6-己二酸和 1,6-己二胺，生产成本预计比传统石油化工途径降低 20%~25%，并且温室气体排放量比传统石化基方法可分别减少 85%和 50%[193]。这种转化途径体现出生物基聚合单体的优势，增强了研究者开发生物基 HDO 的信心。目前，国内外制备生物基 HDO 的方法分为多步法和一步法，且多采用负载型催化剂，并以 HMF 为反应原料，以 H_2 为氢源。

(一) 多步法制备 HDO

多步法制备 HDO 可能包含两步、三步或四步反应。相对于一步法，多步法每步会使用不同的催化剂体系且过程更为复杂。

1)两步法

两步法首先由 HMF 加氢制备 2,5-二羟甲基四氢呋喃(DHMTHF)或 1,2,6-己三醇(HTO)，再进一步加氢转化为 HDO。如图 6-9 所示，其中反应途径(a)和(b)分别表示经由 DHMTHF 和 HTO 制备 HDO 的两种反应途径。

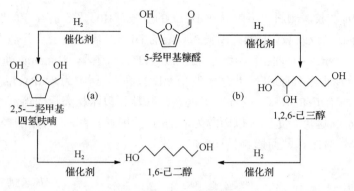

图 6-9 HMF 两步法制备 HDO

一般情况下,呋喃环 C—O 键开环需要在较高温度和压力下才能发生,同时这样的反应条件容易使呋喃环侧链的 C—C 键发生断裂,而反应途径(a)可能会降低呋喃环侧链 C—C 键断裂的概率。首先,HMF 在较温和的条件下反应,使 C═O 和呋喃环 C═C 加氢生成 DHMTHF;然后升高温度和压力,使四氢呋喃环 C—O 断裂开环制备 HDO。Buntara 等以 Raney Ni 为催化剂,H_2 压力为 9Mpa,在 100℃下反应 14h,DHMTHF 的收率高达 99%[193]。然后,再以 $Cu_2Cr_2O_5$ 为催化剂使 DHMTHF 在 H_2 压力为 10MPa 条件下,在 260℃下反应 15h,HDO 的收率可达 22%。其中,第一步反应使用廉价的 Raney Ni 会吸附原料中的杂质从而保护后续反应的催化剂,但是 Ni 催化剂在液相反应体系中易流失[194]。2010 年,Nakagawa 等[194]研究了 HMF 制备 DHMTHF 的过程,以 Ni-Pd/SiO_2 为催化剂,在 H_2 压力为 8MPa 的条件下,于 40℃下反应 2h,DHMTHF 的收率为 96%。在此过程中,C═O 会首先加氢,然后呋喃环上的 C═C 继续加氢;Ni-Pd 催化剂的协同作用使其不仅具有比 Raney Ni 更高的催化活性,而且具有比 Pd/C 更好的催化选择性。2014 年,Nakagawa 等[195]又以 Pd-Ir/SiO_2 为催化剂,H_2 压力为 8MPa 的条件下,于 2℃下反应 4h,DHMTHF 的收率为 95%。另外,研究结果还显示,随着 H_2 压力的升高,催化剂的催化活性有所提高;而随着温度的升高,副反应也会进一步加剧。随后,以 DHMTHF 为起始原料、$Cu_2Cr_2O_5$ 为催化剂、甲醇为反应溶剂,在 H_2 压力为 38MPa 的条件下,于 300℃下反应 10h,HDO 的收率可以达到 50%。

针对于反应途径(b),Yao 等[196]以 Ni-Co-Al 为催化剂研究了 HMF 制备 HTO 过程,在 H_2 压力为 4MPa 的条件下,于 120℃下反应 12h,HTO 的收率为 64.5%。研究者认为,Raney Ni 和雷尼钴具有较好的呋喃环 C═C 键加氢活性,却不具有呋喃环 C—O 键开环活性,而 NiO—CoO 之间存在较强的相互作用,能够形成固熔体,两者的协同作用能够催化呋喃环 C—O 键的开环反应,其反应机理如图 6-10 所示。首先,HMF 通过 C═O 吸附在 Co 活性位上并加氢转化为 DHMF;随后,呋喃环通过两种模型即平板式和倾斜式吸附在催化剂上,平板式吸附导致

DHMTHF 的生成，倾斜式吸附导致 HTO 的生成。由于 Co 的存在能够稳定倾斜式吸附而抑制平板式吸附，因此倾斜式吸附的 DHMF 容易进一步开环得到的中间产物，并在 NiO 的催化下继续加氢生成 HTO。随后，Buntara 等[197]研究了 Rh-ReOx/SiO$_2$ 催化 HTO 进一步加氢制备 HDO，在 H$_2$ 压力为 8MPa、温度为 180℃下反应 20h，HDO 的收率可达 73%。与丙醇相比，以水作为反应溶剂时转化率和选择性均较高。这可能是因为以丙醇为溶剂时，丙醇的羟基与 HTO 的羟基在 ReOx 上存在竞争性吸附，从而影响目标反应的进行。

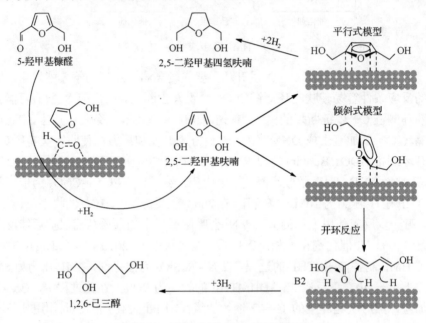

图 6-10　HMF 制备 HTO 的反应机理

2) 三步法

由两步法实验结果可知，HMF 向 DHMTHF 的转化收率较高，均能够达到 90%以上。然而，与 DHMTHF 制备 HDO 相比，由 HTO 制备 HDO 可以在更温和的反应条件下进行。因此，Buntara 等[197]研究了"三步法"制备 HTO（图 6-11）。在 H$_2$ 压力为 8MPa 的条件下，于 120℃下反应 4h，Rh-ReOx/SiO$_2$ 催化 DHMTHF 制备 HTO 的收率为 84%。另外，笔者还研究了催化剂上金属颗粒粒径对催化反应的影响。结果表明，随着金属粒径的增大，DHMTHF 的转化率和 HTO 的收率均增大，而当金属粒径大于 3nm 较为适宜。最后，以 Cu$_2$Cr$_2$O$_5$ 在正丙醇中继续催化 HTO 加氢，当 H$_2$ 压力为 10MPa 时，于 260℃下反应 6h，HDO 的收率可达 40%。

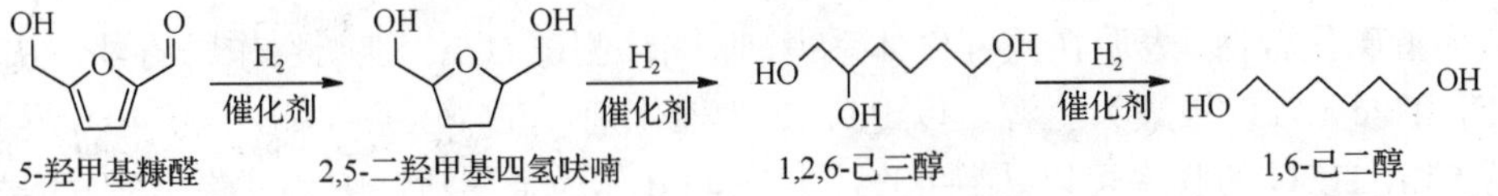

第六章 生物质转化乙酰丙酸中间产物——5-羟甲基糠醛化学

图 6-11 HMF 三步法制备 HDO

3) 四步法

在三步法的基础上，Buntara 等[197]又开发了一种"四步法"制备 HDO，其反应路径如图 6-12 所示。首先，采用与三步法相同的方法制得 HTO；然后，以全氟磺酸为催化剂，在环丁砜中催化 HTO 加氢，在常压条件下于 125℃下反应 0.5h，四氢吡喃-2-甲醇(THPM)的收率接近 100%。研究者还对比研究了不同主催化剂、助催化剂、载体和反应条件下 THPM 的开环反应。结果表明，以 Rh-ReOx/SiO$_2$ 为催化剂，在 H$_2$ 压力为 8MPa 的条件下，于 120℃下反应 20h，HDO 的收率可达 25%。此外，Chen 等[198]还研究了由 THPM 直接制备 HDO 的反应过程。同样以 Rh-ReOx 为活性组分，无论 C 或 SiO$_2$ 作为载体，HDO 选择性和收率均较高，这可能是因为 ReOx/SiO$_2$ 具有较强的酸性，容易导致 HDO 中的 C—C 键断裂生成低碳醇。需要注意的是，在多步法中，随着反应步骤的增加，反应条件逐渐变得更为温和。

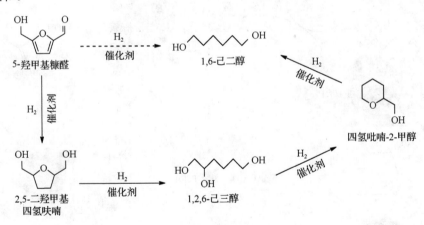

图 6-12 HMF 四步法制备 HDO

(二) 一步法制备 HDO

一步法制备 HDO 是指由 HMF 直接制得 HDO。相对于多步法，一步法相对简单，但是对催化体系的要求更高。2011 年，Buntara 等[197]以 Cu$_2$Cr$_2$O$_5$ 和 Pd/C 为催化剂，以乙醇和丙醇为溶剂，在 H$_2$ 压力为 15MPa 的条件下，于 270℃下反应 14h，HDO 的收率仅为 4.2%；反应主要副产物为 DHMTHF，同时产物中存在较多五碳化合物,表明在此催化体系中,呋喃环侧链 C—C 键断裂作用明显。2014年,Tuteja 等以甲酸为氢源,以 Pd/ZrP 为催化剂,在常压条件下,于 140℃下反应 21h,HDO 的收率可以达到 43%。其中,Pd 作为金属活性中心催化甲酸分解为 H^+,并使 C=O 和呋喃环 C=C 加氢,而酸中心是呋喃环 C—O 键开环的活性中心。值得注意的是,强 B 酸可以使呋喃环的 C—O 键开环反应在更温和的条件下进行。因此,与分子筛、Al_2O_3 和 SiO_2-Al_2O_3 相比,ZrP 具有较高的 B/L 比,以之为载体时,催化剂具有更高的催化活性。一步法制备 HDO 的催化机理如图 6-13 所示。首先,金属与载体共同吸附反应底物 HMF;接着,酸中心使呋喃环 C—O 键开环并脱去氧原子形成烯醇中间产物;随后,Pd 催化甲酸分解提供氢,使烯醇得以加氢最终得到产物。HMF 生成 HDO 的反应要经过 C=O 键加氢、呋喃环 C=C 键加氢、呋喃环 C—O 键开环和 HTO 加氢脱水反应才能实现。而在多步法中,用不同的催化剂在不同条件下才能分别实现这些官能团的加氢反应,而一步法只需要在一种催化剂和反应条件下实现,这就要求催化剂在反应不同阶段对特定官能团的反应都具有很高的选择性。因此,要想通过一步法获得高收率的 HDO 相对比较困难。

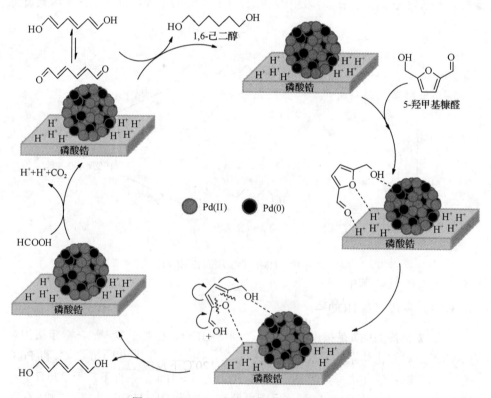

图 6-13　HMF 一步法制备 HDO 的反应机理

四、2,5-呋喃二甲醛

2,5-呋喃二甲醛(DFF)是 HMF 重要的氧化衍生产物之一，它的分子中含有两个活泼的醛基和一个呋喃环，可以通过加氢、氧化、聚合和水解等化学反应转化合成许多有用的化合物和新型的高分子材料，包括医药中间体、有机导体、荧光剂和大环配体等[199]。

在早期研究 HMF 氧化制备 DFF 的过程中，人们将重点放在传统氧化剂上，主要包括锰酸钡($BaMnO_4$)、高锰酸钾($KMnO_4$)、次氯酸钠(NaOCl)、氯铬酸吡啶(PCC)、乙二酰氯(OC)、三甲基氯铬酸胺(TMACC)和 2,2,6,6-四甲基哌啶氮氧化物(TEMPO)[1]。尽管传统氧化剂在不同催化体系下能够成功实现 HMF 到 DFF 的氧化合成反应，但是效果并不明显。而且，这些传统氧化剂具有腐蚀性、原子利用率低以及产生有毒有害的废弃物等缺点，不符合当前绿色化学的发展趋势。鉴于传统氧化剂所存在的缺陷，人们将注意力逐渐转移到利用更为绿色环保的空气和分子氧(O_2)作为氧化剂来氧化 HMF 合成 DFF，而在此过程中使用的催化剂主要分为贵金属催化剂和钒基催化剂。

(一)贵金属催化剂催化合成 DFF

2013 年，Nie 等[200]研究了 Ru/C 催化 HMF 氧化制备 DFF 的反应过程。研究结果表明，与 Ru 负载在氧化物载体包括 ZSM-5、MgO、TiO_2、ZrO_2、CeO_2、Al_2O_3 和 Mg_2AlO_x 上相比，Ru/C 具有更高的催化活性和选择性，DFF 的收率可达 96%。这是因为氧化物载体由于自身的表面酸碱性和氧化还原性使 HMF 和 DFF 容易发生降解或者聚合。另外，相比于活性炭负载其他贵金属如 Pt、Rh、Pd 和 Au 等，Ru/C 催化剂表现出的催化性能更加优异。在该催化剂下，HMF 氧化反应遵循 Langmuir-Hinshelwood 机理，HMF 和 O_2 在 Ru 表面发生可逆解离吸附生成醇氧物种和氧物种之间的反应是决速步骤。同时，通过使用水替代甲苯同时加入水滑石，可以实现以 5-甲酰基-2-呋喃甲酸(FFCA)和 2,5-呋喃二甲酸(FDCA)等作为优势产物的可控制备，这进一步显示了 Ru/C 催化剂在控制 HMF 进行选择性氧化反应等方面具有良好的催化性能。同年，Antonyraj 等[201]以 Ru/γ-Al_2O_3 为催化剂，O_2 为氧化剂，在甲苯中催化 HMF 氧化合成 DFF，于 130℃下反应 4h，HMF 的转化率和 DFF 的收率分别高达 99%和 97%，并且催化剂经过简单处理可重复使用 5 次以上。最近，Wang 等[202]以 $RuCl_3$、$Co(NO_3)_2$ 和 $Ce(NO_3)_2$ 为前驱体，通过在碱性溶液中水解制备得到了三金属混合氧化物催化剂 $RuCo(OH)_2CeO_2$。当以 MIBK 为反应溶剂时，在常压 O_2 氛围中，于 120℃下反应 12h，HMF 转化率可达 96.5%，DFF 的收率可达 82.6%。引人注目的是，Wang 等[203]用 SiO_2 包裹的 Fe_3O_4 为载体，首先对其表面进行氨基修饰，再用氯化钌溶液进行浸渍，最后制备得到

了磁性催化剂 $Fe_3O_4@SiO_2-NH_2-Ru$。以甲苯作为反应溶剂,在 O_2 氛围下,于 120℃ 下反应 4h,HMF 的转化率可以达到 99.3%,DFF 的收率为 86.4%。即使在空气氛围下反应 16h,HMF 的转化率和 DFF 的收率也可分别达到 99.7%和 86.8%。

2014 年,Yadav 等[204]制备了纳米纤维结构的 Ag-OMS-2 催化剂用于催化 HMF 氧化为 DFF。以异丙醇为反应溶剂,在 1.5MPa 空气条件下,于 165℃下反应 4h,HMF 的转化率和 DFF 的选择性均达到了 99%,而且催化剂重复使用 6 次后,催化活性并没有明显的降低。2015 年,Zhu 等[205]用沉淀法将 Au 负载在 MnO_2 载体上制备得到了 Au/MnO_2,并将其用于在 O_2 中催化 HMF 转化为 DFF。研究结果显示,在三种形态的 MnO_2(纳米微球型、纳米纤维型和块状粒子型)中,当使用纳米微球型 MnO_2 作为载体时,催化剂具有最高的催化活性。在 O_2 氛围中,以二甲基甲酰胺为反应溶剂,于 120℃下反应 8h,可以获得 82%的 HMF 转化率和 99%的 DFF 选择性。另外,该课题组还进一步研究了双贵金属催化剂 $Au-Pd/MnO_2$ 的催化性能,结果表明,DFF 选择性达到 100%,催化剂可以重复利用至少 5 次[206]。尽管上述贵金属催化剂催化 HMF 氧化制备 DFF 均取得了不错的效果,但是催化剂价格昂贵,限制了其工业化应用。

(二)钒基催化剂催化合成 DFF

1997 年,Moreau 等[207]报道了一种利用负载型催化剂 V_2O_5/TiO_2 催化氧化 HMF 合成 DFF 的方法,HMF 的转化率和 DFF 的选择性分别可达 91%和 93%。但是,在上述体系中催化剂用量较大(与反应底物的质量比为 2)。2005 年,Carlini 等[208]以 $VOPO_4·2H_2O$ 为催化剂选择性氧化 HMF 制备 DFF,尽管 DFF 的选择性能够达到 95%,但 HMF 的转化率仅为 21.4%。通过其他不同金属离子(Fe^{3+}、Cr^{3+}、Mg^{2+}、Cu^{2+}和 Pd^{2+})对 $VOPO_4$ 进行取代修饰后,催化剂的催化性能也并无明显改善。

2009 年,Navarro 等[209]研究了钒氧-吡咯吡啶络合物催化 O_2 氧化 HMF 制备 DFF。结果发现,以聚乙烯吡咯烷酮(PVP)固载的钒氧-吡咯络合物为催化剂时,HMF 的转化率可达 82%,DFF 的选择性为 99%;而以有机物的 SBA-15 固载的钒氧-吡咯络合物为催化剂时,HMF 转化率仅为 50%。2012 年,Yang 等[210]利用非均相催化剂 K-OMS-2,在 DMSO 溶剂和体积流量 10mL/min 的 O_2 氛围中,于 110℃下反应 6h,HMF 的转化率和 DFF 的收率均可达 99%。但是,DMSO 通常会发生歧化作用而产生有毒有害的 Me_2SO_2 和 Me_2S。2013 年,Grasset 等[211]研究了嵌入型磷酸氧钒催化剂 $C_{16}VOPO_4$ 和 $C_{16}VOHPO_4$,以甲苯作为反应溶剂,在 $0.1MPa\ O_2$ 氛围中,于 110℃下反应 6h,HMF 的转化率均为 99%,DFF 的选择性分别为 82%和 83%。

在接下来的研究中,Le 等[212]通过离子交换法将 VO^{2+} 和 Cu^{2+} 负载在硫化碳(CS)上,并以此为催化剂催化 HMF 氧化合成 DFF。其中,VO^{2+} 负载催化剂(VCS)

表现出了较高的稳定性,在催化剂重复测试中并未观察到 VO^{2+} 的流失,但是它对 DFF 的选择性较低。然而,Cu^{2+} 负载催化剂(CuCS)显示出了与 VCS 相反的性质,催化剂活性物质流失严重,但对 DFF 的择性较高。当以优化比例的 VO^{2+} 和 Cu^{2+} 组合为催化剂(0.93% V : 0.26% Cu)时,在乙腈中 140℃下反应 4h,HMF 的转化率和 DFF 的选择性均大于 98%。2014 年,Jia 等[213]的研究工作表明,$Cu(NO_3)_2$ 能有效地促进 $VOSO_4$ 催化 HMF 氧化制备 DFF。在 50mL 不锈钢反应釜中,加入 0.2mmol 的 $VOSO_4$、0.2mmol 的 $Cu(NO_3)_2$、10mmol 的 HMF、5mL 的乙腈,并通入 0.1MPa 的 O_2,升温至 80℃反应 1.5h,DFF 的选择性和收率均达到了 99%。尽管该过程反应效果良好,反应条件相对温和,但是由于 $Cu(NO_3)_2$ 能溶解在溶剂乙腈中,因此会导致后期产物分离困难且催化剂难以回收利用。

2015 年,Ghezali 等[214]使用 V_2O_5、MoO_3 和 H_3PO_4 制备了 P-Mo-V 双功能杂多酸催化剂。以氯化胆碱(ChCl)和 DMSO(体积比 65/35)为反应溶剂,在体积流量 10mL/min 的 O_2 中,于 120℃下反应 6h,DFF 的收率可以达到 84%。同年,Xu 和 Zhang[215]将乙酰丙酮氧钒固定在聚苯胺上作为催化剂氧化 HMF 制备 DFF,在常压 O_2 下就可以达到很好的催化效果。其中以 4-氯甲苯为反应溶剂,于 110℃下反应 12h,HMF 的转化率达到 99.2%,DFF 的收率达到 86.2%,而且催化剂还可以重复利用 6 次。

另外,需要特别指出的是,由于在 HMF 的制备过程中,HMF 分离和纯化技术尚未得到有效解决,导致其在 DFF 的合成及工业应用领域受到很大限制。因此,直接由生物质基碳水化合物如果糖和葡萄糖"一锅法"合成 DFF 成为了解决该问题的有效途径。2011 年,Takagaki 等[216]研究了阳离子交换树脂(Amberlyst-15)和钌水滑石复合催化剂(Ru/HT)催化葡萄糖脱水氧化制备 DFF 的反应过程。通过该体系双功能催化作用,在水滑石作用下将葡萄糖异构化为果糖,而阳离子交换树脂则催化果糖脱水生成 HMF,最后 Ru 催化 HMF 氧化合成 DFF。当以果糖为原料时,DFF 的最高产率为 49%;而以葡萄糖为原料时,DFF 的产率为 25%。2014 年,Zhang 等[217]以 DMF 为反应溶剂,以 1.0MPa O_2 为氧化剂,研究了葡萄糖在复合催化剂($AlCl_3·6H_2O$/NaBr 和钒基盐以及 VOx/Hβ)体系下"一锅两步法"制备 DFF。上述催化反应过程由两部分组成:第一步是由 $AlCl_3·6H_2O$/NaBr 催化葡萄糖脱水生成 HMF,反应结束后通过离心分离 $AlCl_3·6H_2O$/NaBr 用于后续葡萄糖脱水,催化剂可以重复利用 5 次以上;第二步则是在钒基催化剂($NaVO_3$、NH_4VO_3、KVO_3 和 VOx/Hβ)作用下无需预先分离上步产物 HMF,而直接原位催化氧化 HMF 生成 DFF。最后,整个体系 DFF 的收率能达到 35%~48%,葡萄糖几乎完全转化。在"一锅法"制备 DFF 的反应过程中,虽然无需分离 HMF 便可直接原位氧化制备 DFF,但是目前的研究仍是基于先由六元糖经脱水合成 HMF,再后续氧化合成 DFF 的思路。这一过程存在两方面的缺陷:①碳水化合物脱水制备 HMF 和 HMF

氧化制备 DFF 所需的催化剂类型不同，不同催化剂可能会因受到其他催化剂的干扰而使其催化性能受到影响；②即便可以使用多功能催化剂，但其制备过程比较复杂，而且目标产物 DFF 的收率难以保证，因此商业化生产还存在较大差距。未来还需进一步优化反应体系，开发更加经济高效的 DFF 合成工艺。

五、2,5-呋喃二甲酸

2,5-呋喃二甲酸(FDCA)是以呋喃环结构为基础的有机二元酸，具有与大宗化学品对苯二甲酸(PTA)相似的分子结构和理化性质。因此，FDCA 被认为可以取代 PTA 来合成聚酯、共聚酯、聚酰胺、金属有机骨架材料、增塑剂和药物中间体等，显示出了重要的潜在应用价值[218]。

（一）化学法制备 FDCA

以 HMF 为起始原料氧化制备 FDCA 一般分为两步反应：①HMF 中的醛基氧化生成羧基生成 5-羟甲基-2-呋喃甲酸(HFCA)；②HFCA 中的羟甲基经过慢反应生成醛基和快反应生成羧基得到 FDCA(图 6-14)。根据氧化反应所使用的催化剂不同，可以将其主要分为金属盐催化剂和负载型金属催化剂两大类。

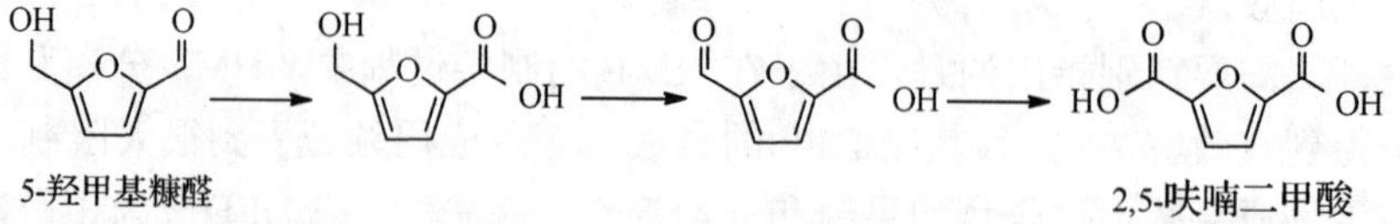

图 6-14 HMF 化学法制备 FDCA

1) 金属盐催化剂

$KMnO_4$ 催化 HMF 氧化制备 FDCA 是报道较多的工艺路线。例如，2011 年，陈天明和林鹿[219]在 NaOH 溶液中以 $KMnO_4$ 为催化剂，于 25℃下反应 10min，FDCA 的产率即可达 76.3%。但需要注意的是，以 $KMnO_4$ 为催化剂的工艺路线污染较为严重，实用性较差。Partenheimer 和 Grushin[220]借助 Co/Mn/Br 催化制备 PTA 的经验，研究了金属盐催化剂 Co/Mn/Br 和 Co/Mn/Br/Zr 在乙酸溶液中催化氧化 HMF 的反应过程。研究发现，当温度较低时(50~75℃)，反应产物主要为 DFF；而当温度升高后(100~225℃)，反应产物主要为 FDCA(产率为 60%)。另外，Zr 的加入对催化性能影响不明显。2012 年，Saha 等[221]研究了在乙酸溶剂中有无添加三氟乙酸(TFA)对均相催化剂 $Co(OAc)_2/Zn(OAc)_2/NaBr$ 以及非均相催化剂 Au/TiO_2 催化氧化 HMF 的影响效果。结果表明，添加 1wt% TFA 可以提高 FDCA 的选择性。TFA 是一种简单而稳定的氟化乙酸，由于其对甲基芳烃氧化具有优良作用且不易与金属盐催化剂形成不溶的金属复合物，因此适宜作为酸性添加剂。

另外，采用 $Co(OAc)_2/Zn(OAc)_2/NaBr$ 催化氧化 HMF，在 90℃ 和 0.1MPa O_2 条件下，合成 FDCA 的产率可达 60%；而在相同条件下使用非均相催化剂 Au/TiO_2 只能生成 FFCA，其产率为 80%。

2) 负载型金属催化剂

1991 年，Vinke 等[222]较早研究了多种负载型金属催化剂对 HMF 的催化氧化作用。结果显示，随着 HMF 氧化反应的进行，大部分催化剂对 O_2 中毒而严重失活，只有 Pt/Al_2O_3 比较稳定。2011 年，Davis 等[223]对 Pt/C、Pd/C、Au/C 和 TiO_2/Au 的催化活性进行了比较，发现在 22℃、690kPa O_2、0.3mol/L NaOH 的条件下，Au/C 的转换频率明显高于 Pt/C 和 Pd/C，但是 Pt/C 和 Pd/C 可以氧化 HMF 生成 FDCA；而在相同反应条件下，Au/C 和 Au/TiO_2 却只能氧化 HMF 生成 HFCA，若进一步增加 O_2 的压力和 NaOH 的浓度，HFCA 则可以继续转化成 FDCA。需要注意的是，在没有碱存在下的条件下，氧化反应不能进行。2012 年，Davis 等[224]通过调节 HMF 与碱的比例、O_2 压力及反应时间，能使 HMF 的转化率达到 100%，FDCA 的选择性达到 79%。同时，研究者还通过 $^{18}O_2$ 和 $H_2^{18}O$ 同位素标记实验对 HMF 氧化制备 FDCA 的反应机理进行了研究。结果表明，在 HMF 氧化生成 HFCA 和 FDCA 的过程中，水提供了氧原子并直接参与了催化循环中的羟基化反应；而 O_2 对于 FDCA 生成是必不可少的，其作用是清除反应过程中保存在金属催化剂颗粒中的电子，从而关闭催化循环，O_2 在此过程中起间接作用。基于 Au 具有较高的转换频率，Casanova 等[225]继续详细研究了 Au/TiO_2、Au/CeO_2、Au/C 和 Au/FeO_2 在水溶液中催化氧化 HMF。结果显示，在 130℃、1MPa O_2、n(NaOH):n(HMF)=4:1 的条件下，Au/TiO_2 和 Au/CeO_2 对 HMF 氧化制备 FDCA 的催化效果最佳，反应 8h 后，FDCA 的产率均大于 99%；而在较低的温度下，则主要生成 HFCA。

为了避免碱的大量使用，在接下来的研究过程中，Taarning 等[226]在甲醇溶液中加入了少量的甲醇钠，利用 Au/TiO_2 催化 HMF 氧化生成了 2,5-呋喃二甲酸二甲酯(FDCA 二甲酯)。Casanova 等[227]在无碱存在的条件下，采用温和的反应条件(65~130℃、1MPa O_2)并以 Au/CeO_2 为催化剂，催化 HMF 氧化制备 FDCA 二甲酯，HMF 的转化率和 FDCA 二甲酯的选择性均可超过 99%。同样，Gupta 等[228]在无碱水溶液中使用 Au/HT 催化 HMF 氧化制备 FDCA，在常氧压下，HMF 的转化率和 FDCA 的选择性也都超过了 99%。另外，Au 催化的反应动力学证明了 HMF 的醇羟基氧化是限速步骤，并解释了由 HCO_3^- 和 OH^- 组成的碱性水滑石对丁醇类的催化反应具有更高的催化活性。特别是，Ribeiro 和 Schuchardt[229]在 MIBK 水溶液中实现了"一锅法"催化果糖经 HMF 制备 FDCA，以 $Co(acac)_3/SiO_2$ 为催化剂，FDCA 的选择性达到了 99%，其中 SiO_2 和 $Co(acac)_3$ 分别表现为脱水和氧化作用。

(二) 生物法制备 FDCA

生物法代替化学法目前已经成为制备众多工业中间体的发展趋势，而 FDCA 的制备也不例外。1997 年，Van Deurzen 等以从 *Caldariomyces fumago* 中分离得到的氯过氧化物酶为催化剂，并研究了这种酶催化 HMF 氧化制备 FDCA 的反应过程[230]。结果表明，氧化反应并不能够进行完全，最终得到的是 FDCA、HFCA 和 FFCA 组成的混合物；其中，FDCA 的选择性为 60%～74%。2010 年，Koopman 等[231]采用全细胞生物催化技术，把 *hmfH* 基因 (*hmfH* 基因是能编码转化 HMF 生成 FDCA 的氧化还原酶) 导入到 *Pseudomonasputida S12* 中，通过分批补料培养，HMF 氧化生成 FDCA 的产率达到了 97%；而且通过酸沉淀和有机溶剂萃取分离纯化后，FDCA 的回收率和纯度分别高达 76%和 99.4%。与化学法相比，生物法制备 FDCA 具有反应条件温和、价格低廉及对环境友好等优势，但也存在反应时间长 (一般大于 2d)、反应过程复杂及 HMF 对细胞具有毒性等缺点[232]，因此该方法还有待进一步深入研究。

参 考 文 献

[1] Hu L, Zhao G, Hao W W, et al. Catalytic conversion of biomass-derived carbohydrates into fuels and chemicals via furanic aldehydes. RSC Advances, 2012, 2 (30): 11184-11206.

[2] Hu L, Lin L, Liu S J. Chemoselective hydrogenation of biomass-derived 5-hydroxymethylfurfural into the liquid biofuel 2,5-dimethylfuran. Industrial & Engineering Chemistry Research, 2014, 53 (24): 9969-9978.

[3] Bozell J J, Petersen G R. Technology development for the production of biobased products from biorefinery carbohydrates - the US Department of Energy's "Top 10" revisited. Green Chemistry, 2010, 12 (4): 539-554.

[4] van Putten R J, van der Waal J C, de Jong E, et al. Hydroxymethylfurfural, a versatile platform chemical made from renewable resources. Chemical Reviews, 2013, 113 (3): 1499-1597.

[5] Zhou P, Zhang Z H. One-pot catalytic conversion of carbohydrates into furfural and 5-hydroxymethylfurfural. Catalysis Science & Technology, 2016, 6 (11): 3694-3712.

[6] Rout P K, Nannaware A D, Prakash O, et al. Synthesis of hydroxymethylfurfural from cellulose using green processes: A promising biochemical and biofuel feedstock. Chemical Engineering Science, 2016, 142: 318-346.

[7] Lai L K, Zhang Y G. The production of 5-hydroxymethylfurfural from fructose in isopropyl alcohol: A green and efficient system. ChemSusChem, 2011, 4 (12): 1745-1748.

[8] Caes B R, Raines R T. Conversion of fructose into 5-(hydroxymethyl) furfural in sulfolane. ChemSusChem, 2011, 4 (3): 353-356.

[9] Bicker M, Hirth J, Vogel H. Dehydration of fructose to 5-hydroxymethylfurfural in sub- and supercritical acetone. Green Chemistry, 2003, 5 (2): 280-284.

[10] Li C Z, Zhao Z B, Wang A Q, et al. Production of 5-hydroxymethylfurfural in ionic liquids under high fructose concentration conditions. Carbohydrate Research, 2010, 345 (13): 1846-1850.

[11] Román-Leshkov Y, Chheda J N, Dumesic J A. Phase modifiers promote efficient production of hydroxymethylfurfural from fructose. Science, 2006, 312 (5782): 1933-1937.

[12] Chheda J N, Roman-Leshkov Y, Dumesic J A. Production of 5-hydroxymethylfurfural and furfural by dehydration of biomass-derived mono- and poly-saccharides. Green Chemistry, 2007, 9(4): 342-350.

[13] Hu L, Zhao G, Tang X, et al. Catalytic conversion of carbohydrates into 5-hydroxymethylfurfural over cellulose-derived carbonaceous catalyst in ionic liquid. Bioresource Technology, 2013, 148: 501-507.

[14] Tang J Q, Guo X W, Zhu L F, et al. A mechanistic study of glucose-to-fructose isomerization in water catalyzed by $[Al(OH)_2(aq)]^+$. ACS Catalysis, 2015, 5(9): 5097-5103.

[15] Roman-Leshkov Y, Moliner M, Labinger J A, et al. Mechanism of glucose isomerization using a solid Lewis acid catalyst in water. Angewandte Chemie International Edition, 2010, 49(47): 8954-8957.

[16] Nguyen H, Nikolakis V, Vlachos D G. Mechanistic insights into Lewis acid metal salt-catalyzed glucose chemistry in aqueous solution. ACS Catalysis, 2016, 6(3): 1497-1504.

[17] Gounder R, Davis M E. Monosaccharide and disaccharide isomerization over Lewis acid sites in hydrophobic and hydrophilic molecular sieves. Journal of Catalysis, 2013, 308: 176-188.

[18] Delidovich I, Palkovits R. Structure-performance correlations of Mg-Al hydrotalcite catalysts for the isomerization of glucose into fructose. Journal of Catalysis, 2015, 327: 1-9.

[19] Karinen R, Vilonen K, Niemelä M. Biorefining: Heterogeneously catalyzed reactions of carbohydrates for the production of furfural and hydroxymethylfurfural. ChemSusChem, 2011, 4(8): 1002-1016.

[20] Rosatella A A, Simeonov S P, Frade R F M, et al. 5-Hydroxymethylfurfural (HMF) as a building block platform: Biological properties, synthesis and synthetic applications. Green Chemistry, 2011, 13(4): 754-793.

[21] Tong X L, Ma Y, Li Y D. Biomass into chemicals: Conversion of sugars to furan derivatives by catalytic processes. Applied Catalysis A: General, 2010, 385(1-2): 1-13.

[22] Huang R L, Qi W, Su R X, et al. Integrating enzymatic and acid catalysis to convert glucose into 5-hydroxymethylfurfural. Chemical Communications, 2010, 46(7): 1115-1117.

[23] Zhao H B, Holladay J E, Brown H, et al. Metal chlorides in ionic liquid solvents convert sugars to 5-hydroxymethylfurfural. Science, 2007, 316(5831): 1597-1600.

[24] Pidko E A, Degirmenci V, van Santen R A, et al. Glucose activation by transient Cr^{2+} dimers. Angewandte Chemie International Edition, 2010, 49(14): 2530-2534.

[25] Guan J, Cao Q, Guo X C, et al. The mechanism of glucose conversion to 5-hydroxymethylfurfural catalyzed by metal chlorides in ionic liquid: A theoretical study. Computational and Theoretical Chemistry, 2011, 963(2-3): 453-462.

[26] Qi X H, Watanabe M, Aida T M, et al. Fast transformation of glucose and di-/polysaccharides into 5-hydroxymethylfurfural by microwave heating in an ionic liquid/catalyst system. ChemSusChem, 2010, 3(9): 1071-1077.

[27] Zhang Y M, Pidko E A, Hensen E J. Molecular aspects of glucose dehydration by chromium chlorides in ionic liquids. Chemistry - A European Journal 2011, 17(19): 5281-5288.

[28] Bali S, Tofanelli M A, Ernst R D, et al. Chromium(III) catalysts in ionic liquids for the conversion of glucose to 5-(hydroxymethyl)furfural (HMF): Insight into metal catalyst:ionic liquid mediated conversion of cellulosic biomass to biofuels and chemicals. Biomass and Bioenergy, 2012, 42: 224-227.

[29] Hu S Q, Zhang Z F, Song J L, et al. Efficient conversion of glucose into 5-hydroxymethylfurfural catalyzed by a common Lewis acid $SnCl_4$ in an ionic liquid. Green Chemistry, 2009, 11(11): 1746-1749.

[30] Chen T M, Lin L. Conversion of glucose in CPL-LiCl to 5-hydroxymethylfurfural. Chinese Journal of Chemistry, 2010, 28(9): 1773-1776.

[31] Azadi P, Carrasquillo-Flores R, Pagán-Torres Y J, et al. Catalytic conversion of biomass using solvents derived from lignin. Green Chemistry, 2012, 14(6): 1573-1576.

[32] Wang P, Yu H B, Zhan S H, et al. Catalytic hydrolysis of lignocellulosic biomass into 5-hydroxymethylfurfural in ionic liquid. Bioresource Technology, 2011, 102(5): 4179-4183.

[33] Yang Y, Hu C W, Abu-Omar M M. Conversion of carbohydrates and lignocellulosic biomass into 5-hydroxymethylfurfural using $AlCl_3 \cdot 6H_2O$ catalyst in a biphasic solvent system. Green Chemistry, 2012, 14(2): 509-513.

[34] Ilgen F, Ott D, Kralisch D, et al. Conversion of carbohydrates into 5-hydroxymethylfurfural in highly concentrated low melting mixtures. Green Chemistry, 2009, 11(12): 1948-1954.

[35] Beckerle K, Okuda J. Conversion of glucose and cellobiose into 5-hydroxymethylfurfural (HMF) by rare earth metal salts in N,N'-dimethylacetamide (DMA). Journal of Molecular Catalysis A: Chemical, 2012, 356: 158-164.

[36] Tong X L, Li M R, Yan N, et al. Defunctionalization of fructose and sucrose: Iron-catalyzed production of 5-hydroxymethylfurfural from fructose and sucrose. Catalysis Today, 2011, 175(1): 524-527.

[37] Dutta S, De S, Alam M I, et al. Direct conversion of cellulose and lignocellulosic biomass into chemicals and biofuel with metal chloride catalysts. Journal of Catalysis, 2012, 288: 8-15.

[38] Kim B, Jeong J, Lee D, et al. Direct transformation of cellulose into 5-hydroxymethyl-2-furfural using a combination of metal chlorides in imidazolium ionic liquid. Green Chemistry, 2011, 13(6): 1503-1506.

[39] Wang C, Fu L T, Tong X L, et al. Efficient and selective conversion of sucrose to 5-hydroxymethylfurfural promoted by ammonium halides under mild conditions. Carbohydrate Research, 2012, 347(1): 182-185.

[40] Yong G, Zhang Y G, Ying J Y. Efficient catalytic system for the selective production of 5-hydroxymethylfurfural from glucose and fructose. Angewandte Chemie International Edition, 2008, 47(48): 9345-9348.

[41] De S, Dutta S, Saha B. Microwave assisted conversion of carbohydrates and biopolymers to 5-hydroxymethylfurfural with aluminium chloride catalyst in water. Green Chemistry, 2011, 13(10): 2859.

[42] Zhang Z H, Zhao Z B. Microwave-assisted conversion of lignocellulosic biomass into furans in ionic liquid. Bioresource Technology, 2010, 101(3): 1111-1114.

[43] Zhang Y M, Pidko E A, Hensen E J M. Molecular aspects of glucose dehydration by chromium chlorides in ionic liquids. Chemistry - A European Journal, 2011, 17(19): 5281-5288.

[44] Wei Z J, Li Y, Thushara D, et al. Novel dehydration of carbohydrates to 5-hydroxymethylfurfural catalyzed by Ir and Au chlorides in ionic liquids. Journal of the Taiwan Institute of Chemical Engineers, 2011, 42(2): 363-370.

[45] Su Y, Brown H M, Huang X W, et al. Single-step conversion of cellulose to 5-hydroxymethylfurfural (HMF), a versatile platform chemical. Applied Catalysis A: General, 2009, 361(1-2): 117-122.

[46] Li H, Yang S. $InCl_3$-ionic liquid catalytic system for efficient and selective conversion of cellulose into 5-hydroxymethylfurfural. RSC Advances, 2013, 3(11): 3648-3654.

[47] Pidko E A, Degirmenci V, van Santen R A, et al. Coordination properties of ionic liquid-mediated chromium(II) and copper(II) chlorides and their complexes with glucose. Inorganic Chemistry, 2010, 49(21): 10081-10091.

[48] Abou-Yousef H, Hassan E B, Steele P. Rapid conversion of cellulose to 5-hydroxymethylfurfural using single and combined metal chloride catalysts in ionic liquid. Journal of Fuel Chemistry and Technology, 2013, 41(2): 214-222.

[49] Liu F, Audemar M, De Oliveira Vigier K, et al. Selectivity enhancement in the aqueous acid-catalyzed conversion of glucose to 5-hydroxymethylfurfural induced by choline chloride. Green Chemistry, 2013, 15(11): 3205-3213.

[50] Wei Z J, Liu Y X, Thushara D, et al. Entrainer-intensified vacuum reactive distillation process for the separation of 5-hydroxylmethylfurfural from the dehydration of carbohydrates catalyzed by a metal salt-ionic liquid. Green Chemistry, 2012, 14(4): 1220-1226.

[51] Hu S Q, Zhang Z F, Zhou Y X, et al. Conversion of fructose to 5-hydroxymethylfurfural using ionic liquids prepared from renewable materials. Green Chemistry, 2008, 10(12): 1280-1283.

[52] Qu Y S, Song Y L, Huang C P, et al. Alkaline ionic liquids as catalysts: A novel and green process for the dehydration of carbohydrates to give 5-hydroxymethylfurfural. Industrial & Engineering Chemistry Research, 2012, 51(40): 13008-13013.

[53] Lima S, Neves P, Antunes M M, et al. Conversion of mono/di/polysaccharides into furan compounds using 1-alkyl-3-methylimidazolium ionic liquids. Applied Catalysis A: General, 2009, 363(1-2): 93-99.

[54] Tong X L, Li Y D. Efficient and selective dehydration of fructose to 5-hydroxymethylfurfural catalyzed by Brønsted-acidic ionic liquids. ChemSusChem, 2010, 3(3): 350-355.

[55] Li C Z, Zhang Z H, Zhao Z B. Direct conversion of glucose and cellulose to 5-hydroxymethylfurfural in ionic liquid under microwave irradiation. Tetrahedron Letters, 2009, 50(38): 5403-5405.

[56] 张正源, 张宗才, 李洁, 等. 离子液体催化制备 5-羟甲基糠醛的研究进展. 化学研究与应用, 2010, 22(3): 257-262.

[57] Kozhevnikov I V. Sustainable heterogeneous acid catalysis by heteropoly acids. Journal of Molecular Catalysis A: Chemical, 2007, 262(1-2): 86-92.

[58] 李威渊, 刘媛媛, 郑华艳, 等. 杂多酸的分子结构及催化有机合成研究进展. 化工进展, 2010, 29(2): 243-249.

[59] 王德胜, 闫亮, 王晓来. 杂多酸催化剂研究进展. 分子催化, 2012, 26(4): 366-375.

[60] Kozhevnikov I V. Catalysis by heteropoly acids and multicomponent polyoxometalates in liquid-phase reactions. Chemical Reviews, 1998, 98(1): 171-198.

[61] Timofeeva M N. Acid catalysis by heteropoly acids. Applied Catalysis A: General, 2003, 256(1-2): 19-35.

[62] Hill C L. Progress and challenges in polyoxometalate-based catalysis and catalytic materials chemistry. Journal of Molecular Catalysis A: Chemical, 2007, 262: 2-6.

[63] Chidambaram M, Bell A T. A two-step approach for the catalytic conversion of glucose to 2,5-dimethylfuran in ionic liquids. Green Chemistry, 2010, 12(7): 1253-1262.

[64] Cheng M X, Shi T, Wang S T, et al. Fabrication of micellar heteropolyacid catalysts for clean production of monosaccharides from polysaccharides. Catalysis Communications, 2011, 12(15): 1483-1487.

[65] Fan C Y, Guan H Y, Zhang H, et al. Conversion of fructose and glucose into 5-hydroxymethylfurfural catalyzed by a solid heteropolyacid salt. Biomass and Bioenergy, 2011, 35(7): 2659-2665.

[66] Zhao Q, Wang L, Zhao S, et al. High selective production of 5-hydroymethylfurfural from fructose by a solid heteropolyacid catalyst. Fuel, 2011, 90(6): 2289-2293.

[67] Zhao Q, Sun Z, Wang S T, et al. Conversion of highly concentrated fructose into 5-hydroxymethylfurfural by acid–base bifunctional HPA nanocatalysts induced by choline chloride. RSC Advances, 2014, 4(108): 63055-63061.

[68] Zhao S, Cheng M X, Li J Z, et al. One pot production of 5-hydroxymethylfurfural with high yield from cellulose by a Brønsted-Lewis-surfactant-combined heteropolyacid catalyst. Chemical Communications, 2011, 47(7): 2176-2178.

[69] Zheng H W, Sun Z, Yi X H, et al. A water-tolerant $C_{16}H_3PW_{11}CrO_{39}$ catalyst for the efficient conversion of monosaccharides into 5-hydroxymethylfurfural in a micellar system. RSC Advances, 2013.

[70] Zhang X Y, Zhang D, Sun Z, et al. Highly efficient preparation of HMF from cellulose using temperature-responsive heteropolyacid catalysts in cascade reaction. Applied Catalysis B: Environmental, 2016, 196: 50-56.

[71] 宋华, 杨东明, 李锋, 等. SO_4^{2-}/M_xO_y 型固体超强酸催化剂的研究进展. 化工进展, 2007, 26(2): 145-151.

[72] Yan H P, Yang Y, Tong D M, et al. Catalytic conversion of glucose to 5-hydroxymethylfurfural over SO_4^{2-}/ZrO_2 and SO_4^{2-}/ZrO_2-Al_2O_3 solid acid catalysts. Catalysis Communications, 2009, 10(11): 1558-1563.

[73] Nakajima K, Baba Y, Noma R, et al. $Nb_2O_5 \cdot nH_2O$ as a heterogeneous catalyst with water-tolerant Lewis acid sites. Journal of the American Chemical Society, 2011, 133(12): 4224-4227.

[74] Qi X H, Guo H X, Li L Y. Efficient conversion of fructose to 5-hydroxymethylfurfural catalyzed by sulfated zirconia in ionic liquids. Industrial & Engineering Chemistry Research, 2011, 50(13): 7985-7989.

[75] Yang F L, Liu Q S, Yue M, et al. Tantalum compounds as heterogeneous catalysts for saccharide dehydration to 5-hydroxymethylfurfural. Chemical Communications, 2011, 47(15): 4469-4471.

[76] Yang Y, Xiang X, Tong D M, et al. One-pot synthesis of 5-hydroxymethylfurfural directly from starch over SO_4^{2-}/ZrO_2-Al_2O_3 solid catalyst. Bioresource Technology, 2012, 116: 302-306.

[77] Kourieh R, Rakic V, Bennici S, et al. Relation between surface acidity and reactivity in fructose conversion into 5-HMF using tungstated zirconia catalysts. Catalysis Communications, 2013, 30: 5-13.

[78] Osatiashtiani A, Lee A F, Brown D R, et al. Bifunctional SO_4/ZrO_2 catalysts for 5-hydroxymethylfufural (5-HMF) production from glucose. Catalysis Science & Technology, 2014, 4(2): 333-342.

[79] Atanda L, Mukundan S, Shrotri A, et al. Catalytic conversion of glucose to 5-hydroxymethylfurfural with a phosphated TiO_2 catalyst. ChemCatChem, 2015, 7(5): 781-790.

[80] Atanda L, Shrotri A, Mukundan S, et al. Direct production of 5-hydroxymethylfurfural via catalytic conversion of simple and complex sugars over phosphated TiO_2. ChemSusChem, 2015, 8: 2907-2916.

[81] Lopes M, Dussan K, Leahy J J, et al. Conversion of glucose to 5-hydroxymethylfurfural using Al_2O_3-promoted sulphated tin oxide as catalyst. Catalysis Today, 2017, 279: 233-243.

[82] De S, Dutta S, Patra A K, et al. Biopolymer templated porous TiO_2: An efficient catalyst for the conversion of unutilized sugars derived from hemicellulose. Applied Catalysis A: General, 2012, 435-436: 197-203.

[83] Qi X H, Watanabe M, Aida T M, et al. Synergistic conversion of glucose into 5-hydroxymethylfurfural in ionic liquid-water mixtures. Bioresource Technology, 2012, 109: 224-228.

[84] Kuo C H, Poyraz A S, Jin L, et al. Heterogeneous acidic TiO_2 nanoparticles for efficient conversion of biomass derived carbohydrates. Green Chemistry, 2014, 16(2): 785-791.

[85] Teimouri A, Mazaheri M, Chermahini A N, et al. Catalytic conversion of glucose to 5-hydroxymethylfurfural (HMF) using nano-POM/nano-ZrO_2/nano-γ-Al_2O_3. Journal of the Taiwan Institute of Chemical Engineers, 2015, 49: 40-50.

[86] Liu J, Li H, Liu Y C, et al. Catalytic conversion of glucose to 5-hydroxymethylfurfural over nano-sized mesoporous Al_2O_3-B_2O_3 solid acids. Catalysis Communications, 2015, 62: 19-23.

[87] Kreissl H T, Nakagawa K, Peng Y K, et al. Niobium oxides: Correlation of acidity with structure and catalytic performance in sucrose conversion to 5-hydroxymethylfurfural. Journal of Catalysis, 2016, 338: 329-339.

[88] Nakamura Y, Morikawa S. The dehydration of D-fructose to 5-hydroxymethyl-2-furaldehyde. Bulletin of the Chemical Society of Japan, 1980, 53(12): 3705-3706.

[89] Halliday G A, Young R J, Grushin V V. One-pot, two-step, practical catalytic synthesis of 2,5-diformylfuran from fructose. Organic Letters, 2003, 5(11): 2003-2005.

[90] Li Y, Liu H, Song C H, et al. The dehydration of fructose to 5-hydroxymethylfurfural efficiently catalyzed by acidic ion-exchange resin in ionic liquid. Bioresource Technology, 2013, 133: 347-353.

[91] Gao H P, Peng Y X, Pan J M, et al. Synthesis and evaluation of macroporous polymerized solid acid derived from Pickering HIPEs for catalyzing cellulose into 5-hydroxymethylfurfural in ionic liquid. RSC Advances, 2014, 4(81): 43029-43038.

[92] Qi X H, Watanabe M, Aida T M, et al. Efficient process for conversion of fructose to 5-hydroxymethylfurfural with ionic liquids. Green Chemistry, 2009, 11(9): 1327-1331.

[93] 杜芳, 漆新华, 徐英钊, 等. 离子液体中树脂催化转化果糖为 5-羟甲基糠醛. 高等学校化学学报, 2010, 31(3): 548-552.

[94] Shimizu K, Uozumi R, Satsuma A. Enhanced production of hydroxymethylfurfural from fructose with solid acid catalysts by simple water removal methods. Catalysis Communications, 2009, 10(14): 1849-1853.

[95] Qi X H, Watanabe M, Aida T M, et al. Efficient catalytic conversion of fructose into 5-hydroxymethylfurfural in ionic liquids at room temperature. ChemSusChem, 2009, 2(10): 944-946.

[96] Weisgerber L, Palkovits S, Palkovits R. Development of a reactor setup for continuous dehydration of carbohydrates. Chemie Ingenieur Technik, 2013, 85(4): 512-515.

[97] Richter F H, Pupovac K, Palkovits R, et al. Set of acidic resin catalysts to correlate structure and reactivity in fructose conversion to 5-hydroxymethylfurfural. ACS Catalysis, 2013, 3(2): 123-127.

[98] Benoit M, Brissonnet Y, Guelou E, et al. Acid-catalyzed dehydration of fructose and inulin with glycerol or glycerol carbonate as renewably sourced co-solvent. ChemSusChem, 2010, 3(11): 1304-1309.

[99] Pan J M, Gao H P, Zhang Y L, et al. Porous solid acid with high surface area derived from emulsion templating and hypercrosslinking for efficient one-pot conversion of cellulose to 5-hydroxymethylfurfural. RSC Advances, 2014, 4(103): 59175-59184.

[100] Morales G, Melero J A, Paniagua M, et al. Sulfonic acid heterogeneous catalysts for dehydration of C6-monosaccharides to 5-hydroxymethylfurfural in dimethyl sulfoxide. Chinese Journal of Catalysis, 2014, 35(5): 644-655.

[101] Sampath G, Kannan S. Fructose dehydration to 5-hydroxymethylfurfural: Remarkable solvent influence on recyclability of Amberlyst-15 catalyst and regeneration studies. Catalysis Communications, 2013, 37: 41-44.

[102] Aellig C, Hermans I. Continuous D-fructose dehydration to 5-hydroxymethylfurfural under mild conditions. ChemSusChem, 2012, 5(9): 1737-1742.

[103] Simeonov S P, Afonso C A M. Batch and flow synthesis of 5-hydroxymethylfurfural (HMF) from fructose as a bioplatform intermediate: An experiment for the organic or analytical laboratory. Journal of Chemical Education, 2013, 90(10): 1373-1375.

[104] Jadhav H, Taarning E, Pedersen C M, et al. Conversion of D-glucose into 5-hydroxymethylfurfural (HMF) using zeolite in [BMIM]Cl or tetrabutylammonium chloride (TBAC)/$CrCl_2$. Tetrahedron Letters, 2012, 53(8): 983-985.

[105] Ordomsky V V, Van der Schaaf J, Schouten J C, et al. The effect of solvent addition on fructose dehydration to 5-hydroxymethylfurfural in biphasic system over zeolites. Journal of Catalysis, 2012, 287: 68-75.

[106] Ordomsky V V, Van der Schaaf J, Schouten J C, et al. Fructose dehydration to 5-hydroxymethylfurfural over solid acid catalysts in a biphasic system. ChemSusChem, 2012, 5(9): 1812-1819.

[107] Kruger J S, Choudhary V, Nikolakis V, et al. Elucidating the roles of zeolite H-BEA in aqueous-phase fructose dehydration and HMF rehydration. ACS Catalysis, 2013, 3(6): 1279-1291.

[108] Bokade V V, Nandiwale K Y, Galande N, et al. One-pot synthesis of 5-hydroxymethylfurfural by cellulose hydrolysis over highly active bimodal micro/mesoporous H-ZSM-5 catalyst. ACS Sustainable Chemistry & Engineering, 2014, 2(7): 1928-1932.

[109] Wang J J, Tan Z C, Zhu C C, et al. One-pot catalytic conversion of microalgae (Chlorococcum sp.) into 5-hydroxymethylfurfural over the commercial H-ZSM-5 zeolite. Green Chemistry, 2015, 18(2): 452-460.

[110] Swift T D, Nguyen H, Erdman Z, et al. Tandem Lewis acid/Brønsted acid-catalyzed conversion of carbohydrates to 5-hydroxymethylfurfural using zeolite beta. Journal of Catalysis, 2016, 333: 149-161.

[111] Hu L, Wu Z, Xu J X, et al. Zeolite-promoted transformation of glucose into 5-hydroxymethylfurfural in ionic liquid. Chemical Engineering Journal, 2014, 244: 137-144.

[112] Perego C, Millini R. Porous materials in catalysis: Challenges for mesoporous materials. Chemical Society Reviews, 2013, 42(9): 3956-3976.

[113] Serrano D P, Escola J M, Pizarro P. Synthesis strategies in the search for hierarchical zeolites. Chemical Society Reviews, 2013, 42(9): 4004-4035.

[114] Shi J, Wang Y D, Yang W M, et al. Recent advances of pore system construction in zeolite-catalyzed chemical industry processes. Chemical Society Reviews, 2015, 44(24): 8877-8903.

[115] Kruger J S, Nikolakis V, Vlachos D G. Aqueous-phase fructose dehydration using Brønsted acid zeolites: Catalytic activity of dissolved aluminosilicate species. Applied Catalysis A: General, 2014, 469: 116-123.

[116] Otomo R, Yokoi T, Kondo J N, et al. Dealuminated Beta zeolite as effective bifunctional catalyst for directtransformation of glucose to 5-hydroxymethylfurfural. Applied Catalysis A: General, 2014, 470: 318-326.

[117] Otomo R, Yokoi T, Tatsumi T. OSDA-free zeolite beta with high aluminum content efficiently catalyzes a tandem Reaction for conversion of glucose to 5-hydroxymethylfurfural. ChemCatChem, 2015, 7(24): 4180-4187.

[118] Moreno-Recio M, Santamaría-González J, Maireles-Torres P. Brönsted and Lewis acid ZSM-5 zeolites for the catalytic dehydration of glucose into 5-hydroxymethylfurfural. Chemical Engineering Journal, 2016, 303: 22-30.

[119] Degirmenci V, Pidko E A, Magusin P C M M, et al. Towards a selective heterogeneous catalyst for glucose dehydration to 5-hydroxymethylfurfural in water: $CrCl_2$ catalysis in a thin immobilized ionic liquid layer. ChemCatChem, 2011, 3(6): 969-972.

[120] Degirmenci V, Hensen E J M. Development of a heterogeneous catalyst for lignocellulosic biomass conversion: Glucose dehydration by metal chlorides in a silica-supported ionic liquid layer. Environmental Progress & Sustainable Energy, 2013, 33(2): 657-662.

[121] Lucas N, Kokate G, Nagpure A, et al. Dehydration of fructose to 5-hydroxymethyl furfural over ordered AlSBA-15 catalysts. Microporous and Mesoporous Materials, 2013, 181: 38-46.

[122] Yepez A, Garcia A, Climent M S, et al. Catalytic conversion of starch into valuable furan derivatives using supported metal nanoparticles on mesoporous aluminosilicate materials. Catalysis Science & Technology, 2013, 4(2): 428-434.

[123] Xu Q, Zhu Z, Tian Y K, et al. Sn-MCM-41 as efficient catalyst for the conversion of glucose into 5-hydroxymethylfurfural in ionic liquids. BioResources, 2014, 9(1): 303-315.

[124] Moliner M, Roman-Leshkov Y, Davis M E. Tin-containing zeolites are highly active catalysts for the isomerization of glucose in water. Proceedings of the National Academy of Sciences of the United States of America, 2010, 107(14): 6164-6168.

[125] Nikolla E, Román-Leshkov Y, Moliner M, et al. "One-pot" synthesis of 5-(hydroxymethyl) furfural from carbohydrates using tin-beta zeolite. ACS Catalysis, 2011, 1(4): 408-410.

[126] Bermejo-Deval R, Gounder R, Davis M E. Framework and extraframework tin sites in zeolite beta react glucose differently. ACS Catalysis, 2012, 2(12): 2705-2713.

[127] Wang J J, Ren J W, Liu X H, et al. Direct conversion of carbohydrates to 5-hydroxymethylfurfural using Sn-Mont catalyst. Green Chemistry, 2012, 14(9): 2506-2512.

[128] Yang G, Pidko E A, Hensen E J. The mechanism of glucose isomerization to fructose over Sn-BEA zeolite: A periodic density functional theory study. ChemSusChem, 2013, 6(9): 1688-1696.

[129] Bermejo-Deval R, Assary R S, Nikolla E, et al. Metalloenzyme-like catalyzed isomerizations of sugars by Lewis acid zeolites. Proceedings of the National Academy of Sciences of the United States of America, 2012, 109(25): 9727-9732.

[130] Lew C M, Rajabbeigi N, Tsapatsis M. Tin-containing zeolite for the isomerization of cellulosic sugars. Microporous and Mesoporous Materials, 2012, 153: 55-58.

[131] Crisci A J, Tucker M H, Lee M Y, et al. Acid-functionalized SBA-15-type silica catalysts for carbohydrate dehydration. ACS Catalysis, 2011, 1(7): 719-728.

[132] Guo X C, Cao Q, Jiang Y J, et al. Selective dehydration of fructose to 5-hydroxymethylfurfural catalyzed by mesoporous SBA-15-SO_3H in ionic liquid BmimCl. Carbohydrate Research, 2012, 351: 35-41.

[133] Tucker M H, Crisci A J, Wigington B N, et al. Acid-functionalized SBA-15-type periodic mesoporous organosilicas and their use in the continuous production of 5-hydroxymethylfurfural. ACS Catalysis, 2012, 2(9): 1865-1876.

[134] Alamillo R, Crisci A J, Gallo J M, et al. A tailored microenvironment for catalytic biomass conversion in inorganic-organic nanoreactors. Angewandte Chemie International Edition, 2013, 52(39): 10349-10351.

[135] Karimi B, Mirzaei H M. The influence of hydrophobic/hydrophilic balance of the mesoporous solid acid catalysts in the selective dehydration of fructose into HMF. RSC Advances, 2013, 3(43): 20655-20661.

[136] Wu Z J, Ge S H, Ren C X, et al. Selective conversion of cellulose into bulk chemicals over Brønsted acid-promoted ruthenium catalyst: one-pot vs. sequential process. Green Chemistry, 2012, 14(12): 3336-3343.

[137] Wang J J, Xu W J, Ren J W, et al. Efficient catalytic conversion of fructose into hydroxymethylfurfural by a novel carbon-based solid acid. Green Chemistry, 2011, 13(10): 2678-2681.

[138] Guo F, Fang Z, Zhou T J. Conversion of fructose and glucose into 5-hydroxymethylfurfural with lignin-derived carbonaceous catalyst under microwave irradiation in dimethyl sulfoxide-ionic liquid mixtures. Bioresource Technology, 2012, 112: 313-318.

[139] Qi X H, Guo H X, Li L Y, et al. Acid-catalyzed dehydration of fructose into 5-hydroxymethylfurfural by cellulose-derived amorphous carbon. ChemSusChem, 2012, 5(11): 2215-2220.

[140] Liu R L, Chen J Z, Huang X, et al. Conversion of fructose into 5-hydroxymethylfurfural and alkyl levulinates catalyzed by sulfonic acid-functionalized carbon materials. Green Chemistry, 2013, 15(10): 2895-2903.

[141] Villa A, Schiavoni M, Fulvio P F, et al. Phosphorylated mesoporous carbon as effective catalyst for the selective fructose dehydration to HMF. Journal of Energy Chemistry, 2013, 22(2): 305-311.

[142] Wang L, Zhang J, Zhu L F, et al. Efficient conversion of fructose to 5-hydroxymethylfurfural over sulfated porous carbon catalyst. Journal of Energy Chemistry, 2013, 22(2): 241-244.

[143] Qi X H, Liu N, Lian Y F. Carbonaceous microspheres prepared by hydrothermal carbonization of glucose for direct use in catalytic dehydration of fructose. RSC Advances, 2015, 5(23): 17526-17531.

[144] Gallo J M R, Alamillo R, Dumesic J A. Acid-functionalized mesoporous carbons for the continuous production of 5-hydroxymethylfurfural. Journal of Molecular Catalysis A: Chemical, 2016, 422: 13-17.

[145] Zhang Y L, Shen Y T, Chen Y, et al. Hierarchically carbonaceous catalyst with Brønsted–Lewis acid sites prepared through Pickering HIPEs templating for biomass energy conversation. Chemical Engineering Journal, 2016, 294: 222-235.

[146] Wang H L, Kong Q Q, Wang Y X, et al. Graphene oxide catalyzed dehydration of fructose into 5-hydroxymethylfurfural with isopropanol as cosolvent. ChemCatChem, 2014, 6(3): 728-732.

[147] 汪祝胜, 胡卫雅, 李瑛, 等. 碳基固体酸催化剂的制备与应用. 浙江化工, 2014, 45(12): 47-51.

[148] Hu L, Tang X, Wu Z, et al. Magnetic lignin-derived carbonaceous catalyst for the dehydration of fructose into 5-hydroxymethylfurfural in dimethylsulfoxide. Chemical Engineering Journal, 2015, 263: 299-308.

[149] Chheda J N, Román-Leshkov Y, Dumesic J A. Production of 5-hydroxymethylfurfural and furfural by dehydration of biomass-derived mono- and poly-saccharides. Green Chemistry, 2007, 9(4): 342-350.

[150] Román-Leshkov Y, Barrett C J, Liu Z Y, et al. Production of dimethylfuran for liquid fuels from biomass-derived carbohydrates. Nature, 2007, 447(7147): 982-985.

[151] Wasserscheid P, Keim W. Ionic liquids: New "solutions" for transition metal catalysis. Angewandte Chemie International Edition, 2000, 39(21): 3772-3789.

[152] Tan S S Y, MacFarlane D R. Ionic liquids in biomass processing. Topics in Current Chemistry, 2009, 290: 311-339.

[153] Fayet C, Gelas J. New synthesis of 5-hydroxymethyl-2-furaldehyde by reaction of ammonium or immonium salts with mono-, oligo- and poly-saccharides: Direct synthesis of 5-halogenomethyl-2-furaldehyde. Carbohydrate Research, 1983, 122(1): 59-68.

[154] Lansalot-Matras C, Moreau C. Dehydration of fructose into 5-hydroxymethylfurfural in the presence of ionic liquids. Catalysis Communications, 2003, 4(10): 517-520.

[155] 张盈盈, 陆小华, 冯新, 等. 胆碱类低共熔溶剂的物性及应用. 化学进展, 2013, 25(6): 881-892.

[156] 熊兴泉, 韩骞, 石霖, 等. 低共熔溶剂在绿色有机合成中的应用. 有机化学, 2016, 36(3): 480-489.

[157] Guajardo N, Müller C R, Schrebler R, et al. Deep eutectic solvents for organocatalysis, biotransformations, and multistep organocatalyst/enzyme combinations. ChemCatChem, 2015, 8(6): 1020-1027.

[158] Hu S Q, Zhang Z F, Zhou Y X, et al. Direct conversion of inulin to 5-hydroxymethylfurfural in biorenewable ionic liquids. Green Chemistry, 2009, 11(6): 873-877.

[159] Vigier K D O, Benguerba A, Barrault J, et al. Conversion of fructose and inulin to 5-hydroxymethylfurfural in sustainable betaine hydrochloride-based media. Green Chemistry, 2012, 14(2): 285-289.

[160] Li C, Zhang Z, Zhao Z B. Direct conversion of glucose and cellulose to 5-hydroxymethylfurfural in ionic liquid under microwave irradiation. Tetrahedron Letters, 2009, 50: 5403-5405.

[161] Tan M X, Zhao L, Zhang Y G. Production of 5-hydroxymethyl furfural from cellulose in $CrCl_2$/Zeolite/BMIMCl system. Biomass and Bioenergy, 2011, 35(3): 1367-1370.

[162] Zakrzewska M E, Bogel-Łukasik E, Bogel-Łukasik R. Ionic liquid-mediated formation of 5-hydroxymethylfurfurals: A promising biomass-derived building block. Chemical Reviews, 2011, 111(2): 397-417.

[163] 胡磊, 吴真, 许家兴, 等. 5-羟甲基糠醛选择性加氢制备2,5-二甲基呋喃的研究进展. 林产化学与工业, 2015, 35(3): 133-138.

[164] Binder J B, Raines R T. Simple chemical transformation of lignocellulosic biomass into furans for fuels and chemicals. Journal of the American Chemical Society, 2009, 131(5): 1979-1985.

[165] Nishimura S, Ikeda N, Ebitani K. Selective hydrogenation of biomass-derived 5-hydroxymethylfurfural (HMF) to 2,5-dimethylfuran (DMF) under atmospheric hydrogen pressure over carbon supported PdAu bimetallic catalyst. Catalysis Today, 2014, 232: 89-98.

[166] Zu Y H, Yang P P, Wang J J, et al. Efficient production of the liquid fuel 2,5-dimethylfuran from 5-hydroxymethylfurfural over Ru/Co_3O_4 catalyst. Applied Catalysis B: Environmental, 2014, 146: 244-248.

[167] Huang Y B, Chen M Y, Yan L, et al. Nickel-tungsten carbide catalysts for the production of 2,5-dimethylfuran from biomass-derived molecules. ChemSusChem, 2014, 7(4): 1068-1072.

[168] Chatterjee M, Ishizaka T, Kawanami H. Hydrogenation of 5-hydroxymethylfurfural in supercritical carbon dioxide/water: A tunable approach to dimethylfuran selectivity. Green Chemistry, 2014, 16(3): 1543-1551.

[169] Thananatthanachon T, Rauchfuss T B. Efficient production of the liquid fuel 2,5-dimethylfuran from fructose using formic acid as a reagent. Angewandte Chemie International Edition, 2010, 49(37): 6616-6618.

[170] De S, Dutta S, Saha B. One-pot conversions of lignocellulosic and algal biomass into liquid fuels. ChemSusChem, 2012, 5(9): 1826-1833.

[171] Hansen T S, Barta K, Anastas P T, et al. One-pot reduction of 5-hydroxymethylfurfural via hydrogen transfer from supercritical methanol. Green Chemistry, 2012, 14(9): 2457-2461.

[172] Jae J, Zheng W, Lobo R F, et al. Production of dimethylfuran from hydroxymethylfurfural through catalytic transfer hydrogenation with ruthenium supported on carbon. ChemSusChem, 2013, 6(7): 1158-1162.

[173] Scholz D, Aellig C, Hermans I. Catalytic transfer hydrogenation/hydrogenolysis for reductive upgrading of furfural and 5-(hydroxymethyl)furfural. ChemSusChem, 2013, 7(1): 268–275.

[174] Nilges P, Schröder U. Electrochemistry for biofuel generation: production of furans by electrocatalytic hydrogenation of furfurals. Energy & Environmental Science, 2013, 6(10): 2925-2931.

[175] 张秋云, 蔡杰, 张玉涛, 等. 基于生物质转化制备5-乙氧基甲基糠醛研究进展. 精细石油化工, 2015, 32(1): 42-47.

[176] Lanzafame P, Temi D M, Perathoner S, et al. Etherification of 5-hydroxymethyl-2-furfural (HMF) with ethanol to biodiesel components using mesoporous solid acidic catalysts. Catalysis Today, 2011, 175(1): 435-441.

[177] Che P H, Lu F, Zhang J J, et al. Catalytic selective etherification of hydroxyl groups in 5-hydroxymethylfurfural over $H_4SiW_{12}O_{40}$/MCM-41 nanospheres for liquid fuel production. Bioresource Technology, 2012, 119: 433-436.

[178] Antunes M M, Russo P A, Wiper P V, et al. Sulfonated graphene oxide as effective catalyst for conversion of 5-(hydroxymethyl)-2-furfural into biofuels. ChemSusChem, 2014, 7(3): 804-812.

[179] Tarabanko V E, Smirnova M A, Chernyak M Y. Investigation of acid-catalytic conversion of carbohydrates in the presence of aliphatic alcohols at mild temperatures. Chemistry for Sustainable Development, 2005, 13: 551-558.

[180] Yang Y, Abu-Omar M M, Hu C W. Heteropolyacid catalyzed conversion of fructose, sucrose, and inulin to 5-ethoxymethylfurfural, a liquid biofuel candidate. Applied Energy, 2012, 99: 80-84.

[181] Wang H L, Deng T S, Wang Y X, et al. Efficient catalytic system for the conversion of fructose into 5-ethoxymethyfurfural. Bioresource Technology, 2013, 136: 394-400.

[182] Wang H L, Deng T S, Wang Y X, et al. Graphene oxide as a facile acid catalyst for the one-pot conversion of carbohydrates into 5-ethoxymethylfurfural. Green Chemistry, 2013, 15(9): 2379-2383.

[183] Liu B, Zhang Z H, Deng K J. Efficient one-pot synthesis of 5-(ethoxymethyl)furfural from fructose catalyzed by a novel solid catalyst. Industrial & Engineering Chemistry Research, 2012, 51(47): 15331-15336.

[184] Liu B, Zhang Z H. One-pot conversion of carbohydrates into 5-ethoxymethylfurfural and ethyl D-glucopyranoside in ethanol catalyzed by a silica supported sulfonic acid catalyst. RSC Advances, 2013, 3(30): 12313-12319.

[185] Liu B, Zhang Z H, Huang K C, et al. Efficient conversion of carbohydrates into 5-ethoxymethylfurfural in ethanol catalyzed by $AlCl_3$. Fuel, 2013, 113: 625-631.

[186] Wang S G, Zhang Z H, Liu B, et al. Silica coated magnetic Fe_3O_4 nanoparticles supported phosphotungstic acid: A novel environmentally friendly catalyst for the synthesis of 5-ethoxymethylfurfural from 5-hydroxymethylfurfural and fructose. Catalysis Science & Technology, 2013, 3(8): 2104-2112.

[187] Liu A Q, Liu B, Wang Y M, et al. Efficient one-pot synthesis of 5-ethoxymethylfurfural from fructose catalyzed by heteropolyacid supported on K-10 clay. Fuel, 2014, 117: 68-73.

[188] Liu A Q, Zhang Z H, Fang Z F, et al. Synthesis of 5-ethoxymethylfurfural from 5-hydroxymethylfurfural and fructose in ethanol catalyzed by MCM-41 supported phosphotungstic acid. Journal of Industrial and Engineering Chemistry, 2014, 20: 1977-1984.

[189] Ren R S, Liu B, Zhang Z H, et al. Silver-exchanged heteropolyacid catalyst (Ag_1H_2PW): An efficient heterogeneous catalyst for the synthesis of 5-ethoxymethylfurfural from 5-hydroxymethylfurfural and fructose. Journal of Industrial and Engineering Chemistry, 2015, 21: 1127-1131.

[190] Yin S S, Sun J, Liu B, et al. Magnetic material grafted cross-linked imidazolium based polyionic liquids: An efficient acid catalyst for the synthesis of promising liquid fuel 5-ethoxymethylfurfural from carbohydrates. Journal of Materials Chemistry A, 2015, 3(9): 4992-4999.

[191] Yuan Z L, Zhang Z H, Zheng J D, et al. Efficient synthesis of promising liquid fuels 5-ethoxymethylfurfural from carbohydrates. Fuel, 2015, 150: 236-242.

[192] Li H, Govind K S, Kotni R, et al. Direct catalytic transformation of carbohydrates into 5-ethoxymethylfurfural with acid-base bifunctional hybrid nanospheres. Energy Conversion and Management, 2014, 88: 1245-1251.

[193] 丁璟, 赵俊琦, 程时标, 等. 生物基1,6-己二醇的研究进展. 化工进展, 2015, 34(12): 4209-4213.

[194] Nakagawa Y, Tomishige K. Total hydrogenation of furan derivatives over silica-supported Ni-Pd alloy catalyst. Catalysis Communications, 2010, 12(3): 154-156.

[195] Nakagawa Y, Takada K, Tamura M, et al. Total hydrogenation of furfural and 5-hydroxymethylfurfural over supported Pd-Ir alloy catalyst. ACS Catalysis, 2014, 4(8): 2718-2726.

[196] Yao S X, Wang X C, Jiang Y J, et al. One-step conversion of biomass-derived 5-hydroxymethylfurfural to 1,2,6-hexanetriol over Ni-Co-Al mixed oxide catalysts under mild conditions. ACS Sustainable Chemistry & Engineering, 2013, 2(2): 173-180.

[197] Buntara T, Noel S, Phua P H, et al. Caprolactam from renewable resources: Catalytic conversion of 5-hydroxymethylfurfural into caprolactone. Angewandte Chemie International Edition, 2011, 50(31): 7083-7087.

[198] Chen K, Koso S, Kubota T, et al. Chemoselective hydrogenolysis of tetrahydropyran-2-methanol to 1,6-hexanediol over Rhenium-modified carbon-supported Rhodium catalysts. ChemCatChem, 2010, 2(5): 547-555.

[199] 卢蒙, 周阔, 刘迎新, 等. 2,5-呋喃二甲醛合成研究进展. 化工生产与技术, 2016, 23(1): 35-42.

[200] Nie J F, Xie J H, Liu H C. Efficient aerobic oxidation of 5-hydroxymethylfurfural to 2,5-diformylfuran on supported Ru catalysts. Journal of Catalysis, 2013, 301: 83-91.

[201] Antonyraj C A, Jeong J, Kim B, et al. Selective oxidation of HMF to DFF using Ru/γ-alumina catalyst in moderate boiling solvents toward industrial production. Journal of Industrial and Engineering Chemistry, 2013, 19(3): 1056-1059.

[202] Wang Y M, Liu B, Huang K C, et al. Aerobic oxidation of biomass-derived 5-(hydroxymethyl)furfural into 2,5-diformylfuran catalyzed by the trimetallic mixed oxide (Co-Ce-Ru). Industrial & Engineering Chemistry Research, 2014, 53(4): 1313-1319.

[203] Wang S G, Zhang Z H, Liu B, et al. Environmental-friendly oxidation of biomass derived 5-hydroxymethylfurfural into 2,5-diformylfuran catalyzed by magnetic separation of ruthenium catalyst. Industrial & Engineering Chemistry Research, 2014, 53(14): 5820-5827.

[204] Yadav G D, Sharma R V. Biomass derived chemicals: Environmentally benign process for oxidation of 5-hydroxymethylfurfural to 2,5-diformylfuran by using nano-fibrous Ag-OMS-2-catalyst. Applied Catalysis B: Environmental, 2014, 147: 293-301.

[205] Zhu Y Q, Shen M N, Xia Y G, et al. Au/MnO₂ nanostructured catalysts and their catalytic performance for the oxidation of 5-(hydroxymethyl)furfural. Catalysis Communications, 2015, 64: 37-43.

[206] Zhu Y, Lu M. Plant-mediated synthesis of Au-Pd alloy nanoparticles supported on MnO₂ nanostructures and their application toward oxidation of 5-(hydroxymethyl)furfural. RSC Advances, 2015, 5(104): 85579-85585

[207] Moreau C, Durand R, Pourcheron C, et al. Selective oxidation of 5-hydroxymethylfurfural to 2,5-furan-dicarboxaldehyde in the presence of titania supported vanadia catalysts. Studies in Surface Science and Catalysis, 1997, 108: 399-406.

[208] Carlini C, Patrono P, Galletti A M R, et al. Selective oxidation of 5-hydroxymethyl-2-furaldehyde to furan-2,5-dicarboxaldehyde by catalytic systems based on vanadyl phosphate. Applied Catalysis A: General, 2005, 289(2): 197-204.

[209] Navarro O C, Canós A C, Chornet S I. Chemicals from biomass: Aerobic oxidation of 5-hydroxymethyl-2-furaldehyde into diformylfurane catalyzed by immobilized vanadyl-pyridine complexes on polymeric and organofunctionalized mesoporous supports. Topics in Catalysis, 2009, 52(3): 304-314.

[210] Yang Z Z, Deng J, Pan T, et al. A one-pot approach for conversion of fructose to 2,5-diformylfuran by combination of Fe₃O₄-SBA-SO₃H and K-OMS-2. Green Chemistry, 2012, 14(11): 2986-2989.

[211] Grasset F L, Katryniok B, Paul S, et al. Selective oxidation of 5-hydroxymethylfurfural to 2,5-diformylfuran over intercalated vanadium phosphate oxides. RSC Advances, 2013, 3(25): 9942-9948.

[212] Le N T, Lakshmanan P, Cho K, et al. Selective oxidation of 5-hydroxymethyl-2-furfural into 2,5-diformylfuran over VO^{2+} and Cu^{2+} ions immobilized on sulfonated carbon catalysts. Applied Catalysis A: General, 2013, 464-465: 305-312.

[213] Jia X Q, Ma J P, Wang M, et al. Promoted role of Cu(NO₃)₂ on aerobic oxidation of 5-hydroxymethylfurfural to 2,5-diformylfuran over VOSO₄. Applied Catalysis A: General, 2014, 482: 231-236.

[214] Ghezali W, De Oliveira Vigier K, Kessas R, et al. A choline chloride/DMSO solvent for the direct synthesis of diformylfuran from carbohydrates in the presence of heteropolyacids. Green Chemistry, 2015, 17(8): 4459-4464.

[215] Xu F, Zhang Z. Polyaniline-grafted VO(acac)₂: An effective catalyst for the synthesis of 2,5-diformylfuran from 5-hydroxymethylfurfural and fructose. ChemCatChem, 2015, 7(9): 1470-1477.

[216] Takagaki A, Takahashi M, Nishimura S, et al. One-pot synthesis of 2,5-diformylfuran from carbohydrate derivatives by sulfonated resin and hydrotalcite-supported ruthenium catalysts. ACS Catalysis, 2011, 1(11): 1562-1565.

[217] Zhang S Q, Li W F, Zeng X H, et al. Production of 2,5-diformylfuran from biomass-derived glucose via one-pot two-step process. BioResources, 2014, 9(3): 4568-4580.

[218] 周佳栋, 曹飞, 余作龙, 等. 生物基聚酯单体2,5-呋喃二甲酸的制备及应用研究进展. 高分子学报, 2015(1): 1-13.

[219] 陈天明, 林鹿. 高锰酸钾法制备2,5-呋喃二甲酸. 化学试剂, 2011, 33(11-13).

[220] Partenheimer W, Grushin V V. Synthesis of 2,5-diformylfuran and furan-2,5-dicarboxylic acid by catalytic air-oxidation of 5-hydroxymethylfurfural: Unexpectedly selective aerobic oxidation of benzyl alcohol to benzaldehyde with metal bromide catalysts. Advanced Synthesis & Catalysis, 2001, 343(1): 102-111.

[221] Saha B, Dutta S, Abu-Omar M M. Aerobic oxidation of 5-hydroxylmethylfurfural with homogeneous and nanoparticulate catalysts. Catalysis Science & Technology, 2012, 2(1): 79-81.

[222] Vinke P, Van Der Poel W, Van Bekkum H. On the oxygen tolerance of noble metal catalysts in liquid phase alcohol oxidations the influence of the support on catalyst deactivation. Studies in Surface Science and Catalysis, 1991, 59: 385-394.

[223] Davis S E, Houk L R, Tamargo E C, et al. Oxidation of 5-hydroxymethylfurfural over supported Pt, Pd and Au catalysts. Catalysis Today, 2011, 160(1): 55-60.

[224] Davis S E, Zope B N, Davis R J. On the mechanism of selective oxidation of 5-hydroxymethylfurfural to 2,5-furandicarboxylic acid over supported Pt and Au catalysts. Green Chemistry, 2012, 14(1): 143-147.

[225] Casanova O, Iborra S, Corma A. Biomass into chemicals: aerobic oxidation of 5-hydroxymethyl-2-furfural into 2,5-furandicarboxylic acid with gold nanoparticle catalysts. ChemSusChem, 2009, 2(12): 1138-1144.

[226] Taarning E, Nielsen I S, Egeblad K, et al. Chemicals from renewables: Aerobic oxidation of furfural and hydroxymethylfurfural over gold catalysts. ChemSusChem, 2008, 1(1-2): 75-78.

[227] Casanova O, Iborra S, Corma A. Biomass into chemicals: One pot-base free oxidative esterification of 5-hydroxymethyl-2-furfural into 2,5-dimethylfuroate with gold on nanoparticulated ceria. Journal of Catalysis, 2009, 265(1): 109-116.

[228] Gupta N K, Nishimura S, Takagaki A, et al. Hydrotalcite-supported gold-nanoparticle-catalyzed highly efficient base-free aqueous oxidation of 5-hydroxymethylfurfural into 2,5-furandicarboxylic acid under atmospheric oxygen pressure. Green Chemistry, 2011, 13(4): 824-827.

[229] Ribeiro M L, Schuchardt U. Cooperative effect of cobalt acetylacetonate and silica in the catalytic cyclization and oxidation of fructose to 2,5-furandicarboxylic acid. Catalysis Communications, 2003, 4(2): 83-86.

[230] Van Deurzen M P J, Van Rantwijk F, Sheldon R A. Chloroperoxidase-catalyzed oxidation of 5-hydroxymethylfurfural. Journal of Carbohydrate Chemistry, 1997, 16(3): 299-309.

[231] Koopman F, Wierckx N, De Winde J H, et al. Efficient whole-cell biotransformation of 5-(hydroxymethyl) furfural into FDCA, 2,5-furandicarboxylic acid. Bioresource Technology, 2010, 101(16): 6291-6296.

[232] Durling L J, Busk L, Hellman B E. Evaluation of the DNA damaging effect of the heat-induced food toxicant 5-hydroxymethylfurfural (HMF) in various cell lines with different activities of sulfotransferases. Food and Chemical Toxicology, 2009, 47(4): 880-884.

第七章　乙酰丙酸(酯)合成新型平台分子 γ-戊内酯

生物质糖转化平台主要指利用木质纤维素中的纤维素及半纤维素组分，因而糖转化平台是基于木质纤维素有效的分级分离。以纤维素或半纤维素为原料，经过生物催化或化学催化可以制备各种生物基平台化合物，如乙醇[1]、乳酸[2]、糠醛[3]、HMF[4]、LA[5]及GVL[6]等(图7-1)。相对于纤维素和半纤维素及其结构糖单元，这些平台分子中只保留了适当的官能基团(如羟基、羰基和羧酸基团等)，可以根据需要调整催化反应条件以控制这些平台化合物的后续转化途径，然后制备其他高附加值的化学品、材料及液体燃料。此外，分离的木质素组分同样可以经过化学催化转化或热化学转化制备芳香类化学品或燃料[7]。

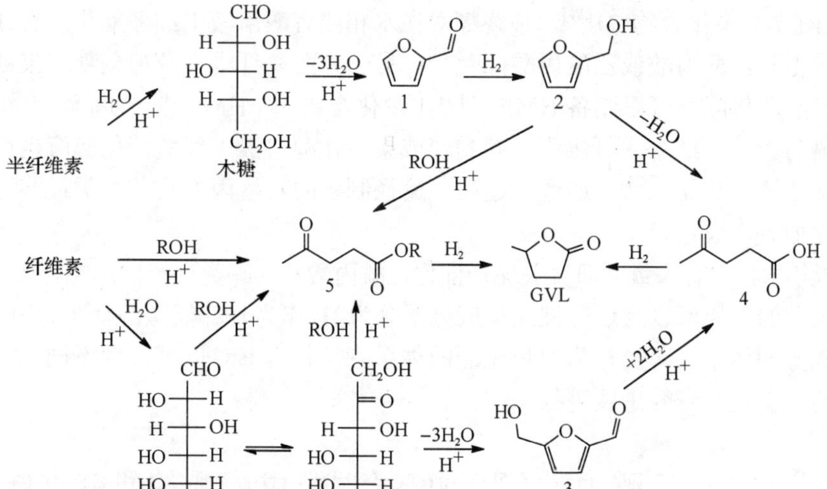

图 7-1　从纤维素和半纤维素制备 GVL 的反应路径[6]

在这些木质纤维素衍生的平台化合物中，GVL 以其独特的物理化学性质(表7-1)及广泛的应用潜能受到各国研究者们的持续关注。γ-戊内酯具有无毒、可生物降解的特性，被认为是最具应用前景的生物质基平台化合物之一，并作为可持续供应的碳源用于制备其他碳基化学品、材料及燃料[8]。

表 7-1　GVL 的各项物化性质[6]

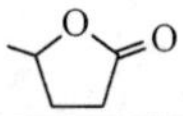	CAS-No	分子式	质量分数/(g/mol)	折光率/(n20/D)	密度/(g/mL)	闪点/℃	熔点/℃	沸点/℃
数值	108-29-2	$C_5H_8O_2$	100.112	1.432	1.05	96	−31	207~208

	水中溶解度/%	LD_{50}/(大鼠口服,mg/kg)	运动粘度/(mm^2/s, 40℃)	ΔH_{vap}/(kJ/mol)	$\Delta_c H°_{liquid}$/(kJ/mol)	$\Delta_f H°_{298}$/(kJ/mol)	十六烷值	低位发热量/(MJ/kg)
数值	100	8800	2.1	54.8±0.4	−2649.6±0.8	−461.3	<10	25

尽管 GVL 可以用作生物质催化转化的绿色溶剂,并且可以用于制备其他高附加值的化学品、液体燃料和材料,但在未来生物炼制领域的商业化应用还取决于生产成本。通过生物质基乙酰丙酸及其酯类的催化加氢可直接合成 GVL,而木质纤维素中的纤维素和半纤维素组分都可以用于制备乙酰丙酸及其酯类,因此纤维素和半纤维素都是制备 GVL 的原料[9]。如图 7-1 所示,半纤维素中的木糖部分在酸催化下脱水可以得到糠醛(图 7-1 中化合物 1)[10],糠醛经过催化加氢可以制备糠醇(图 7-1 中化合物 2)[11],最终糠醇在水相或者醇溶液中经酸催化水解或醇解可分别得到乙酰丙酸或乙酰丙酸酯[12-15];另一方面,纤维素及葡萄糖或果糖在水相中经酸催化降解可以制备 HMF(图 7-1 中化合物 3),HMF 进一步再水合可以得到乙酰丙酸[16];此外,纤维素及葡萄糖或果糖在醇溶液中经酸催化醇解也可以直接制备乙酰丙酸酯[17-21],通过上述两种途径制备的乙酰丙酸及其酯类最终可以通过催化加氢合成 GVL。

近年来,已有大量的研究关注于催化乙酰丙酸及其酯类选择性加氢合成 GVL。依据氢源的差异可以将这些催化反应体系分为 H_2 作为外部氢源的体系、甲酸作为原位氢源的体系及醇类作为原位氢源的体系三类。本书对以上三种不同氢源催化体系的特点及其研究进展进行总结。

第一节　乙酰丙酸(酯)加氢合成γ-戊内酯的研究进展

一、H_2 作为外部氢源

图 7-2 中描述了分子 H_2 催化体系中乙酰丙酸选择性还原制备γ-戊内酯的两种可能机理。一般认为在液相加氢体系中,乙酰丙酸分子中的 4 位羰基首先被还原成羟基得到 4-羟基戊酸(4-Hydroxyvaleric acid,HVA),HVA 对热不稳定,很容易继续环化脱去一分子水形成更稳定的γ-戊内酯[22];而在气相加氢途径中,较高的气化温度会导致乙酰丙酸发生烯醇化并脱水环化形成α-当归内酯(α-Angelica lactone,AAL),AAL 进一步加氢还原可以生成γ-戊内酯[23]。

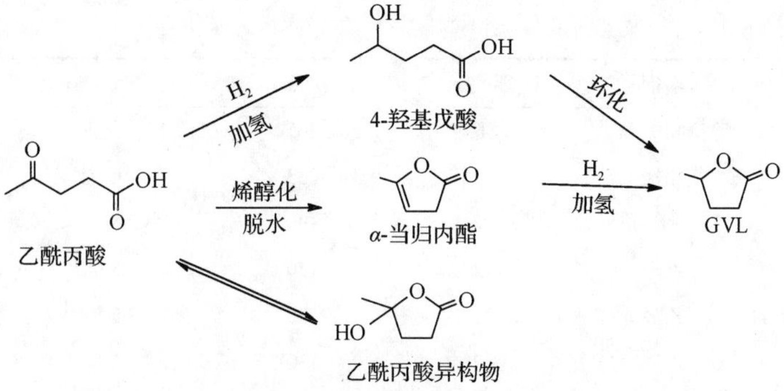

图 7-2 乙酰丙酸选择性加氢还原制备 GVL 的反应机理

(一)非均相催化体系

分子 H_2 一般需要在催化剂的作用下才能展现出高效的还原能力,目前用于还原乙酰丙酸合成 γ-戊内酯的催化剂主要以含过渡态活性金属的多相催化剂为主(表 7-2)。这类加氢催化剂一般都以贵金属为活性组分,从经济性的角度考虑,高度分散的负载型催化剂是必然的选择。

表 7-2 各种非均相反应条件下还原乙酰丙酸合成 GVL

催化剂	溶剂	H_2压力/bar*	T/℃	t/h	得率/%
PtO_2	乙醇	2.3~3	22~24	44	87
Raney Ni	无溶剂	62	185	4.5	93
Raney Ni	无溶剂	48	220	3	94
Reduced CuO/Cr_2O_3	气相加氢	0.07~0.35	200	连续反应	100
Ir/C	环氧己烷	55	150	2	47
Rh/C	环氧己烷	55	150	2	28
Pd/C	环氧己烷	55	150	2	27
Ru/C	环氧己烷	55	150	2	72
Pt/C	环氧己烷	55	150	2	10
Re/C	环氧己烷	55	150	2	6
Ni/C	环氧己烷	55	150	2	0.4
Ru/SiO_2	水和超临界 CO_2	100	200	连续反应	99
Raney Ni	甲醇	12	130	2.5	6.6
Urushibara Ni	甲醇	12	130	2.5	4.8
Ru/C	气相加氢	1	265	连续反应	98.6

* 1bar = 0.1MPa。

续表

催化剂	溶剂	H_2压力/bar*	T/℃	t/h	得率/%
Pd/C	气相加氢	1	265	连续反应	90
Pt/C	气相加氢	1	265	连续反应	30
Ru/C	水	12	130	2.5	86.2
Ru/TiO$_2$	乙醇	12	130	2.5	62.4
Ru/Al$_2$O$_3$	乙醇	12	130	2.5	32.3
Ru/SiO$_2$	乙醇	12	130	2.5	77
Ru/C	无溶剂	12	25	50	97.5
Cu/ZrO$_2$	水	35	200	5	100
Cu/ZrO$_2$	甲醇	35	200	5	90
Ru/TiO$_2$	水	35	150		93
Ru/Al$_2$O$_3$ + A70	水	3	70	3	55
Ru/C + A70	水	3	70	3	99.9
Ru/C + A70	水	0.5	70	3	97
RuSn(3.6:1)/C	仲丁基苯酚	35	180	过夜	97

在非均相系统中利用分子H_2作为氢源还原乙酰丙酸制备γ-戊内酯的报道最早可以追溯到1930年，Schuette和Thomas[24]在比较低的H_2压力和长反应时间条件下以PtO$_2$定量催化乙酰丙酸还原合成了γ-戊内酯。到了20世纪40年代，相继有人利用Raney Ni在高温高压、无溶剂条件下催化合成γ-戊内酯，γ-戊内酯的得率都在90%以上[25,26]。再之后的50年代，Dunlop和Madden[27]将乙酰丙酸(0.5g/5L H_2)在高温(200℃)常压气相条件下进料，用还原过的CuO和Cr$_2$O$_3$的混合物成功地将乙酰丙酸定量地转化为γ-戊内酯。而Broadbent等[28]用Re$_2$O$_7$作为催化剂，在无溶剂、氢气压高达150bar的条件下连续反应18h获得71%的γ-戊内酯得率。

近年来，多种负载型的贵金属催化剂已被应用于催化乙酰丙酸的选择性还原。这其中以Ru基催化剂效果最好，Manzer[29]最早发现负载型的Ru/C比Pt/C和其他负载型催化剂对乙酰丙酸的选择性还原具有更高的活性，Yan等[30]在反应条件相对温和的甲醇体系中也发现了类似的规律。因而，之后大多数研究者都倾向于应用各种Ru基催化剂催化还原乙酰丙酸制备γ-戊内酯。最近，Al-shaal等[31]在各种醇和水及其混合体系中，检验了不同载体的Ru基催化剂加氢还原乙酰丙酸的能力，其中还是以Ru/C的催化效果最好。即使是在无溶剂、室温条件下经过50h的反应，Ru/C仍能将全部乙酰丙酸选择性还原得到γ-戊内酯，而同样条件下Ru/Al$_2$O$_3$和Ru/SiO$_2$催化合成γ-戊内酯的得率都低于10%。这一结果表明，Ru基负载型催化剂的载体对催化剂活性有着不可忽视的影响，但是Al-shaal等并未就载体的影响做进一步深入的表征和分析。而Primo等[32]通过透射电镜发现，相对于其他载体，Ru 纳米颗粒在活性炭上具有更高的分散度。这说明不同的载体分散活性组分的能力有差异，而活性金属在载体上的分散程度极大地影响着 Ru 基负载型催化剂的活性。

基于这一发现，Primo 等[32]通过降低 TiO$_2$ 表面 Ru 的负载量以提高其分散程度，使载体表面 Ru 纳米颗粒的粒度由原来的大于 5nm 降至 2nm 左右，因而 Ru/TiO$_2$ 展现出比 Ru/C 更好的催化活性。在此基础上，Oritiz-Cervantes 和 García[33]以[Ru$_3$(CO)$_{12}$]为前体原位合成粒度在 2～3nm 的纳米 Ru 颗粒(Ru-NPs)。在无溶剂和水体系中，γ-戊内酯的得率都在 95%以上。但是，这种原位合成的 Ru-NPs 容易失活，在循环使用三次后催化活性急剧下降。

单独使用的 Ru 基催化剂一般需要在较为苛刻的高温高压条件下才能获得较高的加氢效率，从安全和经济性方面考虑，在比较温和的条件下实现加氢还原非常值得研究。目前这方面的研究已经取得一些进展，Raspolli 等[34]结合 Ru/C 和固体酸在较低的温度下共催化乙酰丙酸高效选择性还原制备γ-戊内酯。在众多共催化剂中，以 Amberlyst A70 的效果最为突出：在 70℃、0.5bar H$_2$ 条件下反应 3h，γ-戊内酯的得率仍高达 97%以上；而当没有共催化剂存在时γ-戊内酯得率不到 15%。若直接以经过中和过滤后的生物质(芦竹)酸水解产物为原料[35]，则在这一催化体系中γ-戊内酯的得率仍可达到 81.2%(以原料液中乙酰丙酸的量计算)和 16.3wt%(以芦竹的加入量计算)。

开发廉价的非贵金属加氢催化剂一直是众多研究者努力的方向之一，Hengne 和 Rode[36]发现 ZrO$_2$ 和 Al$_2$O$_3$ 负载的纳米 Cu 具有高效催化乙酰丙酸还原合成γ-戊内酯的能力，而且不会出现过度还原的产物。在水溶液中，Cu/ZrO$_2$ 和 Cu/Al$_2$O$_3$ 催化下的γ-戊内酯得率最高均达到 100%(物质的量浓度)。他们认为催化剂的还原活性主要来自于负载的纳米 Cu，作为载体的两性氧化物的 ZrO$_2$ 和 Al$_2$O$_3$ 则有助于加氢产物进一步环化脱水生成γ-戊内酯。但是在水溶液中 Cu/ZrO$_2$ 的活性金属容易流失，而在醇体系中能抑制活性金属的流失。

由于目前尚缺乏高效的从生物质分离提纯乙酰丙酸的手段，所以直接在生物质复杂的降解产物中还原乙酰丙酸制备γ-戊内酯非常值得研究。最近，Heeres 等[37]联合三氟乙酸和 Ru/C 一锅法从果糖直接制备γ-戊内酯。为了避免果糖优先被还原生成山梨醇，需在低温阶段以降低搅动速度的方式减少果糖与 H$_2$ 的接触，最终γ-戊内酯的得率可达到 62%。最近几种便于产物和催化剂分离的催化体系相继被开发出来，Bourne 等[38]用 Ru/SiO$_2$ 在水和超临界 CO$_2$(scCO$_2$)的两相体系中同步完成乙酰丙酸的加氢和γ-戊内酯的分离。在这种体系中，乙酰丙酸和γ-戊内酯能自动分离并分别进入水相和 scCO$_2$ 相中，从而实现了γ-戊内酯的高效的分离。这一工艺具有一定工业应用的价值，但是需要在 100bar 压力下才能实现γ-戊内酯的分离，这对设备的要求非常高。此外，Selva 等[39]描述了一种便于催化剂分离的三相催化体系(水相-离子液体相-有机相)合成 γ-戊内酯。选用的离子液体能在有机相和水相之间形成第三相,反应前后 Ru/C 能够全部分散在离子液体相中,而反应则在水相中进行,故能方便地实现离子液体和催化剂的回收再利用。虽然这种三相体系能够高效地实现 γ-戊内酯和催化剂的分离,但是价格昂贵的离子液体使得这一体系不适合进一步放大。最近,Dumesic 等[40,41]应用双金属催化剂 RuSn/C 在 2-丁基苯酚(SBP)和水的双相体系中实现了乙酰丙酸的选择性还原和 γ-戊内酯的同步分离,而 SBP 中的碳碳双键几乎不受影响。这一工艺在未来可能具有一定的工业应用潜能:一方面,SBP 可从木质素衍生制得[42],是廉价可再生的溶剂;另一方面,在水和 SBP 形成的两相体系中,γ-戊内酯在 SBP 中具有比较大的分配系数,因而在水相中加氢还原得到的 γ-戊内酯可以迅速地转移到有机层中,从而实现产物的快速分离。但是 RuSn/C 的催化活性相较于 Ru/C 不是很令人满意。

除了上述间歇的液相非均相加氢体系外,气相的连续加氢反应也被应用于乙酰丙酸的选择性还原。最近,Upare 等[43]在固定床反应器中以乙酰丙酸的 1,4-二氧六环溶液进料,在 265℃下以 Ru/C 催化还原乙酰丙酸,γ-戊内酯的得率达到了 100%(物质的量浓度),而且催化剂的活性在经历 240h 的反应后没有出现明显的降低。当以 Pd/C 和 Pt/C 催化时,产物中出现了大量的 AAL,而且产物中还检测到一定量的过度加氢产物 2-甲基四氢呋喃。2-甲基四氢呋喃在空气中极易被过氧化,其过氧化物是极易燃易爆的化合物,当其在空气中质量比例达到 100mg/L 左右时就非常危险,所以 2-甲基四氢呋喃是我们极力要避免的过度加氢产物。

连续的气相加氢具有加氢效率高、贴近实际生产的特点,但是其需要在比液相反应高得多的温度下进行,而且如何避免过度加氢仍是亟需解决的难题之一。

(二)均相催化体系

均相催化剂是加氢催化剂另一重要的研究方向,均相催化剂一般具有用量少、加氢效率高等特点,缺点则是结构复杂、回收困难。乙酰丙酸的均相催化加氢可以追溯到 1991 年,Braca 等[44]应用多种 Ru 基配合物催化剂在水相中实现乙酰丙酸的还原,其中以 $Ru(CO)_4I_2$ 的催化效果最为突出,但是必须要同时以 HI 或 NaI 作为促进剂时 Ru 配合物才能稳定存在。研究发现,$Ru(CO)_4I_2$ 在水中主要以 $HRu(CO)_3I_3$ 的形式存在,这种形式的 Ru 配合物不但具有酸性,而且有很强的加氢能力。Braca 等利用 $Ru(CO)_4I_2$ 在水中的这种特性,用一种催化剂同步实现了以葡萄糖和果糖为原料降解转化乙酰丙酸进而加氢制得 γ-戊内酯[44],但这一途径存在催化剂回收困难且容易失活的问题。

近年来,研究者相继开发了多种均相催化剂(见表 7-3),其中仍以 Ru 基催化剂效果最为突出。最近,Starodubtseva 等[45]在 60℃下,用手性的 Ru^{II}-BINAP 在乙醇中催化还原乙酰丙酸乙酯合成 γ-戊内酯,γ-戊内酯的得率可在 95%以上。Ru^{II}-

BINAP 在室温下仍有很好的催化活性,在 25℃下反应 18h 后 γ-戊内酯的得率也在 85%以上。Mehdi 等[46]则分别以 Ru(acac)$_3$/TPPTS 在水相中和 Ru(acac)$_3$/PBu$_3$/ NH$_4$PF$_6$ 在无溶剂的条件下催化还原乙酰丙酸,γ-戊内酯的得率分别达到了 95%和 100% (物质的量浓度)。活性中心 Ru 的加氢能力在很大程度上受制于配体的结构,但是 Mehdi 等并未就 TPPTS、PBu$_3$、NH$_4$PF$_6$ 等配体和辅助剂在促进加氢的机理方面作详细的说明。鉴于配体对催化剂的调节作用,Delhomme 等[47]考察了各种水溶性的膦配体对 Ru(acac)$_3$ 加氢活性的影响,发现 Ru(acac)$_3$+TPPTS 的催化效果最佳。Delhomme 认为配体的重要作用之一是稳定 Ru(acac)$_3$,因为在没有配体存在的情况下催化剂容易分解为不溶的黑色颗粒。

表 7-3 各种均相条件下催化乙酰丙酸选择性还原合成 GVL

催化剂	溶剂	H$_2$压力/bar	T/℃	t/h	得率/%
Re$_2$O$_7$	无溶剂	150	106	18	71
Ru(CO)$_4$I$_2$	水	100	150	8	87
Ru^{II}-BINAP	乙醇	60	60	5	95
Ru(acac)$_3$+TPPTS	水	69	140	12	95
Ru(acac)$_3$+PBu$_3$+NH$_4$PF$_6$	无溶剂	100	135	8	100
RuCl$_3$+TPPTS	二氯甲烷/水	45	90	1.3	100
Ru(acac)$_3$+PTA	水	50	140	5	3
Ru(acac)$_3$+TXTPS	水	50	140	5	21.85
Ru(acac)$_3$+TPPMS	水	50	140	5	88.36
Ru(acac)$_3$+TPPTS	水	50	140	5	96.03
Ru(acac)$_3$	水	50	140	5	98
Ir(COE)$_2$Cl$_2$+KOH	乙醇	50	100	15	96
Ru(acac)$_3$+Bu-DPPDS	无溶剂	10	140	4.5	99.9
Ru(acac)$_3$+Pr-DPPDS	无溶剂	10	140	4.5	98.9

上述均相催化体系都需要在较高 H$_2$ 压力下(通常大于 5MPa)才能保证 γ-戊内酯的高得率。最近,Tukacs 等[48]以 Ru(acac)$_3$ 结合烷基取代的苯基膦磺酸盐(R$_n$P(C$_6$H$_4$-m-SO$_3$Na)$_{3-n}$ (n=1 或 2; R=Me, Pr, iPr, Bu, Cp))为配体,在无溶剂 10barH$_2$ 条件下即完成了乙酰丙酸的定量还原。实验发现,配体中烷基取代的数量和种类对催化体系的催化活性影响很大,其中以一取代的配体 BuP(C$_6$H$_4$-m-SO$_3$Na)$_2$ 和 PrP(C$_6$H$_4$-m-SO$_3$Na)$_2$ 催化效果最好。而同等条件下直接以没有烷基取代的 TPPTS 作为配体时,γ-戊内酯的得率只有 26.9%(物质的量浓度)。

为了方便地回收催化剂,Chalid 等[49]以二氯甲烷和水构成两相体系,以原位合成的水溶性 Ru/TPPTS 催化还原水相中乙酰丙酸合成 γ-戊内酯。反应完成后,

Ru基催化剂和生成的γ-戊内酯分别溶解在水相和有机相中，经过简单相分离后回收的催化剂仍保留了相当的活性。除此以外，为了避开高能耗的乙酰丙酸分离，Heeres等[37]以三氟乙酸和原位生成的Ru/TPPTS分别作为糖水解和乙酰丙酸加氢的催化剂，以一锅法催化转化葡萄糖制备γ-戊内酯，最终产物中乙酰丙酸和γ-戊内酯的得率分别达到19%和23%（物质的量浓度）。值得注意的是，在上述反应条件下，Ru/TPPTS催化效率反而不如非均相催化剂Ru/C，这可能是因为成分复杂的葡萄糖降解产物破坏了Ru/TPPTS的稳定性。因而，结构简单而稳定的其他均相催化剂亟待开发。

除了Ru基催化剂以外，最近Li等[50]开发了以Ir($[Ir(COE)_2Cl]_2$)为活性中心的螯合配合物在乙醇体系中催化还原乙酰丙酸。含不同螯合配位体的催化剂的活性差别比较大，且都需要加入KOH等碱促进剂才能实现较高的催化活性。这种催化剂同样结构比较复杂，而且需要在配体和碱促进剂的共同作用下才具备高活性。

总之，无论是非均相催化剂还是均相催化剂，都需要具有高效、选择性的催化还原能力和长期的稳定性才有可能在未来应用在实际生产中，这也是未来的催化剂的研究方向。

二、甲酸作为原位氢源

甲酸作为一种极有前景的储氢化合物已经得到了广泛地研究[51]，甲酸可以在各种均相和非均相的催化剂作用下分解为H_2和CO_2[52,53]。根据葡萄糖酸水解的机理，葡萄糖在降解生成乙酰丙酸的同时伴随着等物质的量的甲酸产生[16,54]。实际上，由于副反应的存在，最终的水解产物中甲酸的物质的量总要稍多于乙酰丙酸[55,56]，这就可以保证仅以上一步水解所生成的甲酸作为原位氢源就可将乙酰丙酸还原得到γ-戊内酯。从原子经济性和资源充分利用的角度来考虑，如果能开发合适的催化剂将这部分甲酸充分利用起来，对于从生物质直接选择性合成γ-戊内酯具有重大的现实意义。

近年来，在以甲酸作为原位氢源选择性还原乙酰丙酸合成γ-戊内酯的研究方面已经取得了一些进展。最近，Mehdi等[46]在pH为4的HCOONa水溶液中以[(η^6-C_6Me_6)Ru(bpy)(H_2O)][SO_4]催化乙酰丙酸定量还原合成γ-戊内酯。但是反应需要在惰性气氛中进行，γ-戊内酯的得率也只有25%，另外还发现了25%的过度加氢产物1,4-戊二醇。然而，Mehdi等没有就HCOONa在催化剂作用下发生的变化做深入的研究，因此HCOONa的加氢机理需要进一步研究。Heeres等[37]则以果糖和甲酸为原料，联合三氟乙酸（糖水解催化剂）和Ru/C（乙酰丙酸加氢催化剂）一锅法直接制备γ-戊内酯，γ-戊内酯得率达到52%。但是，文中也并未阐明甲酸在Ru/C催化下是以直接氢转移的方式还是以分解为H_2和CO_2的方式作为氢供体的。

基于 Mehdi 等的研究，Deng 等[55]在碱促进剂和配体可调的 Ru 基催化剂体系中，以甲酸为氢源选择性还原乙酰丙酸合成 γ-戊内酯。该催化剂以 $RuCl_3$ 作为活性中心，催化剂的活性同碱促进剂的碱性强度呈正相关（KOH > NaOH > NEt_3 > pyridine > NH_3 > LiOH）；配体对催化体系的影响也很大，其中以 PPh_3 效果最佳。Deng 等证明在 Ru 基催化剂的作用下甲酸是通过先分解成 H_2 和 CO_2 然后再完成对乙酰丙酸还原。换而言之，该 Ru 基催化剂既催化甲酸分解，同时也催化乙酰丙酸还原，但是这种催化剂对水不稳定。当直接以中和后的葡萄糖酸水解产物浓缩液为原料时，不向反应系统中添加任何外部氢源的条件下，γ-戊内酯的得率可达 48%（按葡萄糖的物质的量算）。为了方便催化剂的回收，Deng 等[57]将 $RuCl_3$ 固定到功能化的 SiO_2 表面，但结果发现这些固定化的 Ru 基催化剂催化甲酸分解的效率比催化乙酰丙酸加氢还原的效率要高，而且在加氢还原过程中活性金属 Ru 容易流失和失活。

除了 Ru 基催化剂之外，负载型的纳米 Au 也被应用于甲酸的分解和乙酰丙酸的加氢反应。纳米 Au 催化剂在有机合成化学中具有非常广泛的应用[58,59]，如 ZrO_2 负载的纳米 Au 能够高效地将甲酸分解为 CO_2 和 H_2[60]。最近 Du 等[56,61]用 Au/ZrO_2 一种催化剂同时实现了高效的甲酸分解和乙酰丙酸加氢还原。Au/ZrO_2 不但具有很好的耐酸耐水性，而且 Au/ZrO_2 分解甲酸的产物中只含有 CO_2 和 H_2，CO 并未出现在分解产物中，这是因为 Au/ZrO_2 还能催化 CO 跟 H_2O 生成 CO_2 和 H_2[62]。直接以中和过的生物质酸水解的混合液为原料时，Au/ZrO_2 仍展现出高度的催化活性。以果糖为例，在经历酸水解和 Au/ZrO_2 催化加氢后，γ-戊内酯的得率能达到 60%（物质的量浓度）。但是，在原始生物质水解产物中（特别是其中包含腐殖质等各种复杂底物），Au/ZrO_2 的稳定性及其重复使用性能还需要更深入的研究。除纳米 Au 催化剂外，Ortiz-Cervantes 和 García[33]以原位合成的 Ru-NPs 在 Et_3N 促进下催化甲酸分解和乙酰丙酸还原合成 γ-戊内酯，但是 Ru-NPs 的催化活性及其稳定性都不如 Au/ZrO_2。

甲酸除了能在催化剂作用下分解提供分子 H_2 外，在适当的条件下还能直接通过 H 负离子转移还原乙酰丙酸。最近 Kopetzki 和 Antonietti[63]在水热条件下（175～300℃）实现了以 Na_2SO_4 等盐类催化甲酸氢转移还原乙酰丙酸。Kopetzki 等发现，氢转移过程受溶液 pH 值控制，调整 pH 值使甲酸和乙酰丙酸分别以甲酸盐和中性分子的形式存在有利于氢转移的发生。Na_2SO_4 在高温水热条件下的解离常数较常温下发生了变化，使得 Na_2SO_4 变成一种温度控制的碱，从而可把反应液的 pH 值调整到有利于甲酸氢转移的发生。相较于贵金属催化剂而言，硫酸盐的价格非常便宜，但是这种转移加氢工艺的效率比较低：在 0.5M Na_2SO_4 水溶液中，220℃下反应 12h 后，γ-戊内酯的得率只有 11.0%（物质的量浓度）。

将甲酸作为储氢载体的研究已广泛开展，但是以甲酸作为原位氢源还原乙酰丙酸制备γ-戊内酯的研究还不多。现在使用的催化剂或多或少地存在价格昂贵、易分解或效率低等缺点，如果能开发出价廉、高效、稳定的催化剂直接将甲酸作为原位氢源还原乙酰丙酸合成γ-戊内酯，将极大地推动生物质转化生产γ-戊内酯向着市场化的方向靠拢。在以上这些研究中，催化剂的活性金属扮演着双重催化作用，即同时催化了甲酸分解产氢和乙酰丙酸加氢还原。以甲酸作为氢源其本质上还是以分子H_2加氢还原乙酰丙酸合成γ-戊内酯，只是这里的H_2来自于制备乙酰丙酸过程中所产生的副产物甲酸。

三、醇类作为原位氢源

乙酰丙酸及其酯类加氢还原合成γ-戊内酯的反应本质上是一个羰基选择性还原的过程。除了分子H_2外，脂肪醇类也可以作为氢供体，并通过Meerwein–Ponndorf–Verley（MPV）反应催化羰基化合物转移加氢合成相应的醇类。MPV转移加氢反应对羰基具有专一的选择性，所以MPV反应在不饱和醛酮的选择性还原反应中具有广泛的应用[64,65]。最近，Chia和Dumesic[66]以金属氧化物催化醇类（乙醇、2-丁醇、异丙醇等）氢转移还原乙酰丙酸酯，γ-戊内酯的得率可达到90%以上。在众多的金属氧化物中，以ZrO_2的催化活性最佳。然而，当乙酰丙酸作为反应底物时，即使在220℃下经过长达16 h的反应，γ-戊内酯得率也只有71%（物质的量浓度）。这主要是由于ZrO_2的催化活性与催化剂表面酸碱活性位点密切相关，而乙酰丙酸属于酸性较强的有机酸，因而可能与催化剂表面的碱性位点发生相互作用并导致催化剂部分失活[67,68]。Zr-Beta分子筛也能有效地催化乙酰丙酸酯经MPV转移加氢反应合成γ-戊内酯[69,70]，但是Zr–Beta分子筛的制备工艺要比金属氧化物复杂。值得注意的是，Tang等[71]开发的原位催化剂体系能够高效地催化乙酰丙酸在醇体系中转移加氢合成γ-戊内酯。在这种催化剂体系中，催化剂前体$ZrOCl_2 \cdot 8H_2O$在乙酰丙酸的醇溶液中受热自发分解为HCl和$ZrO(OH)_2$，并分别有效地催化了乙酰丙酸的酯化和后续酯化产物的转移加氢。这种原位催化剂体系避免了繁琐的催化剂制备过程，特别是原位形成的催化剂具有比传统沉淀法制备的氢氧化物更高的比表面积，并且对腐殖质也具有较好的耐受性。

此外，Yang等[72]制备的Raney Ni在室温条件下就能催化乙酰丙酸乙酯在异丙醇中转移加氢，GVL的最高得率接近100%（物质的量浓度）。但是Raney Ni催化氢转移机理不同于MPV还原，其更类似于催化H_2加氢的机理。这种自制的Raney Ni在室温条件下的优异催化性能主要得益于其制备过程中残留的酸性组分γ-Al_2O_3，因为酸性组分能够极大地促进加氢中间产物的环化反应在低温下进行[73]。Pd、Ru等贵金属基催化剂也能催化乙酰丙酸酯在醇溶液中转移加氢合成γ-戊内酯[74-76]，但从催化剂成本方面考虑，贵金属催化剂不是最理想的选择。上述转移加氢途径通常只能有效地利用两个C以上的脂肪醇作为氢供体，而甲醇在MPV转移加氢反应中属于非常惰性的氢供体,在甲醇中乙酰丙酸酯通过 MPV 还原合成 γ-戊内酯的得率一般都在 10%以下。然而,Tang 等[77]发现纳米 Cu 催化剂能够同时有效地催化甲醇重整制氢和(物质的量浓度)乙酰丙酸甲酯还原加氢合成 γ-戊内酯,并且在腐殖质存在的情况下纳米 Cu 催化剂也能表现出比较稳定的催化性能。因此,通过纤维素甲醇醇解制备的乙酰丙酸甲酯粗产品的加氢还原可以直接以溶剂甲醇作为原位氢源,从而省去了乙酰丙酸甲酯的分离提纯过程,极大地简化了生产工艺。

(一)MPV 转移加氢制备 γ-戊内酯

以乙酰丙酸乙酯在乙醇中经 MPV 转移加氢制备 γ-戊内酯为例。利用 GC-MS 对乙酰丙酸乙酯在乙醇中的转移加氢产物进行定性分析,结果显示除了目的产物 γ-戊内酯外,产物中还有另外三种主要的副产物(图 7-1 中化合物 1、4、5)。图 7-3 中绘制了主产物 γ-戊内酯和各种副产物可能的反应路径:首先,在 ZrO(OH)$_2$ 催化下乙酰丙酸乙酯从乙醇中夺取两个氢原子并还原分子中 4 位的羰基得到中间产物 4-羟基戊酸乙酯,而失去 H 的乙醇则转化为乙醛;然后 4-羟基戊酸乙酯通过分子内的酯交换作用脱去一分子乙醇形成 γ-戊内酯。此外,4-羟基戊酸乙酯还可能与乙醇经醚化反应转化为副产物 4-乙氧基戊酸乙酯(图 7-10 中化合物 1),γ-戊内酯也有可能与乙醇直接开环形成副产物 1。然而,通过 GC-MS 并未在产物中检测到中间产物 4-羟基戊酸乙酯,这主要是由于 γ-戊内酯的五元环状结构具有比 4-羟基戊酸乙酯更高的热力学稳定性[49]。先前的研究发现,在酸性固体催化剂和反应温度高于 50℃的条件下,4-羟基戊酸乙酯就可以非常迅速地环化形成 γ-戊内酯,所以乙酰丙酸乙酯转移加氢形成 4-羟基戊酸乙酯为整个反应的控速步骤[78]。尽管气相色谱技术未能检测到 4-羟基戊酸乙酯,但已有研究者通过 ^{1}H NMR 检测确定了中间产物 4-羟基戊酸乙酯的形成[31,79]。

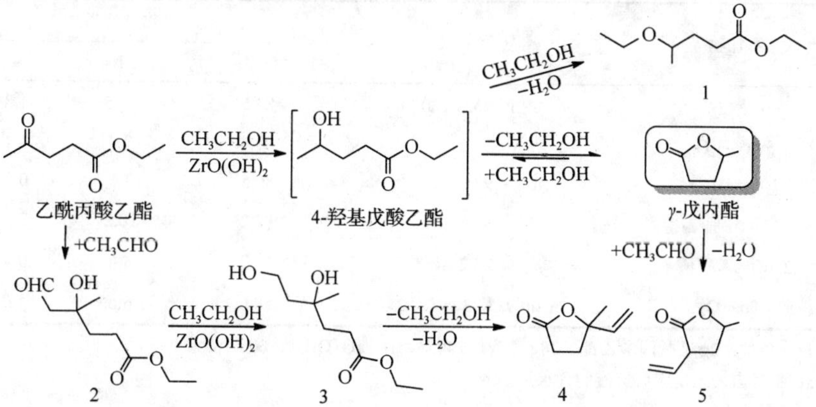

图 7-3 催化乙酰丙酸乙酯在乙醇中转移加氢合成 GVL 及副产物的反应路径

另一方面，如图 7-3 所示，乙醇脱氢产品乙醛可能与乙酰丙酸乙酯发生羟醛缩合形成化合物 2，化合物 2 经过催化转移加氢可以得到化合物 3，化合物 3 最终也可以通过分子内环化形成副产物 4。产物 γ-戊内酯也可以与乙醛发生缩合反应生成另一副产物 5。另外需要注意的是，由于反应过程中乙醇脱氢产物乙醛主要与乙醇形成了乙缩醛（通过 GC-MS 检测），所以乙酰丙酸乙酯转移加氢产物中只生成了少量的副产物 4 和 5。

为了更深入地了解乙酰丙酸乙酯在乙醇中转移加氢的机理，一系列的杂质被引入反应体系中并考察其对乙酰丙酸乙酯转化率和产物选择性的影响。从表 7-4 中可以看出，当向反应体系加入 5%或 10%（质量浓度）的水分后，乙酰丙酸乙酯转化率分别稍微提高至 89.6%和 92.0%，但是 γ-戊内酯和副产物 1、4 及 5 的选择性反而都出现了降低。由于这些副产物的形成涉及脱水反应，所以根据 Le Chatelier 原理，体系中水含量增加必然会抑制这些副反应的进行。然而，γ-戊内酯选择性的降低说明水分的存在可能促进了其他未知的副反应发生。此外，吡啶的加入导致乙酰丙酸乙酯转化率和 γ-戊内酯选择性分别稍微下降至 81.1%和 82.2%。吡啶中的 N 原子能与催化剂表面的 Zr 原子（酸性位点）发生结合，进而降低了乙酰丙酸乙酯中羰基与酸性位点接触的机会；但由于吡啶分子中 N 原子周围空间位阻较大，导致吡啶在与乙酰丙酸乙酯的竞争吸附中并不占优势，所以吡啶对乙酰丙酸乙酯转移加氢的影响比较有限。然而，当加入苯甲酸时，乙酰丙酸乙酯的转化率急剧地下降到 23.2%，但 γ-戊内酯的选择性未出现大幅下降。这主要是由于苯甲酸比乙醇更容易与催化剂表面的—OH 基团（碱性位点）发生结合，导致无法催化乙醇进行氢转移，因而乙酰丙酸乙酯转化率急剧下降。上述实验结果说明 $ZrO(OH)_2$ 催化乙酰丙酸乙酯转移加氢的活性与其表面的酸碱位点密切相关。

表 7-4　添加物对 $ZrO(OH)_2$ 催化乙酰丙酸乙酯转移加氢还原的影响

添加物	转化率/%	产物选择性/%			
		GVL	1	4	5
空白	89.1(1.33wt%)[a]	84.5	10.5	1.8	3.2
5wt%H_2O	89.6	81.4	8.8	1.4	1.7
10wt%H_2O	92.0	80.5	7.6	0.9	0.9
2.5wt%吡啶	81.1	82.2	10.2	2.8	3.5
2.5wt%苯甲酸	23.2	78.7	8.8	0.4	2.6
10bar O_2	66.9(3.33wt%)[a]	58.6	6.6	4.6	2.7

反应条件：2g 乙酰丙酸乙酯、38g 乙醇、240℃、1g $ZrO(OH)_2$、60min。
a：括号内表示反应后溶液的含水量。

尽管一般认为 MPV 转移加氢是通过 H[-] 的转移完成的[80]，但这主要是基于化学反应原理的合理推测，因为很难通过原位的观察证明 H⁻ 的存在。H⁻在反应体系中很难稳定存在，极容易参与氧化还原反应并形成其他化合物。为了验证在转移加氢过程中 H⁻ 的存在，研究者在反应开始之前向反应釜中充入一定量的 O_2，反应完成后分别测定乙酰丙酸乙酯转化率、产物选择性及反应液含水量。如表 7-4 所示，在空白试验中，反应液的含水量只有 1.33%（质量浓度），这些水分应该主要来自乙醇的醚化及副产物形成过程中所涉及的脱水反应。当反应前室温下向反应釜中充入 10MPa O_2，在反应完成后观察到室温下反应釜内压力突降至 0.45MPa，而反应液中的含水量提高至 3.33%（质量浓度）；与此同时，乙酰丙酸乙酯转化率和 γ-戊内酯选择性分别降至 66.9%和 58.6%（物质的量浓度）。上述结果说明很大一部分 O_2 在反应过程中被消耗并生成了更多的水，O_2 与乙酰丙酸乙酯竞争 H⁻造成了乙酰丙酸乙酯转化率和 γ-戊内酯选择性的明显降低。

基于上述实验结果和其他文献报道，研究者们提出了乙酰丙酸乙酯通过 MPV 转移加氢形成中间产物 4-羟基戊酸乙酯的反应机理，即氢转移反应是一个涉及六元环状过渡态的循环催化过程。如图 7-4 所示，乙醇首先吸附到催化剂碱性催化位点并解离成相应的醇盐（第 1 步）；然后乙醇溶液中乙酰丙酸乙酯靠近与该碱性位点相邻的酸性催化位点（Zr 原子）并以其分子中 4 位的羰基吸附到酸性催化位点上（第 2 步）；在催化剂表面酸碱催化位点的协同作用下乙酰丙酸乙酯与醇盐形成一个六元环状过渡态，然后醇盐中靠近催化位点的氢原子以 H⁻的形式转移至乙酰丙酸乙酯分子中 4 位的羰基 C 上（第 3 步）；失去氢的醇盐被氧化成乙醛并从催化

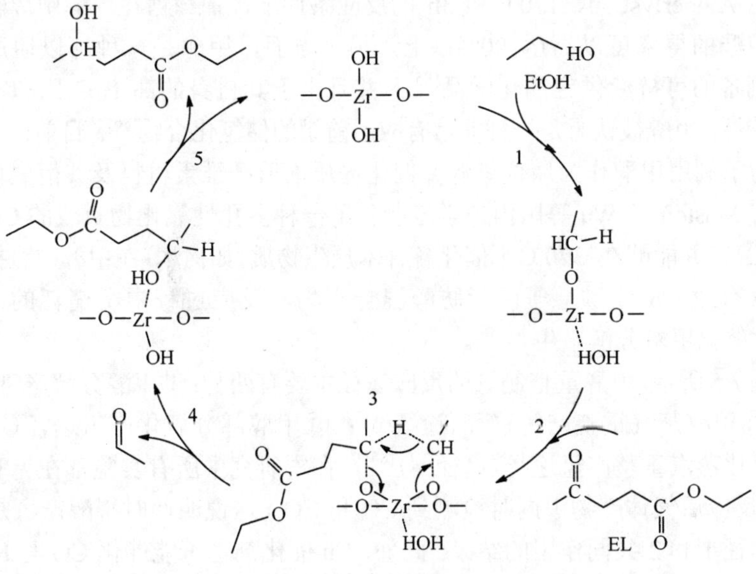

图 7-4 ZrO(OH)₂ 在乙醇体系中催化乙酰丙酸乙酯转移加氢的反应机理

位点脱附进入溶液(第4步);最后,另一H⁺继续从催化位点转移至乙酰丙酸乙酯分子中与4位C相连的O原子上,进而形成还原产物4-羟基戊酸乙酯并从催化剂表面脱附进入溶液(第5步)。一般认为上述催化循环中的每一步都是可逆的,反应由各个中间产物及目的产物之间的热力学性质差异所驱动[81]。4-羟基戊酸乙酯在反应温度下能够迅速环化转化为更稳定的 γ-戊内酯,因此上述转移加氢的反应平衡将极大地偏向形成 4-羟基戊酸乙酯的方向,反过来进一步促进了 γ-戊内酯的高得率。此外,上述关于乙醇氢转移的反应机理同样适用于以其他醇作为氢供体时催化乙酰丙酸乙酯转移加氢合成 γ-戊内酯的反应。

(二)甲醇原位分解产氢制备 γ-戊内酯

在 MPV 转移加氢催化体系中,众多氢供体醇中甲醇的供氢能力非常差。例如,在 ZrO_2、250℃和 1h 的反应条件下,乙酰丙酸乙酯在甲醇中转移加氢的 γ-戊内酯得率只有 14.9%;在 $ZrO(OH)_2$、200℃和 1h 的反应条件下,乙酰丙酸甲酯在甲醇中转移加氢的 γ-戊内酯得率只有 9.4%。

然而,甲醇作为乙酰丙酸甲酯加氢合成 γ-戊内酯的氢源具有比其他醇类或者 H_2 更明显的优势。首先,各种碳水化合物如纤维素、葡萄糖及果糖等都可以在甲醇中经酸催化直接醇解制备乙酰丙酸甲酯[18,82,83]。特别是甲醇在反应过程中与中间产物中的活性基团如羟基、醛基形成醚或缩醛,能有效地抑制活性中间产物的缩合,进而在减少腐殖质形成的同时提高乙酰丙酸甲酯的得率。例如,Hu 和 Li[84]发现,在 Amberlyst 70、170℃和 3h 的反应条件下,葡萄糖在甲醇中醇解制备乙酰丙酸甲酯的得率可以高达 90%以上。另一方面,甲醇是一种可以通过生物质合成气制备的可持续供应的化学品[85];并且由于其自身的高 H/C 比和室温下呈液态等特性,甲醇被认为是一种非常有应用前景的储氢化合物[86]。目前已经有一些研究致力于利用甲醇作为原位氢源并催化提质木质纤维素材料及其衍生化合物。例如,有 Maston 及 Wu 等国内外学者制备了一种多孔性氧化物负载的 Cu 催化剂(Cu-PMO),并能够在 320℃下催化各种木质生物质(如枫木)在甲醇中直接降解液化得到含有 2~6 个碳原子的脂肪醇混合产物,反应过程中所消耗的 H_2 来自 Cu-PMO 催化甲醇分解产生[87, 88]。

如图 7-5 所示,甲醇重整制氢的反应途径主要有四种:①甲醇分解产氢途径(途径 1);②甲醇蒸汽重整产氢途径(途径 2);③甲醇部分氧化产氢途径(途径 3);④甲醇氧化蒸汽重整产氢途径(途径 4)[86]。在本研究中所有实验都在无氧条件下完成,在反应后气体产物中同时检测到 CO 和 CO_2,这说明此时甲醇产氢是图 7-14 中反应途径 1 和 2 共同作用的结果。此外,Cu 催化剂也可能催化 CO 与 H_2O 发生水煤气变换反应产氢。

途径1: $CH_3OH \longrightarrow 2H_2 + CO$
途径2: $CH_3OH + H_2O \longrightarrow 3H_2 + CO_2$
途径3: $CH_3OH + 1/2O_2 \longrightarrow 2H_2 + CO_2$
途径4: $CH_3OH + (1-n)H_2O + 0.5nO_2 \longrightarrow (3-n)H_2 + CO_2$

图 7-5 甲醇重整制氢的四种反应途径

在这种反应体系中,除了 γ-戊内酯外,在反应产物中还检测到一些副产物。如图 7-6 所示,γ-戊内酯可以与反应釜内的 CO 和 CO_2 发生羧基化反应,得到的羧基化产物还原后形成 γ-戊内酯甲基化副产物(图 7-6 中化合物 1 和 2);此外,γ-戊内酯及其甲基化产物都可以经过催化开环形成其他的副产物(图 7-6 中化合物 3,4 和 5)[89, 90]。其中,γ-戊内酯的开环产物 4-甲氧基戊酸甲酯(图 7-6 中化合物 5)还可以由乙酰丙酸甲酯转移加氢中间产物 4-羟基戊酸甲酯与甲醇经醚化反应形成,但是由于中间产物在反应温度下很容易内酯化形成 γ-戊内酯,因而在产物中并未检测到中间产物[22]。

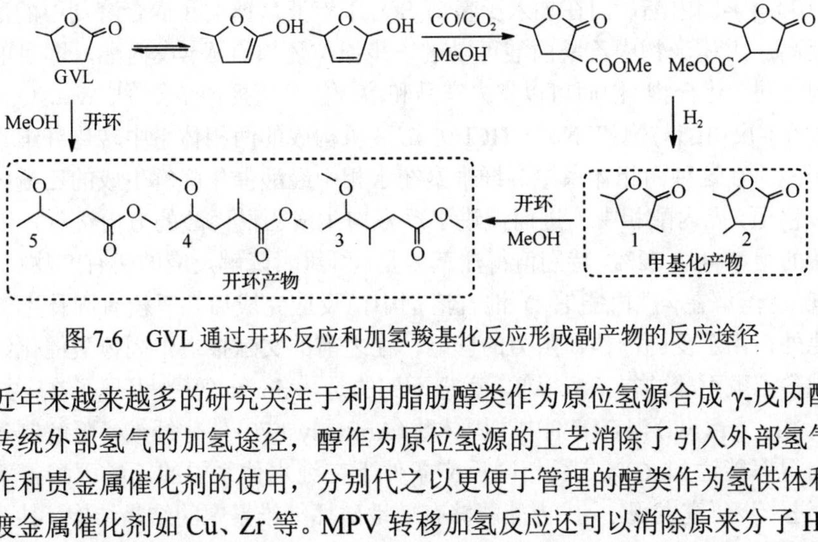

图 7-6 GVL 通过开环反应和加氢羧基化反应形成副产物的反应途径

近年来越来越多的研究关注于利用脂肪醇类作为原位氢源合成 γ-戊内酯。相对于传统外部氢气的加氢途径,醇作为原位氢源的工艺消除了引入外部氢气的单元操作和贵金属催化剂的使用,分别代之以更便于管理的醇类作为氢供体和便宜的过渡金属催化剂如 Cu、Zr 等。MPV 转移加氢反应还可以消除原来分子 H_2 与加氢底物和固体催化剂之间的气液、气固传质阻力,且不需要额外的输氢设备的建设,这有助于简化整体加氢工艺,提高其经济性。

第二节 γ-戊内酯的应用研究进展

一、γ-戊内酯作为反应溶剂

最近,Fegyverneki 等[91]以 γ-戊内酯为原料合成了一系列绿色溶剂,包括常规溶剂如 4-烷氧基戊酸酯和离子液体等,但 Fegyverneki 等人并没有将这些新合成的

溶剂应用于特定的反应。有研究发现,在γ-戊内酯衍生的离子液体中催化烯烃加氢的转化频率要大大高于常规的离子液体(如1-丁基-3-甲基咪唑氯盐),并且在γ-戊内酯衍生的离子液体中加氢反应对碳碳双键的选择性也要明显高于其他不饱和键[92]。另一方面,γ-戊内酯本身也是一种性能优异的、无毒可生物降解的绿色有机溶剂。比如,磷脂酰丝氨酸是很多功能食品和药物的重要成分,研究发现在γ-戊内酯中合成磷脂酰丝氨酸的得率可以达到95%[93]。此外,γ-戊内酯还被用作各种Pd催化偶联反应(如Hiyama反应)的溶剂,以替代那些有毒的非质子性极性溶剂如DMF、NMP和DMA[94-96]。更为重要的是,γ-戊内酯可以作为木质纤维素催化转化的反应溶剂,并表现出明显优于水或其他有机溶剂的性能。

例如,Qi 等[97]报道了在γ-戊内酯/H_2O/H_2SO_4混合溶剂中催化果糖、葡萄糖和蔗糖转化HMF和乙酰丙酸的研究,在优化的反应条件下,果糖转化HMF和乙酰丙酸的最高得率分别达75%和70%。而在之前的文献报道中,通常只有在离子液体中才能获得如此高的HMF得率。研究还发现果糖在纯γ-戊内酯中的溶解度只有0.01g/100 g γ-戊内酯,而在加入少量H_2SO_4水溶液后糖类在混合溶剂中的溶解度大大提高。上述产物中乙酰丙酸可以进一步原位还原合成γ-戊内酯,即目的产品与溶剂是同种化合物,因而可以省去产品和溶剂的分离提纯步骤[98]。Wettstein等[99]研究了在γ-戊内酯与饱和NaCl HCl水溶液所构成的两相体系中转化纤维素制备乙酰丙酸。在这种两相体系中,纤维素在水相中经酸催化降解生成的乙酰丙酸不断被转移至γ-戊内酯相中,进而促进了反应向生成乙酰丙酸的方向进行,最终乙酰丙酸的得率可达72%。特别值得注意的是,纤维素降解反应的所有产物(包括腐殖质)都能溶解在γ-戊内酯/H_2O 混合溶剂中,反应完成后几乎没有固体不溶物出现。此外,由于受固固传质阻力的影响,在之前的文献报道中固体酸催化纤维素降解制备乙酰丙酸的得率都很低。意想不到的是,Alonso等[100]发现了在γ-戊内酯/H_2O(9∶1,wt∶wt)混合溶剂中,固体酸(Amberlyst 70)催化纤维素降解制备乙酰丙酸的得率能达到69%,而相同反应条件下在纯水体系中的乙酰丙酸得率只有20%。进一步研究发现,γ-戊内酯能够有效地破坏纤维素中的结晶结构,甚至溶解部分纤维素,因而增强了固体催化剂与纤维素之间的相互作用[100]。

在γ-戊内酯/H_2O(9∶1,wt∶wt)混合溶剂中,固体酸同样能够高效地催化木糖、木聚糖甚至富含半纤维素的玉米芯降解制备糠醛[101,102]。相对于纯水体系,与产物糠醛相关的副反应在γ-戊内酯/H_2O混合溶剂中受到抑制,促进糠醛的得率可以达到80%以上。众所周知,糠醛通常是由五碳糖如木糖在酸催化下降解产生。有趣的是,固体酸在γ-戊内酯/H_2O混合溶剂中也能够催化六碳糖如葡萄糖和果糖降解生成糠醛,得率分别可达32%和36%[101]。这是迄今为止报道的六碳糖制备糠醛的最高得率,但是γ-戊内酯促进六碳糖降解转化糠醛的机理还有待深入研究。此外,Alonso等[103]研究了在GVL/H_2O混合溶剂中催化木质纤维素原料(如玉米秸秆)降解同步制备乙酰丙酸和糠醛。研究表明,提高催化剂(H_2SO_4)浓度或延长反应时间都有利于增加乙酰丙酸的得率,但却加剧了糠醛的副反应。由于糠醛的沸点低于γ-戊内酯和乙酰丙酸,因此可以在反应过程中通过蒸馏回收糠醛,从而同时保证糠醛和乙酰丙酸的高得率。

最近,GVL/H_2O混合溶剂体系也被用于从生物质原料如玉米秸秆、枫木和松木等制备可溶性的糖类。Luterbacher等[104,105]设计了一种固定床流通式反应器(packed-bed flow-through reactor),并将含有稀硫酸的GVL/H_2O混合溶剂以恒定的流速通过固定在反应器中的生物质原料,同时反应器内温度以固定的加热速率从157℃升至217℃,在这一过程中生物质原料不断发生降解,最终流出液中可溶性糖类的得率能够达到70%~90%(取决于原料的类型)。通过这种反应器和工艺条件的巧妙设计能够有效地阻止可溶性糖类进一步降解。同时,以这种工艺从木质纤维素生物质制备可溶性糖类的效率要明显高于生物法(如纤维素酶降解)。混合溶剂中的可溶性糖类可以通过超临界CO_2萃取技术实现分离提纯[38],并可以继续通过生物或化学催化转化生产乙醇或乙酰丙酸等产品[106,107]。基于以上研究,将来可以建立起完全基于生物基溶剂的生物炼制工艺体系。

二、γ-戊内酯合成液体烃类燃料

Horváth等[8]认为γ-戊内酯是比乙醇更好的燃料添加剂,因为γ-戊内酯具有更低的饱和蒸汽压和更高的能量密度。且不同于乙醇的是,γ-戊内酯与水不会形成共沸物,因此在水溶液中浓缩提纯γ-戊内酯可能比从发酵液中分离提纯乙醇更容易。Bruno等[108]系统地研究了γ-戊内酯与AI-91号夏季汽油组成的混合燃料的各项性能,发现γ-戊内酯的加入能够大大降低排放尾气中CO和烟尘的浓度。但是由于γ-戊内酯相对于汽油的较高极性,随着γ-戊内酯掺混比例的提高这种混合燃料会出现明显的相分离[109]。

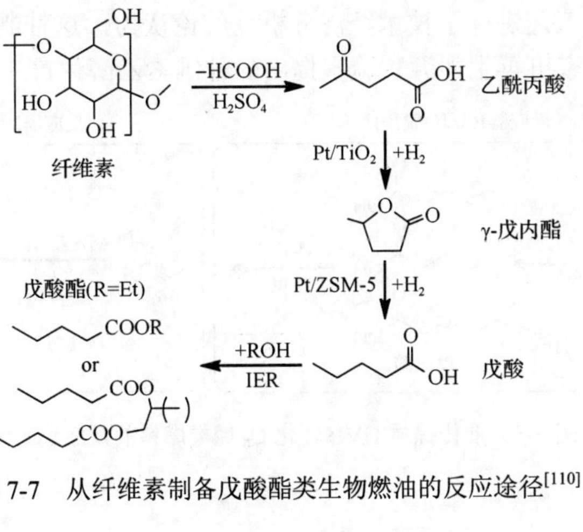

图7-7 从纤维素制备戊酸酯类生物燃油的反应途径[110]

如表 7-1 所示，γ-戊内酯的高水溶性和低辛烷值等特点限制了其在交通燃料领域的应用。通过加氢提质可以在一定程度上克服γ-戊内酯作为燃料组分的缺点，例如γ-戊内酯催化加氢的产物甲基四氢呋喃(methyl tetrahydrofuran，MTHF)被认为是一种很有应用前景的生物燃料添加剂[23,111,112]。MTHF 的辛烷值(87)远高于γ-戊内酯，其与汽油的掺混比例可以高达 70%[113]。γ-戊内酯在 Pt 基催化剂和固体酸作用下经过开环、加氢和酯化等系列反应可以制备戊酸酯类生物燃油(图 7.7)[110,114-116]。相对于乙醇、丁醇和 MTHF，戊酸酯类化合物具有更高的能量密度和与传统燃料相适应的极性范围。不同脂肪链长度的戊酸酯可以分别适用于汽油或柴油组分。例如，戊酸乙酯的辛烷值和沸点更接近于汽油组分，而戊酸戊酯的辛烷值和沸点等性能使其更适合用作柴油组分。Lange 等[110]测试了戊酸乙酯掺混的体积比为 15%的常规汽油在十类车辆引擎中的燃料性能，其累计测试里程达到 25 万公里。测试结果表明，这种混合燃料在引擎和车辆的损耗、油品的稳定性、引擎积碳和废气排放等方面并未表现出额外的负面效应。

然而，由于相对高的含氧量，无论 MTHF 还是戊酸酯类化合物都只能用作常规燃料的添加剂。因此，催化提质γ-戊内酯制备能够完全替代石油基燃料的"drop-in"生物基燃料的研究逐渐受到关注[118]。如图 7-8 所示，γ-戊内酯的水溶液经过在两个固定床反应器中进行的连续三步催化反应可以合成 C_8 液体烃类燃料[117]。在第一个反应器中，γ-戊内酯首先在 SiO_2/Al_2O_3 的催化下(375℃)开环生成戊烯酸混合物，然后进一步催化脱羧后得到异构丁烯混合产物，总的丁烯得率可以达到 98%(基于 C 平衡)[119-121]；反应物料继续进入第二个反应器中，然后丁烯在固体酸(HZSM-5 或 Amberlyst 10)的催化下(170℃)经缩合反应合成 C_8 液体烃类产物，此时基于γ-戊内酯的 C_8 烃类产物得率最高可达 77%。这类 C_8 液体烃类产物可以直接作为航空燃油使用，并且整个催化反应过程中不涉及贵金属催化剂的使用，因此有利于降低生产成本。Braden 等[122]进一步对这种以γ-戊内酯为原料制备 C_8 液体烃类燃料的工艺进行了技术经济分析，结论认为，这种制备生物基烃类燃料的工艺比美国国家可再生能源实验室提出的纤维素乙醇生产工艺更经济。

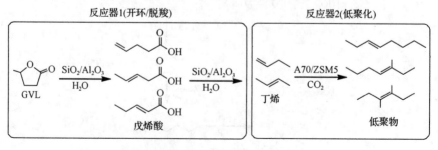

图 7-8　催化提质 GVL 转化 C_8 烃类燃料的反应途径[117]

此外，γ-戊内酯经过逐步的加氢脱氧还可以合成 9~18 个碳原子的液体烃类燃料。如图 7-9 所示，γ-戊内酯首先在 Pd/Nb$_2$O$_5$ 和 H$_2$SO$_4$ 作用下开环加氢生成戊酸[123]；两分子戊酸在 Ce$_{0.5}$Zr$_{0.5}$O$_2$ 催化下经过酮基化反应缩合形成 5-壬酮[124,125]，5-壬酮进一步经过加氢脱氧可制备可作为汽油使用的 9 个碳原子烯烃；然后 C$_9$ 的烯烃经过催化异构和缩合反应能够合成可作为柴油使用的 9~18 个碳原子烃类燃料。综上所述，γ-戊内酯经过一系列加氢脱氧等催化提质反应能够分别合成可作为汽油、柴油及航空燃油使用的液体烃类燃料。

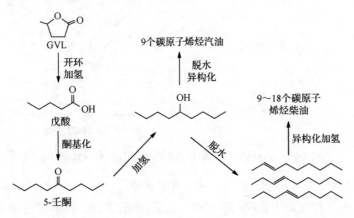

图 7-9 催化提质 GVL 转化 9~18 个碳原子烃类燃料的反应途径[81]

三、γ-戊内酯合成聚合材料

除了在绿色溶剂和生物燃料领域的应用，γ-戊内酯同样可以用于合成聚合材料。如图 7-10 所示，Lee 等[126]利用 BF$_3$·OEt$_2$ 催化 β-丁内酯和 γ-戊内酯共聚合制备聚(3-羟基丁酸酯-共-4-羟基戊酸酯)(poly(3-hydroxybutyrate-co-4-hydroxyvalerate，P(3HB-co-4HV))，聚合物的得率达到 90%以上，其分子量分布在 800~4300g/mol 之间。P(3HB-co-4HV)是一种性能优良的可生物降解型聚酯，目前这种聚酯的主要生产方式是微生物发酵，其生产效率低且价格昂贵，因而限制了这种生物基聚酯的应用。所以，上述报道的化学合成法将有助于提高 P(3HB-co-4HV)的生产效率并降低其生产成本，进而促进 P(3HB-co-4HV)应用于更广泛的领域。

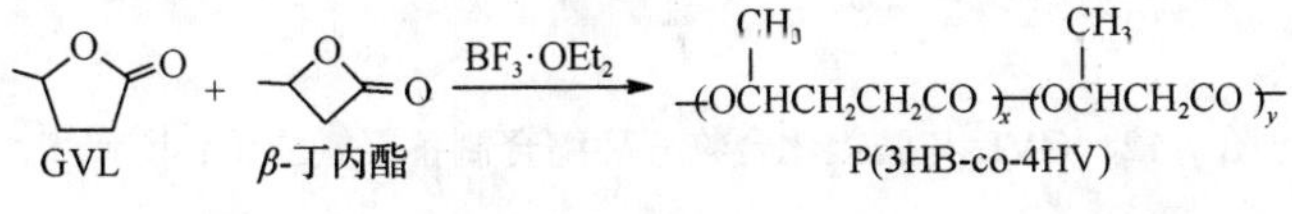

图 7-10 GVL 与 β-丁内酯共聚合成 P(3HB-co-4HV)[126]

此外，γ-戊内酯与甲醛在 Ba/SiO$_2$ 催化下可以合成具有类似丙烯酸酯结构的新型单体 α-亚甲基-γ-戊内酯(α-methylene-γ-valerolactone，MeMBL)[29]。特别值得一提的是，由于 MeMBL 分子中独特的环酯结构，使聚 MeMBL 材料具有比传统聚丙烯酸酯材料更好的热稳定性，其玻璃化温度(T_g)可以达到 200℃以上。在甲醇中，γ-戊内酯在酸性催化剂如对甲苯磺酸(pTSA)的作用下开环脱水形成戊烯酸甲酯(Methyl pentenoate)，而戊烯酸甲酯可以用作生产尼龙类聚合材料的前体（图 7-11）[127]。戊烯酸甲酯与 NH_3 经过缩合和关环反应还可以合成另一种重要的尼龙单体ε-己内酰胺[128]。γ-戊内酯、ε-己内酰胺和聚乙二醇也可以合成嵌段共聚物，这种嵌段共聚物比单独的聚乙二醇具有更好的亲水性和生物相容性[129]。

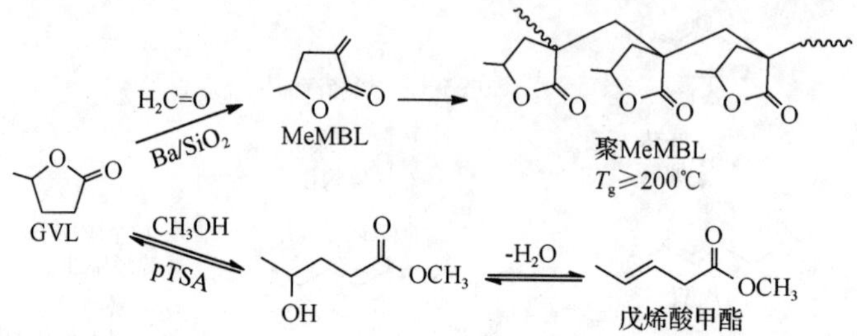

图 7-11　从 GVL 合成聚合物单体 MeMBL 和戊烯酸甲酯[29, 127]

γ-戊内酯还可以用于合成另一种非常重要的聚合材料——聚氨酯。如图 7-12 所示，γ-戊内酯与胺类化合物(如 NH_3、乙醇胺或乙二胺等)经过开环缩合可以合成羟基胺、二醇或羟基羧酸类双功能线性分子[130]，这种分子链首末端分别具有活性基团的化合物其与二异氰酸酯反应可以合成新型的聚氨酯复合材料[131]。研究发现，这些新型的聚氨酯材料都具有较好的热稳定性和机械强度，其 T_g 最高可以达到 128℃，弹性模量最大可以达到 2210MPa。

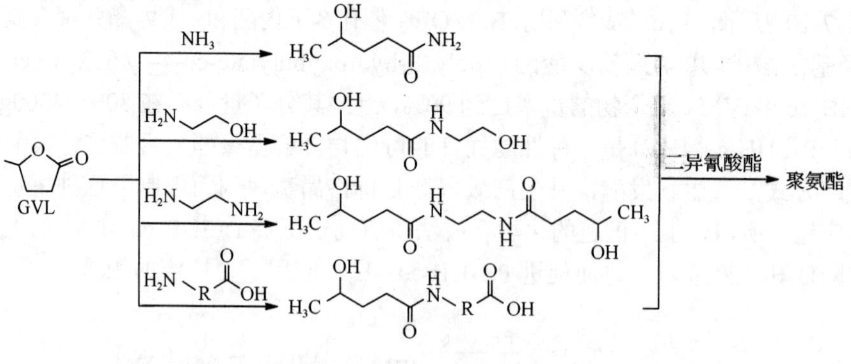

图 7-12　GVL 与胺类化合物开环缩合制备聚氨酯单体[130, 131]

四、γ-戊内酯合成碳基化学品

以 γ-戊内酯合成其他化学品的研究可以追溯到 20 世纪四五十年代，尽管当时

的研究者并未意识到 γ-戊内酯是一种可以从生物质获取的平台分子。例如，Cannon 等[132]研究了 γ-戊内酯与甲基酮类或二烷基碳酸酯的加成或酰化反应，产物 2-(2-羟基-1-烯基)-4,5-二氢呋喃(图 7-13 中化合物 3)的得率在 32%～59%之间。Mosby 等[133, 134]利用 γ-戊内酯和苯基芳香化合物的 Friedel–Crafts 反应及环化、还原和脱水等反应合成各种多取代萘蒽菲类化合物(图 7-14)。

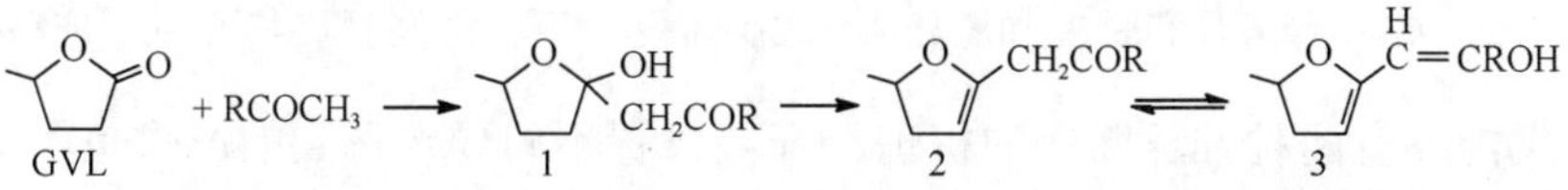

图 7-13 GVL 与甲基酮类酰化反应合成 2-(2-羟基-1-烯基)-4,5-二氢呋喃[133]

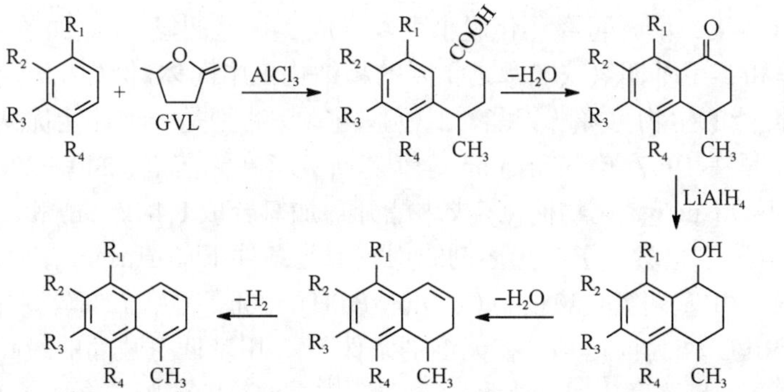

图 7-14 GVL 与多取代苯经 Friedel–Crafts 反应合成多取代的萘类化合物的反应路径[133, 134]

此外，γ-戊内酯也被应用于 Ivanov 反应[135]。Ivanov 反应通常应用于药物合成，此外该反应都是链增长的反应，因而这些反应在转化 γ-戊内酯合成液体燃料中的应用也值得关注。

近年来，γ-戊内酯转化制备其他碳基化学品的研究取得了较大进展。Patel 等[136]详细研究了 γ-戊内酯在酸性催化剂 SiO_2/Al_2O_3 作用下经开环和脱羧转化丁烯的反应机理(图 7-15)，催化反应的温度通常在 350℃以上，这说明 γ-戊内酯的五元环结构是非常稳定的，因此其直接脱羧较难发生，相对而言 γ-戊内酯开环产物戊烯酸的脱羧反应更容易发生；动力学研究也表明 γ-戊内酯脱羧的表观活化能 (175kJ·mol^{-1})远高于戊烯酸的脱羧反应(142kJ·mol^{-1})。另一方面，γ-戊内酯同样可以在 Pd/Nb_2O_5 催化下开环加氢合成戊酸(图 7-15)，典型的反应条件如 325℃和 35bar H_2，戊酸在产物中的选择性可达 92%以上；酸性更强的载体负载的催化剂如 Ru/H-ZSM5 或 Pt/HMFI 等能够促进 γ-戊内酯开环加氢反应在更温和的条件下进行 (200℃)。戊酸在 $Ce_{0.5}Zr_{0.5}O_2$ 催化下继续经酮基化反应可以合成 5-壬酮(图 7-15)，但反应通常需要在更高的温度如 425℃下进行，产物中 5-壬酮的选择性可达 80%以上[136]。

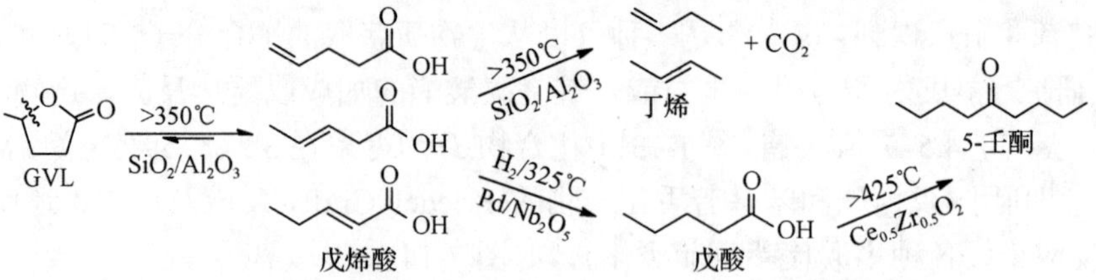

图 7-15　GVL 经开环和脱羧/加氢分别合成戊烯酸、丁烯、戊酸和 5-壬酮的反应路径

　　γ-戊内酯有两种开环断链的机理,开环位置不同导致得到的产物也不同。当 γ-戊内酯中与甲基相连的 C—O 键发生断裂时,形成的产物主要为戊烯酸或戊酸(如图 7-15 所示);而当 γ-戊内酯中内酯键中的 C—O 键发生断裂时,形成的主要产物则为 1,4-戊二醇,再经环化脱水可以合成 2-甲基四氢呋喃(如图 7-16 所示)。1,4-戊二醇和 2-甲基四氢呋喃都是重要的精细化工中间体,例如 1,4-戊二醇可以用于制备高性能的生物可降解聚酯,2-甲基四氢呋喃则是一种性能优良的溶剂和燃料添加剂。早在 1947 年,Christian 等[26]就研究了在无溶剂、240～290℃和 200bar H_2 的条件下以 CuCr 氧化物催化 γ-戊内酯开环加氢合成 1,4-戊二醇和 2-甲基四氢呋喃。Mehdi 等[46]也尝试了在无溶剂的均相催化条件下(Ru(acac)$_3$+NH$_4$PF$_6$)转化 γ-戊内酯合成 2-甲基四氢呋喃(200℃,7.6MPa H_2,20h,得率 72%(物质的量浓度));如果使用 Ru/C 作为催化剂,在无溶剂条件下 2-甲基四氢呋喃的最高得率只能达到 43%(物质的量浓度)[112]。最近,Cao 等[111]通过凝胶溶胶法合成了 Cu/ZrO$_2$,并通过调整催化剂的煅烧温度和催化反应温度可以定向地将 γ-戊内酯转化为 1,4-戊二醇和 2-甲基四氢呋喃。例如,当催化剂煅烧温度和反应温度分别为 600℃和 200℃时,1,4-戊二醇为主要产物;而当催化剂煅烧温度和反应温度分别为 400℃和 240℃时,2-甲基四氢呋喃则为主要产物,且其得率均在 90%(物质的量浓度)以上。其他 Cu 基催化剂如 Cu-Ni/SiO$_2$、Cu-MINT 等对直接催化乙酰丙酸加氢合成 2-甲基四氢呋喃也有较好效果[232]。

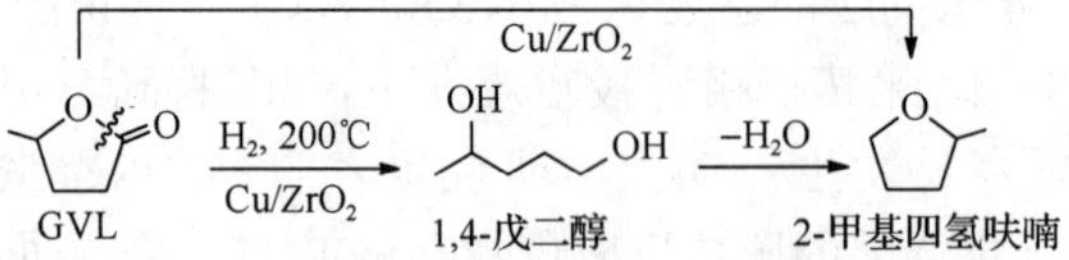

图 7-16　GVL 经开环加氢合成 1,4-戊二醇和 2-甲基四氢呋喃

　　此外,Rh-Mo 或 Pt-Mo 双金属负载羟基磷灰石催化剂等也被用于乙酰丙酸或 γ-戊内酯加氢开环合成 1,4-戊二醇或 2-甲基四氢呋喃,并且在比较温和的条件下(80～130℃)都取得较好的产物得率,这其中一个重要的因素是酸性载体能够促进 GVL 的开环反应[137-140]。γ-戊内酯在 Zn/ZSM-5 分子筛催化下高温(500℃)反应可以合成芳香烃类化合物,产物中苯、甲苯和二甲苯的总得率可以达到 10%左右(物

质的量浓度)[141]。但γ-戊内酯芳构化的机理非常复杂,整体反应涉及脱水、脱羧基、脱羰基、烷基化、异构化及芳构化等一系列的过程。

γ-戊内酯作为一种新型的平台化合物,既可以作为性能优良的溶剂(特别是在木质生物质催化转化领域),可以用于合成其他高附加值的碳基化学品,还可以作为合成聚合材料和液体燃料的原料,所以在此基础上未来可以建立起基于γ-戊内酯的生物炼制工艺。但γ-戊内酯在未来生物炼制领域中的应用潜力还在很大程度上取决于其由生物质制备的成本,尤其需要考虑到合成γ-戊内酯的直接原料乙酰丙酸难以从生物质原料经济高效地大规模制备。为解决上述γ-戊内酯利用的困境,一方面可以通过醇解生产比乙酰丙酸更易分离的乙酰丙酸酯(沸点比乙酰丙酸低得多),并结合醇作为氢供体的转移加氢体系合成γ-戊内酯;另一方面,应继续研究开拓γ-戊内酯的应用领域,以进一步刺激上游γ-戊内酯合成工艺的创新,逐渐降低生产成本,促进由生物质制备γ-戊内酯的工业化生产。

参 考 文 献

[1] Zaldivar J, Nielsen J, Olsson L. Fuel ethanol production from lignocellulose: a challenge for metabolic engineering and process integration. Applied Microbiology and Biotechnology, 2001, 56(1-2): 17-34.

[2] Maki-Arvela P, Simakova I L, Salmi T, et al. Production of lactic acid/lactates from biomass and their catalytic transformations to commodities. Chemical Reviews, 2014, 114(3): 1909-1971.

[3] Yan K, Wu G, Lafleur T, et al. Production, properties and catalytic hydrogenation of furfural to fuel additives and value-added chemicals. Renewable and Sustainable Energy Reviews, 2014, 38: 663-676.

[4] Van Putten R J, Van der Waal J C, De Jong E, et al. Hydroxymethylfurfural, a versatile platform chemical made from renewable resources. Chemical Reviews, 2013, 113(3): 1499-1597.

[5] Rackemann D W, Doherty W O S. The conversion of lignocellulosics to levulinic acid. Biofuels, Bioproducts & Biorefining, 2011, 5(2): 198-214.

[6] Tang X, Zeng X, Li Z, et al. Production of γ-valerolactone from lignocellulosic biomass for sustainable fuels and chemicals supply. Renewable and Sustainable Energy Reviews, 2014, 40: 608-620.

[7] Laskar D D, Yang B, Wang H, et al. Pathways for biomass-derived lignin to hydrocarbon fuels. Biofuels, Bioproducts and Biorefining, 2013, 7(5): 602-626.

[8] Horváth I T, Mehdi H, Fábos V, et al. γ-Valerolactone—a sustainable liquid for energy and carbon-based chemicals. Green Chemistry, 2008, 10(2): 238-242.

[9] 彭林才, 林鹿, 李辉. 生物质转化合成新能源化学品乙酰丙酸酯. 化学进展, 2012, 24(05): 801-809.

[10] Lange J P, Van der Heide E, van Buijtenen J, et al. Furfural--a promising platform for lignocellulosic biofuels. ChemSusChem, 2012, 5(1): 150-166.

[11] Villaverde M M, Bertero N M, Garetto T F, et al. Selective liquid-phase hydrogenation of furfural to furfuryl alcohol over Cu-based catalysts. Catalysis Today, 2013, 213: 87-92.

[12] Lange J P, van de Graaf W D, Haan R J. Conversion of furfuryl alcohol into ethyl levulinate using solid acid catalysts. ChemSusChem, 2009, 2(5): 437-441.

[13] Chen B, Li F, Huang Z, et al. Integrated catalytic process to directly convert furfural to levulinate ester with high selectivity. ChemSusChem, 2014, 7(1): 202-209.

[14] Neves P, Lima S, Pillinger M, et al. Conversion of furfuryl alcohol to ethyl levulinate using porous aluminosilicate acid catalysts. Catalysis Today, 2013, 218-219: 76-84.

[15] Demma C P, Ciriminna R, Shiju N R, et al. Enhanced heterogeneous catalytic conversion of furfuryl alcohol into butyl levulinate. ChemSusChem, 2014, 7(3): 835-840.

[16] Girisuta B, Janssen L P B M, Heeres H J. A kinetic study on the conversion of glucose to levulinic acid. Chemical Engineering Research and Design, 2006, 84(A5): 339-349.

[17] Peng L, Lin L, Li H, et al. Conversion of carbohydrates biomass into levulinate esters using heterogeneous catalysts. Applied Energy, 2011, 88(12): 4590-4596.

[18] Peng L, Lin L, Li H. Extremely low sulfuric acid catalyst system for synthesis of methyl levulinate from glucose. Industrial Crops and Products, 2012, 40: 136-144.

[19] Chang C, Xu G, Jiang X. Production of ethyl levulinate by direct conversion of wheat straw in ethanol media. Bioresource Technology, 2012, 121: 93-99.

[20] Saravanamurugan S, Riisager A. Zeolite catalyzed transformation of carbohydrates to alkyl levulinates. ChemCatChem, 2013, 5(7): 1754-1757.

[21] Zhang J, Wu S, Li B, et al. Advances in the catalytic production of valuable levulinic acid derivatives. ChemCatChem, 2012, 4(9): 1230-1237.

[22] Luo H Y, Consoli D F, Gunther W R, et al. Investigation of the reaction kinetics of isolated Lewis acid sites in Beta zeolites for the Meerwein–Ponndorf–Verley reduction of methyl levulinate to γ-valerolactone. Journal of Catalysis, 2014, 320: 198-207.

[23] Upare P P, Lee J M, Hwang Y K, et al. Direct hydrocyclization of biomass-derived levulinic acid to 2-methyltetrahydrofuran over nanocomposite copper/silica catalysts. ChemSusChem, 2011, 4(12): 1749-1752.

[24] Schuette H A, Thomas R W. Normal valerolactone. III. Its preparation by the catalytic reduction of levulinic acid with hydrogen in the presence of platinum oxide. Journal of the American Chemical Society, 1930, 52(7): 3010-3012.

[25] Kyrides L P, Craver J K. Process for the production of lactones: USPalent, 2368366, 1945.

[26] Christian J R V, Brown H D, Hixon R M. Derivatives of γ-valerolactone, 1,4-pentanediol and 1,4-di-(β-cyanoethoxy)-pentane. Journal of the American Chemical Society, 1947, 69(8): 1961-1963.

[27] Dunlop A P, Madden J W. Process of preparing gamma-valerolactone: USPalent, 2786852, 1957.

[28] Broadbent H S, Campbell G C, Bartley W J, et al. Rhenium and its compounds as hydrogenation catalysts. III. rhenium heptoxide. The Journal of Organic Chemistry, 1959, 24(12): 1847-1854.

[29] Manzer L E. Catalytic synthesis of α-methylene-γ-valerolactone: a biomass-derived acrylic monomer. Applied Catalysis A: General, 2004, 272(1-2): 249-256.

[30] Yan Z, Lin L, Liu S. Synthesis of γ-valerolactone by hydrogenation of biomass-derived levulinic acid over RuC catalyst. Energy & Fuels, 2009, 23(8): 3853-3858.

[31] Al-Shaal M G, Wright W R H, Palkovits R. Exploring the ruthenium catalysed synthesis of γ-valerolactone in alcohols and utilisation of mild solvent-free reaction conditions. Green Chemistry, 2012, 14(5): 1260-1263.

[32] Primo A, Concepcion P, Corma A. Synergy between the metal nanoparticles and the support for the hydrogenation of functionalized carboxylic acids to diols on Ru/TiO$_2$. Chemical Communications, 2011, 47(12): 3613-3615.

[33] Ortiz C C, García J J. Hydrogenation of levulinic acid to γ-valerolactone using ruthenium nanoparticles. Inorganica Chimica Acta, 2013, 397: 124-128.

[34] Raspolli G A M, Antonetti C, De Luise V, et al. A sustainable process for the production of γ-valerolactone by hydrogenation of biomass-derived levulinic acid. Green Chemistry, 2012, 14(3): 688-694.

[35] Raspolli G A M, Antonetti C, Ribechini E, et al. From giant reed to levulinic acid and gamma-valerolactone: A high yield catalytic route to valeric biofuels. Applied Energy, 2013, 102: 157-162.

[36] Hengne A M, Rode C V. Cu–ZrO_2 nanocomposite catalyst for selective hydrogenation of levulinic acid and its ester to γ-valerolactone. Green Chemistry, 2012, 14(4): 1064-1072.

[37] Heeres H, Handana R, Chunai D, et al. Combined dehydration/(transfer)-hydrogenation of C6-sugars (D-glucose and D-fructose) to γ-valerolactone using ruthenium catalysts. Green Chemistry, 2009, 11(8): 1247-1255.

[38] Bourne R A, Stevens J G, Ke J, et al. Maximising opportunities in supercritical chemistry: the continuous conversion of levulinic acid to gamma-valerolactone in CO_2. Chemical Communications, 2007, (44): 4632-4634.

[39] Selva M, Gottardo M, Perosa A. Upgrade of biomass-derived levulinic acid via Ru/C-catalyzed hydrogenation to γ-valerolactone in aqueous–organic–ionic liquids multiphase systems. ACS Sustainable Chemistry & Engineering, 2013, 1(1): 180-189.

[40] Alonso D M, Wettstein S G, Bond J Q, et al. Production of biofuels from cellulose and corn stover using alkylphenol solvents. ChemSusChem, 2011, 4(8): 1078-1081.

[41] Wettstein S G, Bond J Q, Alonso D M, et al. RuSn bimetallic catalysts for selective hydrogenation of levulinic acid to γ-valerolactone. Applied Catalysis B: Environmental, 2012, 117-118: 321-329.

[42] Azadi P, Carrasquillo F R, Pagán T Y J, et al. Catalytic conversion of biomass using solvents derived from lignin. Green Chemistry, 2012, 14: 1573-1576.

[43] Upare P P, Lee J M, Hwang D W, et al. Selective hydrogenation of levulinic acid to γ-valerolactone over carbon-supported noble metal catalysts. Journal of Industrial and Engineering Chemistry, 2011, 17(2): 287-292.

[44] Braca G, Raspolli G A M, Sbrana G. Anionic ruthenium iodorcarbonyl complexes as selective dehydroxylation catalysts in aqueous solution. Journal of Organometallic Chemistry, 1991, 417(1-2): 41-49.

[45] Starodubtseva E V, Turova O V, Vinogradov M G, et al. Enantioselective hydrogenation of levulinic acid esters in the presence of the Ru(II)-BINAP-HCl catalytic system. Russian Chemical Bulletin, 2005, 54(10): 2374-2378.

[46] Mehdi H, Fábos V, Tuba R, et al. Integration of homogeneous and heterogeneous catalytic processes for a multi-step conversion of biomass: from sucrose to levulinic acid, γ-valerolactone, 1,4-pentanediol, 2-methyl-tetrahydrofuran, and alkanes. Topics In Catalysis, 2008, 48(1-4): 49-54.

[47] Delhomme C, Schaper L A, Zhang P M, et al. Catalytic hydrogenation of levulinic acid in aqueous phase. Journal of Organometallic Chemistry, 2013, 724: 297-299.

[48] Tukacs J M, Király D, Strádi A, et al. Efficient catalytic hydrogenation of levulinic acid: a key step in biomass conversion. Green Chemistry, 2012, 14(7): 2057-2065.

[49] Chalid M, Broekhuis A A, Heeres H J. Experimental and kinetic modeling studies on the biphasic hydrogenation of levulinic acid to γ-valerolactone using a homogeneous water-soluble Ru–(TPPTS) catalyst. Journal of Molecular Catalysis A: Chemical, 2011, 341(1-2): 14-21.

[50] Li W, Xie J H, Lin H, et al. Highly efficient hydrogenation of biomass-derived levulinic acid to gamma-valerolactone catalyzed by iridium pincer complexes. Green Chemistry, 2012, 14(9): 2388-2390.

[51] Laurenczy G, Grasemann M. Formic acid as hydrogen source – recent developments and future trends. Energy & Environmental Science, 2012, 5: 8171-8181.

[52] Johnson T C, Morris D J, Wills M. Hydrogen generation from formic acid and alcohols using homogeneous catalysts. Chemical Society Reviews, 2010, 39(1): 81-88.

[53] Gu X, Lu Z H, Jiang H L, et al. Synergistic Catalysis of Metal–Organic Framework-Immobilized Au–Pd Nanoparticles in Dehydrogenation of Formic Acid for Chemical Hydrogen Storage. Journal of the American Chemical Society, 2011, 133(31): 11822-11825.

[54] Weingarten R, Cho J, Xing R, et al. Kinetics and Reaction Engineering of Levulinic Acid Production from Aqueous Glucose Solutions. ChemSusChem, 2012, 5(7): 1280-1290.

[55] Deng L, Li J, Lai D M, et al. Catalytic conversion of biomass-derived carbohydrates into γ-valerolactone without using an external H_2 supply. Angewandte Chemie International Edition, 2009, 48(35): 6529-6532.

[56] Du X L, He L, Zhao S, et al. Hydrogen-independent reductive transformation of carbohydrate biomass into γ-valerolactone and pyrrolidone derivatives with supported gold catalysts. Angewandte Chemie International Edition, 2011, 50(34): 7815-7819.

[57] Deng L, Zhao Y, Li J, et al. Conversion of levulinic acid and formic acid into γ-valerolactone over heterogeneous catalysts. ChemSusChem, 2010, 3(10): 1172-1175.

[58] Stratakis M, Garcia H. Catalysis by Supported Gold Nanoparticles: Beyond Aerobic Oxidative Processes. Chemical Reviews, 2012, 112(8): 4469-4506.

[59] Zhang Y, Cui X, Shi F, et al. Nano-Gold Catalysis in Fine Chemical Synthesis. Chemical Reviews, 2012, 112: 2467-2505.

[60] Bi Q Y, Du X L, Liu Y M, et al. Efficient Subnanometric Gold-Catalyzed Hydrogen Generation via Formic Acid Decomposition under Ambient Conditions. Journal of the American Chemical Society, 2012, 134(21): 8926-8933.

[61] Du X L, Bi Q Y, Liu Y M, et al. Conversion of biomass-derived levulinate and formate esters into γ-valerolactone over supported gold catalysts. ChemSusChem, 2011, 4(12): 1838-1843.

[62] Yu L, Du X L, Yuan J, et al. A versatile aqueous reduction of bio-based carboxylic acids using syngas as a hydrogen source. ChemSusChem, 2013, 6(1): 42-46.

[63] Kopetzki D, Antonietti M. Transfer hydrogenation of levulinic acid under hydrothermal conditions catalyzed by sulfate as a temperature-switchable base. Green Chemistry, 2010, 12(4): 656-660.

[64] Ruiz J R, Jiménez S C. Heterogeneous Catalysis in the Meerwein-Ponndorf-Verley Reduction of Carbonyl Compounds. Current Organic Chemistry, 2007, 11: 1113-1125.

[65] de Graauw C F, Peters J A, van Bekkum H, et al. Meerwein-Ponndorf-Verley reductions and oppenauer oxidations an integrated approach. Synthesis, 1994, 10: 1007-1017.

[66] Chia M, Dumesic J A. Liquid-phase catalytic transfer hydrogenation and cyclization of levulinic acid and its esters to γ-valerolactone over metal oxide catalysts. Chemical Communications, 2011, 47(44): 12233-12235.

[67] Tang X, Hu L, Sun Y, et al. Conversion of biomass-derived ethyl levulinate into γ-valerolactone via hydrogen transfer from supercritical ethanol over ZrO_2 catalyst. RSC Advances, 2013, 3(26): 10277-10284.

[68] Tang X, Chen H, Hu L, et al. Conversion of biomass to γ-valerolactone by catalytic transfer hydrogenation of ethyl levulinate over metal hydroxides. Applied Catalysis B: Environmental, 2014, 147: 827-834.

[69] Bui L, Luo H, Gunther W R, et al. Domino reaction catalyzed by zeolites with bronsted and lewis acid sites for the production of gamma-valerolactone from furfural. Angewandte Chemie International Edition, 2013, 52(31): 8022-8025.

[70] Wang J, Jaenicke S, Chuah G K. Zirconium–Beta zeolite as a robust catalyst for the transformation of levulinic acid to γ-valerolactone via Meerwein–Ponndorf–Verley reduction. RSC Advances, 2014, 4(26): 13481-13489.

[71] Tang X, Zeng X, Li Z, et al. In situ generated catalyst system to convert biomass-derived levulinic acid to γ-valerolactone. ChemCatChem, 2015, 7(8): 1372–1379.

[72] Yang Z, Huang Y B, Guo Q, et al. Raney Ni catalyzed transfer hydrogenation of levulinate esters to γ-valerolactone at room temperature. Chemical Communications, 2013, 49(46): 5328-5330.

[73] Geboers J, Wang X, Carvalho A B d, et al. Densification of biorefinery schemes by H-transfer with Raney Ni and 2-propanol: a case study of a potential avenue for valorization of alkyl levulinates to alkyl γ-hydroxypentanoates and γ-valerolactone. Journal of Molecular Catalysis A: Chemical, 2013, 388-289: 106-115.

[74] Gopiraman M, Babu S G, Karvembu R, et al. Nanostructured RuO_2 on MWCNTs: Efficient catalyst for transfer hydrogenation of carbonyl compounds and aerial oxidation of alcohols. Applied Catalysis A: General, 2014, 484: 84-96.

[75] Manzer L E. Production of 5-methyl-n-(methyl aryl)-2-pyrrolidone, 5-methyl-n-(methyl cycloalkyl)-2-pyrrolidone and 5-methyl-n-alkyl-2-pyrrolidone byreductive amination of levulinic acid esters with cyano compounds: US Patent 6916842, 2005.

[76] Manzer L E. Production of 5-methyl-N-aryl-2-pyrrolidone and 5-methyl-N-cycloalkyl-2-pyrrolidone by reductive amination of levulinic acid with aryl amines: US Patent 6903222, 2004.

[77] Tang X, Li Z, Zeng X, et al. In-situ catalytic hydrogenation of biomass-derived methyl levulinate to γ-valerolactone in methanol medium. ChemSusChem, 2015, 8(9): 1601-1607.

[78] Abdelrahman O A, Heyden A, Bond J Q. Analysis of kinetics and reaction pathways in the aqueous-phase hydrogenation of levulinic acid to form γ-valerolactone over Ru/C. ACS Catalysis, 2014, 4(4): 1171-1181.

[79] Chan T C E, Marelli M, Psaro R, et al. New generation biofuels: γ-valerolactone into valeric esters in one pot. RSC Advances, 2013, 3(5): 1302-1306.

[80] Ivanov V A, Bachelier J, Audry F, et al. Study of the Meerwein—Pondorff—Verley reaction between ethanol and acetone on various metal oxides. Journal of Molecular Catalysis, 1994, 91(1): 45-59.

[81] Cohen R, Graves C R, Nguyen S T, et al. The Mechanism of Aluminum-Catalyzed Meerwein-Schmidt-Ponndorf-Verley Reduction of Carbonyls to Alcohols. Journal of the American Chemical Society, 2004, 126(45): 14796-14803.

[82] Li H, Peng L, Lin L, et al. Synthesis, isolation and characterization of methyl levulinate from cellulose catalyzed by extremely low concentration acid. Journal of Energy Chemistry, 2013, 22(6): 895-901.

[83] Hu X, Lievens C, Larcher A, et al. Reaction pathways of glucose during esterification: effects of reaction parameters on the formation of humin type polymers. Bioresource Technology, 2011, 102(21): 10104-10113.

[84] Hu X, Li C Z. Levulinic esters from the acid-catalysed reactions of sugars and alcohols as part of a bio-refinery. Green Chemistry, 2011, 13(7): 1676-1679.

[85] Hamelinck C N, Faaij A P C. Future prospects for production of methanol and hydrogen from biomass. Journal of Power Sources, 2002, 111(1): 1–22.

[86] Yong S T, Ooi C W, Chai S P, et al. Review of methanol reforming-Cu-based catalysts, surface reaction mechanisms, and reaction schemes. International Journal of Hydrogen Energy, 2013, 38(22): 9541-9552.

[87] Matson T D, Barta K, Iretskii A V, et al. One-pot catalytic conversion of cellulose and of woody biomass solids to liquid fuels. Journal of the American Chemical Society, 2011, 133(35): 14090-14097.

[88] Wu Y, Gu F, Xu G, et al. Hydrogenolysis of cellulose to C_4-C_7 alcohols over bi-functional CuO-MO/Al_2O_3 (M=Ce, Mg, Mn, Ni, Zn) catalysts coupled with methanol reforming reaction. Bioresource Technology, 2013, 137: 311-317.

[89] Scotti N, Dangate M, Gervasini A, et al. Unraveling the role of low coordination sites in a Cu metal nanoparticle: A step toward the selective synthesis of second generation biofuels. ACS Catalysis, 2014, 4(8): 2818-2826.

[90] Fujihara T, Xu T, Semba K, et al. Copper-catalyzed hydrocarboxylation of alkynes using carbon dioxide and hydrosilanes. Angewandte Chemie International Edition, 2011, 50(2): 523-527.

[91] Fegyverneki D, Orha L, Láng G, et al. Gamma-valerolactone-based solvents. Tetrahedron, 2010, 66(5): 1078-1081.

[92] Strádi A, Molnár M, Óvári M, et al. Rhodium-catalyzed hydrogenation of olefins in γ-valerolactone-based ionic liquids. Green Chemistry, 2013, 15(7): 1857-1862.

[93] Duan Z Q, Hu F. Highly efficient synthesis of phosphatidylserine in the eco-friendly solvent γ-valerolactone. Green Chemistry, 2012, 14(6): 1581-1583.

[94] Ismalaj E, Strappaveccia G, Ballerini E, et al. γ-Valerolactone as a renewable dipolar aprotic solvent deriving from biomass degradation for the Hiyama reaction. ACS Sustainable Chemistry & Engineering, 2014, 2(10): 2461–2464.

[95] Strappaveccia G, Luciani L, Bartollini E, et al. γ-Valerolactone as an alternative biomass-derived medium for the Sonogashira reaction. Green Chemistry, 2015, 17(2): 1071-1076.

[96] Strappaveccia G, Ismalaj E, Petrucci C, et al. A biomass-derived safe medium to replace toxic dipolar solvents and access cleaner Heck coupling reactions. Green Chemistry, 2015, 17(1): 365-372.

[97] Qi L, Mui Y F, Lo S W, et al. Catalytic conversion of fructose, glucose, and sucrose to 5-(hydroxymethyl)furfural and/or levulinic and formic acids in gamma-valerolactone as a green solvent. ACS Catalysis, 2014, 4(5): 1470–1477.

[98] Qi L, Horváth I T. Catalytic conversion of fructose to γ-valerolactone in γ-valerolactone. ACS Catalysis, 2012, 2(11): 2247-2249.

[99] Wettstein S, Martin A D, Chong Y, et al. Production of levulinic acid and gamma-valerolactone (GVL) from cellulose using GVL as a solvent in biphasic systems. Energy & Environmental Science, 2012, 5(8): 8199-8203.

[100] Alonso D M, Gallo J M R, Mellmer M A, et al. Direct conversion of cellulose to levulinic acid and gamma-valerolactone using solid acid catalysts. Catalysis Science & Technology, 2013, 3: 927-931.

[101] Gurbuz E I, Gallo J M, Alonso D M, et al. Conversion of hemicellulose into furfural using solid acid catalysts in gamma-valerolactone. Angewandte Chemie International Edition, 2013, 52(4): 1270-1274.

[102] Zhang L, Yu H, Wang P, et al. Production of furfural from xylose, xylan and corncob in gamma-valerolactone using $FeCl_3 \cdot 6H_2O$ as catalyst. Bioresource Technology, 2014, 151: 355-360.

[103] Alonso D M, Wettstein S G, Mellmer M A, et al. Integrated conversion of hemicellulose and cellulose from lignocellulosic biomass. Energy & Environmental Science, 2013, 6(1): 76-80.

[104] Luterbacher J S, Rand J M, Alonso D M, et al. Nonenzymatic sugar production from biomass using biomass-derived gamma-valerolactone. Science, 2014, 343(6168): 277-280.

[105] Mellmer M A, Martin A D, Luterbacher J S, et al. Effects of γ-valerolactone in hydrolysis of lignocellulosic biomass to monosaccharides. Green Chemistry, 2014, 16(11): 4659-4662.

[106] Han J, Luterbacher J S, Alonso D M, et al. A Lignocellulosic Ethanol Strategy via Nonenzymatic Sugar Production: Process Synthesis and Analysis. Bioresource Technology, 2015, 182: 258-266.

[107] Luterbacher J S, Alonso D M, Rand J M, et al. Solvent-enabled nonenyzmatic sugar production from biomass for chemical and biological upgrading. ChemSusChem, 2015, 8(8): 1317-1322.

[108] Bruno T J, Wolk A, Naydich A. Composition-explicit distillation curves for mixtures of gasoline and diesel fuel with γ-valerolactone. Energy & Fuels, 2010, 24(4): 2758-2767.

[109] Yang M, Wang Z, Lei T, et al. Influence of Gamma-Valerolactone-n-Butanol-Diesel Blends on Physicochemical Characteristics and Emissions of a Diesel Engine. Journal of Biobased Materials and Bioenergy, 2017, 11(1): 66-72.

[110] Lange J P, Price R, Ayoub P M, et al. Valeric biofuels: a platform of cellulosic transportation fuels. Angewandte Chemie International Edition, 2010, 49(26): 4479-4483.

[111] Du X L, Bi Q Y, Liu Y M, et al. Tunable copper-catalyzed chemoselective hydrogenolysis of biomass-derived γ-valerolactone into 1,4-pentanediol or 2-methyltetrahydrofuran. Green Chemistry, 2012, 14(4): 935-939.

[112] Al-Shaal M G, Dzierbinski A, Palkovits R. Solvent-free γ-valerolactone hydrogenation to 2-methyltetrahydrofuran catalysed by Ru/C: a reaction network analysis. Green Chemistry, 2014, 16(3): 1358-1364.

[113] Huber G W, Iborra S, Corma A. Synthesis of transportation fuels from biomass chemistry, catalysts,and engineering. Chemical Reviews, 2006, 106(9): 4044-4098.

[114] Pan T, Deng J, Xu Q, et al. Catalytic conversion of biomass-derived levulinic acid to valerate esters as oxygenated fuels using supported ruthenium catalysts. Green Chemistry, 2013, 15(10): 2967-2974.

[115] Contino F, Dagaut P, Dayma G, et al. Combustion and emissions characteristics of valeric biofuels in a compression ignition engine. Journal of Energy Engineering, 2013, 140(3): 1-6.

[116] Kon K, Onodera W, Shimizu K I. Selective hydrogenation of levulinic acid to valeric acid and valeric biofuels by a Pt/HMFI catalyst. Catalysis Science & Technology, 2014, 4: 3227-3234.

[117] Bond J Q, Alonso D M, Wang D, et al. Integrated catalytic conversion of γ-valerolactone to liquid alkenes for transportation fuels. Science, 2010, 327(5969): 1110-1114.

[118] Rye L, Blakey S, Wilson C W. Sustainability of supply or the planet: a review of potential drop-in alternative aviation fuels. Energy & Environmental Science, 2010, 3(1): 17-27.

[119] Bond J Q, Alonso D M, West R M, et al. γ-Valerolactone ring-opening and decarboxylation over SiO_2/Al_2O_3 in the presence of water. Langmuir, 2010, 26(21): 16291-16298.

[120] Bond J Q, Wang D, Alonso D M, et al. Interconversion between γ-valerolactone and pentenoic acid combined with decarboxylation to form butene over silica/alumina. Journal of Catalysis, 2011, 281(2): 290-299.

[121] Kellicutt A B, Salary R, Abdelrahman O A, et al. An examination of the intrinsic activity and stability of various solid acids during the catalytic decarboxylation of γ-valerolactone. Catalysis Science & Technology, 2014, 4: 2267-2279.

[122] Braden D J, Henao C A, Heltzel J, et al. Production of liquid hydrocarbon fuels by catalytic conversion of biomass-derived levulinic acid. Green Chemistry, 2011, 13(7): 1755-1765.

[123] Serrano R J C, Braden D J, West R M, et al. Conversion of cellulose to hydrocarbon fuels by progressive removal of oxygen. Applied Catalysis B: Environmental, 2010, 100(1-2): 184-189.

[124] Serrano R J C, Wang D, Dumesic J A. Catalytic upgrading of levulinic acid to 5-nonanone. Green Chemistry, 2010, 12(4): 574-577.

[125] Gaertner C A, Serrano R J C, Braden D J, et al. Ketonization reactions of carboxylic acids and esters over ceria-zirconia as biomass-upgrading processes. Industrial & Engineering Chemistry Research, 2010, 49(13): 6027-6033.

[126] Lee C W, Urakawa R, Kimura Y. Copolymerization of γ-valerolactone and β-butyrolactone. European Polymer Journal, 1998, 34(1): 117-122.

[127] Lange J P, Vestering J Z, Haan R J. Towards 'bio-based' Nylon: conversion of γ-valerolactone to methyl pentenoate under catalytic distillation conditions. Chemical Communications, 2007, 33: 3488-3490.

[128] Raoufmoghaddam S, Rood M T, Buijze F K, et al. Catalytic conversion of gamma-valerolactone to ε-caprolactam: Towards Nylon from renewable feedstock. ChemSusChem, 2014, 7(7): 1984-1990.

[129] Gagliardi M, Di M F, Mazzolai B, et al. Chemical synthesis of a biodegradable PEGylated copolymer from ε-caprolactone and γ-valerolactone: evaluation of reaction and functional properties. Journal of Polymer Research, 2015, 22(2): 1-12.

[130] Chalid M, Heeres H J, Broekhuis A A. Green Polymer Precursors from Biomass-Based Levulinic Acid. Procedia Chemistry, 2012, 4: 260-267.

[131] Chalid M, Heeres H J, Broekhuis A A. Structure-mechanical and thermal properties relationship of novel γ-valerolactone-based polyurethanes. Polymer-Plastics Technology and Engineering, 2015, 54(3): 234-245.

[132] Cannon G W, Casler J J J, Gaines W A. The condensation of γ-butyrolactone and γ-valerolactone with methyl ketones. The Journal of Organic Chemistry, 1952, 17(9): 1245-1251.

[133] Cannon G W, Casler J J J, Gaines W A. The condensation of γ-butyrolactone and γ-valerolactone with methyl ketones. The Journal of Organic Chemistry, 1952, 17(9): 1245-1251.

[134] Mosby W L. The Friedel-Crafts reaction with γ-valerolactone. I. The synthesis of various polymethylnaphthalenes. Journal of the American Chemical Society, 1952, 74(10): 2564-2569.

[135] Blicke F F, Brown B A. Interaction of an Ivanov and an Ivanov-Like Reagent with γ-Butyrolactone and γ-Valerolactone. The Journal of Organic Chemistry, 1961, 26(10): 3685-3691.

[136] Patel A D, Serrano R J C, Dumesic J A, et al. Techno-economic analysis of 5-nonanone production from levulinic acid. Chemical Engineering Journal, 2010, 160(1): 311-321.

[137] Corbel-Demailly L, Ly B K, Minh D P, et al. Heterogeneous catalytic hydrogenation of biobased levulinic and succinic acids in aqueous solutions[J]. Chemsuschem, 2013, 6(12): 2388-2395.

[138] Li M, Li G, Li N, et al. Aqueous phase hydrogenation of levulinic acid to 1,4-pentanediol[J]. Chemical Communications, 2014, 50(12): 1414-1416.

[139] Mizugaki T, Togo K, Maeno Z, et al. One-Pot Transformation of Levulinic Acid to 2-Methyltetrahydrofuran Catalyzed by Pt–Mo/H-β in Water[J]. ACS Sustainable Chemistry & Engineering, 2016, 4(3): 682-685.

[140] Mizugaki T, Nagatsu Y, Togo K, et al. Selective hydrogenation of levulinic acid to 1,4-pentanediol in water using a hydroxyapatite-supported Pt–Mo bimetallic catalyst[J]. Green Chemistry, 2015, 17(12): 5136-5139.

[141] Xia H-a, Zhang J, Yan X-p, et al. Catalytic conversion of biomass derivative γ-valerolactone to aromatics over Zn/ZSM-5 catalyst[J]. Journal of Fuel Chemistry and Technology, 2015, 43(5): 575-580.

第八章　乙酰丙酸及其中间产物转化合成含氮化合物

近年来，经生物质基平台化合物 HMF 合成含氮衍生物的研究引起了科研工作者的广泛关注。据美国化学学会绿色化学研究所报道，来源于可再生原料的胺类小分子化合物在消费品行业已经展现出非常重要的作用[1]。

本章介绍以乙酰丙酸及生物质制备乙酰丙酸的中间产物如 HMF、5-氯甲基糠醛(5-CMF)等为原料，经转化合成含氮化合物。这些含氮化合物中，有的已是市场成熟的医药产品，有的则是具有较大潜力的新型可再生含氮化合物。

第一节　5-羟甲基糠醛合成含氮化合物的研究进展

一、5-羟甲基糠醛合成含氮化合物

HMF 合成含氮化合物最常用的方法是采用还原胺化反应，这也是目前的研究热点。由于 HMF 分子中含有活泼的醛羰基，可以发生亲核反应，胺基中氮原子上的孤对电子使得胺基具有较强的亲核能力，从而使 HMF 易发生胺化反应。也有研究者利用 HMF 分子中羟甲基的活性通过化学转化合成酰胺类化合物。胺类和酰胺类化合物可以广泛应用于制备医药中间体、护肤品、农药、精细化学品以及合成聚合物等。此外，还有一些研究工作者进行了 HMF 与氨水在氧气氛围下反应生成联脒化合物的研究。

目前，以 HMF 合成含氮化合物的研究报道还较为少见，Ana Cukalovic 等[2]研究了一锅两步法由 HMF 还原胺化合生成胺类化合物(图 8-1 中(2))，第一步在传统加热和微波共同作用下以 HMF 合成亚胺类化合物，该亚胺类化合物可以在 $NaBH_4$ 催化加氢的作用下合成目标产物，产物得率高达 90%以上，通过柱色谱分离可得到高纯度的产品。此外，该研究小组利用不同的伯胺化合物合成不同类型的含氮产物。研究发现，以 HMF 合成脂肪族含氮化合物时，醛羰基可以在几小时内完全转化为亚胺并且在 1h 内可将亚胺还原成目标产物，但芳香族亚胺类化合物的合成则需要较长的反应时间(50h)。值得注意的是，在第一步反应中采用微波加热的条件下，无论脂肪族产物还是芳香族产物都可以在短时间内合成。该两步法可以合成大部分胺类化合物，这些胺类可以用作合成高分子材料单体或药物中间体。

Xu 等[3]报道了在乙醇溶剂中，以氢为还原剂，钌有机配合物催化剂 $Ru(DMP)_2Cl_2$ 可以有效地催化 HMF 直接还原胺化得到伯胺和仲胺(图 8-1 中(3))。研究发现，在反应温度为 60℃，反应时间为 5h 的条件下，目标产物得率超过 98%。胺的种

类对反应效果有很大影响,芳胺上的取代基不同也会影响产物得率,当芳胺带有供电子基团时产物得率在90%左右。同时,Ru(DMP)$_2$Cl$_2$催化剂也存在空间位阻效应的影响,HMF与邻位取代苯化合物反应时,产物得率仅有43%,延长反应时间可以使产物得率有少量提高。当芳胺带有腈和酰胺吸电子基团时,基本得不到目标产物,这表明芳胺苯环上的吸电子基团明显抑制反应的发生。此外,对于HMF与仲胺的反应,研究发现,HMF与环状脂肪族化合物在30℃下即可高产率得到目标产物,而与二丁胺或N-甲基-1-苯基甲胺基本不发生反应,只有当温度提高到60℃时才有反应发生;对于电子云密度较大的芳香族仲胺则需要较长反应时间才能达到较高的产率。

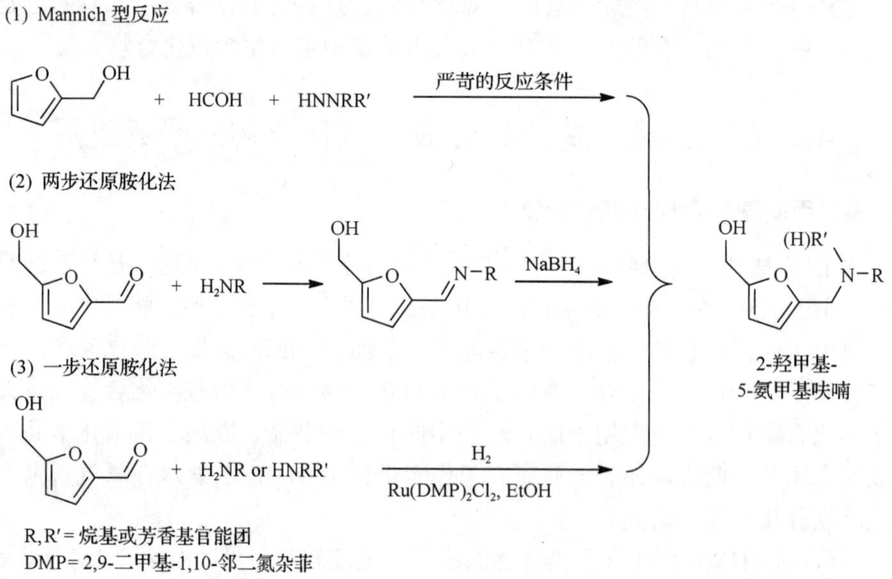

(1) Mannich 型反应

(2) 两步还原胺化法

(3) 一步还原胺化法

R,R′= 烷基或芳香基官能团
DMP= 2,9-二甲基-1,10-邻二氮杂菲

图 8-1 制备胺类羟甲基糠醛的合成路径[3]

Howard 等[4]在 2014 年提出了一种单糖一锅法直接合成氨甲基呋喃类化合物的方法。在酸和加氢催化剂同时存在的情况下,以烷基酰胺如 N,N-二甲基酰胺为溶剂和胺源,以 H$_2$ 为还原剂,单糖水解并进一步还原胺化,制备各种类型的呋喃或四氢呋喃烷基胺衍生物。该研究中的加氢催化剂主要采用的是 Pt、Pd 或 Ni 等金属;酸采用的是无机酸或固体酸,通过一定的制备方法将两种催化剂负载到功能载体上。该方法为利用生物质制备呋喃胺类化合物提供了新的途径。

Roylance 和 Choi[5]利用电化学的方法以水作为氢源,在不添加其他还原剂的情况下成功使 HMF 与甲基胺发生还原胺化反应(图 8-2),系统研究了各种金属电极(Ag、Cu、Pt、Sn、Zn)对催化 HMF 与甲基胺还原胺化反应的能力和效率,金属电极引发还原胺化所需的电势、法拉第效率和选择性。实验发现,对于同一种金属电极，平均电流密度越大，HMF 还原胺化产物的生成速率越高；不同的金属电极，考虑 HMF 还原胺化产物的生成速率时，Sn 电极的催化效果最好，产物的生成速率最高可达到 3.34μmol/cm^2·min；当综合考虑到还原胺化所需的电势以及电势相关的法拉第效率时，Ag 电极的催化效果最好。此外，在可以实现法拉第效率和选择性接近 100%的高比表面 Ag 电极的催化下，HMF 衍生物如 5-甲基糠醛（FFCA）、2,5-二甲酰基呋喃（DFF）和 5-甲酰基-2-呋喃甲酸（5-MF）与甲胺反应可生成对应的胺类化合物，从而建立起电化学法还原胺化生物质基糠醛的一般转化途径。电化学法的优点在于反应过程中不需要化学还原剂，以水作为氢源在室温下即可发生反应，从而降低了反应的经济成本和常规还原胺化方法引起的环境问题。

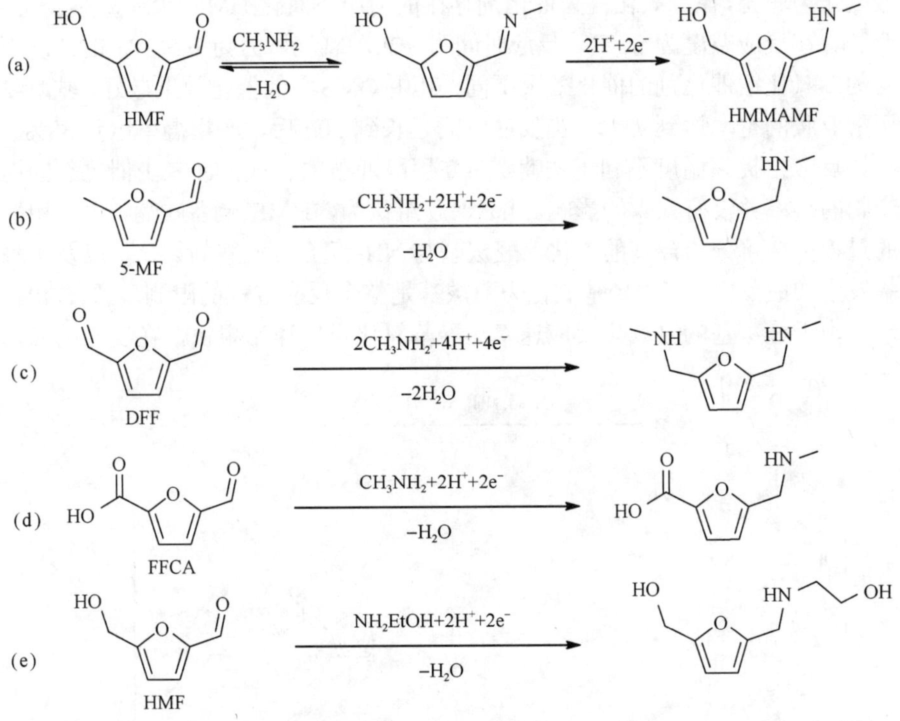

图 8-2 不同原料电化学法还原胺化 HMF 及其衍生物[5]

Chen 等[6]首次开发了以碳水化合物（如葡萄糖和果糖）为原料制备高附加值药物中间体 5-二甲基氨基甲基-2-呋喃甲醇（DMMF）的简便途径。DMMF 是合成常用药物 H$_2$-受体拮抗剂雷尼替丁的必须中间体，而雷尼替丁是治疗胃及十二指肠溃疡的常用药物。该物质的常用制备方法主要是以糠醇和甲醛为原料，以二甲胺为胺源，经过反应制备得到[7,8]。Chen 提出了一种新的合成路径，以市场常见的原料如葡萄糖、果糖、蔗糖以及糖的降解物 HMF 为反应物，使用 DMF 作为溶剂和胺供体，在无催化剂条件下利用甲酸的还原性还原胺化反应得到产物。该方法工艺简单，采用一锅法生产，反应时间短，反应条件比较温和，而且目标产物得率高。

除了采用还原胺化反应制备含氮化合物外，Lyon 等[9]发明了一种利用 HMF 合成 N-酰基氨甲基糠醛化合物的方法。在反应温度为 0~50℃时，HMF 在酸的催化作用下与腈类化合物发生反应，从而得到酰胺类化合物，其中酸催化剂可以使用浓硫酸等无机酸或者三氟甲基磺酸等有机酸。其中，当反应温度为 25℃，HMF 与三氟甲基磺酸的物质的量比例为 1∶2 时，N-酰基-5-氨甲基糠醛的最高得率为 47%。该发明通过化学方法转化 HMF 分子中的羟甲基来合成酰胺类化合物，为 HMF 合成含氮化合物提供了新的思路。

目前，国内外研究者同样对 HMF 氧化胺化进行了一部分研究，Jia 课题组[10]用液氨作为胺源，在二氧化锰为催化剂存在的情况下氧化 HMF 得到呋喃-2,5-二甲酰亚胺。在反应温度为 30℃，反应时间为 12h，氧气压力为 0.5MPa 的情况下，不同的二氧化锰催化剂的催化效果不同，其中 OMS-2 的催化效果最好，呋喃-2,5-二甲酰亚胺的得率达到 71%，当反应时间延长到 30h 后，产物得率达到 88%。但是，该反应中提高温度不利于呋喃-2,5-二甲酰亚胺的合成，而减少催化剂的用量对产物的得率并没有太大的影响。Jia 课题组认为，HMF 制备呋喃-2,5-二甲酰亚胺的过程主要可分为羟基的氧化、醛羰基与 NH_3 缩合、亚胺的氧化，以及甲醇与腈基发生加成反应，其中羟基氧化为醛羰基是整个反应过程的限制步骤。如图 8-3 所示，由于醛羰基的氨氧化反应速率比羟基氧化反应速率更快，在反应的初始阶

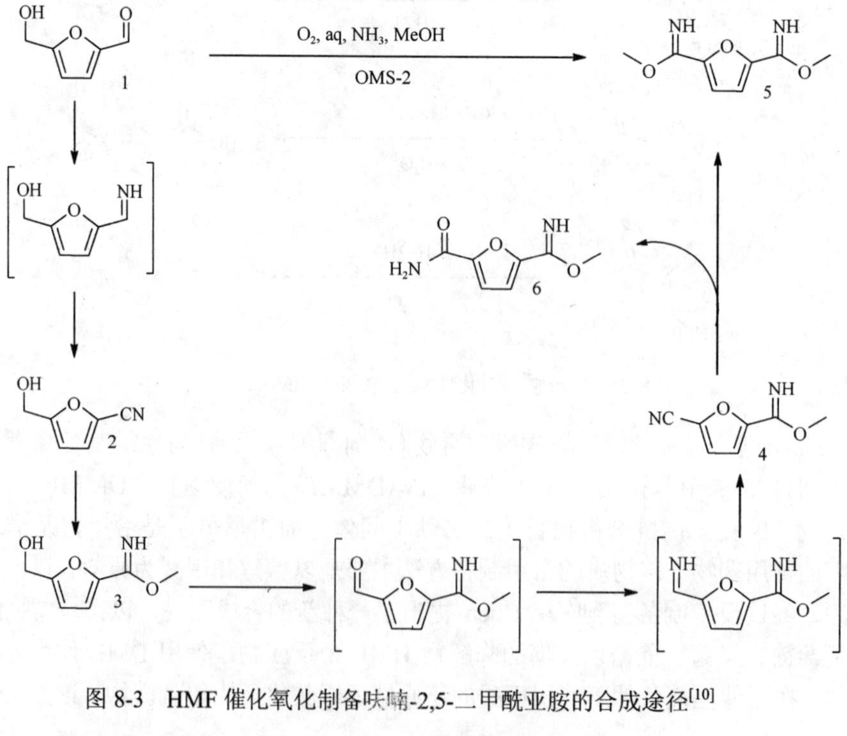

图 8-3 HMF 催化氧化制备呋喃-2,5-二甲酰亚胺的合成途径[10]

段 5-羟甲基-2-腈基呋喃为主要中间产物,该分子中的腈基可以在甲醇溶液中发生反应,进而形成 5-羟甲基-2-甲酰亚胺呋喃。随后,该化合物通过羟基氧化以及氨氧化形成 5-腈基-2-甲酰亚胺呋喃,其在甲醇中反应形成呋喃-2,5-二甲酰亚胺,同时伴有少量的副产物产生。

二、5-氯甲基糠醛合成含氮化合物

5-CMF 不仅有不易聚合、较易纯化的特点,还具备 HMF 的活性优点。因此,5-CMF 近期也成为热门的潜在生物质基平台化合物。由于 5-CMF 中存在一个容易发生取代反应的卤素,使其有可能催化转化为多种高附加值化学品。近来年随着对 5-CMF 制备研究的不断深入,国内外学者对 5-CMF 的后续催化转化也进行了相应的研究。

(一) 5-氯甲基糠醛制备 5-氨基乙酰丙酸

5-ALA[11]是一种高效低毒性、环境相容性优异并且可降解的新型光活化农药,在农业领域应用广泛。另外,5-ALA 在医学领域还可以作为一种新型光动力药物应用于皮肤癌的治疗,在化工领域还可以作为重要的有机合成中间体进行应用。目前 5-ALA 的合成制备主要是采用化学方法以及微生物发酵法。其中化学合成方法的研究始于 20 世纪 50 年代,在 20 世纪 90 年代最为活跃,研究者先后以马尿酸、琥珀酸、四氢糠胺及乙酰丙酸等为原料合成了 5-ALA,但是大部分方法具有试剂价格高、不易获取、毒性高、收率低和反应条件苛刻等缺点。Mascal 等[12]提出一种新的 5-ALA 化学合成方法,如图 8-4 所示,首先 5-CMF 作为反应底物与叠氮化钠(NaN$_3$)在 110℃下进行反应生成中间产物 5-叠氮甲基糠醛(5-azidomethylfurfural, 5-AZF),该步骤 5-AZF 的产率可以高达 92%,随后分别通过氧化开环、催化加氢等步骤,最终在 HCl 水相体系中得到 68%产率的 5-ALA。

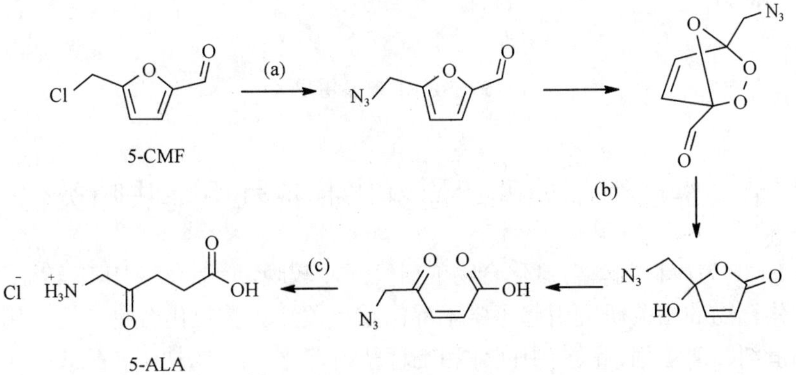

图 8-4 由 5-CMF 合成 5-ALA

(a) NaN$_3$, 110℃; (b) O$_2$, 玫瑰红, 高压 MeOH; (c) H$_2$, Pb/C, HCl, MeOH

(二) 5-氯甲基糠醛制备雷尼替丁

盐酸雷尼替丁是英国 Glaxo(今 Glaxo Smith Kline)公司于 1981 年上市的一种强效的 H_2-受体拮抗剂，具有竞争性阻滞组胺与 H_2 受体结合的作用，在治疗良性胃溃疡、十二指肠溃疡、手术后溃疡、返流性食管炎、消化道出血、胰源性溃疡综合征(卓-艾氏综合征)及预防非甾体抗炎药引起的溃疡等消化道疾病中应用十分广泛[13,14]。传统雷尼替丁的制备方法是以糠醛为原料，并在呋喃环上引入 N,N-二甲基氨甲基功能化合物(N, N-dimethylaminomethyl functionality)进而进行合成。近年，Mascal 和 Dutta[15]报道了一种以 5-CMF 和 3-巯基-N-甲基丙酰胺(3-mercapto-N-methylpropanamide)合成雷尼替丁的新方法，相较于传统方法，由于该方法原料 5-CMF 上的氯更容易发生取代反应，使整个反应过程选择性较高，最终雷尼替丁的产率可高达 68%(物质的量浓度)(图 8-5)。

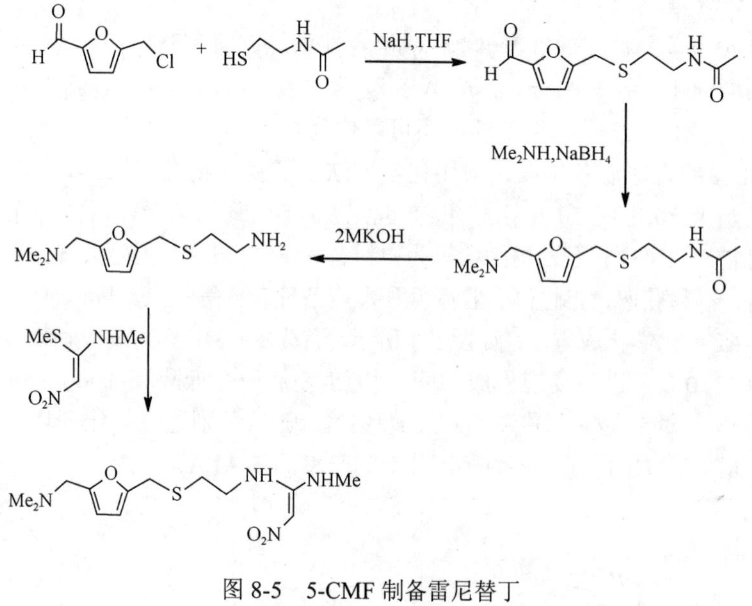

图 8-5　5-CMF 制备雷尼替丁

第二节　5-羟甲基糠醛还原氨化制备氨甲基呋喃类化合物

以 HMF 为原料制备含氮化合物的研究起步较晚,近年来将 HMF 转化为胺类、酰胺类化合物的相关研究引起了学术界的重点关注。胺类化合物广泛应用于除草剂、润滑剂、清洁剂、医药中间体和工程塑料等化工原料中[16]。酰胺类化合物的代表结构为酰胺键，酰胺键结构不仅可以连接蛋白质结构，还广泛应用于合成聚合物[17]，并且 HMF 分子中含有的羟基可以通过化学反应转化为酰胺类的化合物。

Xu 等[18]利用 DMF 在碘/叔丁基过氧化氢催化作用下将醛基转化为酰胺类化合物,此反应是在无金属催化作用下醇与酰胺的直接酰化反应,产率相对较高。Wang 等[19]以 n-Bu_4NI 或 NaI 为催化剂、叔丁基过氧化氢为氧化剂,通过一锅法反应将醇与亚胺合成酰胺,得率为 60%~90%,该研究提供了新型无金属催化剂合成酰胺的新思路。Kang 等[20]以钌配合物 $RuH_2(CO)(PPh_3)_3$ 为催化剂,在 NaH/甲苯的反应体系中反应 48h 一步催化醇与氰制备酰胺,虽然该方法产率为 90%但其反应时间过长。Kim 等[21]进一步优化了金属催化剂,在钌配合物催化剂的结构中引入氮杂环的卡宾结构,使得整个反应无需外加强碱即可使醇与胺直接反应合成酰胺,产率高达 97%。以上文献报道中的醇羟基转化为酰胺基都需要在金属催化剂的催化下进行才能得到较高的产物得率。

目前,HMF 主要通过还原胺化法合成含氮化合物,但是由贵金属催化剂主导的催化体系存在经济成本高等问题,而采用 Ritter 反应可以避免贵金属催化剂的使用。另外,目前关于对称结构的二胺呋喃类化合物的研究报道较少,但其在高聚物的合成中有着重要的作用,并扩大了生物质基化学品合成聚合物的种类。本节梳理了 HMF 经 Ritter 反应及还原胺化合成 N-乙酰基-5-氨甲基糠醛(NAMF),并通过进一步催化发生还原胺化合成具有对称结构的 2,5-二氨甲基呋喃(BAF),丰富了生物质基平台化合物 HMF 的应用。

一、5-氨甲基-2-呋喃甲醇类化合物的制备与应用

根据催化体系的不同,5-氨甲基-2-呋喃甲醇类化合物的制备方法可以分为均相催化剂催化加氢、非均相催化剂催化加氢和其他还原剂法。

(一)均相催化剂催化加氢

使用金属催化剂催化还原胺化通常以 H_2 或在反应中可以原位产氢的物质(如甲酸等)[22]作为还原剂。均相的金属配合物催化剂具有很高的催化还原活性,比非均相金属催化剂拥有更好的还原选择性,在金属配合物催化剂中,Ir、Ru、Re 和 Rh 系配合物研究较多,如 RuCl(TsDPEN)(p-cymene)[23,24]、$[Rh(cod)Cl]_2$[25]、$RuH(1,5-cod)(NH_3)(NH_2NMe_2)_2](PF_6)$、$Ir(NHC)Cp^*Cl$[26]、取代环戊二烯-Fe-二羰基配合物[27]、$ReOBr_2(Hhmpbta)(PPh_3)$[28]等配合物催化剂体系。也有直接使用金属盐作为催化剂的研究,如 $AlCl_3/PMHS$[29]、$BiCl_3/R_3SiH$[30]等。

Xu 等[31]以均相催化剂 $Ru(DMP)_2Cl_2$ 催化 HMF 与苯胺类化合物的还原胺化反应(图 8-6),产物收率高达 95%以上。配合物催化剂 $Ru(DMP)_2Cl_2$ 对苯胺取代基的位阻效应比较敏感,邻位甲基取代苯胺、仲胺为氨源时反应速率和产物得率明显比间位和对位取代苯胺、伯胺低,需要延长反应时间来提高产率。Xu 等[32]以 Ru^{II} 基配合物如 $Ru(Bipy)_2Cl_2$、$Ru(Dmbp)_2Cl_2$、$Ru(Phen)_2Cl_2$、$Ru(DMP)_2Cl_2$ 和 $RuHCl(CO)$

(PPh₃)₃等催化剂催化HMF转化为双羟甲基糠胺(图8-6)，以庚胺为模型物与HMF的还原胺化反应来评估催化剂，结果显示催化剂配体的空间结构对催化活性有较大的影响，Ru^{II}基催化剂配体处于顺式结构有助于加氢过程中H$_2$的活化，配体上的供电基团有利于提高Ru^{II}基催化剂的氢化能力。同时，胺基的结构位阻也对还原胺化反应有明显的影响，其中叔胺为原料的产物得率明显降低。Ru^{II}配合物催化还原亚胺的机制是亚胺的N取代Ru^{II}上的配体Cl$^-$形成Ru—N配体，H$_2$吸附在Ru^{II}上形成Ru—H配位键，同时氢原子转移到N=C亚胺双键上，在酸的作用下，Ru—N配位键断键形成胺(图8-7)。均相还原胺化反应优点是效率高、选择性好，但是催化剂回收困难，且催化剂价格昂贵，难以用于规模化生产。

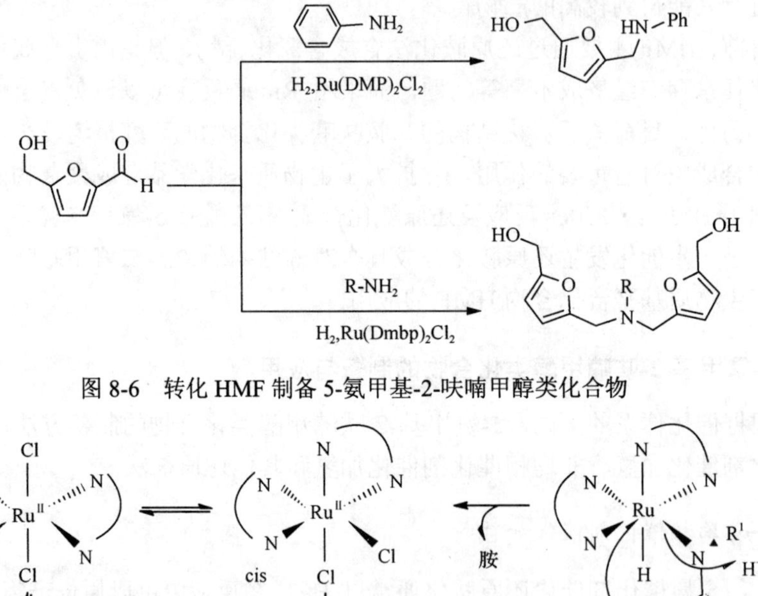

图 8-6 转化HMF制备5-氨甲基-2-呋喃甲醇类化合物

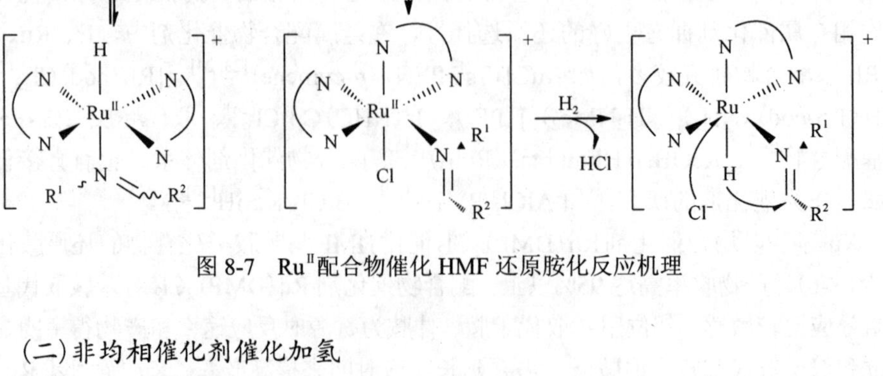

图 8-7 Ru^{II}配合物催化HMF还原胺化反应机理

(二)非均相催化剂催化加氢

非均相催化剂因回收方便并且可以重复利用，备受研究者青睐。在非均相金属催化还原胺化反应中，常使用的是过渡金属负载型催化剂，特别是贵金属催化剂。过渡金属颗粒表面易吸附反应物，且强度适中，利于形成中间"活性化合物"，具有较高的催化活性。负载型金属催化剂中金属以颗粒状高度分散于载体上，可以提高催化剂的利用率，载体多采用比表面积较大的金属氧化物或分子筛等多孔功能材料。

Nakamura 等[33]将 Pt 负载到 MoO_x-TiO_2 复合氧化载体上制备出 Pt/MoO_x-TiO_2 型催化剂。与 Pt/Nb_2O_5、Pt/θ-Al_2O_3、Pt/ZrO_2、Pt/TiO_2、Pt/MgO、Pt/SiO_2、Pt/ZMS-5、Pt/C、Pt/CeO_2 相比，Pt/MoO_x-TiO_2 在催化金刚烷与 NH_3 还原胺化中表现出更好的催化效果，产率达到 75%以上，原因在于 MoO_x-TiO_2 载体上有更多的 Lewis 酸位点能促进 C=O 的胺化和中间体 C=N 的加氢还原。另外一些非贵金属如 Ni[34]、Co[35,36]、Cu[37]、Zn[38]、Li[39]等在还原胺化反应中也得到广泛应用。Kunz[40]以 RaneyNi 为催化剂，催化 HMF 与甲胺在室温下还原胺化，产物 5-(N-甲基氨甲基)-2-羟甲基-呋喃得率达到 91%。Villard[41]等以 Raney Ni 为催化剂，在水溶液中催化 HMF 与 L-丙氨酸在室温下反应，产物 N-(1-羧乙基)-2-羟甲基-5-氨甲基呋喃的分离收率为 38%。Le 等[42]以酸处理的 Raney Ni 在 THF/水体系中催化 2,5-二甲酰基呋喃与氨还原胺化制备 BAF，产物最高得率为 42.6%。结果表明酸预处理可以除去 Raney Ni 表面的 NiO，且有扩孔的作用，可以提高催化剂的催化活性。酸预处理后的 Raney Ni 比表面积提升了 3.7 倍，Ni^0 组分含量提高 2.15 倍。Chieffi 等[43]采用固定床反应器并以 FeNi/C 为催化剂，催化糠醛、HMF 与苯胺、羟基丙胺等原料进行还原胺化反应，所得各种产物得率在 75%~97%之间。但该催化剂对氨基酸的还原胺化效果明显下降，其中 HMF 与羟基丙胺、α-氨基丙酸钠的胺化反应产物得率在 76%~77%之间。这是由于在与氨基酸的反应过程中，糠醛呋喃环上 5 号位未被取代致使不饱和键与亚胺还原产生竞争，造成选择性降低。

(三) 雷尼镍还原氨化

笔者研究了以氨水和 H_2 分别作为氨供体和还原剂，以 Raney Ni 催化 HMF 在甲醇/水体系中直接还原胺化制备 5-氨甲基-2-呋喃甲醇(AMF)。在 HMF 用量为 0.64g，氨用量为 14.5 当量，H_2 压力为 1.2MPa 和 100℃反应 4h 的条件下，AMF 的收率达 90.6%。研究发现，反应体系中水的存在可以促进 AMF 水解形成铵盐，并抑制 AMF 的进一步反应，因此对 AMF 有一定的稳定作用。实验发现，相对于 Raney Ni，Ni/SBA-15 在类似的反应条件下达到相近的催化效果时，催化剂的质量浓度量由 Raney Ni 的 7.8%减少到 Ni/SBA-15 的 2.34%；与 Pd/C、Pt/C、Ru/C 贵金属催化剂相比，Ni 基催化剂的催化活性适中，对末端 C=N 还原的催化选择性较高，在催化 HMF 还原胺化反应中具有更好的催化效果。此外，循环实验发现 Ni/SBA-15 有较好的循环性能，重复使用 5 次后依然保持较好的催化活性。

(四)其他还原剂法

使用金属催化剂进行 HMF 的还原反应时一般需要通入外源 H_2,因此反应需要在压力容器中进行,但还有一些还原剂(如 $NaBH_4$、$NaBH_3CN$ 等)无需外源氢在常压下即可将亚胺中间体还原。其中 $NaBH_4$ 是目前使用较为广泛的一种氨化物还原剂[44],相对于 $LiAlH_4$,其还原能力适中,不会还原杂环、羧基、共轭双键、缩醛等官能团。但 $NaBH_4$ 在还原亚胺的同时,容易将羰基还原为醇羟基,该反应与还原胺化反应中亚胺的形成是一对竞争反应,导致其选择性较低。因此,$NaBH_4$ 一般在间接还原胺化中使用。直接还原胺化中使用 $NaBH_4$ 作为还原剂时,关键在于加快亚胺的生成,为了促进胺与羰基的亲核反应,通常会在反应体系中加入弱酸或者呈酸性的盐来促进亚胺的生成[22],进而提高反应的选择性。反应过程中引入吸电子的氰基可以降低 $NaBH_4$ 上氢负离子的活性,使还原能力降低,进而提高还原选择性。$NaBH_3CN$ 可用于催化醛酮与胺的直接还原胺化反应,其优点在于其反应过程简单,条件温和,底物适应性广,同时底物中的敏感官能团如氰基、烯烃等均不会被还原。但当底物为芳香或者位阻较大的羰基化合物时,其还原能力较弱,需要加入过量的还原剂。值得注意的是,过量的 $NaBH_3CN$ 会生成大量剧毒类的 HCN 或 NaCN[45-47]。后来研究者尝试使用 $NaBH(oAC)_3$ 替代 $NaBH_3CN$,发现 $NaBH(oAC)_3$ 同样表现出了良好的还原选择性,可用于羰基化合物与胺的直接还原胺化。其分子中三个吸电子的乙酰氧基会使 B-H 键更加稳定,在 120℃仍有较好的稳定性,同时反应过程不生成有毒物质,环境污染小[47-49]。

目前 $NaBH_4$ 等用于还原胺化的研究很多,但应用于 HMF 还原胺化的系统性研究不多。Cukalovic 和 Stevens[50]在水体系中用 HMF 与伯胺类化合物在室温下反应,先生成亚胺中间体,然后加入 1.5 当量的 $NaBH_4$ 进行还原,产物 5-烷氨甲基-2-呋喃甲醇得率在 77%~99%之间。此外,Roylance 和 Choi[51]还报道了用电化学方法催化 HMF 与胺的还原胺化。从 Ag、Cu、Pt、Sn、Zn 等电极中优选出 Ag 还原电极,该电极由银离子电镀在铜表面形成枝状高表面积结构,具有较高的电荷迁移效率和选择性。其反应机制为 HMF 与甲胺先发生亲核取代生成 5-(N-甲基氨亚甲基)-2-羟甲基呋喃,随后以金属还原电极电解水提供氢源来还原亚胺。该还原胺化方法只适合氨和伯胺与 HMF 的反应,不适合仲胺与 HMF 的反应,且伯胺效果优于氨。

(五)氨甲基呋喃甲醇类化合物的应用

呋喃类衍生物是一类重要的杂环化合物,由于其分子中氧原子的一对孤对电子在共轭轨道平面内形成了符合 4n+2 结构的 6 个电子大 π 键,这种结构使得呋喃具有"易取代难加成"的性质,在有机化学和化学工业中扮演着重要的角色。

在众多呋喃类化合物中，5-氨甲基-2-呋喃甲醇类化合物是一种极具应用潜力的呋喃胺基化合物。根据氨基 N 上取代基个数的不同，可将其分为伯、仲、叔三种类型（图 8-8），因为分子中有羟基和氨基官能团，具有很大的衍生修饰空间，且很多含氮类化合物具有一定的生物活性，可作为生物碱应用于医药、农药、食品添加剂等行业，因此受到人们广泛关注[52,53]。在医药行业，根据结构特征，可将 5-氨甲基-2-呋喃甲醇类化合物用合成药物的中间体，例如，可将其用于合成抗胆碱酯酶药吡啶斯的明类药物（图 8-9 中化合物 a）[40]、毒蕈碱阻抗剂（图 8-9 中化合物 b）[54]、钙拮抗活性药物（图 8-9 中化合物 c）[55]、胆碱酶抑制试剂（图 8.9 中化合物 d）[56]、DNA 甲基转移酶抑制剂（图 8-9 中化合物 e）[57]、H$_2$-受体拮抗剂雷尼替丁（图 8-9 中化合物 f）[58-61]等。在食品行业可用于制备食品添加剂等，如甜味增强剂 N-(1-羧乙基)-6-羟甲基-3-羟基吡啶（图 8-9 中化合物 g）[41]。在聚合物材料方

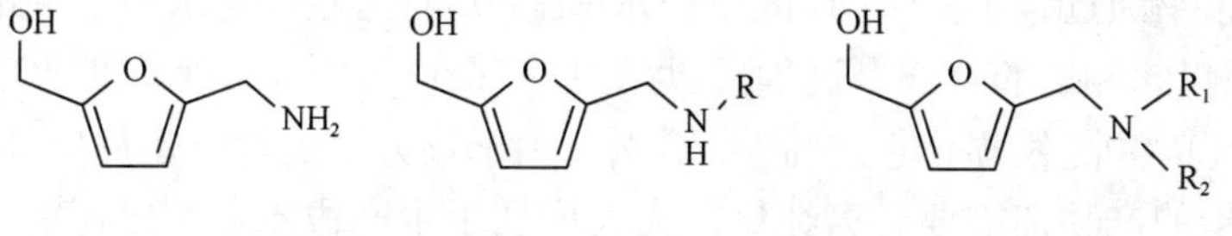

图 8-8　5-氨甲基-2-呋喃甲醇类化合物

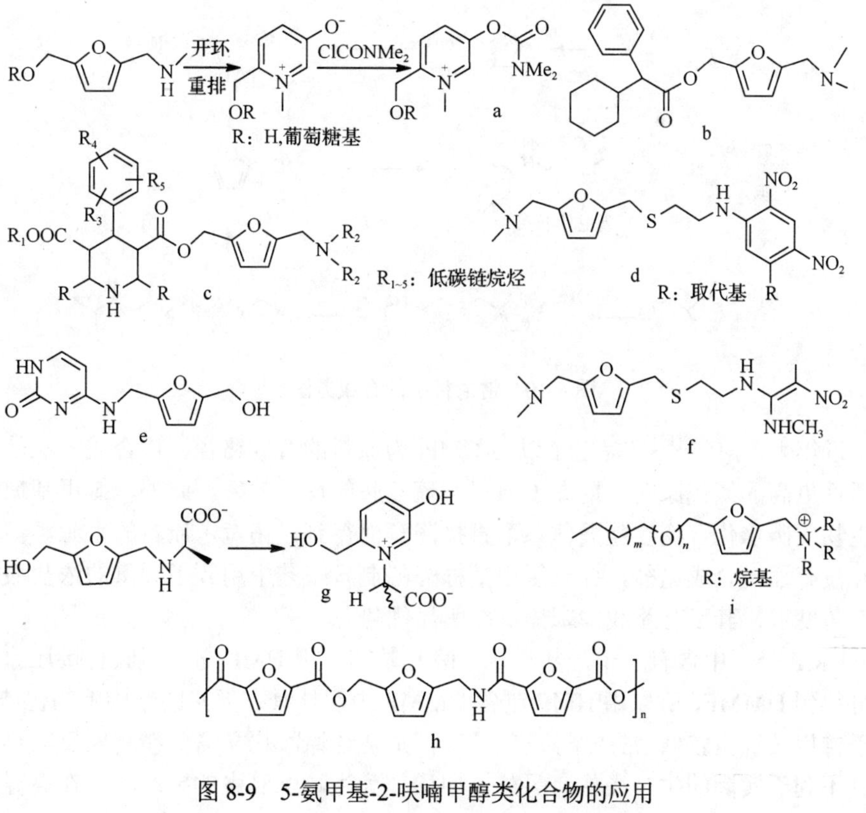

图 8-9　5-氨甲基-2-呋喃甲醇类化合物的应用

面，可作为聚合物单体，如与二羧酸发生反应生成具有酯键或酰胺键的高分子聚合物（图 8.9 中化合物 h）[62-64]。在精细化学品方面，利用氨基的亲水性，5-取代氨基甲基-2-呋喃醇与环氧乙烷、脂肪酸或醇反应制备呋喃类季铵盐表面活性化学品（图 8.9 中化合物 i）[54,65]。所以，5-氨甲基-2-呋喃甲醇类化合物具有巨大的发展潜力和广阔的应用空间。

二、5-[(二甲氨基)甲基]-2-呋喃甲醇的制备

自从雷尼替丁上市以来，人们就不断探究和改进盐酸雷尼替丁的合成方法，目前已经提出的合成路线有数十条之多。在众多合成方法中，以糠醛为起始原料经由 5-[(二甲氨基)甲基]-2-呋喃甲醇（DMMF）中间体的合成路径应用最为广泛[61, 66]。其合成路径图 8-10 所示，糠醛经催化加氢得到糠醇，糠醇与二甲胺、多聚甲醛在盐酸体系中通过氨甲基化即可生成 DMMF 中间体。在该合成方法中的四步制备流程中（不包含侧链的合成个过程），尽管目前报道的中间某个单步收率可达到 90%以上，但其总收率仍不足 30%[67]。此外，由于该方法的每一步反应体系相差很大，所以每步的产物都需要分离纯化，大大增加了生产成本，所以还需要开发更为简洁廉价的合成方法来简化雷尼替丁的生产过程，降低生产成本。

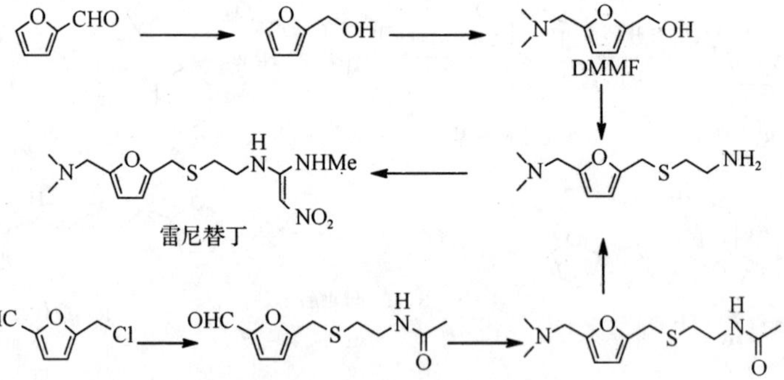

图 8-10　雷尼替丁的合成方法[132]

近年来，Mark[15]又提出了以 5-CMF 为原料的合成路径。该合成方法使用反应活性更高的氯代原料，提高了原料与琉乙胺的反应效率。此外，氯甲基糠醛可由生物质碳水化合物在盐酸体系下直接降解而得到，拓宽了原料的来源。但该方法并没有缩短合成途径，并且氯甲基糠醛的制备工艺中用到了大量的浓盐酸，从生产角度看，其工艺路线并未体现出明显优势。

HMF 分子中含有一个羟基和一个醛基基团，用 HMF 与二甲胺直接还原胺化即可得到 DMMF，所以由 HMF 制备 DMMF 中间体具有天然的结构上的优势。但由于二甲胺沸点较低（常压下只有 7℃），加氢还原胺化又需要在高压反应器中进行，不利于实际的生产操作。另外，甲酸作为生物炼制中的副产物，在高温下可

以分解产氢,可以作为一种清洁的还原剂应用。

本着环境友好、工艺简单的原则,笔者提出以 HMF 为原料,甲酸作为还原剂,以 DMF 代替二甲胺作为胺供体,在无金属催化剂的条件下一锅法制备 DMMF 的技术路线[68]。由于 HMF 可由碳水化合物酸催化降解得到,甲酸又是酸性较强的有机酸,因此甲酸还可以作为碳水化合物降解为 HMF 的催化剂,在此基础上将原料拓展到碳水化合物,并开发出了一条直接由葡萄糖、果糖等碳水化合物一锅法制备 DMMF 的技术路线。实验发现,在 HMF、DMF、甲酸、去离子水用量分别为 3%、5%、24.5%和 57.4%(质量浓度)的条件下,常压回流反应 6h,HMF 的转化率和 DMMF 的得率分别达到 100%和 76.2%。课题组首先研究探索了甲酸用量及体系 pH 值等反应条件对 HMF 还原胺化反应的影响;实验完成后采用硅胶柱层析法分离纯化了反应液中的主要产物,利用 ^{13}C NMR 和 ^{1}H NMR 分析确定各产物的分子结构,并根据主要产物提出了 HMF 还原胺化的转化路径。实验还发现,使用碳水化合物一锅法制备 DMMF,在碳水化合物、DMF、甲酸、去离子水加入量分别为 5%、15%、48%、32%(质量浓度),120℃下反应 6h 的条件下,葡萄糖、果糖和蔗糖转化为 DMMF 的收率分别达到 26.2%、39.5%和 33.5%。实验进一步研究了葡萄与果糖转化路径的差异,并提出了由葡萄糖制备 DMMF 可能的转化机理(图 8-11)。最后,采用硅胶柱层析方法分离提纯反应混合液中的目标产物 DMMF 以及副产物,纯化后的产物及副产物的纯品均为淡黄色澄清液体,其中 DMMF 的 GC 检测纯度达 98%以上,并用 ^{1}H NMR 和 ^{13}C NMR 进一步证实了产物与副产物的分子结构。

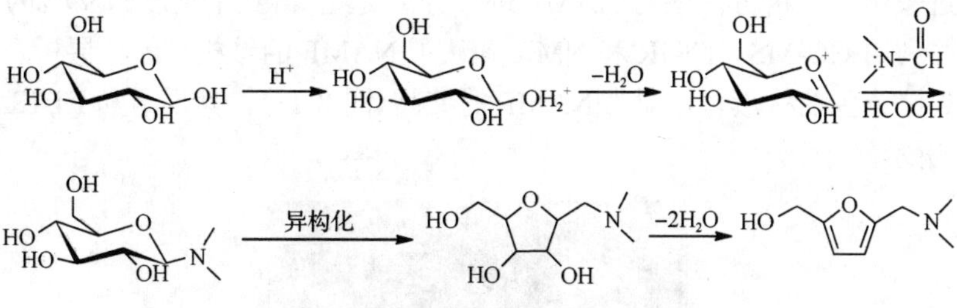

图 8-11 葡萄糖与果糖转化为 DMMF 的可能机理

三、2,5-二氨甲基呋喃的制备与应用

(一) 2,5-二氨甲基呋喃的制备

笔者在 HMF 用量为 1.0g、乙腈用量为 25.0g 的实验条件下,考察了反应温度、反应时间以及三氟甲烷磺酸与五氧化二磷添加比例对 HMF 转化为 NAMF 的影响。三氟甲烷磺酸与五氧化二磷添加比例为 0.68(0.45∶0.66)时,反应 3h NAMF 得率达 90.1%,HMF 的转化率也接近 100.0%;当反应时间超过 3h 后,NAMF 的得率

急速下降，这是由于反应过程中只有 HMF 上的羟基发生反应，醛基在酸性条件下会发生聚合反应，时间的延长使一部分产物聚合形成腐殖质[69]，从而导致产物 NAMF 得率降低，而 HMF 的转化率一直随着反应时间的延长而增加。反应温度不但对 NAMF 的得率有影响，而且对反应速率也有明显的促进作用。HMF 制备 NAMF 的可能反应机理：首先，HMF 分子上连接羟基的碳原子在强酸存在的溶液中生成稳定的碳正离子，并脱去一分子的水；随后，由于乙腈中氮原子上含有孤对电子，碳正离子在乙腈溶液中易受到腈氮原子的亲核进攻，从而生成一个腈鎓离子(Nitriliumion)；然后，第一步中生成的水进攻乙腈中的叁键碳原子，经过质子转移即得 N-乙酰基-5-氨甲基呋喃(图 8-12)。

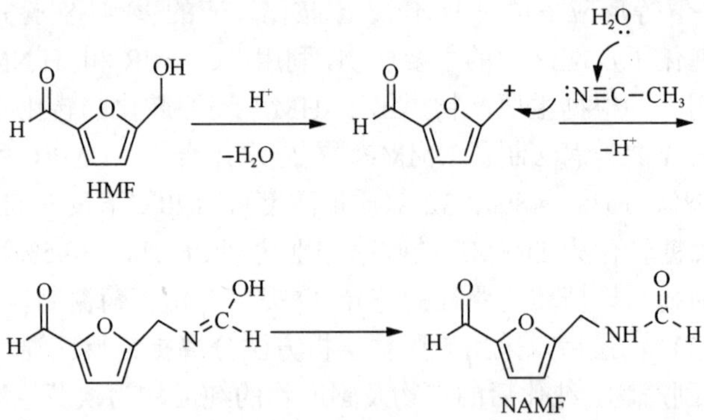

图 8-12　HMF 制备 NAMF 的反应机理

通过采用柱层析分离法对 NAMF 进行分离提纯，得到了纯度为 99% 的 NAMF 纯品，并利用 GC-MS、FT-IR 和 NMR 确认了 NAMF 的结构。经柱层析及减压蒸馏，得到棕黄色油状液体，即为 NAMF 的纯品(图 8-13)，其质谱和 FT-IR 图谱如图 8-14 所示。

图 8-13　NAMF 样品

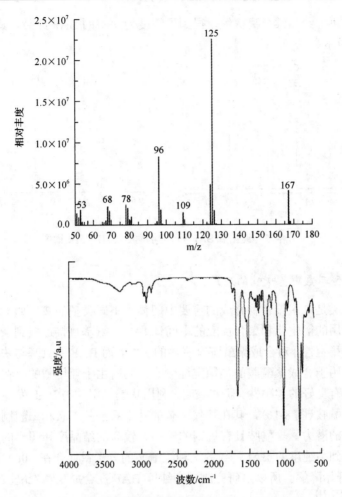

图 8-14 纯化后 NAMF 样品的质谱及 FT-IR 图谱

笔者在上述 HMF 催化转化得到的 NAMF 基础上,在甲醇-氨水反应体系中以 Raney Ni 为催化剂、氢气为还原剂,催化 NAMF 与氨水发生还原制备 N-酰基-2,5-二(氨基甲苯)呋喃(NBAF),并系统考察了不同反应条件对 NBAF 得率的影响。研究发现,在整个反应过程中并不是反应时间越长、温度越高,NBAF 的得率越高,NBAF 的积累需要一个合适的温度和时间。反应中 H_2 的压力对 NAMF 合成 NBAF 有一定的影响,但达到一定压力值后,NBAF 的得率不随压力升高而升高,反而会出现下降。在反应温度 120℃、H_2 压力 1.5MPa 的条件下反应 3h,NBAF 的得率最高可达 90.3%。NAMF 还原胺化的反应途径为:NAMF 在甲醇-氨水反应体系中其分子中的醛基与氨气反应生成亚胺,然后亚胺在 Raney Ni 催化剂的催化下加氢生成伯胺。采用柱层析分离法对 NBAF 进行了分离提纯,得到了纯度为 99% 的 NBAF 纯品,并利用该 NBAF 纯品经盐酸水解得到 BAF,经优化得到了水解的最佳条件。再一经后续分离提纯,得到了纯度为99%的BAF纯品,其NMR图谱如图8-15所示。

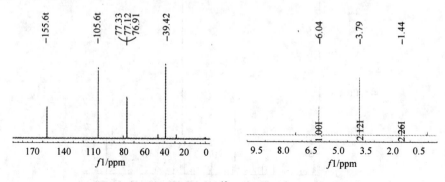

图8-15 纯化后BAF的^{13}C-NMR及^{1}H-NMR谱图

(二)2,5-二氨甲基呋喃的应用

有机胺类是许多聚合物合成的重要中间体,不同类型的胺,如一元胺和二元胺是非常有用的衍生化和聚合反应的中间体[70,71]。氨基直接连接到杂环上的呋喃胺具有热不稳定性,对合成聚酰胺有明显的影响,而BAF的氨基与呋喃环通过亚甲基连接,用于合成聚酰胺的热稳定性较好,同时由于亚甲基的存在,使其合成的聚酰胺具有良好的柔顺性。研究表明,利用呋喃二甲酸与BAF发生缩合反应可制备呋喃聚酰胺(图8-16),其在替代现有的基于石油基二胺和二酸制备聚酰胺方面具有较高的潜力。聚酰胺具有规则的结构、较高的结晶度和明显的熔点,但是由于不能得到高纯度的BAF,导致这种聚酰胺的分子量低会在300℃时熔化并在325℃左右开始降解。所以,研究制备高纯度BAF在合成呋喃聚酰胺中具有非常重要的作用[72-74]。

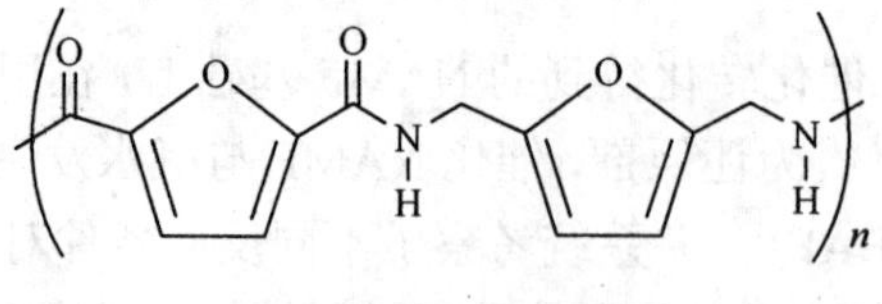

图8-16 呋喃聚酰胺

第三节 乙酰丙酸还原制备含氮化合物

一、乙酰丙酸制备吡咯烷酮类化合物

由于乙酰丙酸γ位有活泼的羰基基团,可发生取代等亲核反应,胺基中氮原子上的孤对电子具有较强的碱性和亲核能力,从而使乙酰丙酸的还原胺化反应易

第七章　乙酰丙酸(酯)合成新型平台分子 γ-戊内酯

于进行，进而使分子内的氨基与羧基自发脱水成环形成稳定的五元环-吡咯烷酮类化合物，如图 8-17 所示。合成所采用的胺包括氨气、脂肪胺和芳香胺等，可合成不同功能特性的吡咯烷酮类化合物，广泛应用于制备医药中间体、个人护肤品、精细化学品、农药和家居等行业，作为表面活性剂、清洁剂、增容剂以及工业溶剂等。例如，5-甲基-2-吡咯烷酮可在医药领域用于促进人体对药物的吸收，还可用作汽车表面的保护剂；5-甲基-N-正辛基-2-吡咯烷酮和 5-甲基-N-环己基-2-吡咯烷酮可用在油墨中改善打印彩色图画的清晰度和疏水性；5-甲基-N-正辛基-2-吡咯烷酮可用作乳化剂用于农药中促进植物的生长。

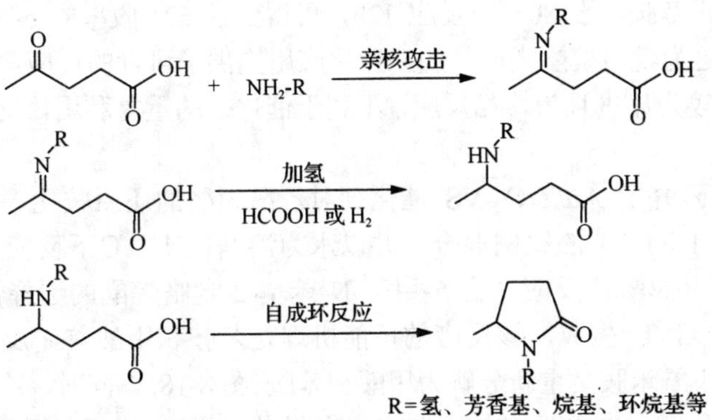

图 8-17　乙酰丙酸还原胺化制备吡咯烷酮化合物的流程图

乙酰丙酸还原胺化制备吡咯烷酮类化合物最先由 Shilling 和 Crook 在发明专利中提出，其后 Manzer[75,76]在此基础上开发了一系列由乙酰丙酸或乙酰丙酸盐制备吡咯烷酮类化合物的合成路径，并采用伯胺、硝基化合物、氰基化合物和氨等作为氮源，丰富了合成该类化合物的原料来源。以 H_2 作为还原剂，金属氧化物负载的贵金属 Pt、Ru、Pd、Rh、Re、Ir 等作为催化剂，以水、醇、醚或吡咯烷酮为溶剂，在 50~300℃、0.3~20MPa 的高压下反应 6~8h 可得到吡咯烷酮类化合物。当乙酰丙酸、对甲苯胺和二氧六环以 30：28：42 混合，并以 5%(质量浓度)的 Pt/C 为催化剂，在 150℃和 5.52MPa 条件下反应 6h，5-甲基-N-对苯甲基-2-吡咯烷酮的得率为 79.8%。

Dunlop 等[77]发明了一种非贵金属催化合成 5-甲基-2-吡咯烷酮的方法。该方法以乙酰丙酸、H_2、氨气为原料，以水和不多于 4 个碳的饱和脂肪醇为溶剂，在碱金属(Ni、Co)催化剂的催化作用下合成 5-甲基-2-吡咯烷酮。此法需要在大于 3.4MPa 的高压下和 100~300℃的温度范围内反应 2~5h 得到目的产物，最高得率为 77%。

木质纤维素酸水解理论上可产生等物质的量的乙酰丙酸和甲酸，且甲酸已被广泛应用于生物基平台化合物的还原反应，如羟基糠醛制备己二醇(HDO)[78]、乙酰丙酸制备戊酸[79]和 γ-戊内酯[80-82]等，因此以甲酸原位加氢的乙酰丙酸还原胺化反应引起科研工作者的广泛关注。

Huang 等[83]研究了不同膦配体的 Ru 系催化剂对乙酰丙酸还原胺化的反应效果,发现用三叔丁基膦做配体,在无水条件下,乙酰丙酸、甲酸与伯胺的物质的量比为 1∶1∶1,反应温度为 120℃,反应时间为 12h,可得到 95%的目标产物 5-甲基-N-苯甲基-2-吡咯烷酮。不同的胺类对反应效果也有影响,因其取代基的空间位阻和吸电子基团的存在会抑制产物的生成,使目标产物收率明显下降,通过提高乙酰丙酸与甲酸的物质的量比例,可较好地改善反应结果。同时,从节省成本、提高反应经济性的角度,以糖水解液浓缩液为反应原液(乙酰丙酸质量分数为 45%),加入等物质的量正辛胺,于 80℃下反应 12h,可得到了 62%收率的 5-甲基-N-正辛基-2-吡咯烷酮,这为吡咯烷酮类产品的工业化应用提供了可行的反应途径。但由于反应所需催化剂较为昂贵且为均相反应,不利于催化剂的重复利用,反应条件有待进一步优化。

杜贤龙[84]研究了 Au/ZrO_2-VS 催化剂对乙酰丙酸的还原胺化。将乙酰丙酸、甲酸与苯胺按 1∶1∶1 的比例混合,并以水为溶剂在 130℃下反应 10h 后,乙酰丙酸的转化率为 60%,反应产物 5-甲基-N-苯基-2-吡咯烷酮的选择性为 85%,该反应同时伴有 GVL 生成。该反应的可能机理是苯胺和甲酸首先反应生成甲酰苯胺。在高温下甲酰苯胺又重新分解为甲酸和苯胺(图 8-18)。同时,乙酰丙酸和苯胺发生亲核取代反应,生成亚胺中间体(传统的胺化过程),进而关环形成 5-甲基-N-苯基-2-吡咯烷酮(PhMP)的前驱体,最后在 Au/ZrO_2 催化剂的作用下被甲酸还原为 PhMP。乙酰丙酸胺化反应效果与胺的种类(如脂肪胺、芳香胺)和碱性等有关,而水的存在不利于吡咯烷酮的合成。在反应中,Au/ZrO_2-VS 催化剂主要作用于甲酸使其迅速分解产生 CO_2 和 H_2。Pt/ZrO_2、Ru/ZrO_2、Pd/ZrO_2 等催化剂催化效果较差可能是由于甲酸分解产生 CO 使 Pt、Ru、Pd 等贵金属中毒而失去催化活性。同时,Au/ZrO_2-VS 作为独特高效的加氢催化剂可利用于生物质基羰基化合物的还原加氢[85]。

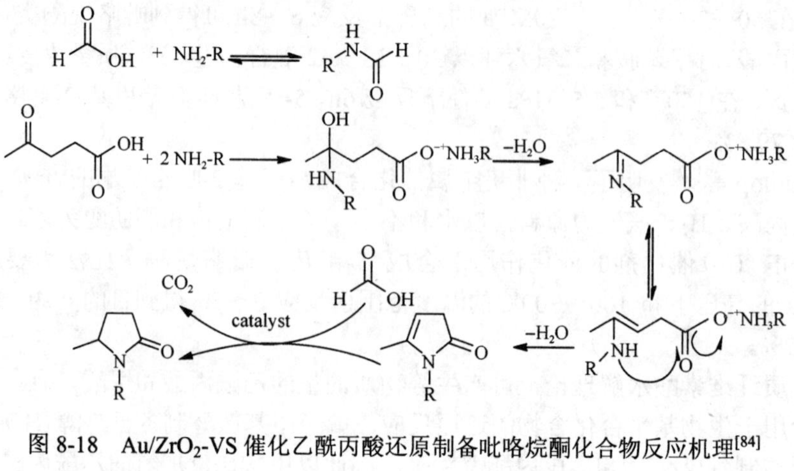

图 8-18 Au/ZrO_2-VS 催化乙酰丙酸还原制备吡咯烷酮化合物反应机理[84]

第七章 乙酰丙酸(酯)合成新型平台分子 γ-戊内酯

Wei 等[86]制备贵金属 Ir 的配合物为均相催化剂,在水相体系中较低温度下(80℃)利用甲酸的转移加氢还原胺化乙酰丙酸制备吡咯烷酮类化合物,此反应需在较窄的 pH 值范围内进行(pH=3~4),且催化剂无法回收再利用。Wei 等[87]还开发出无催化剂的二甲亚砜溶剂反应体系,通过三乙胺来调节反应的 pH 值,在 100℃的温度下反应 12h,生成的带芳香基、烷基、环烷基的吡咯烷酮类化合物的总得率超过 90%。二甲亚砜作为高效的溶剂体系,其对反应的影响可能有两种方式:其一,二甲亚砜为碱性溶剂,有助于胺的亲核攻击形成亚胺结构;其二,二甲亚砜溶剂有助于抑制甲酸的电离,提高其酸度系数(pKa),使得大量的伯胺以分子形态存在于体系中,而非 RNH_3^+,从而有利于伯胺的亲核攻击。甲酸的转移加氢是反应的速率决定步骤,伯胺的取代基类型(吸电子基或者推电子基)亦会对反应进行的难易产生影响。

最近,Touchy 等[88]开发了以 $Pt-MoO_x/TiO_2$ 为催化剂在无溶剂条件下以 H_2 为还原剂的高效合成体系。乙酰丙酸与正辛胺等物质的量混合后,在 100℃下反应 20h,5-甲基-N-正辛基-2-吡咯烷酮的得率超过 99%。该研究首次回收使用了固体催化剂,经过 5 次循环使用后,催化效果并未有明显下降,目标产物得率超过 90%。研究者在与其他金属氧化物载体如 MoO_x/SiO_2、Al_2O_3、TiO_2、C 等比较发现,MoO_x/TiO_2 载体通过 Lewis 酸位点与乙酰丙酸分子 γ 位羰基中的氧结合,增强了羰基的极性,从而有利于胺基的进攻取代[89]。Vidal 等[90]在最近的研究中详细探究了以 Pt/TiO_2 为催化剂,乙酰丙酸乙酯、苯胺和 H_2 为原料的还原胺化反应过程。通过一系列催化剂表征证明:①纳米 Pt 活性位点会优先结合 C=N 双键进行还原,而苯环不被还原;②形成亚胺为反应的决定步骤,当乙酰丙酸酯转化为亚胺后可迅速还原加氢、成环。Vidal 等同时还考察了该催化剂在连续固定床反应器中的应用。

Ledoux 等[91]报道了将乙酰丙酸、甲酸与伯胺按照 1∶1∶1 等比例混合后在密闭反应器中直接反应得到吡咯烷酮类化合物,E-factor(每公斤产品产生的废物)低至 0.2kg,实现了体系的清洁高效。该体系方法通过监测反应过程中甲酸分解产生的 CO_2 的压力,可计算出反应进行的程度并可在高温度(160℃)下有效抑制甲酸与伯胺反应生成酰胺(图 8-19),使反应时间缩短至 4.2h。但过高的甲酸浓度对反应器提出了更高的要求,且反应过程压力较大,安全控制有待于进一步优化。

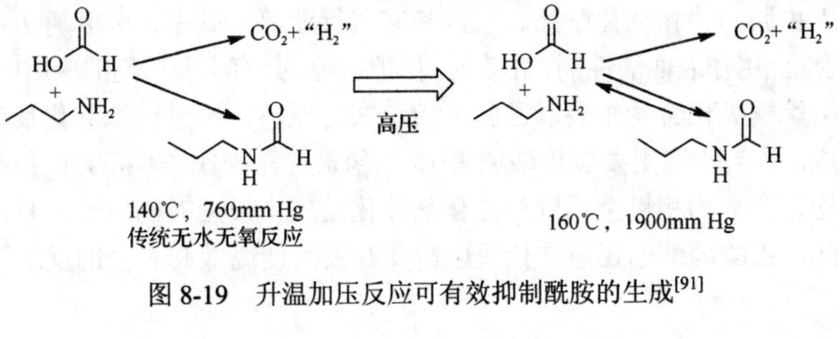

图 8-19 升温加压反应可有效抑制酰胺的生成[91]

Chieffi 等[92]通过浸渍法制备了负载在活性炭上的 Fe-Ni 合金催化剂,实验证明纳米粒径的 Fe-Ni 合金具有高效的催化活性,在连续反应器中不易流失到反应液中,且催化活性随反应时间的延长并没有明显的降低。该催化剂制备简单且使用价廉的铁镍金属,在纤维素水解液直接反应制备吡咯烷酮类化合物有着良好的催化效果,这为该方法应用于其他生物基产品和优化制备吡咯烷酮类化合物提供了思路。

Ortiz-Cervantes 等[93]研究了以[$Ru_3(CO)_{12}$]在反应中热解形成的纳米 Ru 离子为催化剂原位催化乙酰丙酸还原胺化合成吡咯烷酮,并进一步合成喹啉类化合物,创新性地开发出一条由乙酰丙酸合成喹啉类化合物的路径(图 8-20)。他们分析了乙酰丙酸还原胺化的可能机理,发现乙酰丙酸转化为亚胺后可以先成环,然后在甲酸分解加氢条件下生成吡咯烷酮。

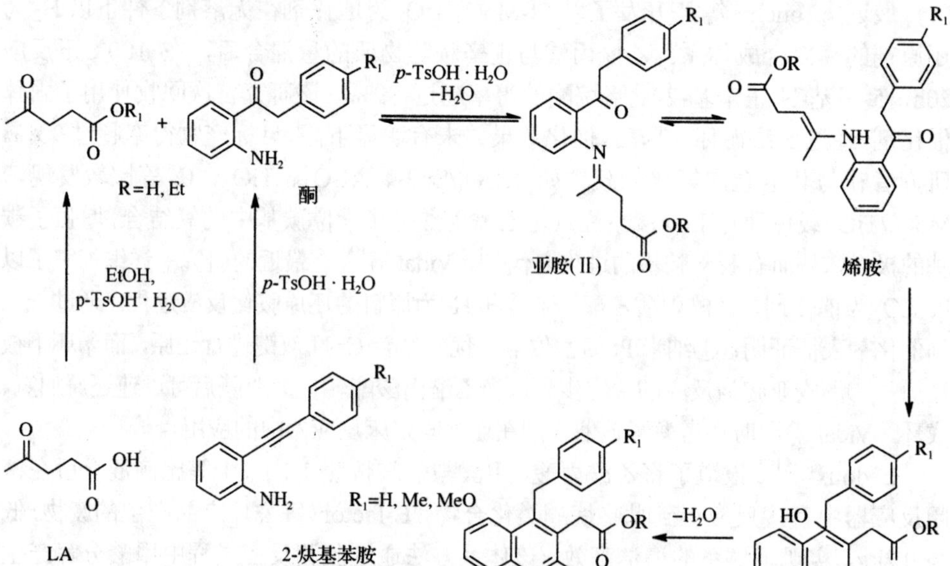

图 8-20 喹啉类衍生物合成的可能途径[93]

吡咯烷酮类化合物因其良好的溶剂性能和低毒性,可广泛应用于制备医药中间体、个人护肤品、精细化学品、农药和家居行业等。其中,5-甲基-2-吡咯烷酮(5-MeP)可广泛用作表面活性剂、分散剂、保护剂等,具有十分广泛的应用前景[87,91]。目前,吡咯烷酮类化合物主要以乙酰丙酸、胺为原料,经过还原胺化反应、脱水成环而形成。该类研究主要以甲酸或者 H_2 为氢源,在密闭条件下,以伯胺为反应底物,以均相或非均相贵金属固体催化剂催化反应,反应时间较长,反应安全性较低。因此,乙酰丙酸的还原胺化反应需要开发简便高效和安全的反应路径。

甲酸铵(AF)常在 Leuckart 反应中作为酮类物质的还原胺化剂[94,95]，目前还未有报道其应用于乙酰丙酸的还原胺化。笔者建立了以 AF 作为胺源和氢源，在无催化剂存在下，DMF 体系中常压直接还原胺化乙酰丙酸制备 5-MeP[96]。重点探究了反应时间、温度、底物浓度、物质的量比、体系酸度等因素对产物得率的影响，为乙酰丙酸及其衍生物的还原胺化提供了更简便和安全的合成方法。研究表明，升高温度和延长反应时间有利于提高 5-MeP 的得率。当底物浓度在 3.9wt%～55.6wt%时，5-MeP 的得率相对稳定，但底物浓度过高会导致副反应，而且不利于后期的分离提纯。在 130℃条件下反应 8h，5-MeP 的得率超过 40%。

乙酰丙酸、甲酸铵在无催化剂的 DMF 溶剂体系中制备 5-MeP 的反应路径可能有两种。路径 A：①乙酰丙酸的羰基被氨取代生成亚胺中间体-γ-亚氨基戊酸；②亚胺中间体 γ-亚氨基戊酸在甲酸转移加氢作用下还原生成 γ-氨基戊酸；③γ-氨基戊酸分子内脱水成环生成 5-MeP。路径 B：①乙酰丙酸的羰基被氨取代生成亚胺中间体-γ-亚氨基戊酸；②亚胺中间体 γ-亚氨基戊酸直接脱水成环，生成环状 5-甲基-3,4-二氢-2-吡咯酮；③环状 5-甲基-3,4-二氢-2-吡咯酮在甲酸转移加氢的还原作用下还原生成 5-MeP。其中反应的速率控制步骤为亚胺的还原。非极性质子溶剂如 DMF、二甲亚砜、N,N-二甲基乙酰胺等可显著改善该反应体系的效果，提高 5-MeP 的得率，该类溶剂在乙酰丙酸还原胺化反应的应用仍有待进一步研究和发掘。同时，乙酰丙酸的衍生物如乙酰丙酸甲酯或 α-当归内酯亦可作为原料应用于该反应体系，从而丰富了该体系的原料来源。

二、乙酰丙酸还原胺化制备 4-二甲氨基戊酸

4-二甲氨基戊酸(4-DAPA)是直链氨基酸化合物，因 4-二甲氨基分子中氮原子上连有两个甲基，从而避免与羧基脱水成环，进而保留直链分子的特性，使其同时具备胺基和羧基，具有氨基酸的功能属性，但其功能还有待进一步发掘。与 4-DAPA 分子结构相似的化合物如 4-二甲氨基丁酸、5-二甲氨基戊酸已广泛用于合成精细化学品，也可作为生物医药和材料中间体，其分子内高活性的碱性基团二甲氨基和酸性基团羧基，使得该类化合物可应用于生物抗菌等特性的研究和医药的合成。γ-氨基丁酸是一种常用的神经抑制药品。通过利用生物基乙酰丙酸合成新型化合物 4-DAPA，可进一步丰富乙酰丙酸还原胺化的产物，为制备高附加值生物质基产品提供新途径。

笔者在 DMF 与甲酸体系中，以生物质基乙酰丙酸为原料在无催化剂条件下一锅法直接合成 4-DAPA，并分离出 4-DAPA 纯品。在 200℃的温度条件下反应 4h，4-DAPA 得率可达 55.3%。研究发现，反应过程中氧气的存在对反应存在较大的影响，因此该反应在惰性保护氛围下进行，以避免氧化导致产物成分复杂。反应体系中含有少量水对反应无明显影响，但体系含水量增大时会明显降低产物得

率。乙酰丙酸在甲酸与 DMF 体系中的反应途径为：首先 DMF 分解产生二甲胺和甲酸，然后二甲胺继续与乙酰丙酸 γ-位羰基发生亲核取代反应并脱水形成亚胺，最后甲酸转移加氢还原亚胺生成目标产物 4-DAPA，其机制与 N-烷基甲酰胺的反应机制有所不同。

第四节 乙酰丙酸衍生物 5-氨基乙酰丙酸的合成

5-氨基乙酰丙酸(δ-或 5-aminolevulinic acid，5-ALA)，为一酮氨酸结构的δ-型氨基酸，其碳链数为 5，在分子两端分别有羧基和氨基，分子式为 $C_5H_9NO_3$，分子量为 131，CAS 号为 106-60-5。5-ALA 早在 1966 年即已被合成[97]，1970 年后有关研究人员在研究光合作用时发现它是生物体内代谢活跃的生理活性物质[98,99]。5-ALA 为白色或类白色固体，是生物合成四吡咯的前体，而四吡咯是构成生物体必不可少的物质(血红素、细胞色素、维生素 B12)。近年来，随着人们对 5-ALA 及其衍生物(盐和酯类)研究的进一步加深，5-ALA 得到了广泛的应用[97]，研究发现 5-ALA 是一种广泛存在于生物机体的非蛋白氨基酸，不仅是一种无毒、无公害、在环境中易降解无残留的绿色农用化学品，还可在医学上作为新型的光动力(PDT)治疗药物，用于多种疾病的治疗[100-104]。

5-ALA 合成方法的报道较多，主要有化学合成和生物合成两大类[105-109]。因采用的原料、催化剂不同，收率差异亦较大。生物合成法具有原料价廉易得、环境相容性好的特点，但其收率极低，生化反应条件难调控，较难实现工业化生产，需进一步开发新的工艺技术，以降低成本和市场价格。从目前看，5-ALA 的大规模生产采用化学合成法具有较好的前景和价格优势。5-ALA 的化学合成途径已有较多报道，如由氮替代的氨基酸转化生成。更多的研究表明，合成 5-ALA 的原料还包括糠胺、5-羟基吡咯酮、N-甲羟羰基-3-哌啶酮、5-羟甲基-2-糠醛等化合物，但通过乙酰丙酸转化产生 5-ALA 最具前景。最近有关 5-ALA 的专利不断出现，对 5-ALA 的生物活性研究也越来越多，其商业性应用前景越来越广阔。

一、化学合成法

乙酰丙酸制备 5-ALA 时需要在第 5 位碳原子上接上 C-N 键，目前尚没有一个达到商业化应用规模的生产方法，也难以确定以何种工艺为佳[106,110-112]。由于 5-ALA 尚未实现工业化生产，无法大量供应，由此也影响了其应用研究，但 5-ALA 仍然是目前一个非常活跃的研究领域。

5-ALA 化学合成方法大部分要经过溴化反应[105,108,113-116]。主要是以乙酰丙酸(levulinic acid，LA)为起始原料法，将羧基保护后进行溴化，随后经由酰化变为氨基，共需要经过 4 步工艺过程，但由于溴化缺乏选择性，存在产品收率低的问题。此外,还可通过琥珀酸为起始化合物转化生产 5-ALA:首先将一个羧基通过酯化进行保护,另一羧基经卤代形成酰氯,再经氰化增碳后还原水解制取目的产物。琥珀酸溴化法反应中因分子中有一羧基需进行酯化且分离难度较大,还要经过不稳定的酰卤化合物,以及锌粉还原酰胺化反应,总共需要 5 步工艺过程,步骤长、工业化难度较大。目前常见的方法之一是在醇介质中,LA C-5 位置上发生溴化反应,形成 5-溴和 3-溴取代的混合物,通过蒸馏方法提取 5-溴乙酰丙酸,5-溴乙酰丙酸继续与亲核性的活性氮种类如叠氮钠等反应得到 5-ALA(图 8-21)。为较高效地引入关键性的氨基基团,5-溴乙酰丙酸还可与邻苯二甲酰胺钾进行反应,生成中间产物,进一步水解即得到 5-ALA(图 8-22)。该方法的困难主要在发生在最初的两步反应中,其产物得率很低,同时会产生一系列的副产物。而且将氨基引入 LA 的效率不高,主要原因是邻苯二甲酰胺钾只引入了一个氨基团,其余的结构没有得到充分利用。

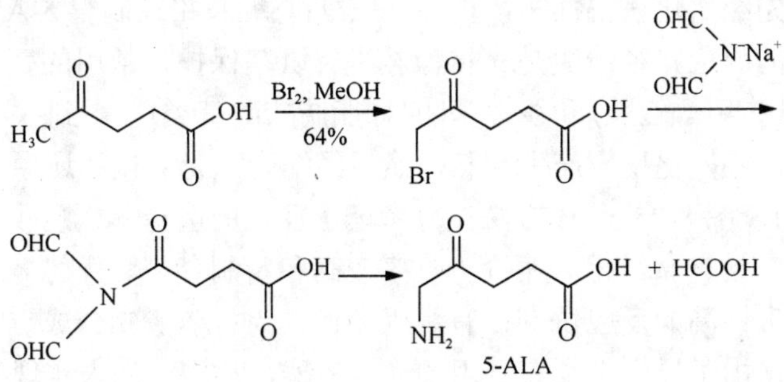

图 8-21 5-ALA 的合成路径

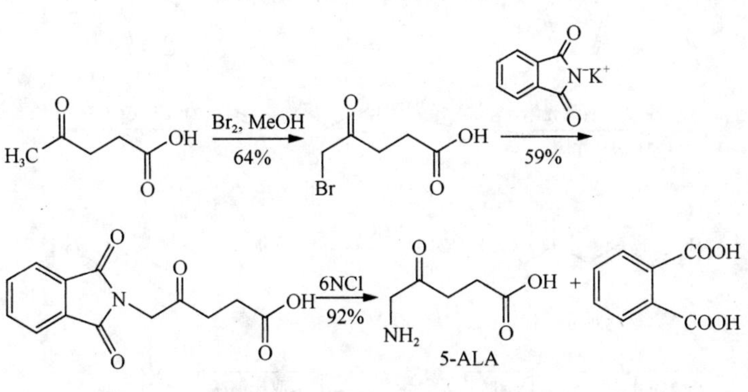

图 8-22 5-ALA 的新合成路径

另一条路径不需要进行卤代反应,而是直接从 LA 氨化反应开始合成产物[117]。首先将 LA 转化为低烷基(C-1~C-5)酯类化合物,然后用二甲酰胺碱金属(Li、Na、K、Ru、Ce)盐,于有机溶剂(选用乙腈、甲醇、四氢呋喃、2-甲基四氢呋喃或甲酸甲酯)中,在惰性气体(氩)保护下发生氨化反应,形成 5-(N,N-二甲酰胺)乙酰丙酸烷基酯,再水解得到 5-ALA·HCl。该工艺选用二甲酰胺钠、二甲酰胺钾等作氨化剂,避免了剧毒氨化剂的使用,比已往的氨基化反应更简单易行;由于在水解步骤中只需去除掉两个碳原子,故无需高难度的提纯步骤,在经济上也具有重要的意义。

除了 LA 直接氨化反应外,从生物质转化 LA 过程中的中间产物也可以转化生成 5-ALA,主要有以下两种方法:

(1) 5-羟甲基糠醛转化法。以糠醛等杂环物质的衍生物作为反应原料合成 5-ALA 是近年来比较活跃的研究领域,采用的反应原料有糠胺、四氢糠胺、HMF 和 2-羟基吡啶等化合物。其中以糖类化合物的酸催化水解产物 HMF 为原料的反应过程为:在强酸催化下 HMF 与乙腈缩合生成 NAMF,再经光氧化、还原、水解得到 5-ALA,缩合,光氧化和还原反应的总收率不超过 30%。

(2) 糠醛/糠胺/四氢糠胺转化法。糠醛是一种价廉易得的工业原料,当以糠醛为原料时,需先经氨化获得糠胺,再经糠胺/四氢糠胺路径制得 5-ALA(图 8-23)。以糠胺为原料的反应路径一般是先将糠胺进行氨基保护,常用的氨基保护剂是环状基团(如邻苯二甲酰亚胺)和线性基团(如脂肪族酰基类),得到 N-取代糠胺。该方法中,首先糠醛氨化反应产生糠胺,然后经缩合,光氧化和还原 3 步反应制取 5-ALA(图 8-24,图 8-25)。该方法充分考虑了反应的选择率、总收率及反应试剂安全性等因素,具有原料相对廉价、收率较高和精制容易等优势。另外,该反应过程无须使用毒性高的反应试剂,有利于环保,为目前所知合成方法中最为有效的方法。但是,由于反应必须有专用的光反应器,故迄今尚未实现工业化。

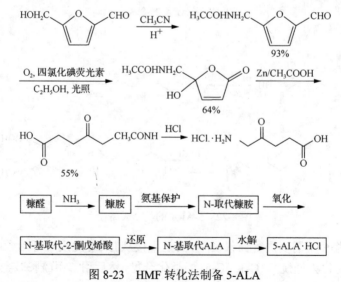

图 8-23　HMF 转化法制备 5-ALA

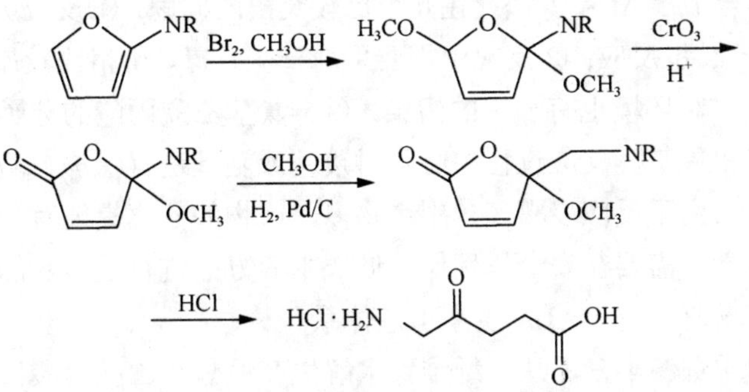

图 8-24　糠胺和四氢糠胺转化法制备 5-ALA

（R=被保护氨基，如苯二（甲）酰亚氨基、乙基酰胺基）

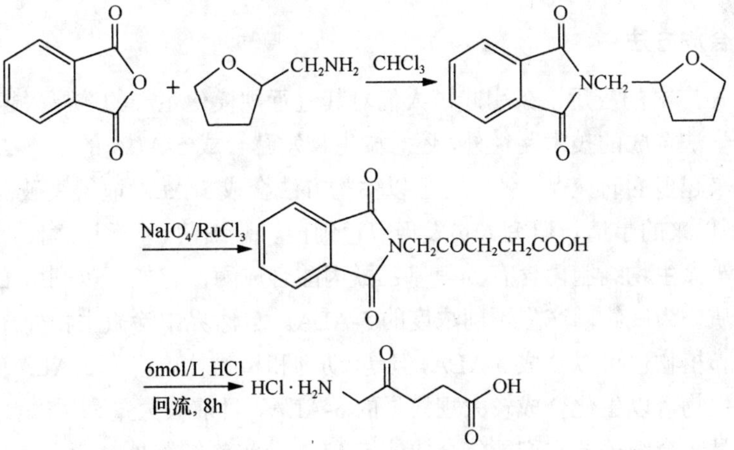

图 8-25　糠胺和四氢糠胺转化法制备 5-ALA

Nudelman[118]采用该方法，以吡啶为溶剂，氧化和还原一步进行，溶剂中含有适当的水，利用光化学反应法成功地进行了高浓度反应。四氢糠胺可以看作一种醚，将醚键断开可得到 5-ALA 的碳骨架，结合有关醚键的断裂方法，可由四氢糠胺与邻苯二甲酸酐反应以保护氨基，再用硅胶吸附的硝酸铜作氧化剂，在氮气氛围中用四氯化碳回流得到 5-邻苯二甲酰胺基乙酰丙醛，最后用稀硝酸氧化醛基，盐酸水解，可得到 5-氨基乙酰丙酸盐酸盐。但四氢糠胺路线的总回收率只有 30%左右，且需先进行氨基保护，副产物多，需要昂贵的 Pd/C 催化剂，存在成本高、污染严重、废液处理困难[115,119]等问题。

目前化学合成 5-ALA 方法存在几个比较突出的问题：①反应历程比较长，一般需要经过 4~5 步反应；②反应中需要采用一些有毒、价格比较昂贵的原料，提高了生产成本，对环境也有一定的污染；③5-氨基乙酰丙酸的分子结构中含有一个活泼的氨基和羧基，反应过程中必须对羧基或氨基进行保护，增加了反应步骤和生产成本；④由于反应步骤多、副产物多，产物的分离提纯有一定的难度，最终产物得率不高。需要在安全、环保、低成本等方面进行进一步的探索，才有可能形成具有市场前景的 5-ALA 生产工艺体系。

我国生物质资源丰富，从半纤维素水解生产糠醛和乙酰丙酸已经实现了工业化，为化学法合成 5-ALA 的工业化生产提供了丰富的原料，如果能在合成路线、催化剂等方面开展深入研究，有可能建立具有创新意义的 5-ALA 合成新工艺技术，进一步提高产物收率、减少污染物排放、降低生产成本。

二、生物合成方法

5-ALA 广阔的应用前景引起了人们对其进行规模化生产的浓厚兴趣，国内外在研究化学法合成的技术路径外，还对微生物发酵合成 5-ALA 的生物法工艺路线进行了越来越多的研究[113,120-125]。但以生物方法合成 5-ALA 取得突破性进展，则是近 30 年以来的事情。研究人员发现着色细菌、蓝细菌、产甲烷菌、嗜热梭菌、假单胞菌等微生物细胞内含有 5-氨基乙酰丙酸合成酶，它们可以利用 LA 甚至有机营养物质作为底物，产生不同浓度的 5-ALA。自然界中除微生物外，其他生物包括动物和植物也可以合成 5-ALA，但是，动物和植物体内产生 5-ALA 的量甚微，而利用微生物可以生化合成较大规模量的 5-ALA，目前被大量利用来合成 5-ALA 的微生物是光合细菌，它们能将合成的 5-ALA 分泌到细胞外。

生物法合成 5-ALA 的途径有 C-4 和 C-5 两种途径。C-4 途径(Shemin pathway, C-4 pathway)在动物和真菌中均可观察到，它是由琥珀酰基 CoA 和甘氨酸缩合生成 5-ALA，即琥珀酰基 CoA 和甘氨酸在 5-氨基乙酰丙酸合成酶的作用下生成 5-ALA，这在非硫光合细菌中广泛存在。另一条途径是 C-5 途径(C-5 pathway)，即微生物将谷氨酸在转氨酶(PALP)的作用下生成 2-氧代戊二酸，然后在 2-氧代戊二酸脱氢酶作用下生成琥珀酸基 CoA，最后由 5-氨基乙酰丙酸合成酶合成 5-ALA，该途径被发现主要存在于高等植物、藻类和少数细菌中。由谷氨酸合成 5-ALA 的反应途径中有 tRNA 参与。一般而言，一种微生物中只存在一条途径，但少数微生物却两条途径均有。相对而言，光合细菌表现较为突出，它是一类可以大量合成 5-ALA 并将其分泌到细胞外的微生物。

光合细菌是目前用来直接发酵生产 5-ALA 的主要微生物[126-129]。但利用光合细菌进行 5-ALA 生产的一个缺点是需要光照,生物反应系统及大批量生产的费用都相当高。为此,研究者们选育出了在有氧条件下能产生 5-ALA 的突变菌株,1998 年培育出了可用于商业生产的菌株,该菌株能在有氧和光照的条件下培养。也有利用其他一些细菌、真菌及藻类来合成 5-ALA 的报道,但所得产量都较低。通常光合细菌合成培养基成本相对较高,因此可考虑充分利用纤维素类的生物质资源。纤维素类原料中,纤维素通常总是与半纤维素、木质素共存,形成复杂的结构,一般微生物(如光合细菌)很难直接利用这些原料。但若对这些纤维素类原料进行酸、碱、蒸汽爆破等预处理,将其水解成小分子物质,则可作为碳源培养光合细菌,从而更有效地利用资源、降低成本,这为 5-ALA 的市场化工业生产提供了可能。在 5-ALA 的发酵法生产中,微生物体内产生的 5-ALA 可被 5-氨基乙酰丙酸脱水酶催化生成胆色素原,从而会降低分泌到细胞外的 5-氨基乙酰丙酸量。LA 可竞争性抑制 5-氨基乙酰丙酸脱水酶的活性,因而适量地添加 LA 作为 5-氨基乙酰丙酸脱水酶抑制剂,有利于提高 5-ALA 的产量。但 LA 本身是一种价格较高的产品。另外,5-ALA 合成酶会被氧气所抑制,因而氧气的控制成为关键,然而一定量的氧气对于菌体的生长又是必需的。所以,生产过程中好氧(细胞生长)与微氧(5-ALA 产生)的有效调节非常重要。在实际生产中,常常是先在有氧条件下培养菌体 48h,随后转入微氧条件下培养。琥珀酸和氨基乙酸等作为 5-ALA 合成的前体物质也可提高 5-ALA 的产量,但氨基乙酸加入量过多也会由于其本身和自身代谢产物氨的积累而抑制细胞生长。

从目前情况来看,要实现 5-ALA 的工业化生产,首先要解决生产成本问题,而利用廉价原料(如废水)进行生产,应该是有效途径之一。朱春节等[130]研究发现,利用制胶废水具有较高的可生化性和适用光合细菌进行生物处理的特性,以类球形红细菌突变株 A5 为生产菌株,利用制胶废水作营养物发酵微生物生产 5-ALA 是一条具有工业化前景的新途径,同时可实现制胶废水的资源化利用[130]。

刘秀艳等[129]利用紫色非硫红假单胞菌(*Rhodopseudomonas sp.*)选育的 99-28 菌株和 5-ALA 高产突变菌株 L-1 可将味精工业等有机废水作培养基生物法合成 5-ALA。所用的有机废水种类包括味精废水、豆制品废水、柠檬酸废水、啤酒废水等。5-ALA 测定在无菌操作条件下进行,取培养菌液经离心后,取离心上清液加入等量 2mol/L 乙酸钠(pH 4.6)缓冲液和乙酰丙酮,沸水水浴加热 10min,冷却至室温,取上述溶液与 Ehrlich's 试剂混合,15min 后用分光光度检测(波长 553nm)。观察显示,编号 99-28 的菌株有较好的累积 5-ALA 的能力。

通过基因工程方法生产5-ALA也受到越来越多的关注[100,131-134]。例如,将球形红假单胞菌的HemA基因转入大肠杆菌,可使菌体的5-ALA产量由原来的2.25mmol/L提高到22mmol/L;将大豆慢生根瘤菌(*Bradyrhizobium. Japonicum*)的HemA基因转入大肠杆菌(*E.coli*)细胞中,可实现高效表达,使5-ALA的产量达到20mmol/L的水平,虽然其产量与球形红假单胞菌突变株相比仍然较低,但其培养时间短,只需14 h,而球形红假单胞菌突变株培养时间是96 h。所以,利用基因重组技术所构造的工程菌应用于今后的5-ALA大规模生产中有很大的潜力。

5-ALA生产能力较高的微生物是类球红细菌(*Rhodobacter sphae roides*)[135-138],其为在光下生长的光合细菌。该菌属红色非硫黄细菌,在光照、厌气条件下可进行很强的卟啉的生物合成,被认为是适于5-ALA生产的很有潜力的微生物。有报道称用藻类亦生产5-ALA[139]。

Xie·袁新宇等从类球红细菌(*Rhodobacter sphaeroides*)中克隆出hemA(5-氨基乙酰丙酸合成酶)基因,构建了重组大肠杆菌菌株*E.coli* BL21(DE3)/pET28a(+)-hemA和稀有密码子优化型菌株*E. coli* Rosetta(DE3)/pET28a(+)-hemA。构建的工程菌可以高效表达5-氨基乙酰丙酸合成酶,并可用于5-ALA的生物合成[140,141]。袁新宇等采用重组大肠杆菌(*E. coli*)Rosetta(DE3)/pET28a(+)-hemA在发酵罐上进行了间歇发酵和补料发酵实验,结果发现,通过前体流加补料可实现罐上pH值的分段式调控,有效提高重组菌的发酵水平,5-ALA积累量可达到6.6g/L[141]。

通过基因克隆和构建原核高效表达载体提高5-ALA的产量是越来越重要的途径之一[141-146]。张德咏等[147]和Chung等[148]从光合细菌菌种嗜酸柏拉红菌(*Rhodoblastus acidophilus*)获得了5-ALA合成目的基因的克隆,序列比较发现,不同光合细菌种间5-氨基乙酰丙酸S基因的同源性比较低,在64%~95%之间。嗜酸柏拉红菌(DQ288861)的5-氨基乙酰丙酸合成酶基因与嗜酸柏拉红菌(*Rhodopseudomonas palustirs*,AY489557)的同源性最近,为95.0%,所编码的413个氨基酸中16个位点发生变化。这种低同源性可能是不同光合细菌种间5-ALA表达量存在显著差异的遗传基础。光合细菌是生产5-ALA的细菌之一,但是在自然条件下该菌的5-ALA产量很,因此,要筛选高产菌株或者调整发酵条件来提高5-ALA的产量。由于光合细菌生长周期长,发酵培养时间久(至少需4~5d),这对工业生产也是一个较大的限制因素。研究5-氨基乙酰丙酸重组工程菌有重要的意义。重组工程菌产量高、发酵时间短,培养时间只需14h左右,将可能是今后5-ALA大规模生产的一项很有前景的生物技术。

孙勇等[149]将从味精厂、啤酒厂废水分离的光合细菌(编号为R1~R20)进行基因克隆与重组来提高生物法合成5-ALA的产量[149]。分离出的光合细菌菌株先采用液体石蜡法保藏,然后经液体培养基进行扩大培养后,采用高盐法进行基因组DNA提取。目前,光合细菌产5-ALA产生菌的微生物学和分子生物学领域研究已经确认了数种光合细菌编码 5-氨基乙酰丙酸合成酶的基因序列。

随着对生物合成 5-ALA 和基因调控研究的不断深入，为进行代谢途径的改造提供了理论基础。

第五节 5-氨基乙酰丙酸的应用

一、在农业上的应用

5-ALA 是一种广泛存在于生物细胞内的非蛋白氨基酸，它对阳光敏感，受阳光照射能诱发植物体内一系列连锁反应[150,151]。不过，另一方面，5-ALA 作为卟啉衍生物生物合成的前体化合物在代谢中占有重要的地位，在农业和医学上的用途越来越多，特别是作为一种与环境友好的生物源除草剂、杀虫剂、植物生长调节剂和光动力学药物有极重要的应用前景[152,153]。

(一)除草作用

植物经 5-ALA 处理后，会引起原叶绿体异常积累，使叶子变黄。国内学者进行了一系列的研究，探讨了原叶绿体和原卟啉Ⅸ等的叶绿素生化合成中间体和 5-ALA 生理活性之间的关系[154]。在黑暗条件下用 5-ALA 处理植物时可发现，LA 也会引发黑暗条件下的叶绿素中间体异常积累，之后再进行光照，发现了 LA 与二苯醚类除草剂相似的杀草活性[154,155]；此外，也发现 5-ALA 的除草作用与其浓度有关，并且较之单独有光条件下处理，采用先黑暗处理再经光照的施用效果更佳；同时，还发现与卟啉生化合成相关的 α,α-联吡啶、O-菲绕啉及其衍生物、烟酸乙酯等螯合剂存在时，会使原叶绿体、原卟啉 Ⅸ、Mg-原卟啉 Ⅸ 等的内部积累量和比例发生变化，使 5-ALA 的除草作用得到进一步增强。此外还发现 5-ALA 对双子叶植物的除草作用高于单子叶植物。通过外加过量的 5-ALA，可使植物细胞在短时间内发生卟啉衍生物特别是原卟啉 Ⅸ 的过量累积。同时，5-ALA 转化合成的镁-四吡咯也是光敏性很强氧化剂，会对细胞内的多种酶与核酸引起变构作用，引起植物的正常代谢发生紊乱、失衡、细胞大量失水，甚至引起死亡。原卟啉 Ⅸ 在一定的波长光照射下，卟啉衍生物经光增感作用发生活性氧，表现出明显的杀草作用。

5-ALA 作为除草剂应用于农业，根据其作用机理的不同可开发为两种类型[155,156]。第一类如 Norflurazon 除草剂，能抑制 GluTR 的基因表达，阻止 5-ALA 合成，以致使杂草因缺少 5-ALA 而最终死亡；哺乳动物中 5-ALA 合成不经由 C_5 途径，所以使用这类除草剂不会对人体产生不良影响，但可能对昆虫的生理活动产生明显的影响，从而使其具有潜在的杀虫作用；第二类除草剂机理是通过调控使 5-ALA 大量合成，可抑制植物中血红素的合成；细胞内 5-ALA 和卟啉化合物的大量积累，会诱发光照下的过氧化反应；在黑暗条件下用 5-ALA 处理植物，以后再进行光照，发现其杀草活性与二苯醚类除草剂相似。在阐明 5-ALA 的杀草和抑制昆虫生理活动作用机理的基础上，探讨叶绿素中间体的积累机理，进一步开发新型杀草剂或除草剂呈现出良好的应用前景。

(二) 植物生长调节作用

越来越多的研究者发现，低浓度 5-ALA 施用于植物体上能增强光合作用能力，促进植物生长，抑制植物在黑暗中的呼吸作用，扩张气孔，提高植物的抗冷、耐盐碱等性能[112,115,128,155-163]。将 5-ALA 作为一种卟啉前体物质施用，会增加植物细胞的叶绿素；5-ALA 加入量越多，叶绿素合成量越大。同时也发现 5-ALA 在植物细胞的信息传递物质中起着相当重要的作用；5-ALA 与微量金属元素(Mg、Fe、Co)进行复配作为一种复合植物生长调节剂可有效地促进植物生长，不仅能促进光合作用，而且通过提高硝酸还原酶的活性，能促进氮肥的吸收。目前，已将 5-ALA 加入到高功能肥料中进行商品化出售。

近来，有研究人员发现适当的 5-ALA 施用剂量，可使蔬菜缩短生产周期，对马铃薯、水稻等的增产作用明显，产量可以提高 70%~80%[159,160]。由于 5-ALA 是机体内天然存在的活性物质，没有毒副作用，可以作为一种安全的作物增产剂，对解决发展中国家缺粮问题不失为一项很好的技术措施。5-ALA 在植物体内以极低的浓度(50nmol/kg 以下)便可对叶绿素生化合成具有明显的调节作用；经 5-ALA 处理过的植物，其细胞叶绿素积累量增加很多，可在营养充裕的条件下促进植物的光合作用。对于植物的光合作用系统来说，因 5-ALA 的浓度和条件不同而呈现不同的作用效果：当施用浓度为 3350mg/L 时，会导致黄瓜的光合作用系统Ⅱ活性下降 50%；而浓度为 500mg/L 时，可使螺旋藻 *Spirulina patensis* 的光合作用系统Ⅱ的活性增强。另外，5-ALA 还可以促进农作物对氮肥成分的吸收，起到促进肥效的作用；利用 5-ALA 对木质细胞作用弱的特点，可将其与氨基烟酸混合作为脱叶剂，通过落叶改善日照，改善果实色泽，且随着颜色变化并不会导致果实软化。*S. platensis* 培养过程中，加入 500mg/L 的 5-ALA，可引起叶绿素 a 和藻青苷色素量增加，使光合作用增强。另外，以 500mg/L 的 5-ALA 处理黄瓜子叶后，可引起子叶内叶绿素 b 和 LHCII 脱辅基蛋白的积累。这些报道表明，5-ALA 对植物生长的调节作用是非常明显的。

另外，5-ALA 的杀草活性因植物种系不同而异，通常对双子叶植物作用更强。但是，5-ALA 施用后双子叶植物中的小型四季萝卜和单子叶植物中的结缕草两植物在光照条件下 CO_2 固定量却呈上升趋势，在黑暗条件下则出现抑制呼吸作用的现象。由此认为，对于植物生长及其光合系统而言，5-ALA 的浓度和条件不同，其产生的作用也有差异。植物组织试验发现，5-ALA 可提高硝酸还原酶的活性，因而认为5-ALA促进生长的作用可能与其增加植物体内氮的含量也有关系,而植物摄入氮元素的速度系由硝态氮的还原过程所调节。

(三)对植物呼吸作用的影响

目前5-ALA对植物呼吸影响作用方面的研究报道较少。对于小球藻和高等植物,认为5-ALA对与植物细胞呼吸有关的血红素酶前体化合物的合成有影响。5-ALA与抑制植物呼吸的关系是一个值得探讨的方向。众所周知,细胞分裂素是一种促进叶绿素合成的重要物质,作为细胞分裂素之一的苄基嘌呤,其作用点之一即为促进5-ALA的生化合成,并随着光照作用的增强而提高。经细胞分裂素处理后,显示出明显抑制植物组织呼吸的作用,很可能细胞分裂素的生理作用与5-ALA的植物生理活性有关[163]。当然,5-ALA在农业方面的应用效果与所处的环境密切相关[164,165]。

二、在医药上的应用

5-ALA可以合成原卟啉IX,这对于医学上的诊断和癌症治疗有很大作用,可用作光动力学治疗药物[166-182]。最近的研究表明,5-ALA作为一种癌症治疗的光动力学反应剂是非常有效的[183-185]。此外,已知急性卟啉症和铅中毒症患者的血清和尿中会出现大量的5-ALA,故通过测定5-ALA浓度,有助于上述疾病的诊断。以同样的机理,向动物饲料中投入过量的5-ALA,发现可使细胞中卟啉衍生物过剩积累,利用该作用原理将5-ALA用于治疗皮肤癌(PDT),疗效较好且不留伤痕。此外,由于5-ALA对癌细胞的特异作用,故也可作为癌症的新诊断方法。如将5-ALA给患者口服,根据其代谢物量和类型可诊断膀胱癌,也可用于诊断消化器官及肝脏的癌症,并且投入后1~2d即可从体内排中,无需担心光敏症。同时,该药剂对肿瘤选择性亦高,所用的化合物较其他卟啉化合物少,可口服且无并发症。为此,5-ALA还可被用于脑部肿瘤的诊断和辅助治疗。

光动力疗法(photodynamic therapy, PDT)是20世纪80年代初兴起的一种治疗肿瘤的新方法。利用特定化学物质在肿瘤组织中选择性聚集,并且在特定波长的光作用下产生光动力效应的特性,可实现对肿瘤组织的杀伤作用。目前用于PDT的光敏剂有DHE、m-THPC、Photofrin和5-ALA等[186-189]。在临床应用方面,5-ALA-PDT疗法已广泛地应用于食管癌、膀胱癌、结肠癌和直肠癌的治疗。在胃癌的根治术后,如再施以PDT治疗,可进一步消灭残留的癌细胞,消灭肉眼在电镜下看不见的微转移症状,减少复发机会,这对于提高手术的彻底性,具有重要的临床意义[190-199]。5-ALA作为光敏剂对胃癌进行PDT治疗的疗效可为胃癌的综合治疗寻找有效手段,为临床应用提供依据[200-209]。

除了作为有效的 PDT 疗法药物外，5-ALA 在医药上还有其他的广泛用途[210-215]，例如其在低浓度时可增长毛发、防止贫血和生产维生素 B_{12}；而在高浓度时，5-ALA 具有脱毛、治疗癌症等作用，并被用于脑部肿瘤等病症的诊断。此外，5-ALA 还用于重金属中毒的诊断、风湿性关节炎的治疗、阻止脱发和恢复头发生长，用于霉菌引起病症的治疗，抑制肽酶的活性，用于血红素、卟啉、维生素 B_{12} 的合成，并且在化妆品与皮肤病学治疗中也有作用，总之，5-ALA 的药用潜力巨大。

参 考 文 献

[1] Drover M W, Omari K W, Murphy J N, et al. Formation of a renewable amide, 3-acetamido-5-acetylfuran, via direct conversion of N-acetyl-D-glucosamine. RSC Advances, 2012, 2(11): 4642-4644.

[2] Cukalovic A, Stevens C V. Production of biobased HMF derivatives by reductive amination. Green Chemistry, 2010, 12(7): 1201-1206.

[3] Xu Z, Yan P, Xu W, et al. Direct reductive amination of 5-hydroxymethylfurfural with primary/secondary amines via Ru-complex catalyzed hydrogenation. RSC Advances, 2014, 4(103): 59083-59087.

[4] Howard S, Sanborn A. Preparation of aminomethyl furans and alkoxymethyl furan derivatives from carbohydrates: Google Patents, 2014.

[5] Roylance J J, Choi K S. Electrochemical reductive amination of furfural-based biomass intermediates. Green Chemistry, 2016, 18(20): 5412-5417.

[6] Chen W, Jiang Y, Sun Y, et al. One Pot Synthesis of Pharmaceutical Intermediate 5-Dimethylaminomethyl-2-Furanmethanol from Bio-Derived Carbohydrates. Journal of Biobased Materials and Bioenergy, 2016, 10(5): 378-384.

[7] Hirai S, Hirano H, Arai H, et al. Intermediates for urea and thiourea derivatives: US Patent 4643849, 1987.

[8] Takagawa N, Hirai S, Kodama T, et al. N-acyl acidic amino acid diamide derivative, a salt thereof, and an anti-ulcer agent containing the same: US Patent 4610983, 1986.

[9] Descotes G, Cottier L, Eymard L, et al. Process for the preparation of N-acyl derivatives of 5-aminolevulinic acid, as well as the hydrochloride of the free acid: US Patent 5344974, 1994.

[10] Jia X, Ma J, Wang M, et al. Catalytic conversion of 5-hydroxymethylfurfural into 2, 5-furandiamidine dihydrochloride. Green Chemistry, 2016, 18(4): 974-978.

[11] Stummer W, Pichlmeier U, Meinel T, et al. Fluorescence-guided surgery with 5-aminolevulinic acid for resection of malignant glioma: a randomised controlled multicentre phase III trial. The lancet oncology, 2006, 7(5): 392-401.

[12] Mascal M D, Saikat. Synthesis of the natural herbicide δ-aminolevulinic acid from cellulose-derived 5-(chloromethyl) furfural. Green Chemistry, 2011, 13(1): 40-41.

[13] Han Z, Zhou B. Survey of synthetic routes for ranitidine. Pharmaceutical Industry, 1986, 17(11): 35-38.

[14] Cook D, Guyatt G, Marshall J, et al. A comparison of sucralfate and ranitidine for the prevention of upper gastrointestinal bleeding in patients requiring mechanical ventilation. New England Journal of Medicine, 1998, 338(12): 791-797.

[15] Mascal M, Dutta S. Synthesis of ranitidine (Zantac) from cellulose-derived 5-(chloromethyl) furfural. Green Chemistry, 2011, 13(11): 3101-3102.

[16] 李志成 王辉辉, 买文鹏, 等. 酰胺的合成方法综述. 广东化工, 2013, 40(3): 62-63.

[17] Lanigan R M, Sheppard T D. Recent developments in amide synthesis: direct amidation of carboxylic acids and transamidation reactions. European Journal of Organic Chemistry, 2013, 2013(33): 7453-7465.

[18] Xu K, Hu Y B, Zhang S, et al. Direct Amidation of Alcohols with N‐Substituted Formamides under Transition‐Metal‐Free Conditions. Chemistry–A European Journal, 2012, 18(32): 9793-9797.

[19] Wang G, Yu Q Y, Wang J, et al. Iodide-catalyzed amide synthesis from alcohols and amines. RSC Advances, 2013, 3(44): 21306-21310.

[20] Kang B, Fu Z, Hong S H. Ruthenium-catalyzed redox-neutral and single-step amide synthesis from alcohol and nitrile with complete atom economy. Journal of the American Chemical Society, 2013, 135(32): 11704-11707.

[21] Kim K, Kang B, Hong S H. N-Heterocyclic carbene-based well-defined ruthenium hydride complexes for direct amide synthesis from alcohols and amines under base-free conditions. Tetrahedron Letters, 2015, 71(26): 4565-4569.

[22] Ito K, Oba H, Sekiya M. Studies on Leuckart-Wallach Reaction Paths. Bulletin of the Chemical Society of Japan, 1976, 49(9): 2485-2490.

[23] Zhu M. Transfer hydrogenative reductive amination of aldehydes in aqueous sodium formate solution. Tetrahedron Letters, 2016, 57(4): 509-511.

[24] Zhu M. Ruthenium-Catalyzed Direct Reductive Amination in HCOOH/NEt₃ Mixture. Catalysis Letters, 2014, 144(9): 1568-1572.

[25] Gross T, Seayad A M Ahmad M, et al. Synthesis of primary amines: First homogeneously catalyzed reductive amination with ammonia. Organic Letters, 2002, 4(12): 2055-2058.

[26] Gülcemal D, Gülcemal S, Robertson C M, et al. A New Phenoxide Chelated IrIIIN-Heterocyclic Carbene Complex and Its Application in Reductive Amination Reactions. Organometallics, 2015, 34(17): 4394-4400.

[27] Moulin S, Dentel H, Pagnoux-Ozherelyeva A, et al. Bifunctional (cyclopentadienone) iron-tricarbonyl complexes: synthesis, computational studies and application in reductive amination. Chemistry, 2013, 19(52): 17881-17890. Analytical Chemistry, 2009, 81(17): 7342-7348.

[28] Kumar V, Sharma S, Sharma U, et al. Synthesis of substituted amines and isoindolinones: catalytic reductive amination using abundantly available AlCl₃/PMHS. Green Chemistry, 2012, 14(12): 3410.

[29] Matsumura T, Nakada M. Direct reductive amination using triethylsilane and catalytic bismuth(III) chloride. Tetrahedron Letters, 2014, 55(10): 1829-1834.

[30] Xu Z, Yan P, Xu W, et al. Direct reductive amination of 5-hydroxymethylfurfural with primary/secondary amines via Ru-complex catalyzed hydrogenation. RSC Advances, 2014, 4(103): 59083-59087.

[31] Xu Z, Yan P, Liu K, et al. Synthesis of Bis(hydroxylmethylfurfuryl) amine Monomers from 5-Hydroxymethylfurfural. ChemSusChem, 2016, 9(11): 1255-1258.

[32] Nakamura Y, Kon K, Touchy A S, et al. Selective Synthesis of Primary Amines by Reductive Amination of Ketones with Ammonia over Supported Pt catalysts. ChemCatChem, 2015, 7(6): 921-924.

[33] Cho J H, An S H, Chang T S, et al. Effect of an Alumina Phase on the Reductive Amination of 2-Propanol to Monoisopropylamine Over Ni/Al₂O₃. Catalysis Letters, 2016, 146(4): 811-819.

[34] Pisiewicz S, Stemmler T, Surkus A E, et al. Synthesis of Amines by Reductive Amination of Aldehydes and Ketones using Co₃O₄/NGr@C Catalyst. ChemCatChem, 2015, 7(1): 62-64.

[35] Stemmler T, Westerhaus F A, Surkus A E, et al. General and selective reductive amination of carbonyl compounds using a core–shell structured Co₃O₄/NGr@C catalyst. Green Chemistry, 2014, 16(10): 4535-4540.

[36] Sun M, Du X, Kong X, et al. The reductive amination of cyclohexanone with 1,6-diaminohexane over alumina B modified Cu–Cr–La/γ-Al$_2$O$_3$. Catalysis Communications, 2012, 20: 58-62.

[37] Jadhav A R, Bandal H A, Kim H. Synthesis of substituted amines: Catalytic reductive amination of carbonyl compounds using Lewis acid Zn–Co-double metal cyanide/polymethylhydrosiloxane. Chemical Engineering Journal, 2016, 295: 376-383.

[38] Nador F, Moglie Y, Ciolino A, et al. Direct reductive amination of aldehydes using lithium-arene(cat.) as reducing system. A simple one-pot procedure for the synthesis of secondary amines. Tetrahedron Letters, 2012, 53(25): 3156-3160.

[39] Muller C, Diehl V, Lichtenthaler F W. Hydrophilic 3-pyridinols from fructose and isomaltulose. Tetrahedron, 1998, 54(36): 10703-10712.

[40] Villard R R F, Blank I, Bernardinelli G, et al. Racemic and enantiopure synthesis and physicochemical characterization of the novel taste enhancer N-(1-carboxyethyl)-6-(hydroxymethyl)pyridinium-3-ol inner salt. Journal of Agricultural and Food Chemistry, 2003, 51(14): 4040-4045.

[41] Le N T, Byun A, Han Y, et al. Preparation of 2,5-Bis(Aminomethyl)Furan by Direct Reductive Amination of 2,5-Diformylfuran over Nickel-Raney Catalysts. Green and Sustainable Chemistry, 2015, 5(03): 115-127.

[42] Chieffi G, Braun M, Esposito D. Continuous Reductive Amination of Biomass-Derived Molecules over Carbonized Filter Paper-Supported FeNi Alloy. ChemSusChem, 2015, 8(21): 3590-3594.

[43] Cho B T, Kang S K. Direct and indirect reductive amination of aldehydes and ketones with solid acid-activated sodium borohydride under solvent-free conditions. Tetrahedron, 2005, 61(24): 5725-5734.

[44] Gellerman G, Gaisin V, Brider T. One-pot derivatization of medicinally important 9-aminoacridines by reductive amination and SNAr reaction. Tetrahedron Letters, 2010, 51(5): 836-839.

[45] McGonagle F I, MacMillan D S, Murray J, et al. Development of a solvent selection guide for aldehyde-based direct reductive amination processes. Green Chemistry, 2013, 15(5): 1159.

[46] Mtat D, Touati R, Ben Hassine B. Synthesis of enantiopure β-amino amides via a practical reductive amination of the corresponding β-keto amides. Tetrahedron Letters, 2014, 55(46): 6354-6358.

[47] Abdel-Magid A F, Mehrman S J. A review on the use of sodium triacetoxyborohydride in the reductive amination of ketones and aldehydes. Organic Process Research & Development, 2006, 10(5): 971-1031.

[48] Abdel-Magid A F, Carson K G, Harris B D, et al. Reductive amination of aldehydes and ketones with sodium triacetoxyborohydride. Studies on direct and indirect reductive amination procedures. Journal of Organic Chemistry, 1996, 61(11): 3849-3862.

[49] Cukalovic A, Stevens C V. Production of biobased HMF derivatives by reductive amination. Green Chemistry, 2010, 12(7): 1201.

[50] Roylance J J, Choi K S. Electrochemical reductive amination of furfural-based biomass intermediates. Green Chemistry, 2016, 18(20): 5412-5417.

[51] Kunz M. Hydroxymethylfurfural, a Possible Basic Chemical for Industrial Intermediates. Studies in Plant Science, 1993, 3: 149-160.

[52] van Putten R J, van der Waal J C, de Jong E, et al. Hydroxymethylfurfural, a versatile platform chemical made from renewable resources. Chemical Reviews, 2013, 113(3): 1499-1597.

[53] Feriani A G G, Toson G, Mor M, et al. Cholinergic agents structurally related to furtrethonium .2. synthesis and antimuscarinic activity of a series of n-[5-[(1'-substituted-acetoxy)methyl]-2-furfuryl]dialkylamines. Journal of Medicinal Chemistry, 1994, 37(25): 4278-4287.

[54] Schlager L H. 5-dialkylaminomethyl-2-furanomethanol derivatives having anti-hypertensive properties: US, 5017586, 1988.

[55] Valli M J, Tang Y, Kosh J W, et al. Synthesis and cholinergic properties of n-aryl-2-[[[5-[(dimethylamino)methyl]-2-furanyl]methyl]thio]ethylamino analogs of ranitidine. Journal of Medicinal Chemistry, 1992, 35(17): 3141-3147.

[56] Plitta B, Adamska E, Giel-Pietraszuk M, et al. New cytosine derivatives as inhibitors of DNA methylation. European Journal of Medicinal Chemistry, 2012, 55: 243-254.

[57] Glushkov R G, Adamskaya E V, Vosyakova T I, et al. Pathways of synthesis of ranitidine. Methods of synthesis and technology of drug manufacture, 1990, 24(5): 53-56.

[58] 韩祖风，周邦新. 雷尼替丁合成路线. 医药工业, 1986, 17(11): 35-518.

[59] Leonardo D V. Furan derivatives having anti-ulcer activity: USPalent, 4634701, 1987.

[60] 刘伟，李润涛，刘振中，等. 盐酸雷尼替丁的合成. 郑州大学学报: 自然科学版, 1992, 24(4): 89-91.

[61] Moreau C, Belgacem M N, Gandini A. Recent Catalytic Advances in the Chemistry of Substituted Furans from Carbohydrates and in the Ensuing Polymers. Topics in Catalysis, 2004, 27(1): 11-30.

[62] Lichtenthaler F W. Unsaturated O- and N-Heterocycles from Carbohydrate Feedstocks. Accounts of Chemical Research, 2002, 35(9): 728-737.

[63] Gandini A, Belgacem M N. Furans in polymer chemistry. Progress in Polymer Science, 1997, 22(6): 1203-1379.

[64] Gassama A, Ernenwein C, Youssef A, et al. Sulfonated surfactants obtained from furfural. Green Chemistry, 2013, 15(6): 1558-1566.

[65] 刘福德，刘雁，李宝立，等. 5-二甲氨基甲基-2-呋喃甲醇合成新工艺. 化学通报, 2003, 66: w121.

[66] Liu W, Li R, Liu Z, et al. Synthesis of ranitidine hydrochloride (chinese). Journal of Zhengzhou University, 1992, 24(4): 89-91.

[67] Chen W, Jiang Y T, Sun Y, et al. One Pot Synthesis of Pharmaceutical Intermediate 5-Dimethylaminomethyl-2-Furanmethanol from Bio-Derived Carbohydrates. Journal of Biobased Materials and Bioenergy, 2016, 10(5): 378-384.

[68] Patil S K R, Lund C R F. Formation and Growth of Humins via Aldol Addition and Condensation during Acid-Catalyzed Conversion of 5-Hydroxymethylfurfural. Energy & Fuels, 2011, 25(10): 4745-4755.

[69] Krüger K, Tillack A, Beller M. Recent Innovative Strategies for the Synthesis of Amines: From C N Bond Formation to C N Bond Activation. ChemSusChem, 2009, 2(8): 715-717.

[70] Kreye O, Mutlu H, Meier M A. Sustainable routes to polyurethane precursors. Green Chemistry, 2013, 15(6): 1431-1455.

[71] Lichtenthaler F W. Unsaturated O-and N-heterocycles from carbohydrate feedstocks. Accounts of Chemical Research, 2002, 35(9): 728-737.

[72] Moreau C, Belgacem M N, Gandini A. Recent catalytic advances in the chemistry of substituted furans from carbohydrates and in the ensuing polymers. Topics in Catalysis, 2004, 27(1): 11-30.

[73] Gandini A, Belgacem M N. Furans in polymer chemistry. Progress in Polymer Science, 1997, 22(6): 1203-1379.

[74] Manzer L E, Herkes F E. Production of 5-methyl-N-aryl-2-pyrrolidone and 5-methyl-N-cycloalkyl-2-pyrrolidone by reductive amination of levulinic acid with aryl amines: US Patent 6903222, 2004.

[75] Manzer. production of 5-methyl-1-hydrocarbyl-2-pyrrolidone by reductive amination of levulinic acid: US Patent 20030396046, 2005.

[76] Dunlop A P, Edward S Preparation of 5-methyl-2-pyrrolidone: US Patent 2681349, 1954.

[77] Tuteja J, Choudhary H, Nishimura S, et al. Direct Synthesis of 1,6-Hexanediol from HMF over a Heterogeneous Pd/ZrP Catalyst using Formic Acid as Hydrogen Source. ChemSusChem, 2014, 7(1): 96-100.

[78] Qiu Y, Xin L, Chadderdon D J, et al. Integrated electrocatalytic processing of levulinic acid and formic acid to produce biofuel intermediate valeric acid. Green Chemistry, 2014, 16(3): 1305-1315.

[79] Fabos V, Mika L T, Horvath I T. Selective Conversion of Levulinic and Formic Acids to gamma-Valerolactone with the Shvo Catalyst. Organometallics, 2014, 33(1): 181-187.

[80] Assary R S, Curtiss L A. Theoretical studies for the formation of gamma-valero-lactone from levulinic acid and formic acid by homogeneous catalysis. Chemical Physics Letters, 2012, 541: 21-26.

[81] Tang X, Zeng X H, Li Z, et al. Production of gamma-valerolactone from lignocellulosic biomass for sustainable fuels and chemicals supply. Renewable & Sustainable Energy Reviews, 2014, 40: 608-620.

[82] Huang Y B, Dai J J, Deng X J, et al. Ruthenium-Catalyzed Conversion of Levulinic Acid to Pyrrolidines by Reductive Amination. ChemSusChem, 2011, 4(11): 1578-1581.

[83] 杜贤龙. 催化转化生物质基乙酰丙酸制备高附加值化学品研究. 上海: 复旦大学博士学位论文, 2012.

[84] Du X L, He L, Zhao S, et al. Hydrogen-Independent Reductive Transformation of Carbohydrate Biomass into gamma-Valerolactone and Pyrrolidone Derivatives with Supported Gold Catalysts. Angewandte Chemie-International Edition, 2011, 50(34): 7815-7819.

[85] Wei Y W, Wang C, Jiang X, et al. Highly efficient transformation of levulinic acid into pyrrolidinones by iridium catalysed transfer hydrogenation. Chemical Communications, 2013, 49(47): 5408-5410.

[86] Wei Y W, Wang C, Jiang X, et al. Catalyst-free transformation of levulinic acid into pyrrolidinones with formic acid. Green Chemistry, 2014, 16(3): 1093-1096.

[87] Touchy A S, Siddiki S, Kon K, et al. Heterogeneous Pt Catalysts for Reductive Amination of Levulinic Acid to Pyrrolidones. ACS Catalysis, 2014, 4(9): 3045-3050.

[88] Kon K, Siddiki S, Onodera W, et al. Sustainable Heterogeneous Platinum Catalyst for Direct Methylation of Secondary Amines by Carbon Dioxide and Hydrogen. Chemistry-A European Journal, 2014, 20(21): 6264-6267.

[89] Vidal J D, Climent M J, Concepcion P, et al. Chemicals from Biomass: Chemoselective Reductive Amination of Ethyl Levulinate with Amines. ACS Catalysis, 2015, 5(10): 5812-5821.

[90] Ledoux A, Kuigwa L S, Framery E, et al. A highly sustainable route to pyrrolidone derivatives - direct access to biosourced solvents. Green Chemistry, 2015, 17(6): 3251-3254.

[91] Chieffi G, Braun M, Esposito D. Continuous Reductive Amination of Biomass-Derived Molecules over Carbonized Filter Paper-Supported FeNi Alloy. ChemSusChem, 2015, 8(21): 3590-3594.

[92] Ortiz-Cervantes C, Flores-Alamo M, Garcia J J. Synthesis of pyrrolidones and quinolines from the known biomass feedstock levulinic acid and amines. Tetrahedron Letters, 2016, 57(7): 766-771.

[93] Kitamura M, Lee D, Hayashi S, et al. Catalytic Leuckart-Wallach-type reductive amination of ketones. Journal of Organic Chemistry, 2002, 67(24): 8685-8687.

[94] Ogo S, Uehara K, Abura T, et al. pH-dependent chemoselective synthesis of alpha-amino acids. Reductive amination of alpha-keto acids with ammonia catalyzed by acid-stable iridium hydride complexes in water. Journal of the American Chemical Society, 2004, 126(10): 3020-3021.

[95] 王彦钧, 李铮, 蒋叶涛, 等. 乙酰丙酸还原胺化制备 5-甲基-2-吡咯烷酮. 生物质化学工程, 51(2): 19-25.

[96] Beale S I. The biosynthesis of δ-aminolevulinic acid in Chlorella. Plant physiology, 1970, 45(4): 504-506.

[97] Neuberger A, Sandy J D, Tait G H. Control of 5-aminolaevulinate synthetase activity in Rhodopseudomonas spheroides. The involvement of sulphur metabolism. Biochemical Journal, 1973, 136(3): 477-490.

[98] Zav'Yalov S I, Aronova N I, Makhova N N, et al. Synthesis of δ-aminolevulinic acid hydrochloride. Russian Chemical Bulletin, 1973, 22(3): 632-632.

[99] Sasikala C, Ramana C V, Rao P R. 5 - Aminolevulinic Acid: A Potential Herbicide/Insecticide from Microorganisms. Biotechnology Progress, 2010, 10(5): 451-459.

[100] Sasaki K, Tanaka T, Nishizawa Y, et al. Production of a herbicide, 5-aminolevulinic acid, by Rhodobacter sphaeroides using the effluent of swine waste from an anaerobic digestor. Applied microbiology and biotechnology, 1990, 32(6): 727-731.

[101] Salim A, Leman J, McColl J, et al. Randomized comparison of photodynamic therapy with topical 5 - fluorouracil in Bowen's disease. British Journal of Dermatology, 2003, 148(3): 539-543.

[102] 乔东宇, 尹先清, 黄小溪. δ-氨基乙酰丙酸. 精细与专用化学品, 2006, 14(16): 10-12.

[103] Zhang J, Kang Z, Chen J, et al. Optimization of the heme biosynthesis pathway for the production of 5-aminolevulinic acid in Escherichia coli. Scientific reports, 2015, 5: 8584-1-7.

[104] Evans D A, Sidebottom P J. A simple route to α-aminoketones and related derivatives by dianion acylation reactions; an improved preparation of δ-aminolevulinic acid. Journal of the Chemical Society, Chemical Communications, 1978, (17): 753-754.

[105] Pfaltz A, Anwar S. Synthesis of α-aminoketones via selective reduction of acyl cyanides. Tetrahedron Letters, 1984, 25(28): 2977-2980.

[106] Cottier L, Descotes G, Eymard L, et al. Syntheses of γ-oxo acids or γ-oxo esters by photooxygenation of furanic compounds and reduction under ultrasound: application to the synthesis of 5-aminolevulinic acid hydrochloride. Synthesis, 1995, 1995(03): 303-306.

[107] Kawakami H, Ebata T, Matsushita H. A new synthesis of 5-aminolevulinic acid. Agricultural and Biological chemistry, 1991, 55(6): 1687-1688.

[108] Wang J, Scott A I. An efficient synthesis of δ-aminolevulinic acid (ALA) and its isotopomers. Tetrahedron Letters, 1997, 38(5): 739-740.

[109] Metcalf B W, Adams J L. Production of intermediates for enzyme inhibitors: US Patent 4325877, 1982.

[110] 赵春晖, 穆江华, 岑沛霖. 化学法与生物转化合成 5-氨基乙酰丙酸的研究进展. 农药, 2003, 42(11): 11-15.

[111] 付士凯, 李伟华, 时建刚. 5-氨基乙酰丙酸的应用及合成方法. 山东化工, 2003, 32(3): 24-27.

[112] Tanaka T, Sasaki K, Noparatnaraporn N, et al. Utilization of volatile fatty acids from the anaerobic digestion liquor of sewage sludge for 5-aminolevulinic acid production by photosynthetic bacteria. World Journal of Microbiology and Biotechnology, 1994, 10(6): 677-680.

[113] Sasaki K, Watanabe K, Tanaka T, et al. 5-Aminolevulinic acid production by Chlorella sp. during heterotrophic cultivation in the dark. World Journal of Microbiology and Biotechnology, 1995, 11(3): 361-362.

[114] 张淑婷, 周强. 植物生长调节剂 δ-ALA 的全化学合成. 农药, 2002, 41(7): 43-46.

[115] Descotes G, Cottier L, Eymard L, et al. Process for the preparation of N-acyl derivatives of 5-aminolevulinic acid, as well as the hydrochloride of the free acid: US Patent 5344974, 1994.

[116] Moens L. Synthesis of an acid addition salt of delta-aminolevulinic acid from 5-bromo levulinic acid esters: US Patent 5907058, 1999.

[117] Nudelman A. Convenient Syntheses of δ-Aminolevulinic Acid. Synthesis, 1999, 1999(04): 568-570.

[118] Takeya H, Shimizu T, Ueki H. Process for preparing 5-aminolevulinic acid: US Patent 5380935, 1995.

[119] Höllriegl V, Lamm L, Rowold J, et al. Biosynthesis of vitamin B12. Archives of microbiology, 1982, 132(2): 155-158.

[120] Duke S O, Lydon J, Becerril J M, et al. Protoporphyrinogen oxidase-inhibiting herbicides. Weed Science, 1991: 465-473.

[121] Sasaki K, Watanabe M, Tanaka T. Biosynthesis, biotechnological production and applications of 5-aminolevulinic acid. Applied Microbiology and Biotechnology, 2002, 58(1): 23-29.

[122] Tanaka T, Watanabe K, Hotta Y, et al. Formation of 5-aminolevulinic acid under aerobic/dark condition by a mutant of Rhodobacter sphaeroides. Biotechnology Letters, 1991, 13(8): 589-594.

[123] Sasaki K, Tanaka T, Nishio N, et al. Effect of culture pH on the extracellular production of 5-aminolevulinic acid by Rhodobacter sphaeroides from volatile fatty acids. Biotechnology Letters, 1993, 15(8): 859-864.

[124] Sasaki K, Tanaka T, Nishizawa Y, et al. Enhanced production of 5-aminolevulinic acid by repeated addition of levulinic acid and supplement of precursors in photoheterotrophic culture of Rhodobacter sphaeroides. Journal of Fermentation and Bioengineering, 1991, 71(6): 403-406.

[125] 朱章玉, 俞吉安, 林志新. 光合细菌的研究及其应用, 上海: 上海交通大学出版社, 1991: 42-43.

[126] van der Werf M J, Zeikus J G. 5-Aminolevulinate production by Escherichia coli containing the Rhodobacter sphaeroides hemA gene. Applied and Environmental Microbiology, 1996, 62(10): 3560-3566.

[127] 刘秀艳, 徐向阳, 陈蔚青. 光合细菌产生 5-氨基乙酰丙酸(ALA)的研究. 浙江大学学报(理学版), 2002, 29(3): 336.

[128] 刘秀艳, 徐向阳, 叶敏, 等. 光合细菌利用工业有机废水产生 5-氨基乙酰丙酸. 微生物学报, 2008, 48(9): 1221-1226.

[129] 朱春节, 谢秀祯, 王小明, 等. 利用制胶废水生产 5-氨基乙酰丙酸的发酵条件研究. 海南师范大学学报: 自然科学版, 2008, 21(2): 184-188.

[130] Mauzerall D, Granick S. The occurrence and determination of 5-aminolevulinic acid and porphobilinogen in urine. Journal of Biological Chemistry, 1956, 219(156): 435-446.

[131] Choi H P, Hong J W, Rhee K H, et al. Cloning, expression, and characterization of 5-aminolevulinic acid synthase from Rhodopseudomonas palustris KUGB306. FEMS Microbiology Letters, 2004, 236(2): 175-181.

[132] Neidle E, Kaplan S. Expression of the Rhodobacter sphaeroides hemA and hemT genes, encoding two 5-aminolevulinic acid synthase isozymes. Journal of Bacteriology, 1993, 175(8): 2292-2303.

[133] 完颜小青, 谢数涛, 孙勇, 等. 高产 5-氨基乙酰丙酸光合细菌株的分离鉴定. 暨南大学学报: 自然科学与医学版, 2006, 27(5): 760-766.

[134] Sasaki K, Tanaka T, Nagai S. Use of photosynthetic bacteria for the production of SCP and chemicals from organic wastes, Bioconversion of waste materials to industrial products. Springer, 1998, 247-292.

[135] Tanaka T, Watanabe K, Nishikawa S, et al. Selection of a high 5-aminolevulinic acid-producing Rhodobacter sphaeroides mutant which is insensitive to yeast extract. Journal of Fermentation and Bioengineering, 1994, 78(6): 489.

[136] Watanabe K, Nishikawa S, Tanaka T, et al. Production of 5-aminolevulinic acid. Jpn Kokai Tokkyo Kouho: Toku Kai Hei, 1996: 8-168391.

[137] Noparatnaraporn N, Watanabe M, Sasaki K. Extracellular formation of 5-aminolevulinic acid by intact cells of the marine photosynthetic bacterium Rhodovulum sp. under various pH conditions. World Journal of Microbiology and Biotechnology, 2000, 16(3): 313-316.

[138] Ano A, Funahashi H, Nakao K, et al. Effect of glycine on 5-aminolevulinic acid biosynthesis in heterotrophic culture of Chlorella regularis YA-603. Journal of Bioscience and Bioengineering, 1999, 88(1): 57-60.

[139] Xie L, Hall D, Eiteman M, et al. Optimization of recombinant aminolevulinate synthase production in Escherichia coli using factorial design. Applied Microbiology and Biotechnology, 2003, 63(3): 267-273.

[140] 袁新宇, 刘锦妮, 王晶, 等. 大肠杆菌 hemA 基因的高效表达及对 5-氨基乙酰丙酸合成的影响. 江苏农业科学, 2007, 2007(4): 260-263.

[141] Verkamp E, Jahn M, Jahn D, et al. Glutamyl-tRNA reductase from Escherichia coli and Synechocystis 6803. Gene structure and expression. Journal of Biological Chemistry, 1992, 267(12): 8275-8280.

[142] Drolet M, Péloquin L, Echelard Y, et al. Isolation and nucleotide sequence of the hemA gene of Escherichia coli K12. Molecular and General Genetics MGG, 1989, 216(2): 347-352.

[143] Piao Y, Kiatpapan P, Yamashita M, et al. Effects of expression of hemA and hemB genes on production of porphyrin in Propionibacterium freudenreichii. Applied and Environmental Microbiology, 2004, 70(12): 7561-7566.

[144] Lee D H, Jun W J, Kim K M, et al. Inhibition of 5-aminolevulinic acid dehydratase in recombinant Escherichia coli using D-glucose. Enzyme and Microbial Technology, 2003, 32(1): 27-34.

[145] Jordan P M. Biosynthesis of tetrapyrroles. Elsevier, 1991,

[146] 张德咏, 成飞雪, 程菊娥, 等. 光合细菌嗜酸柏拉红菌 5-氨基乙酰丙酸合成酶基因的克隆与原核表达. 微生物学报, 2007, 4: 015.

[147] Chung S Y, Seo K H, Rhee J I. Influence of culture conditions on the production of extra-cellular 5-aminolevulinic acid (ALA) by recombinant E. coli. Process Biochemistry, 2005, 40(1): 385-394.

[148] 孙勇, 吴任, 章力, 等. 高产 5-氨基乙酰丙酸光合细菌株 hemA 基因的克隆与序列分析. 暨南大学学报 (自然科学与医学版), 2007, 28(5): 518-523.

[149] 张一宾. 5-氨基乙酰丙酸的植物生理活性. 世界农药, 2000, 22(3): 8-14.

[150] 王凌健, 刘剑荣. 植物叶片中 δ-氨基乙酰丙酸的测定. 植物生理学通讯, 1997, 33(6): 439-441.

[151] Ali B, Xu X, Gill R A, et al. Promotive role of 5-aminolevulinic acid on mineral nutrients and antioxidative defense system under lead toxicity in Brassica napus. Industrial Crops and Products, 2014, 52: 617-626.

[152] Tian T, Ali B, Qin Y, et al. Alleviation of lead toxicity by 5-aminolevulinic acid is related to elevated growth, photosynthesis, and suppressed ultrastructural damages in oilseed rape. BioMed research international, 2014, 2014.

[153] 闫宏涛, 王邦法. 光活化农药 δ-ALA 除草增效剂的研究. 科技通报, 1995, 11(4): 228-231. Biochemistry and Biophysics, 2005, 437(2): 128-137.

[154] Butler A R, George S. The nonenzymatic cyclic dimerisation of 5-aminolevulinic acid. Tetrahedron, 1992, 48(37): 7879-7886.

[155] 汪良驹, 姜卫兵, 章镇, 等. 5-氨基乙酰丙酸的生物合成和生理活性及其在农业中的潜在应用. 植物生理学报, 2003, 39(3): 185-192.

[156] Wang L J, Jiang W B, Huang B J. Promotion of 5-aminolevulinic acid on photosynthesis of melon (Cucumis melo) seedlings under low light and chilling stress conditions. Physiologia Plantarum, 2004, 121(2): 258–264.

[157] 汪良驹, 石伟, 刘晖, 等. 外源 5-氨基乙酰丙酸处理对小白菜叶片的光合作用效应. 南京农业大学学报, 2004, 27(2): 34-38.

[158] 汪良驹, 王中华, 李志强, 等. 5-氨基乙酰丙酸促进苹果果实着色的效应. 果树学报, 2004, 21(6): 512-515.

[159] 毛景英, 闫振领. 植物生长调节剂调控原理与实用技术. 北京: 中国农业出版社, 2005.

[160] Ali B, Wang B, Ali S, et al. 5-Aminolevulinic acid ameliorates the growth, photosynthetic gas exchange capacity, and ultrastructural changes under cadmium stress in Brassica napus L. Journal of Plant Growth Regulation, 2013, 32(3): 604-614.

[161] Nunkaew T, Kantachote D, Kanzaki H, et al. Effects of 5-aminolevulinic acid (ALA)-containing supernatants from selected Rhodopseudomonas palustris strains on rice growth under NaCl stress, with mediating effects on chlorophyll, photosynthetic electron transport and antioxidative enzymes. Electronic Journal of Biotechnology, 2014, 17(1): 4-4.

[162] Akram N A, Ashraf M. Regulation in plant stress tolerance by a potential plant growth regulator, 5-aminolevulinic acid. Journal of Plant Growth Regulation, 2013, 32(3): 663-679.

[163] Gadmar Ø B, Moan J, Scheie E, et al. The stability of 5-aminolevulinic acid in solution. Journal of Photochemistry & Photobiology B Biology, 2002, 67(3): 187-193.

[164] 刘晖, 康琅, 刘卫琴, 等. 5-氨基乙酰丙酸(ALA)在水溶液中的稳定性. 南京农业大学学报, 2006, 29(2): 29-32.

[165] Nowis D, Makowski M, Stokłosa T, et al. Direct tumor damage mechanisms of photodynamic therapy. Acta Biochimica Polonica, 2005, 52(2): 339.

[166] Kriska T, Korytowski W, Girotti A W. Role of mitochondrial cardiolipin peroxidation in apoptotic photokilling of 5-aminolevulinate-treated tumor cells. Archives of Biochemistry & Biophysics, 2005, 433(2): 435-446.

[167] Huang H F, Chen Y Z, Wu Y. Mitochondria-dependent apoptosis induced by a novel amphipathic photochemotherapeutic agent $ZnPcS_2P_2$ in HL60 cells. Acta Pharmacologica Sinica, 2005, 26(9): 1138-1144.

[168] Huang Z, Chen Q, Luck D, et al. Studies of a vascular-acting photosensitizer, Pd-bacteriopheophorbide (Tookad), in normal canine prostate and spontaneous canine prostate cancer. Lasers in Surgery and Medicine, 2005, 36(5): 390-397.

[169] Smetana K, Pluskalová M, Marinov Y, et al. The effect of 5-aminolevulinic acid-based photodynamic treatment (PDT) on nucleoli of leukemic granulocytic precursors represented by K562 blastic cells in vitro. Medical Science Monitor International Medical. Journal of Experimental & Clinical Research, 2004, 10(11): 405-409.

[170] Gossner L, Stolte M, Sroka R, et al. Photodynamic ablation of high-grade dysplasia and early cancer in Barrett's esophagus by means of 5-aminolevulinic acid. Gastroenterology, 1998, 114(3): 448-455.

[171] 王俊卿, 张肇铭. 5-氨基乙酰丙酸的光动力应用研究进展. 微生物学通报, 2004, 31(3): 136-140.

[172] 王俊卿, 张肇铭. 5-氨基乙酰丙酸及其衍生物对癌症的光动力治疗研究进展. 细胞与分子免疫学杂志, 2005, 21(s1): 115-117.

[173] 肖卫东, 葛海燕, 陈祖林. 5-ALA 光动力疗法对人结肠腺癌 SW480 细胞的抑制作用. 激光杂志, 2003, 24(4): 87-88.

[174] 芮光来, 姚应水, 席天霞. 皖南地区正常成人尿 δ-ALA 水平检测分析. 中国公共卫生, 2001, 17(12): 1082-1082.

[175] Qian P, Trond W, Kristian B, et al. 5-Aminolevulinic acid-based photodynamic therapy. Clinical research and future challenges. Cancer, 1997, 79(12): 2282-2308.

[176] Matte C C, Cormier J, Anderson B E, et al. Graft-versus-leukemia in a retrovirally induced murine CML model: mechanisms of T-cell killing. Blood, 2004, 103(11): 4353-4361.

[177] Stummer W, Stepp H, Wiestler O D, et al. Randomized, Prospective Double-Blinded Study Comparing 3 Different Doses of 5-Aminolevulinic Acid for Fluorescence-Guided Resections of Malignant Gliomas. Neurosurgery, 2017: nyx074.

[178] Stummer W, Tonn J C, Goetz C, et al. 5-Aminolevulinic acid-derived tumor fluorescence: the diagnostic accuracy of visible fluorescence qualities as corroborated by spectrometry and histology and postoperative imaging. Neurosurgery, 2013, 74(3): 310-320.

[179] Teixidor P, Arráez M Á, Villalba G, et al. Safety and efficacy of 5-aminolevulinic acid for high grade glioma in usual clinical practice: a prospective cohort study. PloS One, 2016, 11(2): e0149244.

[180] Mallidi S, Anbil S, Lee S, et al. Photosensitizer fluorescence and singlet oxygen luminescence as dosimetric predictors of topical 5-aminolevulinic acid photodynamic therapy induced clinical erythema. Journal of Biomedical Optics, 2014, 19(2): 028001-028001.

[181] Cornelius J F, Slotty P J, El Khatib M, et al. Enhancing the effect of 5-aminolevulinic acid based photodynamic therapy in human meningioma cells. Photodiagnosis and Photodynamic Therapy, 2014, 11(1): 1-6.

[182] Wu J, Han H, Jin Q, et al. Design and proof of programmed 5-aminolevulinic acid prodrug nanocarriers for targeted photodynamic cancer therapy. ACS Applied Materials & Interfaces, 2017, 9(17): 14596-14605.

[183] Ma X, Qu Q, Zhao Y. Targeted delivery of 5-aminolevulinic acid by multifunctional hollow mesoporous silica nanoparticles for photodynamic skin cancer therapy. ACS Applied Materials & Interfaces, 2015, 7(20): 10671-10676.

[184] Roozeboom M H, Aardoom M A, Nelemans P J, et al. Fractionated 5-aminolevulinic acid photodynamic therapy after partial debulking versus surgical excision for nodular basal cell carcinoma: a randomized controlled trial with at least 5-year follow-up. Journal of the American Academy of Dermatology, 2013, 69(2): 280-287.

[185] Tetard M C, Vermandel M, Mordon S, et al. Experimental use of photodynamic therapy in high grade gliomas: a review focused on 5-aminolevulinic acid. Photodiagnosis and Photodynamic Therapy, 2014, 11(3): 319-330.

[186] Widhalm G, Kiesel B, Woehrer A, et al. 5-Aminolevulinic acid induced fluorescence is a powerful intraoperative marker for precise histopathological grading of gliomas with non-significant contrast-enhancement. PloS One, 2013, 8(10): e76988.

[187] Rapp M, Kamp M, Steiger H J, et al. Endoscopic-Assisted Visualization of 5-Aminolevulinic Acid–Induced Fluorescence in Malignant Glioma Surgery: A Technical Note. World Neurosurgery, 2014, 82(1): 277-279.

[188] Babič A, Herceg V, Ateb I, et al. Tunable phosphatase-sensitive stable prodrugs of 5-aminolevulinic acid for tumor fluorescence photodetection. Journal of Controlled Release, 2016, 235: 155-164.

[189] 王一飞, 潘凯丽, 江逊, 等. 氨基乙酰丙酸光动力疗法对同种异体激活淋巴细胞选择性清除作用的研究. 中华实用儿科临床杂志, 2005, 20(12): 1176-1178.

[190] Zhang S J, Zhang Z X. 5-aminolevulinic acid-based photodynamic therapy in leukemia cell HL60. Photochemistry & Photobiology, 2004, 79(6): 545-550.

[191] Chen B J, Cui X, Sempowski G D, et al. Transfer of allogeneic CD62L- memory T cells without graft-versus-host disease. Blood, 2004, 103(4): 1534.

[192] Fowler D H, Gress R E. Th2 and Tc2 cells in the regulation of GVHD, GVL, and graft rejection: considerations for the allogeneic transplantation therapy of leukemia and lymphoma. Leuk Lymphoma, 2000, 38(3-4): 221.

[193] Chen B J, Cui X, Liu C, et al. Prevention of graft-versus-host disease while preserving graft-versus-leukemia effect after selective depletion of host-reactive T cells by photodynamic cell purging process. Blood, 2002, 99(9): 3083.

[194] Pålsson S, Gustafsson L, Bendsoe N, et al. Kinetics of the superficial perfusion and temperature in connection with photodynamic therapy of basal cell carcinomas using esterified and non-esterified 5-aminolaevulinic acid. British Journal of Dermatology, 2003, 148(6): 1179-1188.

[195] 王一飞, 潘凯丽, 冉海红. 氨基乙酰丙酸光动力疗法清除的混合淋巴细胞杀伤作用研究. 中国小儿血液与肿瘤杂志, 2006, 11(3): 97-100.

[196] Rettig M P, Ritchey J K, Prior J L, et al. Kinetics of in vivo elimination of suicide gene-expressing T cells affects engraftment, graft-versus-host disease, and graft-versus-leukemia after allogeneic bone marrow transplantation. Journal of Immunology, 2004, 173(6): 3620.

[197] Ritgen M, Stilgenbauer S, Von N N, et al. Graft-versus-leukemia activity may overcome therapeutic resistance of chronic lymphocytic leukemia with unmutated immunoglobulin variable heavy-chain gene status: implications of minimal residual disease measurement with quantitative PCR. Blood, 2004, 104(8): 2600-2602.

[198] 黎阳, 黄绍良, 吴燕峰, 等. 树突细胞融合瘤苗对脐血源性 CIK/NK 细胞杀伤作用的影响. 中华血液学杂志, 2005, 26(5): 269-272.

[199] Namikawa T, Inoue K, Uemura S, et al. Photodynamic diagnosis using 5‐aminolevulinic acid during gastrectomy for gastric cancer. Journal of Surgical Oncology, 2014, 109(3): 213-217.

[200] Kishi K, Fujiwara Y, Yano M, et al. Diagnostic laparoscopy with 5-aminolevulinic-acid-mediated photodynamic diagnosis enhances the detection of peritoneal micrometastases in advanced gastric cancer. Oncology, 2014, 87(5): 257-265.

[201] Nakanishi T, Ogawa T, Yanagihara C, et al. Kinetic Evaluation of Determinant Factors for Cellular Accumulation of Protoporphyrin IX Induced by External 5‐Aminolevulinic Acid for Photodynamic Cancer Therapy. Journal of Pharmaceutical Sciences, 2015, 104(9): 3092-3100.

[202] Zhang Z, Chen Y, Xu H, et al. 5-Aminolevulinic acid loaded ethosomal vesicles with high entrapment efficiency for in vitro topical transdermal delivery and photodynamic therapy of hypertrophic scars. Nanoscale, 2016, 8(46): 19270-19279.

[203] Slof J, Valle R D, Galvan J. Cost-effectiveness of 5-aminolevulinic acid-induced fluorescence in malignant glioma surgery. Neurología, 2015, 30(3): 163-168.

[204] Matsumoto K, Hagiya Y, Endo Y, et al. Effects of plasma membrane ABCB6 on 5-aminolevulinic acid (ALA)-induced porphyrin accumulation in vitro: Tumor cell response to hypoxia. Photodiagnosis and Photodynamic Therapy, 2015, 12(1): 45-51.

[205] 侯东生, 刘文沛, 叶劲松, 等. 5-氨基乙酰丙酸光动力治疗裸小鼠胃移植癌的实验研究. 中华实验外科杂志, 2004, 21(5): 533-534.

[206] Bing D U, De-Peng L I, Kai-Lin X U, et al. Graft-versus-leukemia effects from donor lymphocyte infusion after nonmyeloablative allogeneic bone marrow transplantation in mice. 中华医学杂志(英文版), 2005, 118(6): 474-479.

[207] 周广军, 黄宗海, 俞金龙, 等. 光动力疗法对人胃癌细胞 MGC-803 的杀伤性干预. 中国组织工程研究, 2006, 10(9): 133-135.

[208] Bozell J J, Moens L, Elliott D C, et al. Production of levulinic acid and use as a platform chemical for derived products. Resources Conservation & Recycling, 2000, 28(3-4): 227-239.

[209] Cornelius J, Slotty P, Kamp M, et al. Impact of 5-aminolevulinic acid fluorescence-guided surgery on the extent of resection of meningiomas–with special regard to high-grade tumors. Photodiagnosis and Photodynamic Therapy, 2014, 11(4): 481-490.

[210] Valle R D, Slof J, Galván J, et al. Observational, retrospective study of the effectiveness of 5-aminolevulinic acid in malignant glioma surgery in Spain (The VISIONA study). Neurología, 2014, 29(3): 131-138.

[211] Inoue Y, Tanaka R, Komeda K, et al. Fluorescence detection of malignant liver tumors using 5-aminolevulinic acid-mediated photodynamic diagnosis: principles, technique, and clinical experience. World Journal of Surgery, 2014, 38(7): 1786-1794.

[212] Della P A, Rustemi O, Gioffrè G, et al. Predictive value of intraoperative 5-aminolevulinic acid–induced fluorescence for detecting bone invasion in meningioma surgery. Journal of Neurosurgery, 2014, 120(4): 840-845.

[213] Li Z, Sun X, Guo S, et al. Rapid stabilisation of atherosclerotic plaque with 5-aminolevulinic acid-mediated sonodynamic therapy. Thrombosis and Haemostasis, 2015, 114(4): 793-803.

[214] Ma L, Xiang L H, Yu B, et al. Low-dose topical 5-aminolevulinic acid photodynamic therapy in the treatment of different severity of acne vulgaris. Photodiagnosis and Photodynamic Therapy, 2013, 10(4): 583-590.

附表 缩写表

英文缩写	英文全称	中文全称
AF	ammonium formate	甲酸铵
ALA	5-Aminolevulinate acid	5-氨基乙酰丙酸
AMF	5-Aminomethyl-2-furfuryl alcohol	5-氨甲基-2-呋喃甲醇
BAF	2,5-Bis(Aminomethyl) furan	2,5-二氨甲基呋喃
BHC	(Carboxymethyl) trimethylammonium hydrochloride	甜菜碱盐酸盐
BINAP	2,2'-Bis(diphenylphosphino)-1,1'-binaphthyl	1,1'-联萘-2,2'-双二苯膦
[BMIM]Cl	1-Butyl-3-methylimidazolium chloride	氯化1-丁基-3-甲基咪唑
ChCl	Choline chloride	氯化胆碱
5-CMF	5-(Chloromethyl) furfural	5-氯甲基糠醛
CS	Carbonyl sulfide	硫化羰
DAPA	4-Dimethylamino pinalic acid	4-二甲氨基戊酸
DCM	Dichloromethane	二氯甲烷
DFF	2,5-Diformylfuran	2,5-呋喃二甲醛
DHMF	2,5-Dihydroxymethylfuran	2,5-二羟甲基呋喃
DMA	N,N-Dimethylformamide	N,N-二甲基甲酰胺
DMF	2,5-Dimethylfuran	2,5-二甲基呋喃
DMMF	5-Dimethylaminomethyl-2-Furanmethanol	5-二甲基氨基甲基-2-呋喃甲醇
DMSO	dimethylsulfoxide	二甲亚砜
DPA	diphenolic acid	双酚酸
DSC	differential scanning calorimetry	差示扫描量热法
EDS	energy dispersive spectrometer	能量色散谱仪
EMF	5-(Ethoxymethyl) furan-2-carbaldehyde	5-乙氧基甲基糠醛
[EMIM]Cl	1-Ethyl-3-methylimidazolium Chloride	氯化1-乙基-3-甲基咪唑
FA	formic acid	甲酸
FDCA	2,5-Furandicarboxylic acid	2,5-呋喃二甲酸
FFCA	5-Formyl-2-furancarboxylic acid	5-甲酰基-2-呋喃甲酸

续表

英文缩写	英文全称	中文全称
FT-IR	fourier transform infrared spectroscopy	傅里叶红外光谱
GVL	g-Valerolactone	γ-戊内酯
HDO	1,6-Hexanediol	1,6-己二醇
HFCA	5-Hydroxymethylfuran-2-carboxylic acid	5-羟甲基-2-呋喃甲酸
HMF	5-Hydroxymethylfurfural	5-羟甲基糠醛
HPA	heteropolyacid	杂多酸
HPC	heteropoly compound	杂多化合物
ICP	inductively coupled plasma	电感耦合等离子体法
LA	Levulinic acid	乙酰丙酸
MeP	5-Methyl-2-pyrrolidinone	5-甲基-2-吡咯烷酮
MF	5-Methyl furfural	5-甲基糠醛
MFA	5-Methylfurfuryl alcohol	5-甲基糠醇
MIBK	Methyl isobutyl ketone	甲基异丁基(甲)酮
MIMPSH	1-3-(Sulfonic acid)-propyl-3-methyl imidazole	1-(3-磺酸)-丙基-3-甲基咪唑
NAMF	N-Acyl-5-aminomethyl furfural	N-乙酰基-5-氨甲基糠醛
NBAF	N-Acyl-2,5-bis(aminomethyl)furan	N-酰基-2,5-二(氨基甲基)呋喃
NHC	N-Heterocyclic carbene	N-杂环卡宾
NMNO	N-methylmorpholine-N-oxide	N-甲基吗啉氧化物
NMP	N-Methyl pyrrolidone	甲基吡咯烷酮
[NMP][HSO$_4$]	N-Methyl-2-pyrrolidonium bisulfate	N-甲基-2-吡咯烷酮硫酸氢盐
PIL	poly(vinyl imidazole chloride) ionic liquids	聚(乙烯基咪唑氯化物)离子液体
PMHS	Polymethylhydrosiloxane	聚甲基硅氧烷
PSSA	poly(styrene sulfonic acid)	聚(苯乙烯磺酸)
PTA	p-Phthalic acid	对苯二甲酸
PTSA	para-toluenesulfonic acid	对甲苯磺酸
PVP	polyvinyl pyrrolidone	聚乙烯吡咯烷酮
[Py-SO$_3$H]BF$_4$	1-(4-Sulfonylbutyl)pyridinium tetrafluoroborate	1-(4-磺酰丁基)吡啶四氟硼酸盐
SBP	2-Tert-Butylphenol	2-叔丁基苯酚
TBAF	tetrabutylammonium fluoride	四丁基氟化铵
TEM	transmission electron microscope	透射电子显微镜

英文缩写	英文全称	中文全称
TFA	trifluoroacetic acid	三氟乙酸
THF	tetrahydrofuran	四氢呋喃
THPM	tetrahydropyran-2-methanol	四氢吡喃-2-甲醇
TPD	temperature programmed desorption	程序升温脱附法
TPPTS	tris(3-sulfonatophenyl)phosphine	三苯基膦三间磺酸钠盐
TPR	temperature programmed reduction	程序升温还原
TRS	total reducing sugars	总还原糖
XPS	X-ray photoelectron spectroscopy	X射线光电子能谱分析
XRD	X-ray diffraction	X射线衍射